超导"小时代"

超导的前世、今生和未来

罗会仟/著

清华大学出版社
北京

图书在版编目（CIP）数据

超导“小时代”：超导的前世、今生和未来/罗会仟著．—北京：清华大学出版社，2021.12

ISBN 978-7-302-59604-2

Ⅰ．①超…　Ⅱ．①罗…　Ⅲ．①超导—普及读物　Ⅳ．①O511-49

中国版本图书馆 CIP 数据核字(2021)第 237056 号

责任编辑：朱红莲
封面设计：梁　猛　董凯杰
责任校对：欧　洋
责任印制：杨　艳

出版发行：清华大学出版社
网　　址：http://www.tup.com.cn，http://www.wqbook.com
地　　址：北京清华大学学研大厦 A 座　　邮　　编：100084
社 总 机：010-62770175　　邮　　购：010-62786544
投稿与读者服务：010-62776969，c-service@tup.tsinghua.edu.cn
质量反馈：010-62772015，zhiliang@tup.tsinghua.edu.cn
印 装 者：北京博海升彩色印刷有限公司
经　　销：全国新华书店
开　　本：165mm×240mm　　印　　张：22.75　　字　　数：323 千字
版　　次：2022 年 1 月第 1 版　　印　　次：2022 年 1 月第 1 次印刷
定　　价：99.00 元

产品编号：069991-01

代序　百年超导，魅力不减

The Ages of Superconductivity

超导电性发现已有百年了，它已经成为物理学中的一个重要分支，与超导有关的诺贝尔奖已经授予了5次。超导电性的应用也已在许多方面发挥着不可替代的作用。100年虽然已经过去，但人们对超导研究的兴趣依然未减。例如，虽然很多一流的物理学家都在努力，但铜氧化合物超导体以及新发现的铁基超导体的机制却还没有完全清楚，超导仍然充满了神秘色彩。与X射线、激光和半导体相比，超导的广泛应用还远没有实现。人们普遍认为，超导电性的机理和应用研究将会极大地推动物理学尤其是凝聚态物理理论的发展，同时也将开发出更多、更新的应用。

20世纪50—60年代，以NbTi和Nb_3Sn为代表的有实用价值的合金超导体的发现以及Josephson效应的发现，形成了低温超导技术研发的热潮。人们发展了线材制备工艺，制备了各种与电工及信息技术有关的样机，并在磁体绕制和减少交流损耗等方面解决了基本的物理与技术问题。低温超导技术首先在仪器磁体和加速器磁体等强电方面得到了应用，同时也在弱电应用方面取得了进展，发挥了不可替代的作用。但是与同一时期出现的激光技术相比，超导技术应用的广泛性和影响力还远远不够。

20 世纪 80 年代后期，铜氧化合物超导电性的发现，因其临界温度突破了液氮温区，导致了更大规模的世界性的超导研究热潮的出现。20 多年来，虽然高温超导机理研究还没有取得突破性进展，但应用研究领域却得以拓展。一批很有潜力的大型高温超导样机已制备成功，如全超导的示范配电站、35000 kW 的电机等。移动通信基站上也使用了几千台高温超导滤波器。但是，高温超导的商品还是太少。对于物理学家而言，研究高温超导机理以及发展量子物理学是动力，虽然由于科研难度大和经费支持减弱，使得有些人放弃了相关研究工作，但一些一流的学者仍在坚持。社会需求是很关键的，这就需要在进行材料和机理研究的同时努力推动应用。

超导作为宏观量子态具有极为特殊的物理性质和极大的应用潜力，特别是在能源方面。有人认为 21 世纪电力工业的技术储备有两个：一个是超导，另一个是智能电网。超导体可以用于军工、信息技术、大科学工程、工业加工技术、超导电力、生物医学、交通运输和航空航天等领域。

在弱电应用方面，基于超导体隧道效应的器件能够检测出相当于地球磁场的几亿分之一的变化，世界上找不到比它更灵敏的电磁信号检测器件，其灵敏度理论上只受量子力学测不准原理的限制；利用交流超导隧道效应制备的电压基准已经代替了化学电池电压基准；世界上最快的模数转换器和最精密的陀螺仪都已用超导体实现了；超导量子比特、超导数字电路等基于超导体隧道效应的技术都在发展；高温超导的微波器件不仅在雷达等方面得到了应用，也在移动通信方面开始发挥作用。

在能源方面，超导技术是电力工业的一个革命性的技术储备，是新一代的舰船推动系统的基础，是磁约束受控核聚变不可替代的制备强磁体的材料。特别值得注意的是，近年发展起来的新的电磁感应加热技术，让超导磁体有了新的重要应用，这是基于金属在非均匀磁场中运动产生涡流而发热的原理。以铝材加工为例，利用新的技术可以使电热转换效率从传统的电磁感应加热的 60% 提高到 80%。多数医用核磁共振成像设备和高分辨率的 NMR 用的强场磁体也是超导的，超导磁悬浮列车也具有其独特优势。

超导能否实现规模产业化，关键是超导材料的研究要有突破：一是要发展和改进现有实用超导材料的制备工艺；二是要探索新的更适于应用的超导材料。前者从物理上讲是可以做到的，需要解决的是发展新工艺和降低成本。对于同样质量的超导带材在制备样机时也有很多工艺技术需要创新和发展。

在新材料探索方面，以下事情可以考虑做：第一，在铜氧化合物和铁基材料中挖掘并开发出新的实用超导材料；第二，高压下 Hg-Ba-Cu-O 的临界温度已经可以达到 150～160 K，而超高压和高温下反应生成的金属富氢化合物的临界温度更是突破了 250 K，表明超导态可以在这么高的温度下存在，因此在新材料方面有希望找到在常压下临界温度更高的超导体。铁基超导体的发现是个极大的推动，不仅是第二个高温超导的家族，而且又是一次思想的解放，因为过去搞超导的科研工作者都担心铁离子对超导有抑制作用。对于高温超导体家族的特性研究可以归纳一些规律，从而帮助寻找新的高温超导体，例如结构是四方又是准二维的，同时存在多种合作现象的体系。

探索新超导体始终具有极大的吸引力，科技界从未放弃，从超导发现时起就一直在坚持。近 30 多年的进步是巨大的，除实用的超导材料之外，一些新超导体的发现也不断为物理和材料科学的研究提供重要内容，甚至开辟新的研究领域（例如有机超导体、重费米子超导体、拓扑超导体等），与此同时也带动了新的工艺技术的发展（例如调制合金，现在称为异质多层膜）和具有特异性质的非超导材料的发现（例如庞磁阻、稀磁半导体和可能用于存储的阻变材料等）。

300 K 以上的常压室温超导体能否找到，既没有成功的理论肯定，也没有成功的理论否定。而事实上，临界温度一直在提高，新的超导体在不断地被发现。如果能发现可实用化的室温超导体，那么其影响是无法估计的，世界也可能就不一样了。

超导电性有丰富的量子力学内涵，推动了包括物理思想、理论概念和方法的创新。早在 1911 年索尔维会议上，包括爱因斯坦在内的一流物理学家就对此非常关注。由于当时的数据太少，他们中的一些人放弃了相关机理的研究。然而，超导机理研究却一直吸引着一批一流科学家。传统超导理论的建立经历了以 London 方程（基于 Meissner 效应）为代表的现象描述阶段，以 Landau-Ginzberg 超导理论为代表的唯象理论阶段和目前已建立的 BCS 微观理论。

在成功的BCS理论出现之前，经历了两次世界大战。在战争之后，科学家（包括伦敦兄弟、海森堡、费恩曼等）又重新把超导机理研究放在重要的位置。而巴丁始终热衷于超导机理研究，直到与其合作者解决了这一问题。

迈斯纳效应的发现确定了超导电性为宏观量子现象。迈斯纳效应是对称性自发破缺的结果，是Anderson-Higgs机制的一种表现形式。Anderson等（包括2008年的诺贝尔物理学奖得主Nambu等）提出了规范场自发破缺的Anderson-Higgs机制，这个机制是基本粒子质量的起源，是量子规范场论（包括大统一理论，QCD）的物理基础。BCS超导理论是量子力学建立之后最重要的理论进展之一，它不仅清晰地描述了超导的微观物理图像，而且其概念也被用于宇宙学、粒子物理、核物理、原子分子物理等领域，推动了物理学的发展。

高温超导机理向传统的固体理论提出了新的挑战，是物理学公认的一个难题。高温超导机理的解决可能与新的固体电子论的建立是同步的，铜氧化合物超导体的d-波对称和赝能隙的存在应该是共识的。多种合作现象的共存与竞争使实验研究和理论研究都遇到了很多问题，正是这些问题才带来了挑战与机遇。铁基超导相关的实验和理论研究还需要进一步深入，以理解多种合作现象的共存与竞争，随着认识的深入，应该能够建立新的理论，以期解决有关非常规超导电性的关键科学问题。这可能是新的固体电子论诞生的一个基础。

超导发现于从经典物理学向量子或现代物理学的过渡时期。很多文章介绍了百年来超导的进展和其中一些重要发现的历史过程，在阅读这些文章的时候，除崇敬之外，我从中还学到很多东西。1911年4月28日，卡末林-昂内斯教授向阿姆斯特丹科学院提交的报告中指出，他观察到了零电阻现象，两年后才最终确定发现了超导电性。我以为有以下几点值得深思：第一是实验技术和方法的发展与完善，例如实现氦的液化和零电阻的测量、确认和分析；第二是概念上的突破和超导概念的确定等。后一点尤为关键，这是值得我们反思的。正如严复所云："中国学人崇博雅，'夸多识'；而西方学人重见解，'尚新知'。"实验技术的不断提升和概念上的突破在超导研究中是非常关键的，已经取得的成就源于此，未来成功亦应如此。

超导已经开始造福人类并有着广泛的应用前景。21世纪一定会有新的技术成为经济的新增长点，在超导材料方面的突破有可能是候选者。对超导电性的深入认识一直推动着量子力学和物理学的发展，高温超导体的发现又带来了新的机遇和挑战，未来超导研究依旧充满挑战与发现。中国科学家应该也能够为人类的文明做出新的、无愧于我们先人的贡献。探索高温超导体和解决其机理的问题就是最好的选择之一。

中国科学院院士、国家最高科学技术奖获得者　赵忠贤

2021年11月于中国科学院物理研究所修改

[注]　本文作为纪念超导发现100周年文章刊载于《物理》杂志第40卷(2011年第6期，351-352页)，现作为《超导"小时代"》一书代序，结合近些年来超导研究的进展，在原文内容基础上略有修改。

作者自序

The Ages of Superconductivity

我第一次为超导着迷，是在 2003 年。

那一年，我在北京师范大学物理系读大三。在那个春夏之交的季节，“非典”肆虐京城，所有高校都采取了停课封校措施。不上课的我们，除了在宿舍刷《寻秦记》，在体育场闲聊瞎逛外，还有大把时间坐在图书馆静静地看书。偶然发现的三本科普书：《超越自由：神奇的超导体》（章立源 著）、《超导物理学发展简史》（刘兵、章立源 著）、《边缘奇迹：相变和临界现象》（于渌、郝柏林、陈晓松 著），带我走进了神奇的超导世界。

我第二次与超导结缘，是在 2004 年。

那一年，我大四毕业，面临未来的抉择。是选择实现儿时的理想、父辈的期望，成为一名人民教师？还是选择发掘自己的兴趣，走上科学的道路，成为一名研究生？我毫不犹豫选择了后者。在经历惊险的免试推荐环节后，我幸运地来到了中国科学院物理研究所，幸运地遇到了一位极其渊博、敬业的导师，幸运地开启了我在超导国家重点实验室的五年硕博连读生涯。博士研究生的生活，可以用清苦和枯燥来概括。我的工作，就是日复一日地"烧炉子"，用光学浮区法生长铜氧化物高温超导单晶并测量其电磁物性。生长了数十根单晶，测量了数百个样品，得到了一堆可能并不是很有趣的数据。眼看毕业临近，论文却还遥遥无期，深感郁闷和苦楚。然而在 2008 年，我又一次幸运地赶上了铁基超导研究的热潮，于是，论文和毕业，都不再是问题。

我第三次和超导相恋，是在 2009 年。

那一年，我博士毕业，又一次面临人生抉择。物理所的同学们大部分都选择了出国留学做博士后，而我则曾一度怀疑自己的科研能力和英文水平，认为很难在科研的漫漫长路上走得很远，在是否"逃离"科研圈的问题上犹豫不决。在一个普通的烧炉工作日，导师关切问我工作的事情，我说想留在北京，可是很难找到合适的工作。他紧接着问了一句："为什么不考虑留在物理所工作？新来了一位特别厉害的研究员，我可以推荐你到他组里啊！"我惶恐地点了点头。于是，幸运又一次降临，毕业、留所、工作，一气呵成。从助理研究员、副研究员到博士生导师，开启了一个典型"土鳖"的艰苦升级打怪之路。打怪打的不是别的，正是我博士期间遇到的铁基超导体，只不过鸟枪换炮，工具换成了"高大上"的中子散射，出国做各种实验和日常英文交流是必备技能。如今我已经带着自己的博士研究生，在高温超导的实验研究领域，自信地发表前沿研究论文。超导，成了我科研生命里再也分不开的那个"她"。

从 1911 年发现超导现象开始，超导研究已经一百多年了，然而她依旧长盛不衰，吸引着全世界无数科学家的注意力。不只是因为那些绝对零电阻、完全抗磁性、宏观量子凝聚等神奇物理现象及其巨大的应用潜力，还因为其中蕴含的深刻物理内涵可能带来一场凝聚态物理的新革命，更因为超导研究道路总是充满意外和惊喜。

回顾我那短短的科研之路，我感到非常幸运地遇到了超导的好时代。

回顾整个超导研究的历史，我们会发现幸运和不幸，其实都不是偶然。

回顾和超导相关的物理发展之路，或许会发现，那个他或她，总会找到属于自己的"小时代"。

在"启蒙时代"里，人们敬畏自然、理解自然，从普通的电磁现象，深入到了物质的内部结构和机制。

在“金石时代”里，超导现象被发现，炼丹炒菜外加十八般武艺，初步认识了这个神奇的物理现象。

在“青木时代”里，超导材料大爆发，各种各样的新超导材料，没有做不到，只有想不到。

在“黑铜时代”里，高温超导横空出世，物理学皇冠上的明珠，是那么耀眼，纷繁复杂的物理现象，是那么激动人心。

在“白铁时代”里，铁基超导意外发现，超导家族空前繁荣，非常规超导机理似乎触手可及。

在“云梦时代”里，室温超导或许很有可能，新超导材料如雨后春笋，超导机理研究不断带来重要启示，我们甚至畅想未来超导世界，如梦想般的美好。

这一个接一个的“小时代”，中国科学家的身影也越来越多，他们在超导研究领域取得了令世人瞩目的成就，甚至有的已经引领凝聚态物理最前沿。

我相信，就在这个“小时代”，如果有你，会更精彩！

罗会仟　2021 年写于北京中关村保福寺

目　录

The Ages of Superconductivity

第1章　启蒙时代

关于超导的故事，还要从电和磁讲起。

地球诞生早期，闪电的力量帮助孕育了生命，地磁场的存在又为生命撑起一把保护伞。从远古人类仰望星空的第一眼开始，人们就萌生了探索自然的好奇心。

正如爱因斯坦所言：“自然最不可理解的地方在于——它竟然是可以被理解的。”在数千年对电和磁现象的观察、记录、应用和追问过程中，人们的视野从宏观逐渐走向微观，厘清了磁性和电性的基本机制。

1 慈母孕物理: 物理研究的起源

我们从何而来?

远古的神话世界里,人类是神仙的杰作。那是一个洪荒的世界,天地玄黄之中醒来一个盘古巨人,他用巨斧劈开这片混沌,清气上浮为天,浊气下沉为地。他把自己的咆吼化作雷霆,目光变作闪电,身体成了山川河流,我们的世界从此诞生。广袤无垠的天地之间,孕育了一位美丽的女娲元始大神,她用慈祥的母爱,以自己为样板,捏泥甩浆,造出了这个世界最聪慧的生命——人类。女娲娘娘不仅造了人,还彩石补天,维护了人类的生存环境,堪称史上第一位模范母亲[1]。无独有偶,西方的神话世界里,也类似有地母盖亚孕育了诸神,进而创造了天地间生命万物的传说。尽管神话有点虚无缥缈,母爱却非常容易切身体验到,人们长久以来都执拗地相信神创论。以至于若干年后,当一位叫作达尔文的英国人声称人类是猴子变的时候,人们对此奇谈怪论非常困惑,甚至调戏了这个"达尔文猴子"。

我们生活在怎样的一个世界?

或许神仙创造了我们,但他们却忘了教我们如何去认识这个世界。人类诞生之初,地球正处于活跃期,风雨雪雾雷电,各种神秘又神奇的力量层出不穷。人们对自然既心生敬畏,又充满好奇。

怀着一颗好奇心,试图去理解这个世界,这就是科学!物理学作为科学的一部分,萌芽于人类诞生伊始对自然的观察和体验。这颗芽一萌,就是漫长的数千年。因为早期的人类,忙于果腹生存,根本没有时间也没有智慧去思考,更不用提文字记录了。

让我们按下时间机器的快进键,到物质条件逐渐丰富起来的古希腊。在这个奴隶制的国度,有一小撮有钱人是能够每天吃饱饭的。所谓"食肉者糜",某些能吃饱饭的古希腊人并不是没事干,除了逛街泡澡搞艺术外,还有一件很重要的事情——那就是思考。思考人生,思考世间万物,思考呀思考,自然科学史上第一位思想家和哲学家就这么出现了。这位叫泰勒斯(图 1-1)的老先

图 1-1　“科学和哲学之祖”泰勒斯（来自壹图网）

生，不仅喜欢自己思考数字、万物和神灵，也喜欢听别人讲某些神奇的事情，更重要的是，他会做笔记。正如孔子的《论语》深深影响中华千余年一样，泰勒斯的思考和观察笔记，造就了古希腊最早的米利都学派，进而催生了苏格拉底、柏拉图、亚里士多德、阿基米德等杰出人才[2]。

科学这颗芽，从此萌出土面。

让我们翻一下古希腊泰勒斯祖师爷的笔记本，噢不，笔记布（当年还没发明纸）。约在公元前 6 世纪的某一天，泰勒斯记载了两个很有意思的现象：一是摩擦后的琥珀吸引轻小物体，二是磁石可以吸铁。这是有史以来人们对自然现象的第一次完整的记载，代表着物理学史上的第一个实验观察记录。也就是说，物理学里最古老的一支，是电磁学。如今地球人都知道，琥珀吸引小细屑是因为摩擦起电，磁石吸铁是因为铁被磁化，但磁和电究竟从何而来，却也不甚清楚。难怪在古希腊时代，这能当作奇闻妙事记录在册。

无论是琥珀吸物，还是磁石吸铁，都像极了母亲张开双臂拥抱她深爱的孩子——如果你带着情感试图去理解这两个物理现象的话。春秋战国时代的华夏先贤，显然比同时期的古希腊哲学家要更懂得科普方式和方法的重要性。面对磁石吸铁这个有趣又难以理解的现象，诸子百家的代表人物管仲先生发明了一个新词汇——“慈石”。他在代表作《管子》中写道：“山上有赭者，其下有铁，山上有铅者，其下有银。一曰上有铅者，其下有银，上有丹沙者，其下有金，上有慈石者，其下有铜金，此山之见荣者也。”瞧，咱们自己的祖师爷厉害吧？不仅告诉你怎么找金银铜铁铅矿石，还明确说慈石与铁等矿有关，等等，没写错别字吧？为何是“慈石”？再翻翻其他典籍，你就会发现管老爷子的确没弄错。《山海经 · 北山经》上道：“西流注于泑泽，期中多慈石。”《鬼谷子》上道：“若慈石之取针。”《吕氏春秋 · 精通》上道：“慈石召铁，或引之也。”显然，这里说的“慈石召铁”和古希腊人说的磁石吸铁是一码事。说到这里，咱们得扒一扒东汉高诱的解释："石乃铁之母也。以有慈石，故能引其子；石之不慈也，亦不能引也。"原来石头就是铁的母亲(铁要从矿石中炼出来)，要有慈爱的母亲才能吸引其儿女投入怀抱(慈石召铁)，而没有慈爱的母亲自然就不能吸引她的儿女了。所谓"慈石"就是"慈爱的母亲石"之意，——这正是"磁"这个字的来源(图 1-2)[3]。一个简单的物理现象，只用一个形象的词汇来描述，后来演化成一个字，流传了数千年，凭的是借用了神造人传说中的母爱思维。母爱 style(型)的科普，就是这么任性！

图 1-2　汉字"磁"
(孙静绘制)

中国古人不仅在记事风格上不同于古希腊人，在做事方面也不会过于流于哲学空谈。发现磁石吸铁现象之后，聪慧的中华儿女做出了他们最骄傲的发明之一——指南针。话说"太极生两仪，两仪生四象，四象生八卦"，辨认方位对古人来说是首要任务，否则谁也搞不清楚究竟是八卦里的哪一卦。不过，到底是谁第一个用了指南针，考证起来有些困难。一个传说是黄帝用"指南车"穿越迷雾而战胜了蚩尤，这就如秦始皇在阿房宫造磁石门用来"安检"一样，不太靠谱。有记录的关于磁石的应用首见《韩非子》："先王立司南以端朝夕"，据传最早可用于指南的就是司南。司南啥模样？《论衡》里面介绍道："司南之杓，投之於地，其柢指南。"意思是说，司南是一个勺子形状的东西，勺柄指向南方。其实这里说的司南，就是北斗七星的形状，可以用来辨别方向，还未必是真实的指南针。后来人们用水浮磁针等方法，才真正发明了指南针。有了指南针这个神器，显然比夜观星象、昼观日影的老式辨识方位的招儿要简单方便得多，妈妈再也不用担心咱迷路啦！指南针的物理原理，还是一个磁字。磁针本身就是一个小磁铁，而地球则是另一个体积庞大的磁体，其磁极就是在南北极附近。尽管地磁场并不强，但它足以让小小的磁针保持和它的磁场方向一致。磁针的一端，就必然总是指向南方或北方了(图 1-3)。遗憾的是，老祖宗并没有像西方人一样利用指南针去航海探索世界，而是和八卦地支结合形成了罗盘，至今仍然在风水先生手上常用。汉朝时一个叫栾大的方士，用磁石做的棋子玩出美曰“斗棋”的戏法，还蒙骗汉武帝给封了一个“五利将军”头衔。一个伟大的发明，就这样在一堆小聪明下被断送了前途。

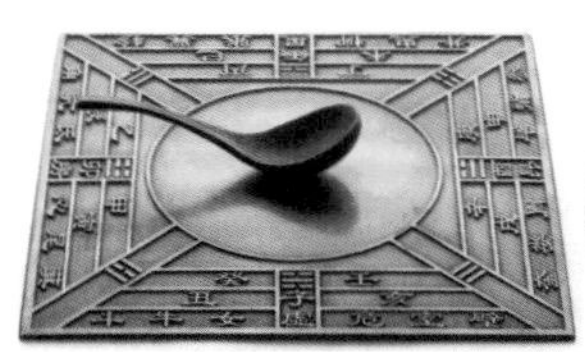

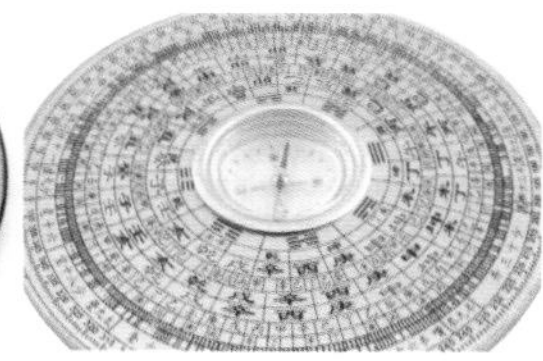

图 1-3　司南、指南针和风水罗盘
（来自壹图网）

电和磁现象之所以能最早被人们所认识并记载，其实主要还是因为我们生活的世界中电和磁无处不在的缘故。电闪雷鸣自不待说，看不见、摸不着，但又无所不在的地磁场对我们生活的世界至关重要。地磁场也像大地慈母的怀抱一样，呵护着地球上生命的存在。且不谈有没有另一个地球，就咱这地球以外其实并不十分安全。宇宙中时常有太阳风、脉冲中子星、超新星爆发、甚至是星系碰撞等各种能量爆棚的事情发生，同时会释放出大量高能宇宙射线[4]。这些恐怖的宇宙射线如果直接打到地球上，不仅会让太空站、飞船、飞机等仪表失控，也会迅速破坏臭氧层并大大增强地表辐射剂量，这对生活在地表的各种生物都是毁灭性的打击。万幸，我们有无处不在的地磁场，就如一把电磁生命保护伞，地磁场让大部分危险的宇宙射线绕地球而行。部分高能粒子汇聚到地球两极附近，形成了飘忽不定、瞬间变幻、色彩斑斓的美丽极光，似乎是地球母亲派出美丽的欧若拉女神安抚人类：“没事，有我呢，大家都很安全！”（图 1-4）

图 1-4　太阳风暴与极光的形成
（来自壹图网）

有趣的是,不少生物体内还有"内置指南针",如鸽子、海豚、金枪鱼、海龟、候鸟、蝴蝶甚至某些小海藻体内都有微小的生物磁体给它们导航[5]。看来飞鸽传书的本领,还是需要天分的。人体内也有微弱的生物磁,利用现代化的心磁图和脑磁图等技术就可以测量出来。常年工作在计算机前或其他强电磁场环境下,人体内分泌系统容易造成紊乱,从而出现心情烦躁和疲劳的现象。据说,要想睡个高质量的好觉,采用南北向的"睡向"会尽量减少地磁场对人体的干扰。不过,磁场影响人体机能的原因非常复杂,尽管《本草纲目》里也有用磁石入药的记载,但磁并不能"包治百病"。戴一些磁项链、磁手镯、磁手表究竟是对健康有益,还是反而导致体内系统失调,尚待更严谨的临床科学研究来证明。至于某些"特异功能"可以人为制造或影响磁场,纯属无稽之谈。

地磁场来源于地球母亲一颗火热的慈母心,在地球内部靠近地核的地方大量高温熔融的岩浆不断流动,岩浆里含有磁性矿物使得地球整体呈现极化的磁性。地磁场强度实际很弱,平均强度大约只有 0.6 高斯,而目前一些人造小磁铁的强度可达数千高斯。目前的地球,地磁南极位于地理北极附近,而地磁北极位于地理南极附近,所以指南针"指南"是因为磁针的南极指向了地磁北极([注]西方文献中一般称北极附近的磁极为"北磁极",南极附近的磁极为"南磁极",和以上说法正好相反)。地磁极和地理极并不重合,也就是说,地磁轴和地球自转轴之间有一个磁偏角(图 1-5)[6]。话说地球母亲的心情也是充满喜怒哀乐的,地磁的南北极和磁偏角并非一成不变,地磁北极每天向北移动 40 米,它的轨迹大致为一个椭圆形。在地球的历史上,地磁场的南极和北极曾颠来倒去数次,最近的一次磁极变换是在 75 万年前[7]。指南针也终有一天变成"指北针"——如果它能保存到那个时候的话。地磁极翻转是常见的地质现象,姑且不说人类有生之年能否遇上,某些人热衷于将其和"世界末日"之类的联系起来,这些臆想不是自我娱乐就是杞人忧天罢了。

从泰勒斯第一个记录电磁现象开始到今天,两千五百余年过去了,电和磁依然是物理学家感兴趣到头疼的主题之一。尽管人们如今已经知晓,宏观的电磁现象的物理本质是微观的电子运动和相互作用造成的,但是电子在材料

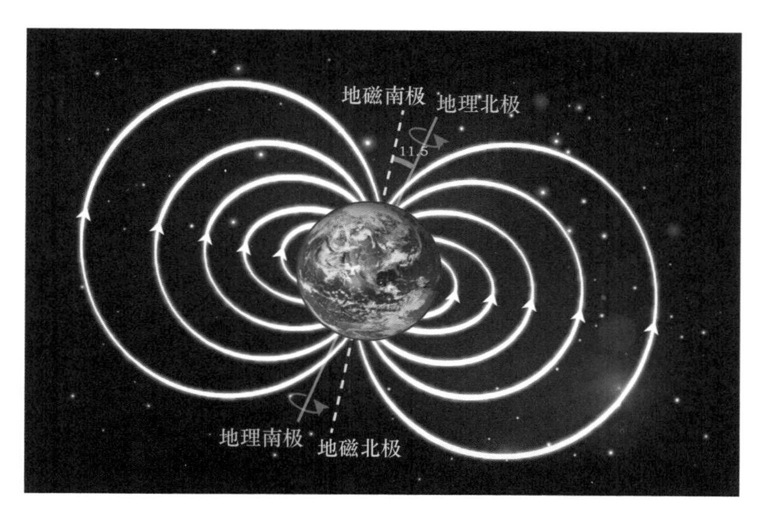

图 1-5　地磁场
（孙静绘制）

内部是如何运动的？它们又为何能够形成如此复杂的电磁现象？电子本身又从何而来？从过去，直到现在，再到未来，这都是人类需要思考的问题。

参考文献

[1]　作者不详.山海经・大荒西经，山海经・北山经[M].
[2]　王渝生.古希腊科学始祖泰勒斯[D].大众科技报，2003-07-24.
[3]　司马迁.史记・封禅书.
[4]　马宇蒨，况浩怀.我国的宇宙线物理研究六十年[J].物理，2013，42(1)：23-32.
[5]　李国栋.2004—2005 年生物磁学研究和应用的新进展[J].生物磁学，2006，6(1)：66-68.
[6]　陈志强.地球的磁场[J].物理通报，1956(1).
[7]　周传升.地磁之谜[J].中学物理教学参考，2001(3).

2　人间的普罗米修斯：电学研究的历史

在古希腊神话里，普罗米修斯盗来的“天火”让人类告别茹毛饮血的黑暗时代，人类文明的进程从此大大推进[1]。不过神话终究是神话，从科学事实来看，“天火”究竟是什么呢？我们可以理解为自然界闪电引起的森林大火。闪电是早期地球恶劣环境下最为频发的自然现象之一(图2-1)。那个时候大气里主要是甲烷、氨气、水、氢气等，地表则大部分被原始海洋覆盖，一道接一道的闪电，合成了第一个氨基酸、第一个蛋白质，进而演化出第一个单细胞生命体，生命的征程，从此开始。经过数十亿年漫长岁月的演化，直立行走的类人猿终于出现。解放双手的原始人类，有了更多的选择空间和思考时间。而闪电这个神秘又强大的力量，足以劈开大树引起火灾，好奇的人类也尝试去认识它。从森林火里留取火种，到燧人氏学会钻木取火，人类对火的认识和利用极大地促进了文明的发展。

图2-1 火山爆发与闪电
(来自壹图网)

人类诞生千万年后的今天，这个美丽的蓝色星球，依然时时处处都有闪电发生。闪电是如何来的，它里面含有什么成分，为什么会有如此强大的力量，我们又如何去利用这些力量呢？我们无法考证神话故事里关于宙斯的神杖或电母的法器的传言，但是却可以文字的发明来一窥古人是如何理解电现象的。中国有关电的记载最早见《说文解字》："电，阴阳激耀也，从雨从申。"以及《字汇》："雷从回，电从申。阴阳以回薄而成雷，以申泄而为电。"古人认为电是阴气和阳气相激在雨中而生，这种说法可能源于道教的阴阳学说(图2-2)。西方对电的记载要更早一些，公元前600年左右，科学祖师

图2-2 繁体汉字"电"
(孙静绘制)

爷——古希腊哲学家泰勒斯记录了琥珀和毛皮的摩擦可以吸引轻小的绒毛和木屑，这是对摩擦起电现象最早的记录。直到17—18世纪，摩擦起电的现象被英国的吉伯“再发现”，为了区分磁石吸铁的现象，他遵照祖师爷泰勒斯的思路，特地用琥珀的希腊字母拼音将该现象命名为“电的”(elec-tric)，这就是英文“electricity”一词的来源。

尽管人们很早就认识了电和电现象，但长久以来，人们在电的面前只是唯恐避之而不及，更无从谈起对电的利用。威力巨大的闪电不仅奇形怪状，而且颜色各异，就像随时随地都可能出现的鬼魅妖怪，令人恐惧。而日常生活中，因摩擦而起的静电则神秘莫测，或让首饰沾满灰尘，或让绸缎或毛皮刺痛人手。这些奇怪的小电妖常常匆匆出现，又莫名其妙消失。也难怪许多神话或魔幻故事里，电永远代表着神秘的力量。不过，通过长期研究摩擦起电，人们也开始认识到用丝绸摩擦过的玻璃棒和用树脂摩擦过的琥珀带的电似乎不同。1729年英国的格雷和1734年法国的迪费基于大量摩擦起电实验结果，提出了电的双流质假说，认为同种电会相互排斥、异种电则相互吸引，两种流质一旦相遇则会发生中和而不带电。存在两种电的理论和中国古代关于电生于阴阳激耀的说法有着异曲同工之妙，真是科学和哲学殊途同归！

要想进一步认识电的性质，关键是要找到产生电和储存电的办法。虽然摩擦起电是产生电的一种办法，但是每次发电不能只靠手擦擦——这效率也太低了。后来一个叫盖吕克的人发明了更加方便的摩擦起电盘，也就是用一个手摇盘子转动摩擦起电(图2-3)。从此，小电妖再也不能那么轻易七十二变无影踪，而是可以招之即来啦。下一步就是寻找收电妖的“小魔瓶”，这难不倒聪明又善于观察的人类。1745年，荷兰莱顿大学的莫森布鲁克教授在某次电学课上，不小心把一枚带电的小铁钉掉进了玻璃瓶。掉就掉了吧，没啥大不了的事，待会儿下课再捡起来呗，教授心想。不料，等他课后从玻璃瓶捏出铁钉的时候，手上突然有一种麻酥酥的感觉。“有电！”教授惊奇道，原来铁钉的电并没有消失，掉进玻璃瓶后一直都在！莫森布鲁克仔细考量了他用的玻璃瓶，经过不断改进，终于发明了降服小电妖的魔瓶——莱顿瓶，这名字是为了

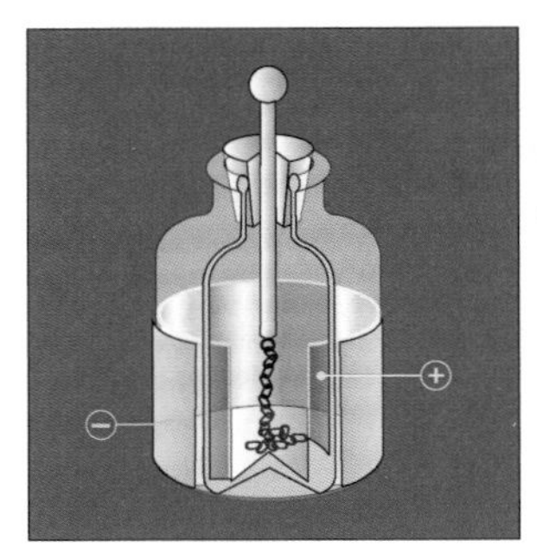
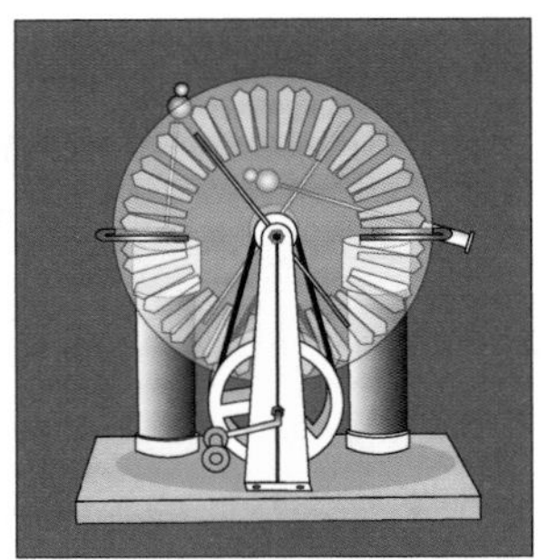

图 2-3 莱顿瓶与摩擦起电盘
(孙静绘制)

纪念它的发明地点莱顿大学。银光闪闪的莱顿瓶里外都贴有锡箔,瓶里的锡箔通过金属链跟金属棒连接,棒的上端是一个金属球。小电妖一旦落入莱顿瓶,就像孙悟空进了银角大王的紫金红葫芦里,很难跑出来得瑟了。如今看来,莱顿瓶其实就是一个简单的电容器,电通过金属链导入瓶中后,将被屏蔽保存在瓶中(图 2-3)[2]。

有了莱顿瓶这个收电"神器",许多科学家都兴奋不已。1746 年,英国的科林森小心翼翼地打包了一个莱顿瓶,快递给了美国费城的好朋友——本杰明·富兰克林,同时附上了使用说明书。美国人富兰克林是一个十足的科学爱好者,在数学、物理、工程、音乐等许多方面都有研究,在电学刚刚风靡起来的时代,富兰克林同学最喜欢的礼物莫过于一只莱顿瓶了。当时关于摩擦引起的静电研究已经非常之多,可以说,人们对"地电"已经十分熟悉。但是对于更加强大的"天电"——闪电,人们还是敬而远之的。据说,1752 年的某一天,富兰克林和助手在雷雨天做了一个疯狂的风筝"引雷"实验,成功把"天电"抓进了莱顿瓶(图 2-4)。富兰克林通过仔细研究闪电,他最终认为闪电其实和摩擦产生的电没有任何区别,也就是说,"天电"和"地电"属性相同。他进一步指出所有的电其实都是电荷造成的,电荷分为正电荷和负电荷两种。电荷其实存在所有的物体当中,只是有的物体正电荷比较多所以带正电,相反,有的也就带负电或者不带电,电荷的积累和转移就是摩擦起电等静电现象,而电荷的"流动"则形成了诸如闪电的电现象。原来,电母和宙斯用的法器并不神奇,和人间产生的电完全一样！就像普罗米修斯盗取天火到人间一样，富兰克林就是“人间的普罗米修斯”，勇敢地把天电引到地面，终于揭开了闪电的神秘面纱[3]。人们从此意识到电里面蕴含的巨大能量，如何安全地利用这股神奇的力量，成为无数科学家努力的目标。

图 2-4　富兰克林用风筝捕捉“天电”
（柯里尔·艾夫斯，彩色版画）

不过，据后来考证，富兰克林的实验非常危险，很容易被电击受伤，当时他其实只是提出了设想，并未能真正完成这个可怕的实验！幸好，伟大的富兰克林没被雷劈，1775—1783 年，他还作为重要角色参与领导了美国独立战争，并在建国之初起草了《独立宣言》，成为美国史上最著名的人物之一。百元美钞上一个大背头鹰钩鼻老头子在中间，没错，他就是本杰明·富兰克林，一名胆大幸运的科学家和政治家[3]。富兰克林的实验还给我们一个启示，要躲开上天的“闪电惩罚”可以用一根悬挂在高处的金属来吸引闪电，从而让它不再破坏建筑物，这便是避雷针的原理。避雷针于 1745 年由狄维斯发明。现代社会摩天大楼顶上比比皆是避雷针，有效地躲开了“宙斯之怒”，保证了楼里人的安全(图 2-5)。

图 2-5　闪电下的埃菲尔铁塔
（来自壹图网）

“人间的普罗米修斯”用风筝“一鸢渡

电”开启了电学研究的新篇章，认识到天地电同源之后，人们对电的兴趣也越来越浓厚，玩的花样也越来越多。玩得最 high 的一次，当属传教士诺莱特。这位神父为了让教众感受神的力量，特地召集了 700 余名修道士来巴黎的某教堂玩一次史无前例的电学大 party。大伙儿手拉手围成一个大圈圈，第一个人抓住莱顿瓶，最后一个人抓住其引线，当摩擦起电盘给莱顿瓶充满电之后瞬间放电，几百人几乎在同一瞬间都被电刺痛双手而跳了起来，在场的皇室贵族和围观的路人甲乙丙们看得无不目瞪口呆。玩得最吓人的一次，当属意大利的伽伐尼。这位仁兄喜欢没事拿刀子解剖各种小动物，有一次拿金属刀片正准备对案板上的半截死青蛙来一个“庖丁解蛙”，一刀子下去，蛙腿居然像活着一样抽搐了几下，吓得他以为青蛙起死回生或是借尸还魂。当时关于电的神奇已经传遍大街小巷，伽伐尼于是跟风声称青蛙腿本来就带有“生物电”，金属刀片的接触导致电的传导，引起了蛙腿抽搐[4]。若干年后生物电的假说被一本叫作《弗兰肯斯坦》(又名《科学怪人》)的科幻小说借鉴，描述了一个疯狂科学家用拼凑的尸体和闪电造出一个奇丑无比的怪物，最后导致家破人亡的故事。电学热潮初期玩得最认真的，当属卡文迪许和库仑。两个人一个出生在英国，一个出生在法国，但都有一个共同的特点——是富二代但绝非酒囊饭袋。卡文迪许从另一个科学伟人——牛顿身上学到了实验物理方法，也思考了他提出的万有引力定律，他认为静电力之间也存在类似引力的平方反比定律，并亲自用两个同心金属球壳做了实验。而库仑则利用他精湛的力学工程技能，改进卡文迪许的扭秤实验，成功精确地测量了静电力，证明了卡文迪许关于平方反比定律的猜想。电学里第一个定律——库仑定律，就这样诞生了(图 2-6)。

在富兰克林提出电荷的假说 100 多年后，1897 年，英国物理学家 J. J. 汤姆孙终于看清了小电妖的面目——电子。汤姆孙在研究阴极射线过程中发现一种带电粒子的存在，并巧妙地用磁场和电场做成的质谱仪测量电子的电荷/质量比值(简称荷质比)，证实了电子是一种独立存在的粒子。1911 年，美国的密立根尝试重复汤姆孙的实验，但是发现实验结果存在许多不确定性。为

图 2-6　（从左到右）诺莱特的电击实验，伽伐尼发现生物电，库仑用的静电扭秤
（孙静绘制）

了精确测量电子的电荷量,密立根发明了著名的油滴实验装置,通过监控带电油滴在平行板电容器下落的时间来测定其电量(图 2-7)。就这样,密立根在显微镜下观测了数千个油滴,通过统计数据发现所有油滴带电量都是某一个数值的整数倍。他认为这个单位电荷量就是电子电荷的数值,称为元电荷。至此,人们才真正理解各种复杂的电学现象实际上就是电子的转移或运动造成的。然而,有关电的魔法故事远远没有结束。尽管人们已经知道电子的质量和电量,但是关于电子的直径以及它是否有内部结构,直到今天仍然是一个待解之谜。

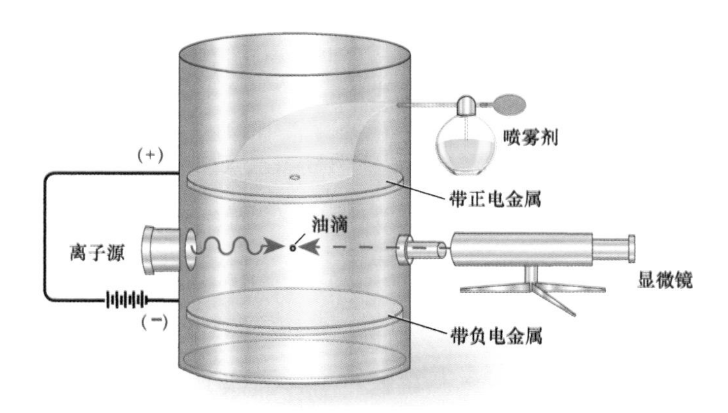

图 2-7　密立根油滴实验装置
（孙静绘制）

当今社会,人们的生活已经离不开电。各种家用电器,如电灯、电视、计算机、电冰箱、电话、电炉、电吹风、电熨斗、电烤箱、电饭煲等,已经成为生活必需

品。还有各类仪器仪表、工厂的各种机器、各种交通工具、夜晚的霓虹灯等几乎都离不开电。夜幕降临的现代都市里经常上演绚烂的灯光秀，那就是电的魅力(图 2-8)。让我们永远铭记，电的发现、研究和利用，彻底改变了这个世界！

图 2-8　上海外滩上演的绚烂灯光秀
（来自壹图网）

参考文献

[1]　外国神话故事——普罗米修斯. 学科网，2009-01-05.
[2]　蔡斌. 莱顿瓶：最原始的电容器[N]. 供用电，2014-07-05.
[3]　本杰明・富兰克林. 富兰克林自传[M]. 唐长孺，译，北京：国际文化出版公司，2005.
[4]　布托夫，孙乃渊. "动物"电[J]. 生物学通报，1958，11：24.

3　鸡蛋同源：电磁学的背景知识

自从泰勒斯这位科学老祖记录了摩擦起电和磁石吸铁这两个物理现象以来，2000 多年过去了，人们对电和磁的理解还是极其有限。无论是中国风水先生用罗盘定乾坤，还是哥伦布靠指南针航海发现新大陆，抑或是诺莱特的奇妙人肉电学实验，都是止步于电和磁极其常见的现象认识和利用。甚至到 19 世纪初期，许多人依然认为电和磁风马牛不相及，电是电，磁是磁，电没法搞出指南针，磁也没法生成闪电。然而，真相是如此吗？

如果仔细思考摩擦起电和磁石吸铁两个现象，不难发现它们有一个共同特征：吸引作用。富兰克林认为电之间也存在异种电荷相吸，和磁的南北极相吸其实一样，所谓阴阳，是为相吸。

发现电和磁之间的小秘密，需要一点点童话般的幻想，加上细致入微的观察，还有不断验证的实验。19世纪的一个丹麦人，他符合上述所有条件。喔，您别想多了，他不是安徒生。确实，我们伟大的童话大王，安徒生先生，创作了《卖火柴的小女孩》《丑小鸭》《海的女儿》等著名的童话故事。他还写了更多不那么出名的童话，《两兄弟》就是其一，人物原型是他的一位好朋友。话说，这位朋友整整比安徒生大了28岁，是他报考哥本哈根大学的主考官，也算是老师了。或许是暗恋老师的小女儿的缘故，安徒生每年圣诞节都喜欢往老师家里跑，一起吟诗作乐，顺便聊聊科学[1]。也许是安徒生这位文艺青年感染了他，这位普通物理系老师，依靠他童话般的想象力，发现了一件极其不平凡的事情。某一次物理实验课，一切似乎都是老样子，连电路，打开开关，讲课，断电，收工。然而不经意间，一个小磁针放在了电路旁边，又是不经意间，他注意到开、关电的瞬间，小磁针都会摆动几下。就像童话世界里用魔法棒隔空操控磁针一样，通电断电似乎也有这个效果，万分激动的这位仁兄差点儿摔到讲台下面去。之后，这位40多岁的普通物理教师，在实验室里愣是乐此不疲地玩了3个月的电路和小磁针，宣布发现了电和磁的魔法奥妙——运动的电荷可以让静止的磁针动起来(图3-1)。1820年7月21日，一篇题为《论磁针的电流撞击实验》的4页短论文发表，署名汉斯·奥斯特，这位安徒生的老师兼好友，一举成名。

原来，同时期的许多物理学家都在研究静电和静磁之间的联系，但是静电和磁针之间总是过于冷淡，啥作用都不发生，也无法相互转换。奥斯特的发现，关键在于突破思维框架，在运动的电荷里寻找和磁的相互作用。电和磁之间的小秘密，终于被人们发现。奥斯特这个名字，后于1934年被命名为磁场强度的单位，简写为Oe，沿用至今。

奥斯特的实验报告犹如投入池塘里的一颗小石子，让本已归于平静的欧

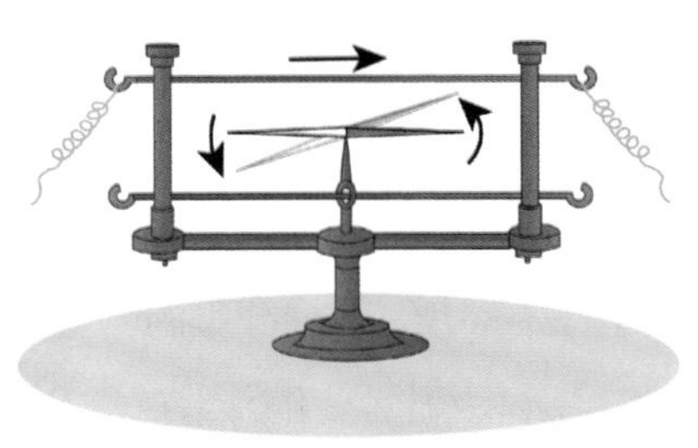

图 3-1 奥斯特和他的实验
（来自壹图网/孙静绘制）

洲电磁学研究，激起了层层涟漪。几位法国科学家在 1822 年里相继做出重要贡献：阿拉戈和盖·吕萨克发现绕成螺线管的电线可以让铁块磁化；安培发现电流之间也存在相互作用；毕奥和萨伐尔发明了直线电流元理论解释这些实验结果。

和库仑一样，安培也是一个痴迷于物理研究的富二代科学家，从小就在父亲的私人图书馆里接受科学的熏陶，从小学、中学、大学到教授，再到法国科学院院士，学术之路一直顺风顺水。安培勤于思考各种物理问题，无论何时何地，想起来就根本停不下来。他曾将自己的怀表误当鹅卵石扔进了塞纳河，也曾把街上的马车当作黑板来推导公式。可以想象这样一个科学痴人，当他得知奥斯特的实验结果之后是多么地兴奋。安培在第一时间重复了奥斯特的所有实验，并把结果总结成一个非常简单的规律——右手螺旋定则[2]。现在，用你的右手，轻轻握住通电流的导线，拇指沿着电流方向，四根手指就是电流对磁针作用力的方向，没错，就是环绕电线的一圈（图 3-2）。安培把电线绕成螺线管，直接就用电流做成了一个"磁铁"，根据右手定则可以轻松判定这个电流磁铁的磁极方向。安培利用螺线管原理发明了第一个度量电流大小的电流计，成为电学研究的重要法宝之一（图 3-3）。既然通电导线会有磁作用力出现，那么两根通电导线之间也会存在类似的吸引或排斥作用，为此安培同样总结了电流之间的相互作用规律。关于为什么电可以生磁，安培继承了奥斯特

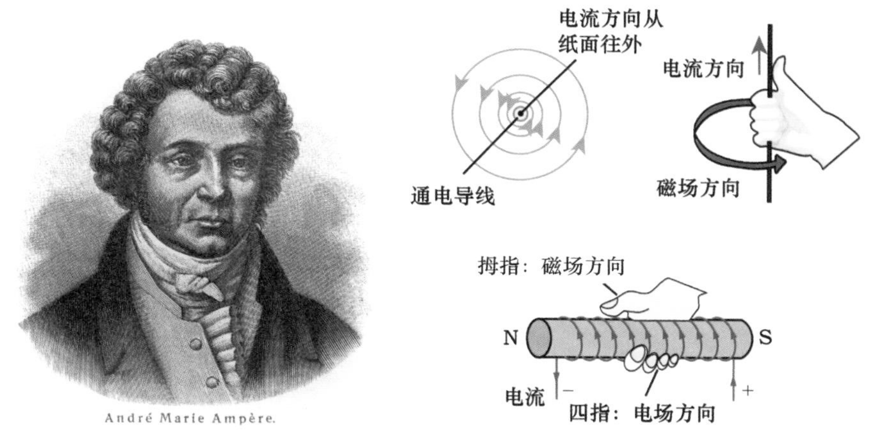

图 3-2　安培右手螺旋定则

（来自壹图网/孙静绘制）

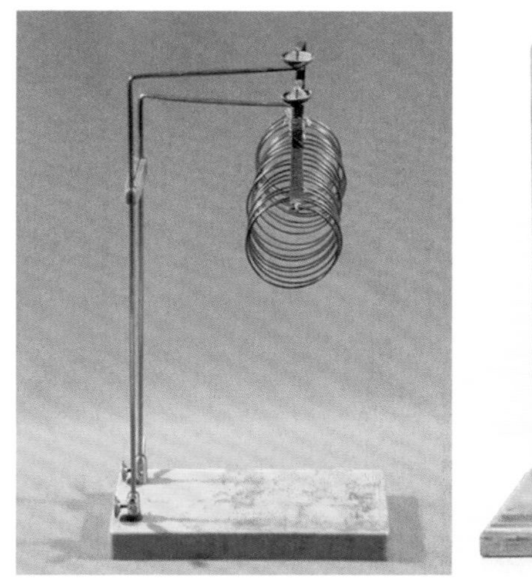

图 3-3　安培实验用的螺线管和电流计

（来自维基百科）

的童话思维模式，想象磁铁里面也有一群小电精灵，就像一个个电流小圈圈，形成了一大堆小电流磁针，并且指向一致，如同群飞的鸟儿或海洋里群游的鱼儿一样，集体的力量最终形成了极大的磁作用力。安培给他的小小电精灵取了个形象的名字，叫作分子电流。要知道，那个时代对微观世界的认识只到分子层次，关于是否存在原子以及原子内部是否有结构属于超越时代的问题，能创新地想象分子里面有环状电流已经十分大胆前卫了。虽然后来实验证明分子电流并不存在，但是其概念雏形为解释固体材料里面的磁性起到了抛砖引玉的效果——磁虽然不是来自分子电流，但和材料里的电子运动脱不开关系。为纪念安培的贡献，后人将电流单位命名为安培，简写为A。

好了，我们现在知道，电，可生磁。那么，下一个问题自然是：磁，可以生电吗？

答案是肯定的。用实验事实回答这个问题的第一个人，是英国一位仅有小学二年级学历的年轻人。他不是因为太笨而辍学，而是因为家里实在太穷了——铁匠老爸想让儿子早点出去打工，好挣钱养家糊口。可怜的孩子，小小年纪就到伦敦街上去卖报，去文具店站柜台，还去书店搞装订，不为什么，就为混口饭吃不被饿死。幸运的是，科学与贫富无关，穷人的孩子同样可以对科学感兴趣，甚至做出极其重要的科学贡献。这位叫迈克尔·法拉第的孩子，利用他在书店打工的机会，用他仅有的小学二年级语文水平，博览群书，特别是《大英百科全书》。法拉第对科学非常感兴趣，时下最火热的当属电学研究，他甚至自己捣鼓起简单的电学实验，还拉着小伙伴们一起讨论科学问题。看书不能满足他日益增长的好奇心，法拉第从19岁开始频繁出现在伦敦市里各种科学讲座现场。一位叫戴维的大科学家用渊博的知识征服了法拉第，很快他就成为戴维爵士的忠实粉丝，精心记录他的每一次演讲，并在书店用他的装订技术做成了一本《戴维讲演录》，寄给了他作为圣诞礼物。戴维显然被这位渴望科学知识的穷孩子粉丝感动了，事出凑巧，他不幸在做化学实验时把眼睛弄伤了，急需一名助手。法拉第同学就这样，从一个伦敦街头打工仔，变成了皇家研究所的科研助理。对其他人来讲，无非是换个地方打工，混饭吃的还是继续混饭吃。然而对于法拉第来说，接触到真正的科学就等于插上了飞翔的翅膀。他毫不介意以仆人的身份陪戴维老师访遍欧洲科学家们，也从不抱怨老师给的各种化学研究任务，在出色地完成一名科研助理工作的同时，他也努力继续着电学和磁学的实验。话说19世纪初的电磁学研究领域大多数都是些不愁吃穿的富家子弟,法拉第在紧衣缩食的情况下,以一个寒门子弟的身份跻身,用大量的物理实验证实：磁可生电。

磁是如何生电的？关键还是三个字：动起来。既然运动的电荷会产生磁作用力,那么运动的磁铁也会产生电流。法拉第用磁铁穿过安培发明的金属螺线管,发现磁铁在进入和离开线圈的时候会产生电流,也发现在两块磁铁间运动的金属棒会产生电压(图3-4)。法拉第把磁产生电的现象叫作电磁感应,后来美国的亨利研究了感应电流的大小与磁强度之间的关系。俄国的楞次总结出了电磁感应的规律,也就是楞次定律：感应电流的方向与金属棒和磁铁相对运动方向相关。为了更加形象地理解电磁感应现象,法拉第创造性地发明了“磁场”的概念。他认为磁铁周围存在一个看不见摸不着的“力场”,就像一根根的磁力线,从磁北极出发跑到磁南极结束。让金属棒作切割磁力线的运动,就会产生电压或电流,电流方向由磁力线与金属的相对运动方向决定。为了证实磁场的存在,法拉第在各种形状的小磁铁周围撒上了细细的铁屑,清楚地看到了铁屑的密度分布(图3-5)。力场的概念至今仍然是物理学的最重要理论基础。法拉第凭借仔细的实验观察,非常形象具体地解释了电磁感应现象。翻开他的实验记录本,里面几乎找不到一个数学公式,都是一张张精美的手绘实验图表,让人一目了然。正是因为如此,法拉第的发现非常适合公众演示,他本人也是一个科普达人,组织过无数次科普讲座和演示。他编

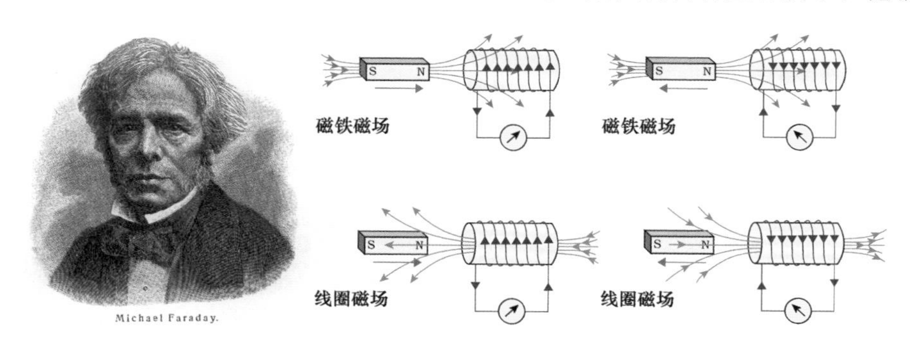

图3-4 法拉第与电磁感应现象

(来自壹图网/孙静绘制)

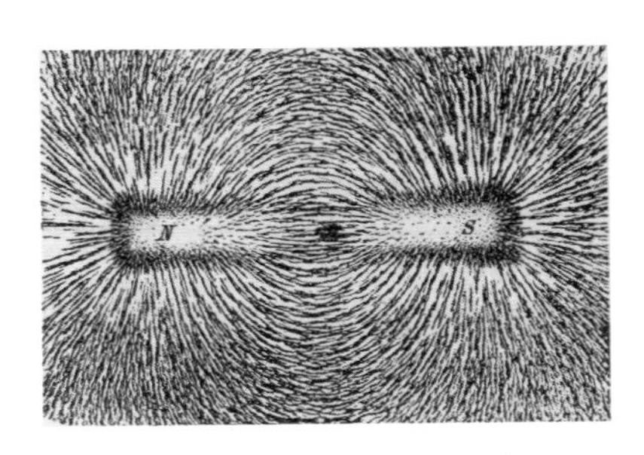

图 3-5 法拉第手绘的磁力线图
(来自维基百科)

写的《蜡烛的故事》成为科普典范,期待着某一个角落里的某一个孩子能够走上和他类似的科学之路。法拉第于 1825 年接任戴维成为皇家研究所的国家实验室主任,但是他拒绝了皇家会长的提名,也拒绝了高薪等一切会干扰科研工作的东西[3]。为了纪念法拉第的贡献,后人把电容的单位命名为法拉第,简写为 F。

动电生磁,动磁生电。多么妙的领悟!

然而,究竟是先有磁,还是先有电呢?如同一个古老争论不休的问题,究竟是先有鸡,还是先有蛋呢?很多人认为当然是先有蛋再有鸡,因为原则上鸡和鸟类一样,都是恐龙进化来的,想当年恐龙时代,大伙都下蛋,就没有听说过什么叫作鸡!但是最近英国科学家发现有一种蛋白质只能在鸡的卵巢里产生,这下还是先有鸡比较靠谱。也就是说得先有个叫作"原鸡"的动物,下了一个蛋,叫作"鸡蛋"。那么,有没所谓的"原磁"或"原电"呢?这才是产生电或磁的根源?

莫慌,莫慌,别凌乱。来自英国剑桥大学的天才,来告诉你答案。

剑桥大学三一学院,伟大的牛顿工作的地方,那里有砸中牛教授的苹果树和万有引力的智慧,还有许多世界闻名的大科学家。有一天,数学教授霍普金斯去图书馆借一本数学专业书,发现已被一个刚来的年轻人借走了。教授找到借书者,看到他正在笔记本上乱糟糟地摘抄书里面的内容,教授对这位年轻人敢于读如此艰深的数学书而惊讶,同时善意地提醒他记笔记要注意整洁性——这是学习数学的基本要求。年轻人透露了他对数学的兴趣动力,因为他对刚读过的法拉第《电学实验研究》十分感兴趣,但苦于找不到合适的数学工具来理解其中大量的实验规律。不久,霍普金斯将他收入门下攻读研究生,同门师兄还有大名鼎鼎的威廉·汤姆生(开尔文勋爵)和斯托克斯。1854 年,年仅 23 岁的他顺利闯过师兄斯托克斯主持的学位考试,毕业留校任职。有了强悍的数学功底,这位叫作詹姆斯·麦克斯韦的年轻人正式开始了电磁学方面的理论研究。一年后,他用两个微分方程描述了法拉第的实验,并发表了论文《论法拉第的力线》。又过了四年,麦克斯韦转到伦敦大学国王学院任教,终于有机会前去拜访他的偶像——迈克尔·法拉第,这位比他大了整整 40 岁的成名科学家。一个是实验高手,一个是理论高手,巅峰对决,顶级交锋,思维的火花不断迸发。法拉第显然对微积分公式感到一片茫然,他赶紧提醒麦克斯韦,要让实验学家懂你的理论,最好建立一个物理模型。哥俩决定给这个模型取一个高大上的名字,叫作“以太”。以太源自亚里士多德,指的是天上除了水、火、气、土之外的另一种神秘东西。麦克斯韦做到了！他在接下来的论文《论物理学的力线》里,完成了另外两个描述电磁现象的公式。至此,麦克斯韦的“以太”模型世界里描述电磁理论的方程一共有四个,组成了“麦克斯韦方程组”,这是物理学里面最优美的公式之一(图 3-6)[4]。

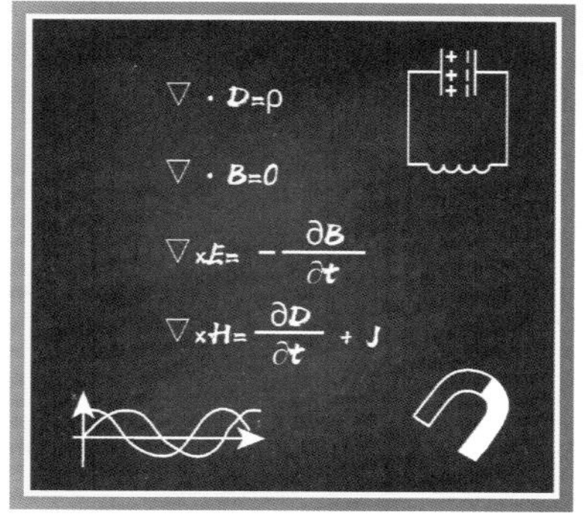

图 3-6　麦克斯韦和他电磁学方程组
(来自壹图网/孙静绘制)

终于,无论是电生磁,还是磁生电,都可以用麦克斯韦方程组来解释。这些看不见摸不着的“超距作用”原来就是电场或磁场在作祟。然而事情没有那么简单,麦克斯韦发现,这个方程组可以预言一种既有电场又有磁场的东西,而且传播速度是光速！接下来,他在《电磁场动力学》里用数学论证了这种“电磁波”(时称“位移电流”)的存在。也就是说,电和磁完全可以在一起,而且,我们天天看到的光,其实就是电磁波！这是何等大胆的推断！原来电和磁本来就可以不分家的,电里可以有磁,磁里也可以有电,他们同属于电磁相互作用。

究竟是先有电还是先有磁的问题，在麦克斯韦方程组里不攻自破，既然“俩娃”都不分彼此了，那就甭管谁先谁后的问题了。

1873 年，麦克斯韦完成《电磁学通论》一书，宣告电和磁相互作用被统一描述，成为继牛顿力学之后的第二个集大成者。一位 16 岁的德国科学家赫兹看到了这本书，决心找到麦克斯韦预言的电磁波。15 年后，实验终于获得成功，电磁波被证实存在。再往后，马可尼、爱迪生、特斯拉、伦琴、劳厄等的发明和研究让电磁波成为造福人类社会的利器（图 3-7）。

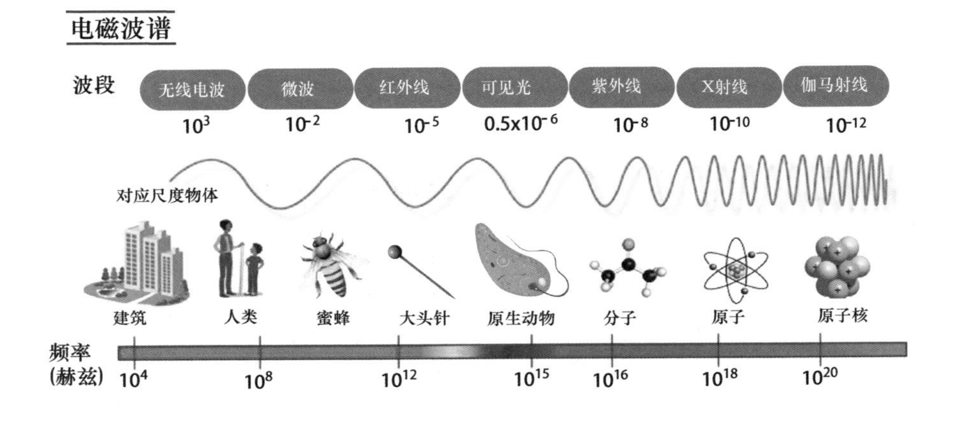

图 3-7 电磁波谱
（孙静绘制）

故事远远没有结束。

尽管电和磁都统一了，但是电毕竟是电，磁毕竟是磁，两者细究起来还是有区别的。话说，你吃个鸡和吃个蛋，味道能一样吗？一个简单的问题，关于电，我们知道有正电荷和负电荷的存在，但是关于磁，为什么没有听说过南磁荷和北磁荷的存在？事实是，我们至今没有发现过！一块条形磁铁无论你怎么切，每一块都是有南北极同时存在。仔细看麦克斯韦方程组就会发现，里面电场是有源的，而磁场是无源的。这……何解？

1879 年，麦克斯韦去世。同年，爱因斯坦出生。麦克斯韦方程里提到的物理模型——“以太”，最终在19世纪末引发了物理学的一场革命，爱因斯坦是发起这场革命的中坚力量。再之后，相对论和量子力学建立，电磁学的研究进入到了一个崭新的时代。又是一个英国的年轻人，叫作保罗·狄拉克，建立了一个相对论形式的量子力学波动方程——狄拉克方程(图3-8)[5]。在这个方程里面，不仅存在带负电的电子(负电子)，也存在带正电的电子(正电子)，还预言了只有南极或北极的磁单极子。关于磁单极子的寻找，至今仍然是一个谜。虽然近几年科学家们在一种叫作自旋冰的固体材料里面发现了类似磁单极子的准粒子，但严格来说它并非是我们理解的单个自由粒子，只是可以用磁单极子的理论来描述[6]。

图3-8　狄拉克和刻在他墓碑上的方程
(来自维基百科)

随着对微观世界认识的不断深入，人们逐渐了解到，宏观的电磁现象实际上都来自于材料内部微观电子的排布方式和相互作用模式。而电磁相互作用力，属于自然界四大基本相互作用力之一。关于电磁学的研究，一直在继续。

参考文献

[1]　武夷山.作家安徒生与科学家奥斯特的友谊[J].科学，2006，4：26-27.
[2]　陈熙谋.中国大百科全书74卷[M].2版.北京：中国大百科全书出版社，2009.
[3]　中国教育文摘：迈克尔·法拉第，2007-11-06.
[4]　朱照宣.中国大百科全书74卷[M].北京：中国大百科全书出版社，1985：353.
[5]　狄拉克.科学和人生[M].肖明，龙芸，刘丹，译.长沙：湖南科学技术出版社，2009.

[6] Castelnovo C, Moessner R, Sondhi S L. Magnetic monopoles in spin ice[J]. Nature, 2008, 451: 42-45.

4 电荷收费站：电阻的基本概念

18世纪末到19世纪初，牛顿力学的大厦已经落成，整个物理学界正以一个名门正派的身份走向体制化时代。研究物理的基本套路走向成熟：发现新物理现象—总结基本现象规律—针对特征现象进行详细实验测量及定量表征—从大量实验数据里找到合适的数学描述—得出相应公式化的定律—用定律来解释或预测新的现象。至今，实验为基、理论为辅的科学研究仍然是八股范式，几乎所有的自然科学研究都是这个模式。长期以来，它在描述我们生活的自然过程中取得的成功证明了：实践是检验真理的唯一标准。对于实验物理来说，关键在于获得可靠的定量化的实验数据，否则建立理论只能是空谈。在当时如火如荼的电学研究领域，如何定量地描述电学实验现象，成为各位科学家最头疼的问题。

要想玩电，首先你得学会怎么"发电"。尽管古希腊人告诉我们摩擦摩擦就能搞定，但毕竟这就像钻木取火一样麻烦，而且得到的静电也不太稳定。富兰克林抓雷电的方法是获得动电的可能途径之一，但又实在太危险了，弄不好会被烤焦，灵魂跟风筝一起升天了。不必担心，又是一个着迷科学的富家子弟出马，解决了这个问题。

亚历山德罗·伏特，出生于一个传统天主教家庭，优哉游哉的生活里同时隐藏了一颗不羁的内心(图4-1)。他和奥斯特同学一样，喜欢诗词歌赋，也喜欢科学，诗歌用来泡妞，科学用来娱乐。他不惧礼教，和一位歌女同居到50岁，然后和另一个女人结了婚。他也不被当时科学大牛们的条条框框束缚，而是自由地探索他所向往的科学。莫森布鲁克发明莱顿瓶后，伏特也搞来一个玩玩，为了实现不断往莱顿瓶充电，他最早设计了一个静电起电盘。基本原理还是靠金属和绝缘树脂圆盘之间的摩擦，然后通过静电感应让接地的金属带同种电荷，再把电荷转移到莱顿瓶。显然这种方法和后来盖吕克发明的转动

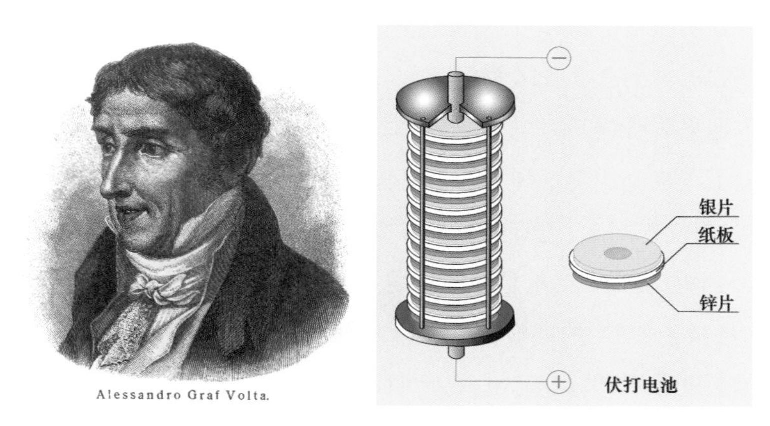

图 4-1　伏特和他发明的电堆
（来自壹图网/孙静绘制）

摩擦起电盘一样，需要人工发电，做的体力活太多，不太适宜用来做电学实验。不过，靠这个紧跟时代潮流的小发明，伏特就以 29 岁的年龄成为了大学教授，然后以此身份名正言顺地周游欧洲列国，拜访伏尔泰、拉普拉斯、拉瓦锡等当时的大科学家和名人。深入广泛进行科学交流的同时，伏特还紧跟时代步伐，阅读新发表的文献。

1791 年，伽伐尼的青蛙电学实验引起了伏特的注意，他的关注点不是伸缩的青蛙腿，而是伽伐尼手上的金属刀片。伏特尝试着把不同的金属片放在一起，然后发现了一件神奇的事情——不同的金属接触会造成电势差，也就是说起电的方法很简单，就是把两块不同的金属叠在一起，自然就有了电！伏特还发现金属和液体（主要是电解质）接触不会产生电势差，因此伽伐尼之所以看到青蛙腿被电，是因为他手上的金属刀片本身带电。伏特号称他的发现“超出了当时已知的一切电学知识”。已经 45 岁的伏特，突然获得了一个极其重要的灵感——如果把不同金属块按照一定顺序堆叠，自然就可以产生很高的电动势，他把这种浸在酸溶液中的一大堆锌板、铜板和布片称为“电堆”，后被人叫作伏特电堆（或伏打电堆）（图 4-1）。有了电堆，就等于有了一个持续输出的电源，电学研究从此告别摩擦或抓电的时代，同时也朝着应用迈开了坚实的脚步[1]。

伏特发明电堆的时候，已经是55岁接近退休的年龄了。1801年，伏特带着他发明的电堆到欧洲各国做巡回秀，在法国巴黎表演的时候，拿破仑皇帝也饶有兴致地来观看（图4-2）。拿破仑对伏特的发明特别赞赏，于是大手一挥，给他颁发了一枚金质奖章和一笔丰厚奖金。后来伏特推辞自己廉颇老矣想退休，拿破仑不仅不同意，还给他加封爵位挽留[2]。不过伏特觉得科学家玩政治太危险，人生的最后8年都是在隐居的状态中度过的，直到拿破仑倒台之后的1827年，伏特于82岁的高龄去世。后人为了纪念伏特的科学贡献，特把电动势（电势差、电压）的单位取为伏特，简称伏，符号为V。

图4-2 伏特向拿破仑介绍电堆原理
（来自维基百科）

有了电源，下一个问题就是如何精确测量各种电学现象。按照富兰克林的推论，电现象的本质是电荷，电荷的转移导致了静电现象，电荷的运动则导致了电流。那么，如何衡量电流的大小呢？因为电流中电荷是运动的，你可不能像密立根那样去数油滴，而且你也无法"看到"电荷，更何况，实际上电荷的数目是如此之多，你数也数不过来呀！幸亏奥斯特的童话魔法发现了电流可以让磁针偏转，因此电流大小就能用可观测的磁针偏转角度来衡量。德国的施威格很快注意到这一点，他发明了利用电流磁效应度量电流大小的磁针电流计。由于牛顿力学的深入人心，人们很轻松就可以把磁针偏转造成的扭力大小测量出来，最终，电流大小对应了某种力的大小，电学研究回归到了人们熟知的力学研究范畴，一切变得容易起来[3]。

说起来容易，做起来难！

系统测量不同媒质里电流大小的第一人，并不是某位著名的大学教授，也不是某位富家子弟。在人人都能玩科学的时代，德国一个穷苦人家的孩子，一个博士毕业找不到好工作，被迫为了生计而经常做家教的中学教师，成为定量研究电学的先驱。他叫乔治·欧姆，有一个锁匠父亲和一个裁缝母亲，幼年的生活是十分艰苦的，家里许多兄弟姐妹挨不过饥饿寒冷和病痛一个个夭折，母亲在乔治10岁时也撒手人寰，最终只有兄妹三人靠父亲的技艺活了下来。锁匠父亲深谙知识改变命运的道理，一边自学数学物理知识，一边教授兄弟两人——乔治·欧姆和马丁·欧姆。兄弟俩很快就展露数学天赋，年仅15岁的乔治被大学教授赞赏有加，马丁之后也成为著名的数学家。1805年，老欧姆把16岁的乔治·欧姆送到了埃尔朗根大学，显然这位年轻人还没意识到学习的重要性，大一时净在玩跳舞、台球、滑冰之类。老爸很愤怒，后果很严重。老锁匠让他转学去瑞士，估计还停了生活费，以至于他不得不中途辍学去中学教书，好挣点钱糊口。后来乔治又想好好学习天天向上，找了欧拉和拉普拉斯的数学著作来自学，并于1811年在埃尔朗根大学获得了博士学位。话说，六七年就能读完大学到拿博士学位，还包括玩物丧志和打工挣钱的时间，实在说明这位在理科上有一定的天赋。博士毕业并不意味着能找到一个好工作，乔治同学也许觉得父亲骗了他，无奈又回到中学当普通教师去了。一晃又是八九年，1820年，眼看奔四的乔治·欧姆，还觉得自己事业一无所成，对不起自己的聪明才智。也许某一天，突然醒悟，该做点什么。做什么呢？就当下最火热的电学研究吧！

还是那句话，想起来容易，做起来难！

乔治·欧姆要做电学实验研究，他面临着巨大的困难。首先，他工作太忙，要知道，一名中学教师是要不停地备课、上课、改作业、监考，等等；要想做自己的研究，只能利用极其有限的业余时间；其次，他资源缺乏，查文献基本靠图书馆残缺不全的资料，仪器基本没有；再者，他经费困难，微薄的工资还得养活家人，要抽出来搞研究，就得勒紧裤腰带。即使这样，不再年轻的欧姆还是义无反顾地开始了他的物理生涯。

欧姆要解决的问题，是测量不同材料在相同条件下通导电流的大小。施威格发明的电流计无疑给了欧姆很大的启发，他自己动手做了一个电流扭秤，在磁针偏转的刻度盘上标出角度，从而有了相对准确地测量电流的仪器。有了测量仪器，等于巧妇有了锅，米相对比较容易——市场上各种金属导线并不贵，剩下就缺一个灶了，也就是电流源。欧姆选择了伏特电堆作为电源，就这样，匆匆几年过去了，欧姆从他的一堆数据里勉强凑出来一个规律。也许是因为他急于表现自己的科学能力，也不知道是不是他们的中学评职称要求论文数目，反正欧姆很快把他的初步实验结果发表了。但不幸的是，他随后发现无法重复实验结论，显然之前的研究还有问题，只是覆水难收，论文都发出来了，除了被大家嘲笑他不专业、瞎搞外，估计也就那样了。幸运的是，一位正直的科学家发现了这位中学教师的努力，他鼓励欧姆不要这么快放弃自己的理想，并给出了一个关键性的建议：伏特电堆的电压并不是特别稳定，这会直接影响电流的测量结果，不如采用更加稳定的温差电池。所谓温差电池，是由德国另一个物理学家塞贝克发明的，他于 1821 年发现两个不同温度金属接触在一起的时候，就会产生电动势，形成电流，温差越大，电流越大。由于温差电池是靠温差驱动，只要保持两端的温度不变（如一头沸水，一头冰水），输出的电流就能稳定。可怜的欧姆，为了追逐自己的科学之梦，天天在冰火两重天的实验室里猛干（图 4-3）。终于，积累了大量的数据之后，欧姆发现了一个非常简单的线性规律：通过金属的电流强度和它两端的电势差成正比。因此，衡量金

图 4-3　欧姆在做实验

（来自维基百科）

属导电能力可以用它通过电流强度和电势差的比值来定义,即是电导,表示传导电流能力;两者反过来相除,就是电阻,表示阻碍电流能力(图 4-4)。欧姆还发现金属导线的横截面积越大,长度越短,导电能力越好,也就是说电阻与长度成正比且与横截面积成反比,这点在情理之中[4]。

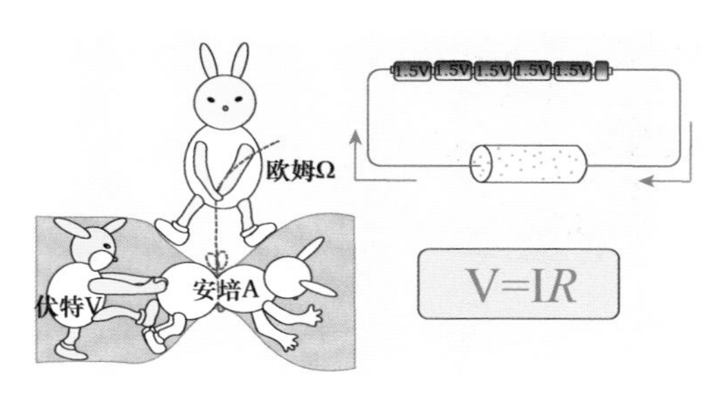

图 4-4 欧姆定律

(孙静绘制)

欧姆的结论非常简洁漂亮,然而长期以来,许多自命不凡的科学家、教授都不喜欢这位中学老师做的土实验,认为金属导电性质没有那么简单,甚至嘲笑欧姆的著作是“对自然尊严的亵渎”。当然,也有人支持欧姆,比如电流计的发明者施威格就跟他说“是金子总会发光”。欧姆本人也极感郁闷,觉得四旬年纪来玩科学是一种失败,他甚至辞去了学校的教职,又去干起了老本行——收入较高一些的私人教师。1831 年,有人重复出了欧姆的实验结果,人们才开始将信将疑。直到 1841 年,英国皇家学会授予乔治·欧姆科普利金质奖章,算是给了他的科研工作一个公开的肯定[5]。欧姆总结出的金属导电规律被命名为欧姆定律,后人为了纪念他,把电阻的单位命名为欧姆,简称欧,符号为 Ω。

如今,人们知道,产生电阻的根本原因,在于电子在材料内部运动时会遇到各种阻碍。就像你开车上了高速公路,每每遇到收费站都可能会堵车一样,因为堵车导致整个车流变慢。电子在运动过程也要付出它自己的“买路财”,它可能发生碰撞导致能量损失,部分电子跑得慢了甚至被材料困住跑不动了(图 4-5)。电子大军从进入材料,到奔出材料,需要一路厮杀,难免损兵折将,

图 4-5　电荷收费站
（孙静绘制）

也难免有大量伤病，最终导致出来的电子部队的队形不一样，这就是电阻的起源。电子之所以能够运动，是因为受到了电场或磁场的作用力。在没有外电场的情况下，电子在材料内部的运动是杂乱无章的，电荷的运动效应被平均化了，无法形成固定方向的电流；但是一旦施加外电场，所有看似杂乱运动的电子就会同时受到特定方向的作用力，从而整体沿着该方向偏移，形成方向稳定的电流(图 4-6)。需要注意的是，电子在材料内部运动速度并不是想象中那么快，尽管电场或磁场可以光速建立起来，但是电子毕竟有一定的质量，跑起来速度还是要远远低于光速。一般来说，电流传播速度指的是接近光速的电磁场速度，而非电子运动的速度。而决定电子在材料内部是如何运动的，以及运动过程会受到怎么样的阻碍，关键在于材料内部电磁场的分布。至于材料内部电磁场是怎么分布的，它们又是如何影响电子的运动状态呢。直到今天，这仍然是物理学的主要研究内容之一[6]。

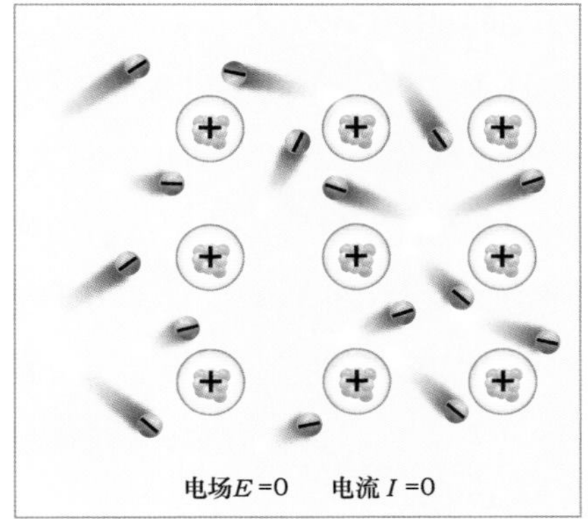

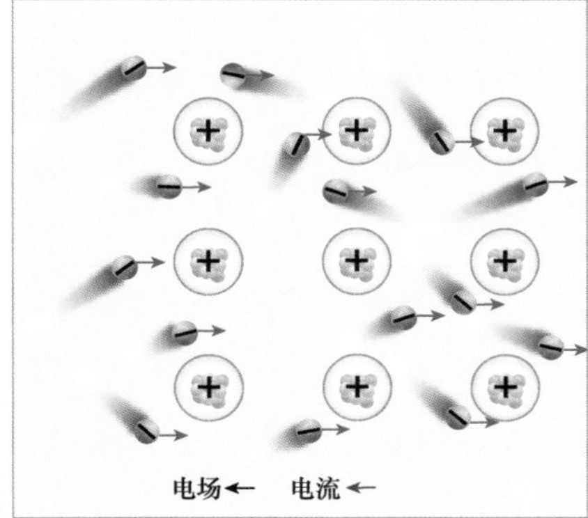

图 4-6 电子在材料内部的运动状态
（孙静绘制）

参考文献

[1] 宋德生，李国栋. 电磁学发展史(修订版)[M]. 南宁：广西人民出版社，1996.
[2] 刘晓. 拿破仑对法国科学技术研究的推动[N]. 中国社会科学报，2014-01-08.
[3] 麦克莱伦第三，多恩. 世界科学技术通史[M]. 王鸣阳，译. 上海：上海科技教育出版社，2007.
[4] 原鸣. 欧姆定律的发现[N]. 中国科学报，2014-05-16.
[5] 学科王，http://zixun. xuekewang. com/，乔治·西蒙·欧姆——欧姆定律，2010-10-30.
[6] 罗会仟，http://blog. sciencenet. cn/u/Penrose，水煮物理(21)：电荷的“买路财”.

5 神奇八卦阵：材料结构与电阻的关系

历史上，最厉害的阵法之一，当属诸葛亮发明的九宫八卦阵，号称囊括天覆阵、地载阵、风扬阵、云垂阵、龙飞阵、虎翼阵、鸟翔阵、蛇蟠阵八大名阵，而且“奇正相生，循环无端；首尾相应，隐显莫测；料事如神，临机应变。”(《八阵图赞歌》)[1]。

此阵法与我们要聊的物理何干？

从物理学的角度来看，八卦阵的要诀在于两点：对称和变化。八卦阵原理取自上古时代伏羲发明的八卦图，世间万物都可以归纳到八卦之中。八卦图整体上是一个正八边形，这其实蕴含着自然界最基本的现象——对称。看那花丛中的蝴蝶，捡起一片树叶，捧起一片冰晶，你就会发现，它们从形状上来看都是对称的(图 5-1)。对称给人以美感，人体就是一个高度对称的例子，这就是为啥欧美油画里总是以人体为主角，话说无论高矮胖瘦都是一种美嘛！人类向大自然学习，生活中无处不存在对称的美感。如果你爬上景山俯瞰故宫全景，你会发现紫禁城的瑰丽奥秘，就是它的对称(图 5-2)。正是由于士兵们对称分布，在八卦阵中就可以随时做到首尾相应、奇正相生。而另一大神奇之处就是它的变化，改变部分的结构，就可以形成新的对称方式，从而迫使里面的敌兵被牵着鼻子走迷宫，不被砍死也得被晕死。

图 5-1　对称的世界：蝴蝶、冰晶和枫叶

(来自壹图网)

图 5-2　故宫全景图

(来自壹图网)

我们为什么生活在一个对称的世界？

要回答这个问题，先要回答另一个问题，世界是什么组成的？

给你一把要多锋利就有多锋利的水果刀，把一个苹果一分二、二分四、四分八……就这么一直切下去，切到最后会不会遇到一个不可分割的单元呢？古希腊哲学家留基伯和他的学生德谟克利特就是这么认为的，还给最后不可分割的单元取了个名字，叫作“原子”（希腊语里就是不可分的意思），我们的世界就是“原子”和“虚空”组成的。中国古人发明了九宫八卦，也用类似理论认为世界基本单元不外乎：金、木、水、火、土。不过科学并不是那么简单，直到18世纪末，科学实验盛行的时代，人们才搞明白原子究竟是个什么“鬼”。1789年，法国化学家拉瓦锡指出，原子就是化学变化里的那个最小单元。1803年，英国化学家和物理学家道尔顿从他的气体分压实验结果里提炼出了科学意义上的原子论，所谓化学反应就是原子间的排列组合[2]。不同的原子排列组合构成了不同的物质，组成了我们生活的世界。原子有多大？当然肉眼是别想直接看到它的真容了。原子直径在 10^{-10} 米左右，即百亿分之一米。如定义十亿分之一米（10^{-9} 米）为1纳米，原子也就只有0.1纳米左右。材料中原子之间间隔大概在0.1～10纳米，一滴水或一粒米里面的原子数目大得惊人，即使是让全地球70亿人来数的话，也要数几百万年才能数完！这个世界有多少个原子，你就别掐指头算了……

现在，回到之前那个问题，为什么原子组成的世界会有如此美丽的对称结构？我们还得剥开原子的坚壳，看看里面是个什么模样。从早期化学家的观点来看，原子是个不可分的最小单元，但从物理角度来说，没什么是不可分的。原子内部究竟有没有结构，汤姆孙认为很简单，里面就是正电荷和负电荷均匀分布的球体，剥开原子看到的无非是均匀的电荷单元。剥开原子最简单直接的办法就是找到一个合适的“子弹”把原子当作靶来轰击，看能打出什么花来。1899年，英国剑桥大学的卢瑟福在贝克勒尔在放射性的天然铀上找到了这枚特殊的子弹——他称之为阿尔法射线（后来知道是氦原子核）。这种射线穿透力很差，一张纸就足以挡住它。正因为如此，它较大的质量和较低的速度，使得它更加容易被探测。卢瑟福用他的阿尔法"原子枪"轰击了金箔，他发现大部分 α 粒子都"如入无人之境"穿透过去，只有一部分轨迹发生了偏转，说明它们受到了正电的排斥作用，其中还有万分之一的粒子是"如撞墙后原路弹回"的。正是这万分之一令他十分兴奋，他后来回忆到："这是我一生中碰到的最不可思议的事情，就好像你用一颗 15 英寸的大炮去轰击一张纸而你竟被反弹回的炮弹击中一样。"卢瑟福的实验结果说明，原子不可能是质量和电荷都均匀分布的直径 0.1 纳米的小球，原子的绝大部分质量都集中在其核心处——卢瑟福称之为"原子核"。也就是，原子内部长得不像西瓜，而是更像樱桃，是一个单核结构，原子核带正电，核外电子带负电。为了进一步理解电子在原子内部是如何运行的，物理学家先后提出了"葡萄干蛋糕模型""行星轨道模型""量子化原子模型"等一系列模型，最终促使了量子力学的建立(图 5-3)。包括卢瑟福及他的弟子门生们，有十多位科学家前后因为原子物理的研究获得了诺贝尔物理学奖[3]。最终原子的结构模型定格在量子力学框架下，电子在原子内部的运动并不存在特定的轨道，而是以概率的形式存在于原子的空间内，某些地方出现的概率大，某些地方出现的概率小，整体概率分布形成一片"电子云"。实际上，原子核直径比原子直径要小得多，把原子比作一个足球场的话，原子核不过是场地中间的一只蚂蚁。因此，从空间上来说，原子的内部质量虽然主要来自原子核，但结构上还是电子云为主导。

图 5-3　原子的各种结构模型
(作者绘制)

电子云，又是个什么"鬼"?

电子云本质上就是电子在原子内部的概率分布，这种分布服从量子力学定律，而且，重点来了，电子云的形状并不是杂乱无章的，而是呈现某些特定的形状。比如，最简单的原子——氢原子，内部只有一个质子和一个电子，电子云的分布就是一层层不同密度的球壳，球壳的密度跟直径有关。电子云的形状还有“纺锤形”“十字梅花形”“哑铃形”等，仔细观察这些电子云，就会有个非常重要的领悟——它们都遵从一定的对称规律(图 5-4)！

终于，答案揭晓。

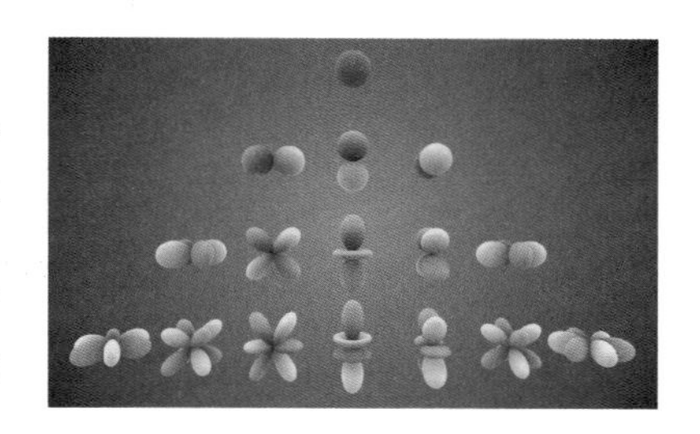

图 5-4　几类典型的电子云形状
(来自维基百科)

把一堆原子放在一起，它们会怎么排列？原子核之间显然隔着十万八千里，而且被一堆带负电的电子云屏蔽了，就是想发生点关系，也是腿短莫及啊！原子和原子之间，主要是离原子核比较远的那些电子(外层电子)和电子之间的相互作用，而这些电子的空间分布，是某些特定对称形状的电子云。那么，一个无比自然且和谐的结果是，原子间的排列也会形成某些特定的对称结构。有了电子云喊口令，原子们不是一盘散沙，而是整齐划一的队伍，这就是微观世界的八卦阵！这种对称有多漂亮？用一把原子大小的尺子去量一下就知道。X 射线作为电磁波的一种，其波长就和原子直径差不多，如果用一束 X 射线打进规则的晶体中去，就会出现对称的衍射斑点。类似地，用一束电子或一束中子也可以实现，衍射斑点的分布就像蝴蝶的花纹一样漂亮——这就是对称之美(图 5-5)。可不要小瞧这微观世界的八卦阵，它厉害着呢！不同的原子排列方式不仅决定了材料的外形，而且决定了材料的许多基本物理性质。举个最常见的例子，一颗璀璨的钻石和一支写字的铅笔芯有什么异同？它们都是碳原子组成的！谁说朽木不可雕？朽木可以变成木炭或铅笔，也可以变成钻石！区别在于，铅笔芯里主要是石墨，由一层层的六角排列的碳原子构成，碳原子层很容易发生滑动，可以轻易留下字迹；但是钻石内部是由碳原子密堆起来的，碳原子间存在非常稳定的结构，形成了自然界硬度最高的材料——金刚石。碳原子的不同排布就如同孙悟空的七十二变一样，除了石墨和金刚石外，还可以有单原子层的石墨烯，卷成管子的碳纳米管，60 个碳原子组成的足球烯等(图 5-6)。这些材料性质千差万别，又同宗同源，我们称之为“同素异形体”。也不要太恐慌，微观世界的八卦阵型其实并不是想象中的那

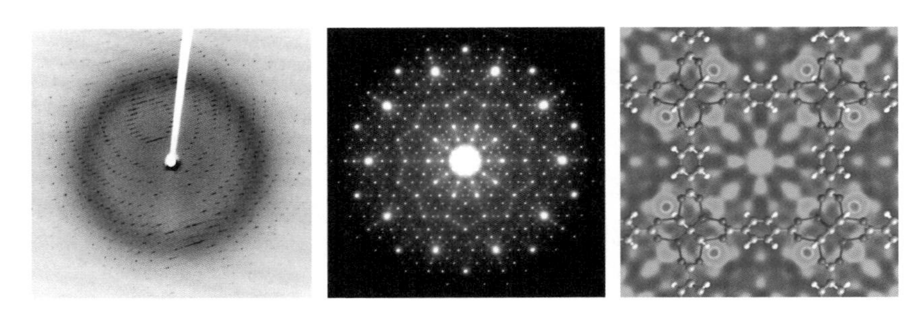

图 5-5 （从左到右）晶体的 X 射线衍射，电子衍射和中子衍射图样[4]
（来自维基百科及 APS*）

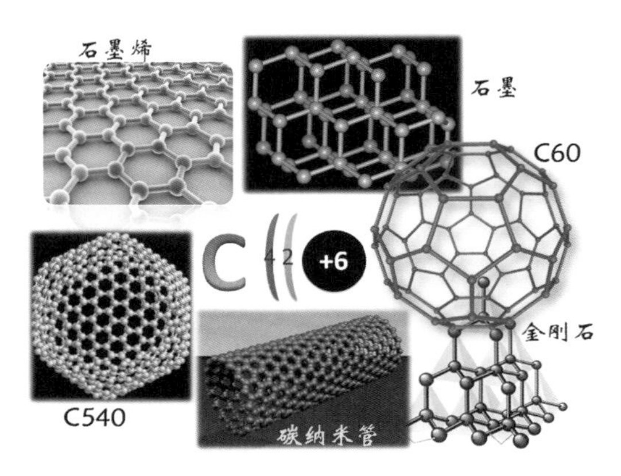

图 5-6 碳原子的排列形成各种同素异形体
（作者绘制）

么多。数学家告诉我们，微观八卦阵（晶体空间群）最多也就是 230 种，这 230 种又可以划分为 7 大类和 14 小类[5]。不要问我为什么，反正，世界，就是如此简洁！

认识了微观世界的八卦阵，接下来我们看看八卦阵里的兵法。

对于固体材料里面的原子而言，离原子核最远的外层电子们因为"天高皇帝远"，体会不到中央的精神，整天都处于"游离"的状态。一些本事大（能量

---

* 图 5-5（右）Reprinted Figure 3 with permission from [Ref. [4] as follows: T. Yildirim and M. R. Hartman, PHYSICAL REVIEW LETTERS 2005, 95: 215504] Copyright (2021) by the American Physical Society.

高)的电子甚至可以完全挣脱单个原子的束缚,而在材料内部自由穿行,我们称之为近自由电子,加个“近”字,是因为它并不是百分百自由的。别忘了,我们还有强大法力的原子八卦阵,电子要想穿过八卦阵,就必须找到兵法窍门。还是以故宫为例,去过故宫的人都知道,故宫以中轴线为中心,两边侧殿对称分布,主要大殿都在中轴线上。结果是——旅游团都只参观中轴线上几个大殿,侧面的偏殿因为某些特别展览要收费也人烟寥寥,游客都不约而同地集中在中轴线上。也就是说,游客数目的分布其实和故宫整体的对称方式相关。在微观世界也有类似规律,电子在规则排列的原子八卦阵里,它的分布是和阵法有关的。一方面,由于原子排列在空间上是重复规律分布,导致电子的运动在空间上也存在一定的周期性;另一方面,如果把材料内部电子按照能量从低到高堆在一起的话,它会在某些特定的方向有着特定规律分布。

一句话,电子在八卦阵里不能乱来,要守规矩才有活路。

指出以上两条“兵法”的,是两位“布家”的物理学家——布洛赫和布里渊。莫激动,他们既不是兄弟俩,也不是邻居。话说回来,划分14小类的原子阵法,也叫作14种布拉伐格子,真是“布衣出英雄”啊!言归正传,根据“布家兵法”,我们可以把材料内部近自由电子们按照能量和动量分布给排列起来。电子们只能在某些特定的能量和动量区间内出现,形成一条条“电子带”,又叫作“能带”,这就是它们的破阵大法了。最高能量的电子,也就是跑得最快的那些家伙们,按照动量的空间分布,构成了一个包络面,又叫作“费米面”,这就是它们的先锋队了。不同材料的费米面是千奇百怪的,如钾的费米面是一个闭合的球面,但铜和钙的费米面就会有或大或小的洞洞(图5-7)[6]。由于空间上周期重复的阵法,某个特定区域内的破阵小分队就足以代表整个大部队,超出此区域的别人家的孩子也等于自己家的孩子,这个区域叫作第一布里渊区,简称布里渊区。一个三维的立方原子阵法,其布里渊区是一个削掉角的正八面体(图5-7)[7]。嗯,此处有点烧脑。还好,本质仍然很简单,电子在材料内部的动量和能量分布也是有一定对称规律的!当然,事实上,材料内部的电子部队结构还是非常复杂的,这就是宏观材料出现各种电磁热等物理性质的原因

(图 5-8)。要理解材料的宏观物性,一是要破解原子八卦阵法,二是要掌握电子破阵兵法,二者缺一不可。

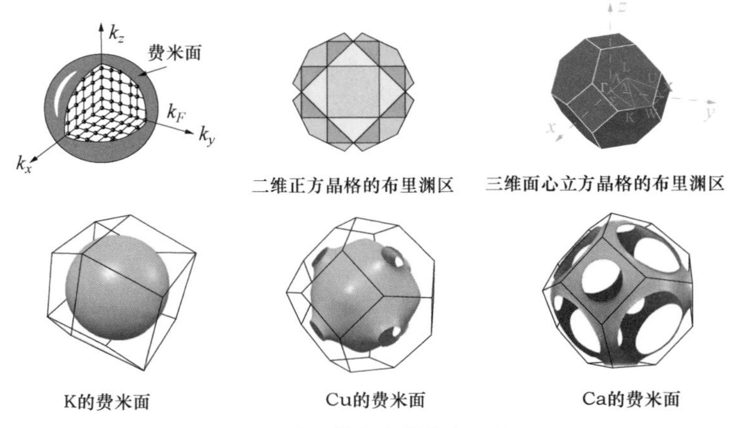

图 5-7 典型的费米面和布里渊区

(孙静绘制)

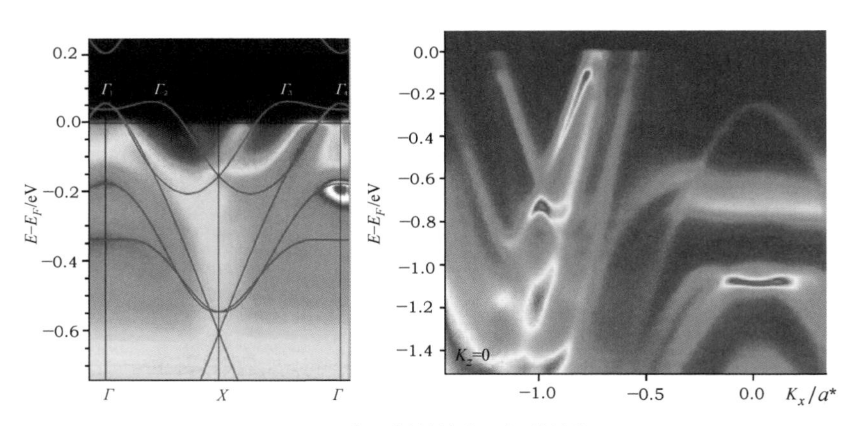

图 5-8 实际材料的电子能带结构

(来自斯坦福大学沈志勋研究组)

作为"敌军",电子也会受到阵里守方士兵(原子)的攻击,或改变运动方向,或改变运动速率,也就是受伤或者损兵折将,物理上称之为"散射"。举个具体例子,材料的导电性质就和内部电子受到的散射情况密切相关,如果电子遇到的散射很强,能量上损失很大,那么就是电子大军受到强烈的阻碍——

对，这就是电阻！我们知道，按照电阻率大小，可以分为绝缘体、半导体和导体。在微观上，它们的导电机理是可以用“原子八卦阵法”来解释的。我们先定义高能量电子带叫作“导带”（电子可以导电），低能量电子带叫作“价带”（电子被束缚，不能导电）。导体内部近自由电子数量众多而且兵强马壮（导带电子数目多），就能在极小阻碍的状态下轻松破阵；半导体大部分都是老弱病残电子兵（导带电子数目少），偶尔还需要问老东家借援军（比如向价带借走一个电子形成一个带正电的空穴），受到阻力不小，最后勉强出阵；绝缘体里面几乎无兵可用（没有导带电子），而且援军也过不来（价带与导带存在带隙，很难跳过去），基本全军覆没，导电效果极差（图 5-9）。从实验上，区分导体、半导体和绝缘体的最好方法就是测量他们的电阻随温度的变化，因为温度越低，原子的热振动就越小，原子阵型也就越稳定。对于导体而言，它更容易穿越原子大阵，所以电阻随温度降低而减小。对于半导体和绝缘体而言，本来兵就或弱或少，天寒地冻的结果导致不可挽回的损失，出阵反而显得更加困难了，所以电阻随温度降低会升高，其中绝缘体的电阻上升更加剧烈，甚至呈现指数发散的趋势[8]。

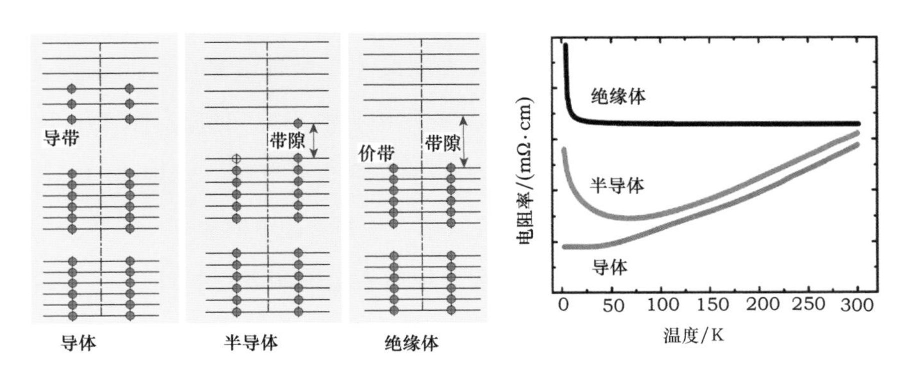

图 5-9　导体、半导体和绝缘体的能带结构（左）与电阻规律（右）

（作者绘制）

参考文献

[1]　独孤及（唐）.《云岩官风后八阵图》和《诸葛氏宗谱》.“八阵功高妙用藏与名成八阵图”.

[2] 王峰.道尔顿与近代化学原子论[J].湖北师范学院学报,2003,3.
[3] 夏代云.E.卢瑟福的科学精神[D].南宁：广西大学,2006.
[4] Yildirim T, Hartman M R. Direct Observation of Hydrogen Adsorption Sites and Nanocage Formation in Metal-Organic Frameworks[J]. Phys. Rev. Lett., 2005, 95: 215504.
[5] Hiller H. Crystallography and cohomology of groups[J]. Amer. Math. Monthly. 1986,93: 765-779.
[6] Ziman J M. Electrons in Metals: A short Guide to the Fermi Surface[M]. London: Taylor & Francis,1963.
[7] Kittel C. Introduction to Solid State Physics [M]. 8th Edition. NewYork: Wiley,2005.
[8] 黄昆,韩汝琦.固体物理学[M].北京：高等教育出版社,1998.

6 秩序的力量：材料磁性结构与物性

自然界里,秩序给生存者带来许多便利,大雁排成队借助伙伴扇动的气流来减少体力消耗,蚂蚁闻着同伴的气味在同一轨迹上行进。团结加上秩序,将发挥一加一大于二的群体力量。世界因为秩序,才稳定地存在[1]。

自然界除了对称之美外,秩序也是一种美。比如,在时尚界,豹纹被认为是性感的一种标志,就可能来自于猎豹身上既对比鲜明又秩序井然的斑点纹(图6-1(a))。如果我们用放大倍数极高的电子显微镜观测昆虫的复眼或蝴蝶的翅膀,就会发现它们由无数个密集有序排列的小单元组成(图6-1(b))。我们常感叹花儿的芬芳美丽,殊不知漂亮的花序也是存在一定规律的。许多植物的花序以及海螺壳内部结构就可以用一种非常简单的数列——斐波那契数列来描述(图6-1(c)和(d)),这个数列中后者是前两者之和,即：1,1,2,3,5,8,13,21,34,55,89,144,…。有意思的是,在微尺度世界里,球状表面的纳米颗粒也会因表面应力形成类似的秩序,因为这种排列需要的应变能量最小[2]。由此可见,秩序存在于所有事物当中,无论何种空间尺度。阅兵式上,整齐的方阵是一种对称之美,整齐划一的步伐和口号是一种秩序之美,两种美感互相呼应,一起点燃了我们心中的民族自豪感。

从微观角度来看,我们的世界之所以会有形状各异、硬度不同的材料,也

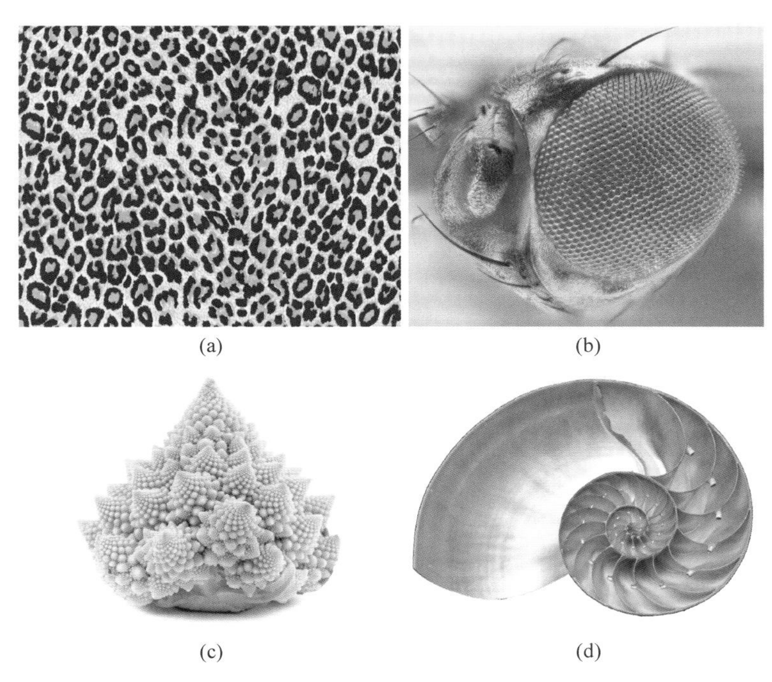

(a)　　(b)

(c)　　(d)

图 6-1　秩序之美

（a）猎豹花纹；（b）果蝇复眼；（c）植物花序；（d）海螺壳内部结构

（来自壹图网）

是因为材料内部原子的秩序不同造成的。电子和电子的库仑相互作用导致原子之间存在一定的间距，而且不同原子间排列方式也有所不同，最终决定了宏观形状的对称方式。原子的对称方式告诉电子在材料内部该如何运动，——这是电的秩序，上一节已经详细讲述。

本节我们要讨论的是微观秩序的另一面——磁的秩序。

尽管天然磁石早在五千年前就被当作“慈爱的石头”被发现，对于磁本质的科学认识却起步于不远的五百年前。1600 年，一个叫威廉 · 吉伯的英国人发表了关于磁的专著《磁体》，其中主要的内容就是重复和发展了前人有关磁的认识和实验。随着 18—19 世纪电磁学的迅速发展，人们越来越渴望知道那块黑乎乎的小磁铁内部究竟是怎么个工作原理。安培基于宏观的电磁感应现象，做出了“分子电流”的大胆揣测。他认为材料内部是由一个个小分子组成，每个分子都有一圈环形电流，电流感应出了一个小的磁矩，如果这些分子的磁矩取向一致的话，就可以形成一个强大的磁矩，即整体体现出很强的磁性。在不了解材料内部微观结构单元之前，用“分子电流”秩序构造出整体磁性似乎非常合理，也很容易被人接受。只是好景不长，人们很快知道材料内部不止步于分子层次，而是更基本的原子，而原子的内部，还有原子核和核外电子。如此，“分子电流”似乎无从谈起。直到20世纪初，也即量子力学的茁壮成长期，玻尔和索末菲提出了原子内部电子的轨道模型，这些轨道具有特定的大小和形状。试想，电子绕原子核的一圈圈轨道，不正好可以对应“原子电流”吗？他们于是进一步论证，这些轨道的取向也是特定的，用量子力学的语言来说叫作空间量子化。电子轨道的微观秩序，导致原子整体具有一定的角动量，或者说原子存在量子化的磁矩。

理论归理论，实验验证才是王道。要找到原子是否具有量子化的磁矩的实验原理貌似很简单，让一束原子通过不均匀的磁场，看是否劈裂成不同轨迹就行。按照经典力学预测，一束原子束经过不均匀磁场后会在靶上形成一道狭长的分布；按照玻尔和索末菲的预测，原子最终分布应该是量子化的数个离散斑点。1922年，两名35岁左右的德国物理学家撸起袖子准备搞定这个注定要名垂青史的实验。他们一开始就遇到了巨大的困难，一个是技术层面的：原子束要和磁场中心严格重合，所以对磁体的设计精度要求非常高；另一个是经费层面的：当时世界经济大萧条，科研没法当饭吃，资助更是少得可怜。头一个困难好办，德国的精密加工绝对是世界一流的，做一个好设备多花点时间就成。后一个困难解决之道是他们自己掏了腰包，然后拉了几百美元的基金赞助。出来的实验结果非常奇怪，他们收集的银原子分布不是一条狭缝，也不是几个离散的斑点，而是两条弯曲分离的线，就像一根雪茄一样。可以肯定的一点是，经典力学的预言在这个实验中是彻底失败的，所以量子理论自然占了上风。这个实验也成为首次验证量子化的著名实验，以他们的名字命名为斯特恩-盖拉赫实验（图6-2）[3]。十分兴奋的盖拉赫把实验结果印成了明信片，并寄给了他们的偶像——量子物理大师玻尔先生，以祝贺他量子理论的成功。

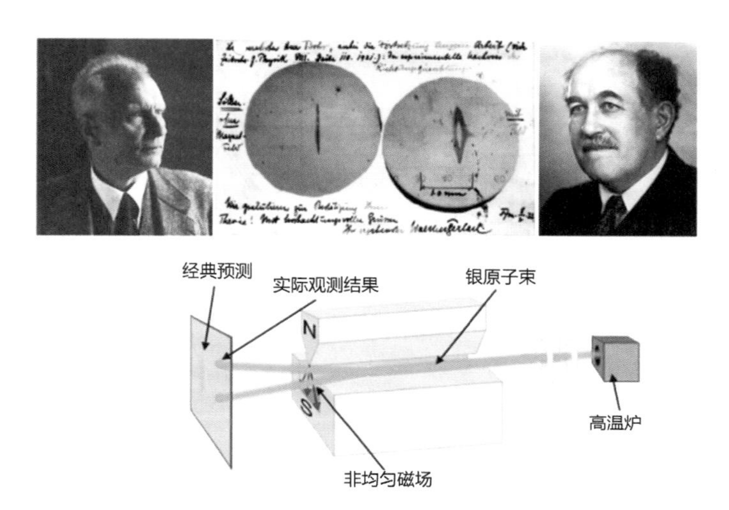

图 6-2　斯特恩与盖拉赫和他们的实验原理，上图中间即为盖拉赫寄给玻尔的明信片（来自维基百科）

事实并没有那么简单！这根物理学实验中的“雪茄”毕竟和玻尔他们的预言不严格一致。索末菲的一个天才学生——泡利敏锐地注意到了这个问题，他综合考虑了原子轨道模型与许多实验结果的不一致[4]。大胆设想，或许有些看似是电子和原子核相互作用轨道导致的结果，实际上可以完全归因于电子本身。即如果假设电子自己就有一个角动量（磁矩）的话，那么原子轨道那一套就可以完全扔掉了。泡利的同事克朗尼格建议他把电子的这个性质叫作“电子的自转”，即就像地球存在公转之外还有自转一样，电子的自转会产生新的磁矩。泡利本人并不喜欢这个称呼，因为自转的概念是牛顿力学的典型代表，也就是经典到乏味了，与量子力学的时髦性格格不入。泡利发现克朗尼格计算结果和实验差了两倍，果断拦住了同事没有发表。但是随后在同一年里，乌伦贝克和古兹密特做了类似的计算，并在论文提出这种“电子的自转”可以简称为“自旋”，其量子单位是其他量子单位的一半，是个半整数 1/2（图 6-3）[5]。泡利还是很痛恨这个名词，因为他自己是相对论专家，只要稍微动笔一算就知道，如果把电子当作元电荷球并真的如此自转而产生磁矩的话，那球表面是超光速的。所以，泡利始终认为，自旋就是电子的量子本质特征之一，与经典物理中任何概念都没有对应。如此下来，描述一个电子就需要 4 个量子数，即主量子数、角动量量子数、磁量子数和自旋量子数。考虑电子的自旋以后，原子的磁矩则来自两部分——电子的轨道磁矩和自旋磁矩。在斯特恩-盖拉赫实验中，银原子的磁矩主要由自旋磁矩贡献，而与轨道磁矩没有半毛钱关系，因为自旋是半整数的，所以最终靶上痕迹只会劈裂成两条。

图 6-3 （上）乌伦贝克、克拉莫斯、古兹密特；（下）电子自旋的两种态
（来自维基百科）

尽管试图用经典的物理图像去理解电子的自旋都是徒劳的，但我们还是可以简单把电子想象成一个小磁针，它具有自己的南极和北极，即存在一定的磁矩。因为电子自旋的量子单位是半整数，自旋磁矩的方向也只有两种，要么向上，要么向下(图 6-3)。泡利指出，原子内部两个状态(4 个量子数)完全相同的电子是不相容的，因此一个自旋向上和一个自旋向下的电子在一起就会互相抵消磁矩，但是如果某一个自旋向上或自旋向下的电子没有伙伴，那么就会存在一定的磁矩。在原子内部，诸多核外电子的轨道磁矩和自旋磁矩将组合在一起体现整体的磁矩。当然原子核本身也有磁矩，不过，相比电子磁矩而

言可以小到忽略不计，原子的磁矩就主要来自于电子的磁矩。很显然，并不是所有的原子/离子都具有明显磁性。一般来说，大部分过渡族的金属元素具有较强的磁性，如锰、铁、钴以及多种稀土元素等，它们内部未被抵消自旋磁矩的电子数量相对较多。

我们常把磁石称作磁铁，除了它从材料上含有铁元素外，能够吸引含铁的物质也是原因之一。但是，并不是所有含铁的材料都可以变成磁铁！一个非常有趣的事实是，纯铁单质虽然可以被磁石吸引，一旦把磁石拿开，铁单质就很快失去了磁性。生活中用的白铁就是镀锌铁皮，是很难做成永久磁针的。天然磁石里面含的铁主要是以黑色的四氧化三铁形式存在，即是三价或二价的铁离子，而不是白铁里面的铁原子。铁离子因为少了两个或三个电子，其没有成对的电子多，磁性才更强。另一个更有意思的事实是，即使是含四氧化三铁的小磁针，如果放到高温炉中煅烧一下，它的磁性也会消失。

磁铁的磁性随着温度究竟会发生什么变化？

早在量子力学大厦落成之前，两位名叫皮埃尔的法国物理学家就对此问题进行了定量的实验研究，一个叫皮埃尔·外斯，另一个叫皮埃尔·居里。没错，就是他，帅帅的居里夫人的老公——居里本尊！1885—1889年，皮埃尔·居里还是巴黎市立理化学校的一名普通教师，为了将来能够娶个漂亮老婆也是蛮拼的。他详细研究了物体在不同温度下的磁性，并写成了一篇长长的博士论文（图6-4）。终于在1895年拿到博士学位，同年抱得美人归——美人是一个叫玛丽·斯可罗多夫斯卡的女孩，后人熟知的居里夫人。皮埃尔结婚以后，转而迎合夫人兴趣，搞起了放射性的研究，后面才有了发现镭和钋的故事。幸福总是很短暂，婚后的第11年，皮埃尔不幸遭遇车祸身亡，巴黎大街上一辆飞驰的马车成了杀害著名科学家的罪魁祸首。玛丽·居里在科学、孤独、绯闻和白血病中度过了人生剩下的28年，留下一个诺贝尔奖梅开二度的佳话，也留下了无数遗憾。由于女性的身份，居里夫人的光芒远远盖过了皮埃尔·居里本人。事实上，皮埃尔·居里在攻读博士学位期间关于磁性和压电效应的研究就足以光耀史册[6]。他发现磁铁的铁磁性在一定温度以上会消失，形成一个磁化率和温度成反比的顺磁态。后来人们为了纪念他的贡献，把铁磁性消失温度定义为居里温度或称居里点，而铁磁之上的磁化规律称为居里-外斯定律（注：外斯做了相关理论解释）。

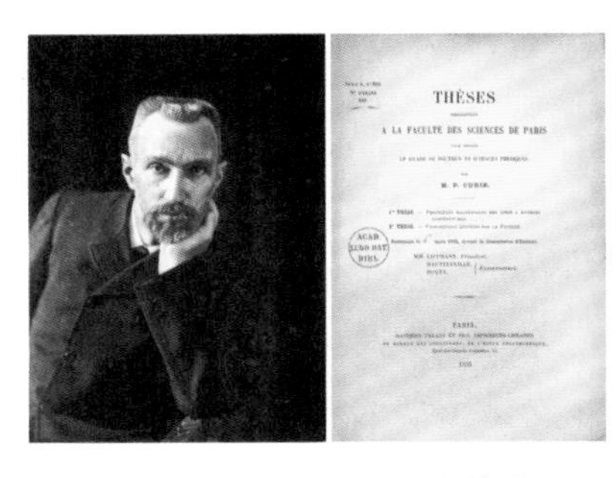

图 6-4 皮埃尔·居里和他的博士毕业论文封面（来自维基百科）

居里定律的发现，说明磁性并不是一成不变的，它和温度存在密切的依赖关系。物理学上把磁性从一种状态变成另一种状态称为磁相变。磁铁里的磁性很强，被命名为"铁磁性"。居里温度以上的磁性很弱，被命名为"顺磁性"。从微观上来看，铁磁性其实就是铁离子的磁矩取向一致（平行排列）的结果，而顺磁性就是铁离子的取向杂乱无章，——这就是微观世界磁的秩序！1930 年，法国的另一位科学家路易斯·奈耳提出了另一种磁的秩序——磁矩的排列是反平行的，他称之为"反铁磁"，这解释了某些含有磁性原子/离子的材料只具有弱磁性的原因[7]。类似地，如果磁矩反平行排列，但是大小不等，那么也可以呈现弱的铁磁性，又称"亚铁磁"（图 6-5）。总而言之一句话，宏观的磁性来源于微观原子/离子磁矩的秩序。单个原子的磁矩大小是很小的，但是固体材料里面有多达 10^{23} 数量级的原子，正是如此庞大的团结协作形成了很强的宏观磁性！

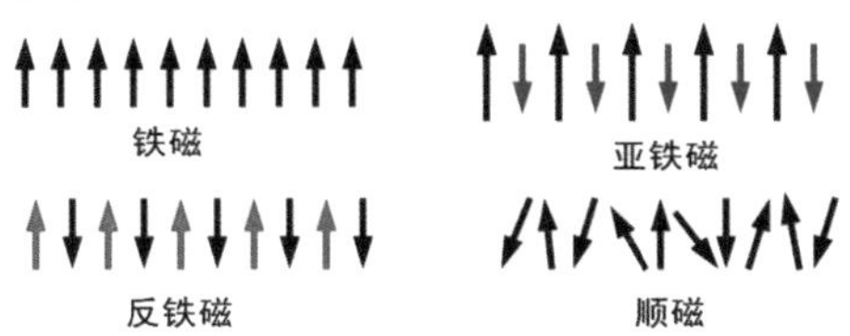

图 6-5 各种磁性的原子磁矩排列方式（作者绘制）

回过头来我们进一步解释为何白铁（纯铁）很难磁化，而黑铁（四氧化三铁）却容易被磁化。在含有磁性原子的材料中，磁性原子由于磁矩之间的相互作用，在居里温度以下会自发形成平行的铁磁排列，称为自发磁化。自发磁化之后，在材料内部会形成一个个整体磁矩方向不同的小区域，称为磁畴。虽然每一个磁畴内部都是铁磁排列的，但是一堆磁畴的平均取向还是杂乱无章的，材料整体不会出现磁性。如果外加一个磁场，每个磁畴的磁矩就会在外磁场作用下形成有序排列，也就整体呈现磁性，即材料被磁化。再撤掉外磁场，磁畴又会倾向于恢复到杂乱无章的状态。但是实际材料（如石榴石）中的磁畴分布是十分复杂的，磁畴能否恢复到磁化前的状态取决于磁矩大小、材料内部缺陷、应力、杂质等因素（图 6-6）。纯铁含有的杂质缺陷较少，保留磁性的能力也就较弱，被归类为软磁体。黑铁含的杂质很多，保留磁性的能力也很强，被归类为硬磁体或永磁体。这也是为何含有碳杂质的钢材比纯铁片要更容易保留磁性的原因，我们用的指南针其实并不是铁针，而是钢针。

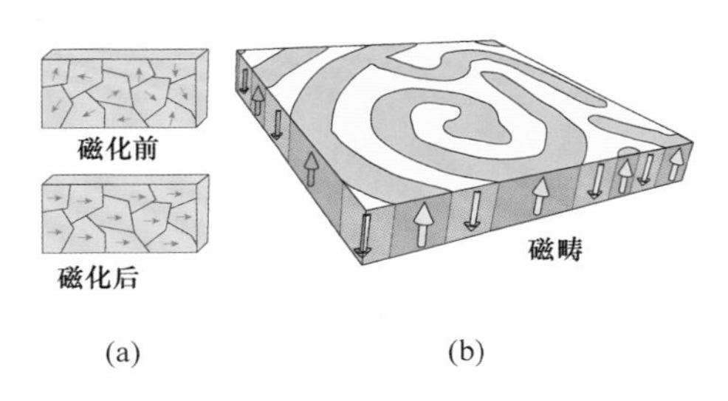

图 6-6　磁性材料的磁畴结构
（a）磁畴中磁矩在磁化前后的变化示意图；（b）石榴石中的磁畴分布
（孙静绘制）

不仅实际材料中的磁畴分布是十分复杂的，其实原子磁矩的排列也是十分复杂多样的。除了前面提到的铁磁、反铁磁、亚铁磁和顺磁外，材料中磁结构也非常丰富。考虑到材料的三维结构，存在比如磁矩共线排列的共线磁、磁矩螺旋排列的螺旋磁、磁矩如梯子排列的自旋梯等，根据磁矩在空间上的有序度，还可以有自旋玻璃态、自旋冰态、自旋液体态、自旋密度波态等一系列复杂的磁结构[8]。有些材料在表面还会呈现出多个涡旋状的自旋区域——斯格米子（skyrmion）态（图 6-7）[9]。磁世界里的秩序，可谓是变幻万千。类似于电荷相互作用构造出了对称有序的晶体结构，固体材料内部原子磁矩之间靠的是磁交换相互作用——也就是自旋相互作用束缚下形成的各种秩序。这种磁交换相互作用还会引发动力学的行为，想象平行排列的一个磁矩发生摆动的话，与它相邻的磁矩也会跟着摆动起来，就像一根绳子抖动会形成机械波一样，有序磁矩的摆动也会形成自旋波(图 6-8)。自旋波会在固体内部传播，并与电子发生相互作用，最终形成多种多样的电磁行为[10]。很多磁有序都是在一定低温下才存在的，如果温度升高到磁相变温度之上，那么原子的热振动将破坏磁交换相互作用，微观世界的磁秩序就此被打乱，变成磁无序态。

图 6-7　一种复杂的表面磁结构——斯格米子（skyrmion）态
（来自维基百科）

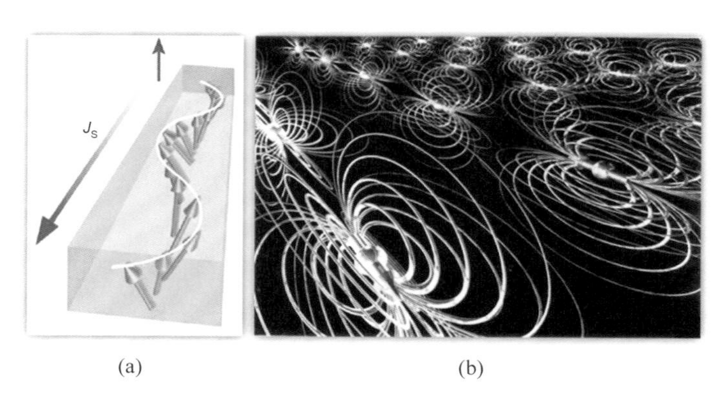

(a)　　(b)

图 6-8　磁有序材料中的自旋波假想图
(a) 一维自旋波；(b)二维自旋波
（来自英国卢瑟福-阿普尔顿实验室）

正所谓：“万物皆有序，非人能主宰。一朝热起来，各顾自散开。”

参考文献

[1]　基辛格. 世界秩序[M]. 北京：中信出版社，2015.

[2] Li C,Zhang X,Cao Z. Triangular and Fibonacci number patterns driven by stress on core/shell microstructures [J]. Science,2005,309：909-911.

[3] Gerlach W, Stern O. Der experimentelle Nachweis der Richtungsquantelung im Magnetfeld[J]. Z. Phys. ,1922,9：349-352.

[4] Friedrich B, Herschbach D. Stern and Gerlach：How a Bad Cigar Helped Reorient Atomic Physics[J]. Phys. Today,2003,56：53-59.

[5] Dresden M. George E. Uhlenbeck [J]. Phys. Today,1998,42：91-94.

[6] Hurwic A. Pierre Curie[M]. Paris：Flammarion,1995.

[7] Néel L. Magnetism and Local Molecular Field [J]. Science,1971,174：985-992.

[8] 史拓,希格曼. 磁学[M]. 姬扬,译. 北京：高等教育出版社,2012.

[9] Mühlbauer S, Binz B, Jonietz F et al. Skyrmion Lattice in a Chiral Magnet [J]. Science,2009,323：915-919.

[10] Anderson P W. Concepts in Solids[M]. World Scientific,1997.

第2章 金石时代

超导的发现，得益于低温物理学的发展。

19世纪末，在热机推动的工业革命背景下，热力学理论体系建立，相关实验技术也不断飞跃。后来，人们不断追求更低的温度纪录，并利用低温环境，发现了一系列和常温相比十分反常的现象，包括超导、超流、量子霍尔效应、玻色爱因斯坦凝聚等。

超导的第一个时代从1911年在荷兰莱顿大学开启，科学家们发现几乎大部分金属及其合金都是超导体。超导，并不是想象中那么不寻常！

发现超导许多神奇的性质固然令人十分兴奋，然而理解超导现象却花了数十年的时间，其中不乏当时全世界最聪明的那些科学家，都失败了。最终在1957年，由三位代号"BCS"的科学家，巧妙利用电子配对的思想解决了这个难题。

7　冻冻更健康：低温物理的发展

地球绕着太阳公转一圈又一圈，我们的世界度过一年又一年，寒暑交替、赤道热和两极冷反映了阳光直射角度的差异（图 7-1）。由于人类是恒温动物，在酷暑炎夏里，就要穿着简单清凉，而在寒冬腊月里，则要裹上毛衣棉绒，——这就是人们对冷和热的最直接感受。欲准确描述多冷多热，我们需要一个客观的物理概念——温度，用于描述物体的冷热程度。一般来说，人体的温度在 37℃（摄氏度）左右。烈日炙烤下的美国加州死亡谷，可以达到 56.7℃，而伊朗卢特沙漠的地表温度竟然可高达 71℃，真是热死人不偿命。相比高温，地球上的低温更是吓死宝宝。寒潮来袭的时候，−30℃以下的气温足以让一盆刚撒出去的热水瞬间结成冰凌，也可以把一座灯塔整个用冰柱封住。确实，凛冬将至，哆罗罗，哆罗罗，寒风冻死我，不是开玩笑的。比如史上最冷的温度纪录发生在南极最高峰文生峰顶[1]，足足有−89.2℃，比体温低了百度还多。

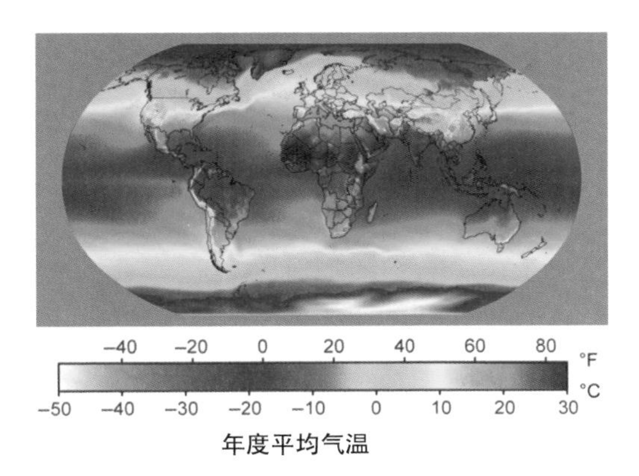

图 7-1　全球年度平均气温分布

（来自 Technostalls*）

话说回来，科学史上第一个温度标准，并不是摄氏度。对于大部分物体来说，如果它保持在同一种状态下（例如固态、气态、液态），那么一般都遵循热胀

* https://technostalls.com/by-2100-the-earths-temperature-will-increase-with-2-degrees-according-to-experts/

冷缩的普遍规律。因为微观上组成物质的原子或分子也不太安分，喜欢跑来跑去做热运动，热了就要散开乘凉，冷了就会抱团取暖。"近代科学之父"伽利略早在16世纪就发现了这个秘密，他根据气体热胀冷缩的原理制作了第一个空气温度计。可惜这个温度计太粗糙，伽利略甚至懒得去定义一个温标来刻画温度的大小。直到100多年后，酒精温度计被罗默发明，并在一个叫作华伦海特的玻璃商手下得以改进。华伦海特觉得光知道温度变大还是变小远远不够，应该准确定义一个温度的数值。于是他取氯化铵和冰水混合物的温度为0℃，人体温度为100℃，把酒精的膨胀体积在此之间分成100等份，每一份就是1华氏度，符号为℉。但是人人都有感冒发烧的时候，体温有时不大靠谱。经过数次斟酌修改，华伦海特最终将水的沸点定为212℉，冰点定为32℉，这样人体体温约为98.6℉[2]。华氏度一推出，不少科学家并不是很喜欢，反而纷纷推出了自己的温标，于是诸如兰氏度、列氏度、摄氏度等相继出炉[3]。最终被广泛接受的还是摄尔修斯在1740年定义的摄氏度：取一个标准大气压下的冰水混合物为0℃，水的沸点为100℃，这样人体体温约为37℃(图7-2)。

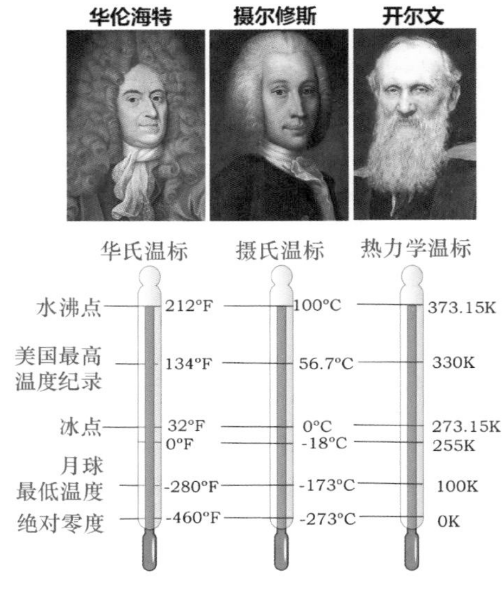

图 7-2 不同温标的对比
(来自维基百科)

然而，至今在不少欧美国家，华氏度仍然普遍使用。所以当你听说某人高烧100多度的时候，千万别以为他是被开水烫熟了脑袋，因为人家说的是华氏度。

之所以有那么一堆奇奇怪怪的温标，主要还是因为采用的测温物质不同。水银、酒精、石油可以作为液体温度计，空气可以作为气体温度计，金属和电偶等可以作为固体电阻温度计。各种各样的温度计五花八门，令人眼花缭乱。如此定义的各种温度也严重依赖于测温物质的物理属性。

有没有那么一种温标，它完全可以不依赖于测温物质，只由物理基本规律决定？

答案是肯定的。威廉·汤姆孙，著名的开尔文勋爵从热力学第二定律出发，提出以热量作为测定温度的工具，即把热量作为温度的唯一量度，就可以建立不依赖于任何测温物质的温标——开氏温标，亦称热力学温标，符号为K(开尔文，简称开)[4]。1954年，国际计量大会正式规定，一个标准大气压下，水的固、液、气三相点热力学温度为273.16 K[5]。如此，冰水混合物的温度就是273.15 K（注意差了0.01 K)，对应于0℃。摄氏度和热力学温度之间换算只需要简单加上273.15这个数字就可以了。为什么，又是这么奇怪的一个数字？回去看18—19世纪关于气体热胀冷缩的研究就明白了。1787年法国的查理发现气体每升高1℃，定量气体膨胀出的体积约为0℃下体积的1/269。后来1802年法国的盖·吕萨克精确测定这个膨胀率为1/273.15。做个简单的线性外推的数学运算，物理学家干脆就把0℃定义为273.15 K了。在热力学温标下，温度是采用物理学基本定律严格定义的，存在那么一个温度的绝对零点，即0 K，称之为绝对零度，也因此，热力学温度又称为绝对温度。在严谨的科学研究当中，一般都采用热力学温标来表征温度大小(图7-2)。

以零为起点，温度往上是无上限的。地球的平均温度是人类适宜生存的，在20～30℃。科学上，一般定义300 K(约27℃)为室温(room temperature)，也正是我们喜欢的温度环境。要是到太阳表面就热得不得了了，高达6000℃以上，至于牛郎星和织女星，更是热情超火，接近10000℃！最火热的年代，是我们宇宙诞生之初，冲到十亿多摄氏度不是问题。历经138亿年到了今天，我们的宇宙平均温度已经"冷静"到了2.7 K，只残余一些微波背景辐射。在像太空这样的低温环境里，人类是肯定会被秒杀的，只有一种叫作水熊虫的小生物可以生存数小时[6]。

有没有一种可能，让我们实现绝对零度？

答案当然是否定的。既然都说是"绝对的"零度，就永远不可能实现。但是莫着急，人类还是可以在实验室无限逼近绝对零度的。换言之，绝对零度只是一个低温极限，不可能实现，但可以逼近。

如何实现低温？还是来看看我们生活里最常用的物质——水，就可以得到灵感。一杯热气腾腾的开水放不久就变成凉白开，除了因为空气导热之外，水蒸发成汽也带走了不少热量。冬天里下雪之后即使出太阳，也会感到更加的寒冷，是因为冰雪融化成水吸收了环境大量热量(图7-3)。这告诉我们两个事实：环境温度导致了物体状态的变化，反之，物体状态的变化也可以改变环境的温度。除了温度之外，还有什么能改变物体状态？那就是压强。你可听说过100℃的固态冰或200℃的液态水？没错，这完全是可能的！主要是因为我们习惯了一个大气压的环境，以至于上青藏高原都忘了带高压锅煮米饭。水的温度-压强相图明确告诉我们，水有多种物质形态，只是在一个标准大气压下，冰点为0℃罢了(图7-3)。只要压强足够高，水蒸气完全可以在200℃下就转化为液态水[7]。推而广之，只要压强足够高，许多常压下的气体都可以被液化，如果再回到标准大气压(常压)，那么这些液化气的温度就比室温要低。常压下各种气体的沸点是很不一样的，二氧化碳约为195 K，液化石油气的主要成分乙烷是169 K，氧气是90 K，氮气是77 K(图7-4)。分离空气中各种气体的最佳办法就是利用各种气体沸点和压强依赖关系不同，工业上用到大量的氮气和氧气就是这么制备的。如果把这些液化的气体进一步减压或迅速气化，就可以得到比其常压沸点更低的温度[8]。

增大压强来液化气体的方法虽然简单粗暴，但也算快速高效。然而，当人们试图进一步液化其他气体如氖气、氢气和氦气的时候，遇到了前所未有的困

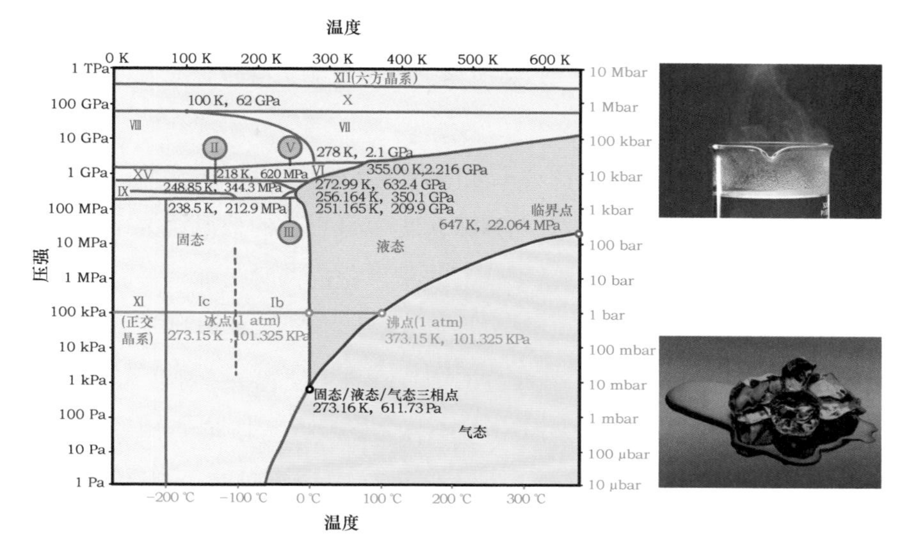

图 7-3　水的温度-压强相图；水变水蒸气与冰融化成水
（孙静绘制）

难。原来，先前的气体理论认为的都是“理想气体”，即气体分子间距是分子直径的 1000 倍以上，分子大小和相互作用可以忽略不计，所以气体压强和体积、温度都成简单的正比关系。但是，如果气体分子被压缩到一定程度，靠得太近的时候，分子本身的大小和分子之间的相互作用就不得不考虑了。1873

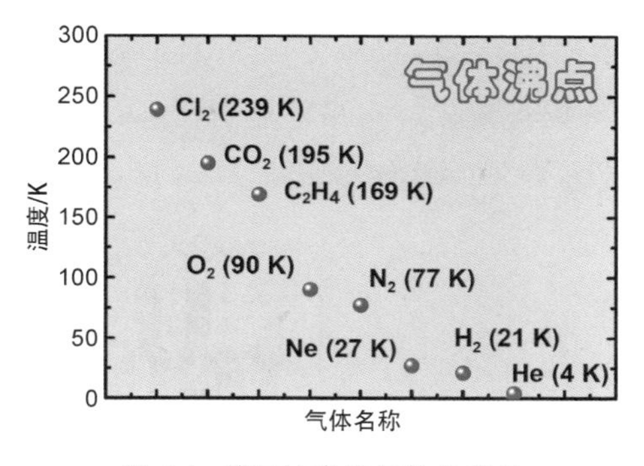

图 7-4　常压下各种气体的沸点
（作者绘制）

年，荷兰莱顿大学的一篇博士学位论文解决了这个关键的物理问题，论文作者叫作范 · 德 · 瓦耳斯（注：常被译成范德华，但人家真不姓“范”）。论文里提出了一个新的“状态方程”，考虑到分子体积和相互作用，把气体和液体当作一个可连续变化的共同体[9]。如此简洁优美的方程被另一个理论物理大师——麦克斯韦用一条论文注解所证明，范 · 德 · 瓦耳斯也因此声名鹊起，并于

1877 年担任阿姆斯特丹市立大学的物理系第一教授。

如果大家还记得的话，是的，这所莱顿大学就是莫森布鲁克发明莱顿瓶的地方！

优秀的高校总是能不断涌现重大的科学发现。1882 年，实验物理学家卡末林·昂尼斯进驻莱顿大学，并创建了历史上最重要的低温研究中心——莱顿实验室。他的首要目标，就是把最后未被液化的两种气体——氢气和氦气给液化，得到更低的温度环境。昂尼斯很幸运，实验上，他改进了英国人詹姆斯·杜瓦于 1880 年成功液化氧时发明的真空保温装置——杜瓦瓶；理论上，他有校友范·德·瓦耳斯大教授的指导(图 7-5)。昂尼斯花了 10 余年时间在莱顿实验室建成了大型的液化氧、氮和空气的工厂，十年磨一剑，终于通过低温下把高压氢气迅速膨胀，他于 1898 年获得了液态氢，同年杜瓦也成功制备了液氢。液氢在常压下沸点是 21 K，如此低的温度下，连氧都成了淡蓝色的固体。但还有最后一个“懒惰”的气体还“顽固不化”，那就是氦气。氦气是最轻的惰性气体，它似乎有些清高孤傲了点，硬是不和别的元素发生相互作用，也难以被液化。但昂尼斯有信心，因为他掌握了液氢这个尖端武器。利用液氢，他首先把氦气冷却到了 20 K 左右的低温环境，然后让加压的低温氦气流

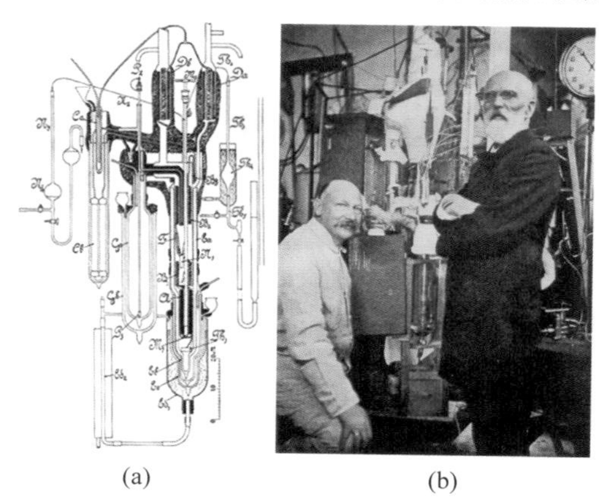

(a)　(b)

图　7-5

(a) 氦液化装置；(b) 卡末林·昂尼斯与范·德·瓦耳斯在实验室

(来自维基百科)

通过他设计的一系列复杂的管道“隧道”，每过一个节点就让它体积迅速膨胀，温度就低了一点。终于，1908 年 7 月 10 日那一天，昂尼斯在莱顿实验室观察到了第一股透明的液氦[10]。液氦在常压下沸点仅为 4.2 K，创下了所有气体沸点的低温纪录(图 7-6)。昂尼斯十分兴奋地把消息分享给了范·德·瓦耳斯，实验最终证明他的理论是十分成功的。这使得范·德·瓦耳斯于 1910 年获得了诺贝尔物理学奖，物理学上也把分子之间相互作用力命名为范德华力，以纪念他的杰出贡献。

(a)　　(b)

图　7-6

(a) 昂尼斯和同行在实验室讨论；(b) 莱顿大学的液氦纪念碑

(来自维基百科)

液氦的发明让低温物理学进入到了新篇章。液氦在常压下 4.2 K 沸腾，如果进一步节流制冷，可以达到 1.5 K 左右的低温。在如此低的温度下，液氦还会展现出一种非常神奇的现象——超流。这时氦虽然处于液态，但其中的氦原子之间几乎不存在范德华力，于是液氦就完全失去了黏性，它会借助容器壁的吸附力自行往上爬，再从容器外表面慢慢流到容器的底部，变成液滴，然后像眼泪那样一滴一滴地落下(图 7-7)[11]。低温的世界，就是如此有趣！

低温物理的研究，激发了人们对未知现象的强烈好奇。为此，科学家们先后努力尝试各种办法获得更低的温度。把 He-3 和 He-4 同位素混在一起，改变 He-3 的浓度，可以做到所谓“稀释制冷”技术，将实现 10 mK(1 mK 等于千分之一开)的低温。利用六束激光把原子束缚在“陷阱”里，就像用无数个乒乓球从四面八方去轰击振动的铅球一样，热运动中的原子会逐渐“冷静”下来，最终达到相当于 nK(十亿分之一开)的极低温。实验室创造的低温纪录由核绝

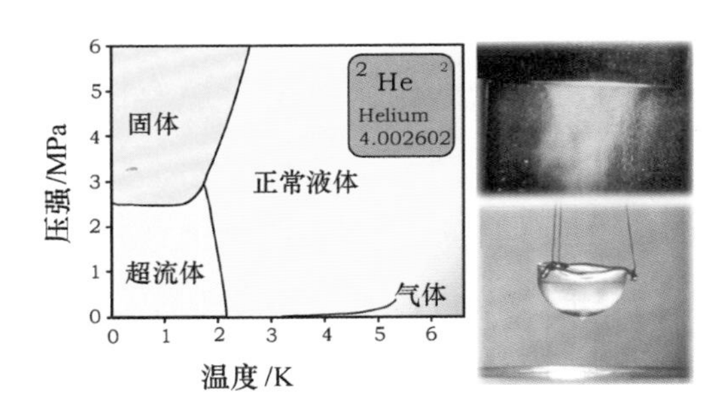

图 7-7 He-4 的温度-压强相图,常压下液氦在 4.2 K 沸腾,低温下超流的液氦
(来自维基百科)

热去磁的技术所实现,即把原子核磁化,然后在绝热环境下再退磁,原子核都要被"冻住",这时原子核的温度只有 0.1 nK(百亿分之一开)左右[12](图 7-8)。

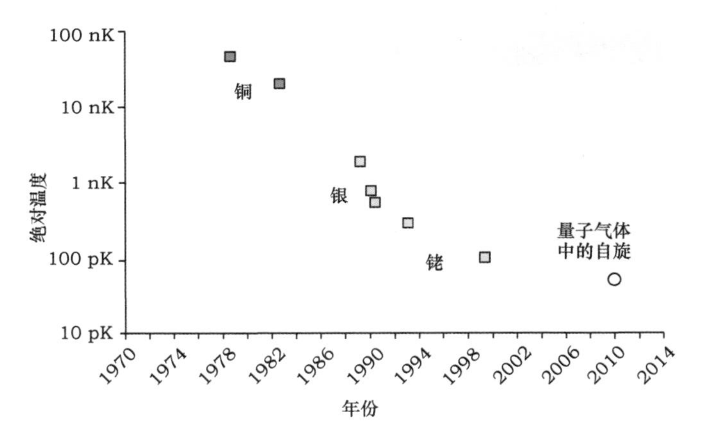

图 7-8 实验室创造的低温纪录[12]
(孙静绘制)

在不断逼近绝对零度的进程中,人们除了发现超流这类神奇的物理现象外,还发现了许多新物质态。比如玻色-爱因斯坦凝聚态和分数量子霍尔效应等。前者指的是一些原子在极低温下会"集体冻僵"到低能组态[13],后者指的是电子在极低温强磁场下会"人格分裂"成分数化的量子态[14]。可见,极度低温下"冻一冻"会让原本热衷于东奔西跑的微观粒子恢复本来的"健康"面目——展现出极其复杂的量子行为(图 7-9)。

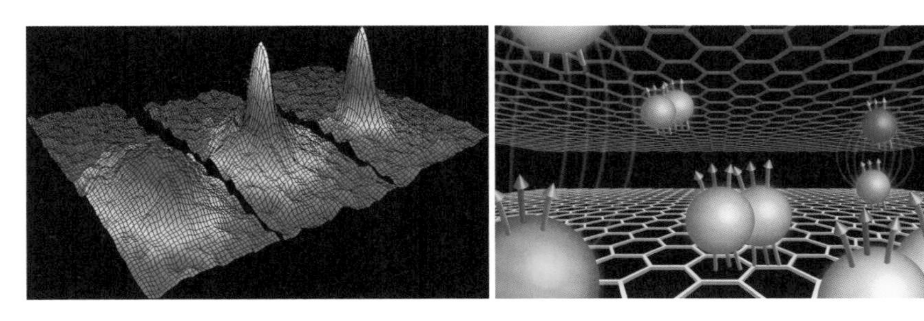

图 7-9　（左）超冷原子的玻色-爱因斯坦凝聚图；（右）分数量子霍尔效应
（来自维基百科和布朗大学 * ）

参考文献

[1] Lyons W A. The Handy Weather Answer Book[M]. Michigan, 1997.

[2] Fahrenheit D G. Experimenta circa gradum caloris liquorum nonnullorum ebullientium instituta[J]. Phi. Trans. Roy. Soc. , 1724, 33: 1-3.

[3] Bolton H C. Evolution of the Thermometer[M]. Pennsylvania, 1900.

[4] Lord Kelvin W. On an Absolute Thermometric Scale[M]. Phil. Mag, 1848.

[5] Resolutions of the 10th CGPM[M]. Bureau International des Poids et Mesures, 1954.

[6] https://en.wikipedia.org/wiki/Temperature.

[7] Chaplin M. Water Phase Diagram[D]. London South Bank University, 2015.

[8] Reif-Acherman S. Liquefaction of gases and discovery of superconductivity: two veryclosely scientific achievements in low temperature physics [J]. Rev. Bras. Ensino Fís. , 2011, 33(2): 2601.

[9] van der Waals. Over de Continuiteit van den Gas-en Vloeistoftoestand[D]. Leiden, The Netherlands, 1873.

[10] Onnes H K. The liquefaction of helium [J]. Commun. Phys. Lab. Univ. Leiden, 1908, 108: 3-23.

[11] Grimm R. A quantum revolution[J]. Nature, 2005, 435: 1035-1036.

[12] Tuoriniemi J. Physics at its coolest [J]. Nat. Phys. 2016, 12: 11-14.

[13] Glanz J. 3 Researchers Based in U. S. Win Nobel Prize in Physics[N]. The New York Times, 2001.

[14] Tsukazaki A, Akasaka S, Nakahara K et al. Observation of the fractional quantum Hall effect in an oxide[J]. Nat. Mat. 2010, 9: 889-893.

* http://www.sci-news.com/physics/fractional-quantum-hall-effect-double-layer-graphene-07327.html

8 畅行无阻：超导零电阻效应的发现

在诸如北京这样的大都市开车出门，最不想遇到的情况是什么？肯定是堵车！

在微观世界里，电子穿梭在周期有序排列的原子实"八卦阵"里面，也会遇到磕磕碰碰甚至"堵电"的情况，用物理语言来说就是电子受到了散射。电子被不断散射，能量就会发生损失，在宏观上表现为存在电阻。微观上电子把部分能量传递给了原子实，电子公路上的堵车，造成了原子们的躁动不安，微观热振动变得更加欢快了——于是材料整体温度上升开始"发烧"，这就是因电阻产生的焦耳热[1]。在某些情况下，焦耳热有着重要的用途，比如白炽灯的工作原理就是电能转化成热能，让灯丝在高温下"白热化"后发光的。但在更多情况下，焦耳热会让电能无辜损失掉。从发电厂到变电站，即便采用目前最高效的高压交流输电，电能的损失也约占 15%。可别小看这个百分比，这意味着，有相当一部分能源还没真正用上就已经被浪费掉，且不说因此增加的种种环境污染等附加问题。

如何让电子在材料内部畅行无阻呢？或者说，是否有那么一些"特殊情况"，电子公路可以一路畅通呢？物理学家一直在思考这个问题。

20 世纪初，经过百余年的电磁学研究，人们已经非常清楚地认识到金属材料的电阻随温度下降将会减小。理由很简单：给材料整体降降温，让原子们冷静冷静，这样电子在不太变幻的"八卦阵"里也许就可以迅速找到高速通道，尽量不损失能量全身而退[2]。理想看似丰满，现实却总是比较骨感。不同的人看问题的角度不同，于是在预测更低温度下金属电阻的走向时，有了多种不同的观点。大家普遍知道，金属中电阻主要来源于两部分，原子实热振动对电子的散射和杂质/缺陷等对电子的散射。降温只是让原子振动变弱，但无法改变杂质/缺陷的存在。因此，1864 年，马西森(Matthiessen)预言金属电阻随温度下降到一定程度之后，将保持不变，即存在一个有限大小的"剩余电阻"[3]。开尔文勋爵不太同意这个观点，他认为在足够低的温度下，电流中的电子也有可能被“冻住”而不能前进，导致金属的电阻会迅速增加。我们在此姑且定义马西森预言的材料叫“正常金属”，而开尔文预言的叫“反常金属”。低温物理的先驱杜瓦和昂尼斯则有另一种观点，金属的电阻随温度下降会持续稳定地减小，最终在零温极限下变成零，成为一个没有电阻的“完美导体”(图 8-1)[4]。

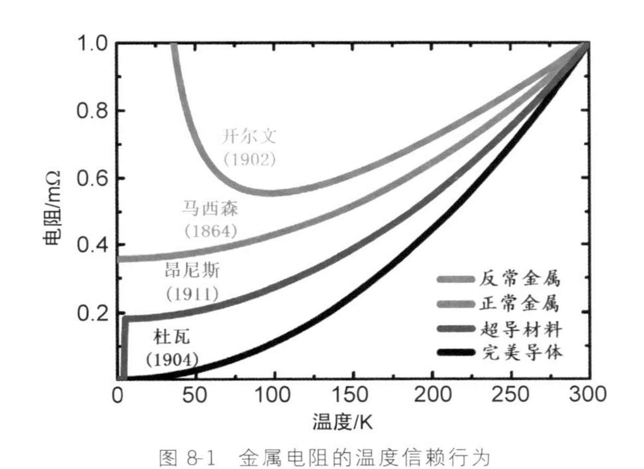

图 8-1　金属电阻的温度信赖行为
(作者绘制)

理论谁对谁错，谁也说服不了谁，毕竟，实验才是检验真理的唯一标准。只有实际测一测金属电阻在低温下的行为，才能知道理论有没有问题。这个实验的关键所在，就是低温技术。

荷兰莱顿大学的卡末林 · 昂尼斯，一直苦心经营着他的莱顿低温物理实验室，在 1908 年成功获得液氦之后，他成为世界上第一个掌握 4 K 以下低温技术的科学家，奠定了下一个伟大科学发现的坚实科学基础(图 8-2)。所谓近水楼台先得月，昂尼斯利用低温物理技术这个秘密武器，紧锣密鼓地开始验证他和杜瓦关于金属电阻的预言。由于金属电阻本身就比较小，要精确测量其大小不能简单采用我们现在中学课本常出现的两电极法，而是采用所谓四电极法：在材料两端用两个电极通恒定电流，在材料中间再用两个电极测电压，电压的大小即正比于其电阻值。这种测量方式有效避免了电极和材料接触电阻的影响，至今仍然是小电阻的常用测量方法。实验必须在低温环境下进行，因此昂尼斯设计了一整套复杂的杜瓦瓶，带有各种复杂的低温液体（液氢或液氦）通道来控制温度[5]。起初，昂尼斯采用了室温下电阻率比较小的金和铂作为实验材料，在测到 5 K 以下低温的时候，它们的电阻仍然没有降低到零，而且似乎保持到了一个有限的剩余电阻，和马西森的预言一致。三种观点里，初步否定了开尔文关于低温下金属电阻会反而增加的预言（图 8-2）[6]。

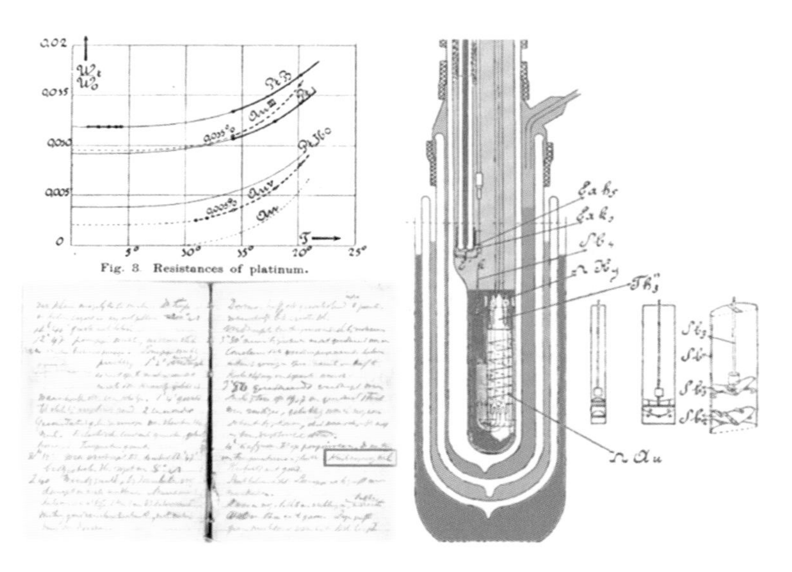

图 8-2　昂尼斯的实验装置与实验笔记，图中红框即荷兰语“金属汞电阻几乎为零”
（来自荷兰布尔哈夫博物馆）[8]

昂尼斯的初步实验结果并非与他和杜瓦的预言一致，他没有停止实验的脚步，继续思考“剩余电阻”的来源。如果它完全是由材料内部的杂质或缺陷造成，那么在纯度极高的金属材料里，剩余电阻为零，低温下电阻就有希望持续地降到零。问题是，上哪儿找这么一个高纯金属呢？

昂尼斯想到了金属汞，也就是我们俗称的水银。因为在室温下，汞是液态金属，就像熔化的银子水一样亮晶晶的。古人为水银展现的奇特性质而着迷，相传在秦始皇陵里“以水银为百川江河大海，机相灌输，上具天文，以人鱼膏为烛，度不灭者久之”。无数炼丹术士也把水银当作重要材料之一，在中世纪炼金术中，水银与硫磺、盐合称神圣三元素。实际情况是，汞属于重金属的一种，对人体有剧毒，是金丹里致命的因素之一。汞在当今生活中最常见的用途就是体温计，主要利用了它热胀冷缩效应非常敏感且易于观测。但是我们知道，水银体温计一旦打破存在很大危险。因为汞在室温下就会蒸发，蒸发出的汞蒸气吸入人体，会造成汞中毒。汞容易蒸发的物理性质使得汞灯得以发明，这类照明灯更加节能高效(图 8-3)。也正是由于汞极易挥发，因此可以非常简单地通过蒸馏的方法获得纯度极高的金属汞，其汞含量高达 99.999999%，从化学上可认为是几乎不含杂质的完美金属。尽管汞在室温下是液态，但只要冷却到−38.8℃就会凝成固态[7]。这也极大方便了实验过程：在液态下把汞蒸馏进入布好电极的容器，冷却到低温后变成固体，同时又和电极形成了良好的电接触，降低了测量的背景噪声等干扰因素。

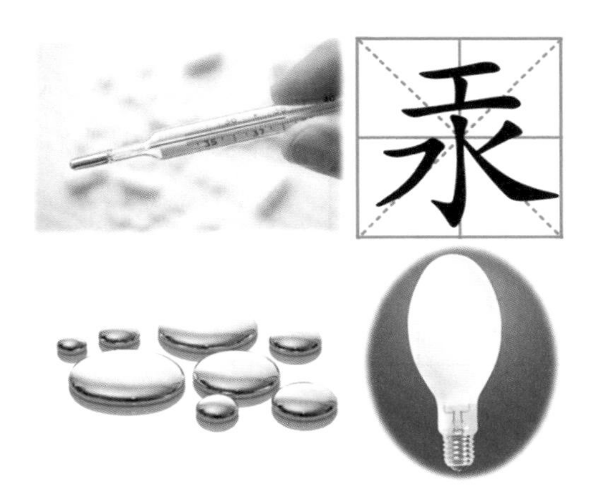

图 8-3　金属汞(水银)、体温计、汞灯
(作者绘制)

1911 年 4 月 8 日，荷兰莱顿实验室的工程师 Gerrit Flim、实验员 Gilles Holst 和 Cornelius Dorsman，如往常一样早 7 点就来到实验室准备测试汞在低温下的电阻，同时用之前测量过的金作为参照样品。11 点 20 分的时候，实验室主任卡末林·昂尼斯过来察看液氦制冷情况。在中午时分，他们已经获得了足够的液氦并测量了它的介电常数，确认低温液氦并不导电[8]。Gilles Holst 和 Cornelius Dorsman 在实验室的另一个房间记录汞和金的电阻值，在

4.3 K 的时候，这两个材料的电阻都是一个有限的数值(0.1 Ω 左右)。随着进一步蒸发液氦制冷到了 3 K，下午 4 点 10 分，他们再一次测量汞和金的电阻值，发现汞的电阻几乎测不到了，而金的电阻则仍然存在。昂尼斯并没有因为他的预言可能被验证而欣喜若狂，他十分冷静地分析了实验结果。因为汞和金的结果相反，是不是测量过程出了问题？他们首先怀疑测量电路是否短路了，于是把 U 形管容器换成 W 形容器再一次重复了实验，依然发现汞的电阻几乎为零。接着他们又怀疑温度控制是否不太稳定，实验一直持续到深夜。并在随后的数天里 Gilles Holst 等详细测了汞的电阻随温度的变化，一个伟大的发现在不经意间被发现：在液氦沸点 4.2 K 以下的时候，汞的电阻确实突然降到了零，也即超出了仪器的测量精度范围[5]。1911 年 4 月底，昂尼斯在一次学术会议上初步报道了他们团队的实验结果，随后在 1911 年 5 月和 1911 年 10 月他们再次以更高精度的测量仪器重复了实验，确认汞的电阻在 4.2 K 以下降到了 10^{-5} Ω 以下。1911 年 11 月，昂尼斯发表了题为《汞的电阻突然迅速消失》的论文，对物理学界报道了这一重大发现，并将该现象命名为"超导"，意指"超级导电"之意(图 8-4 和图 8-2)［注：昂尼斯起初用德语命名为 supraconduction，后改为 supraconductivité，英文表述为 superconductivity］。随后他们对金属铅和锡也进行了测量，发现他们各自在 6 K 和 4 K 也存在超导现象。发生超导现象时对应的温度又叫作超导临界温度，简称超导温度[9]。

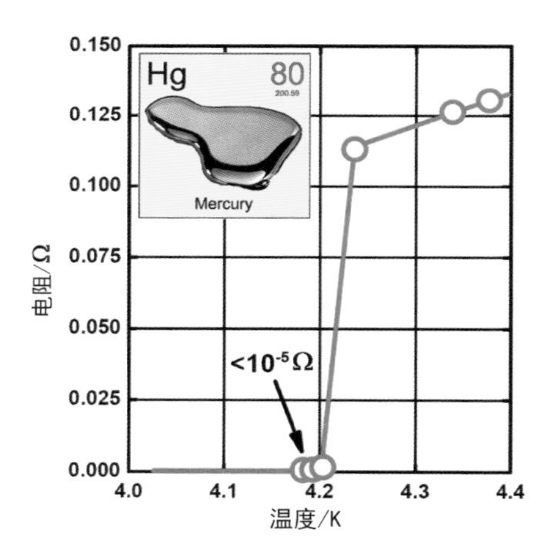

图 8-4 汞的电阻在 4.2 K 突降到零[8]
(作者绘制)

超导的发现极大地震惊了当时物理学界，因为大自然显然不那么喜欢按照人们推测来出牌。开尔文、马西森、杜瓦、昂尼斯关于"正常金属""反常金属""完美导体"的预言似乎都不完全正确，某些金属的电阻在特定温度以下就会突然降为零，而不需要一直到零温极限下才会缓降为零。后来研究发现在略微有杂质的某些金属里面，超导现象依然存在，只是超导温度有所变化，也就是说，超导与否和杂质散射没有太大的关系。这为超导现象又披上了一层神秘的面纱，吸引了众多物理学家的关注。值得一提的是，后来更多的实验证明，关于低温下材料电阻的开尔文和马西森预言其实都现实存在。一些材料如金、银、铜、钴、镍等确实在低温下不超导，它们的电阻趋于零温极限时存在一个“剩余电阻”。对某些金属材料，如果掺入少量的磁性杂质，那么在低温下电子的运动除了受到电荷相互作用外，还会有磁性相互作用，其电阻会随温度下降反而上升，这些材料被称为“近藤金属”（注：近藤是人名）[10]。对于那些存在复杂磁性排列结构的材料而言，电子的运动将更加复杂多变，电阻随温度的变化也是千奇百怪，至今仍让物理学家们头疼。

关于超导时电阻是否真的为零，起初是一个极其有争议的话题。因为昂尼斯等只是发现汞的电阻在超导前后下降了400多倍，即超出了仪器的测量精度范围。从一个“测不到”的结果，到证实“它是零”，任务是非常困难的，毕竟任何仪器都存在一个有限的测量精度。昂尼斯本人一开始也倾向于认为超导态下的电阻其实是一个极小的“微剩余电阻”。为了证明这个“剩余电阻”到底有多小，昂尼斯和工程师Gerrit Flim设计了一个闭合的超导环流线圈。他们采用了一个很简单的物理原理——电磁感应现象：通过外磁场变化，在超导线圈里感应出一个电流，然后撤掉外磁场并测量线圈内感应电流磁场的大小随时间的衰减，对应电流大小的衰减，就可以推算出超导线圈里的电阻有多大了。为了让实验现象更加直接，他们同时对称放置了一个相同尺寸的外接稳定电流的铜线圈（不超导），两个线圈中间放置一个小磁针（图8-5）。在初始时刻，调整铜线圈电流大小和超导线圈内感应电流大小一致，小磁针会严格

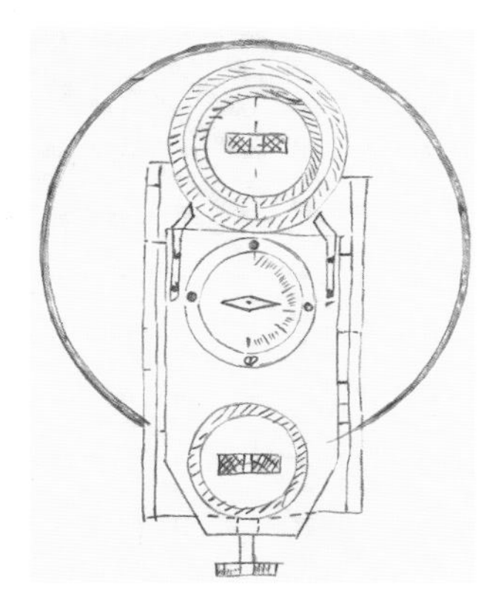

图8-5　超导环流实验设计图稿（来自荷兰布尔哈夫博物馆）[8]

地指向东西方向，接下来只需要观测磁针什么时候会发生偏转，就知道超导线圈内电流有没有衰减了。1914 年 4 月 24 日，昂尼斯报道了他们的实验结论，超导线圈内感应出 0.6 A 的电流，一小时后，也没有观察到任何衰减现象[11]。一直到 18 年后的 1932 年（此时昂尼斯已去世 6 年了），Gerrit Flim 还在伦敦努力重复这个实验，他把电流加到了 200 A，也没有观测到衰减现象。经过多年的实验论证，人们最终确认超导体的电阻率要小于 10^{-18} Ω · m。这是一个什么概念？目前已知室温下导电性最好的金属排名依次是：银、铜、金、铝、钨、铁、铂，它们的电阻率在 10^{-8} Ω · m 量级（图 8-6），这也是通常采用铜或铝作为金属导线主要材料的原因（金银太贵）。超导态下的电阻率还要比它们低了整整 10 个数量级！这意味着，在横截面积 1 cm^2、周长 1 m 的超导线圈感应出 1 A 的电流，至少需要一千亿年才能衰减掉，这时间尺度竟然比我们宇宙的年龄（138 亿年）还要长[12]！因此，从物理角度来看，我们有充分的理由认为超导态下电阻的确为零。

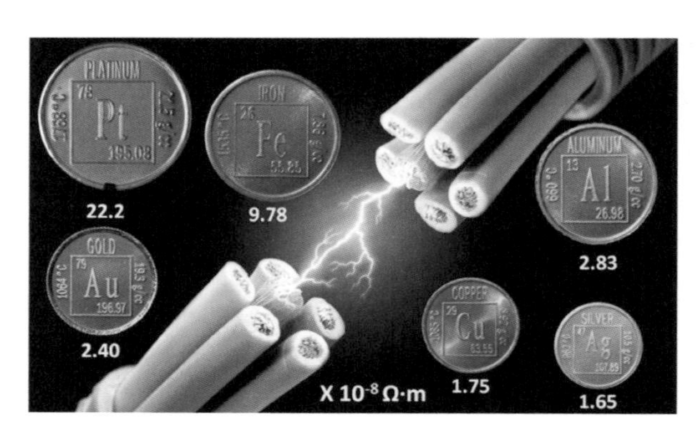

图 8-6　几种常见金属的电阻率
（作者绘制）

荷兰的理论物理学家保罗 · 埃伦费斯特对昂尼斯等的实验结果十分欣赏，赞誉超导环路里的电流是“永不消逝的电流”，并提出一个新的实验方案[4]。莱顿实验室最终在 3.0 mm×3.5 mm 的方形铝导线里实现了 320 A 的大电流。需要特别注意的是，尽管超导体电阻为零，但并非通过的电流可以无限大，而是存在一个电流密度的上限，称为临界电流密度。一旦超导材料内电流密度超过临界电流密度，那么超导态将被彻底破坏，恢复到有电阻的常规导体态，同时伴随焦耳热的产生[13]。不同材料的临界电流密度不同，一般超导金属或合金的临界电流密度为1000～5000 A/mm^2。寻找具有更高临界电流密度的超导材料，是超导应用研究的重要课题之一[14]。

卡末林·昂尼斯于1913年获得诺贝尔物理学奖，获奖理由是："在液氦环境下开创性的低温物理性质研究"，其中包括金属超导和液氦超流这两项重大发现。荷兰莱顿大学的物理实验室，也一度成为世界低温物理研究中心。1926年2月21日，昂尼斯在莱顿去世，享年73岁。1932年，莱顿大学的物理实验室更名为"卡末林·昂尼斯实验室"，以纪念他的卓越贡献。在昂尼斯的墓碑上刻有："海克·卡末林·昂尼斯教授/博士，1913年诺贝尔物理学奖获得者"以及他的生卒年月(图8-7)[15]。

图8-7　昂尼斯获得1913年诺贝尔物理学奖，右图为他的墓碑
(来自维基百科)

超导的零电阻性质具有巨大的应用潜力，只要用电的地方，就可以用得上超导材料。超导电缆将提高电力传输容量并大大降低传输损耗，阻燃的超导变压器将能够确保电能输送的安全，超导发电机将能提供高效的电力供应，超导限流器以及超导储能系统将实现电网暂态故障的抑制并提高电能质量，轻量化超导电动机将能够大大提高电动机运行效率(图8-8)。这些超导电力设备，为我们的生活带来了多种便利。随着超导技术的进步，全球超导电力技术大规模应用的时代即将到来。未来社会，超导材料必定是耀眼的材料之星！

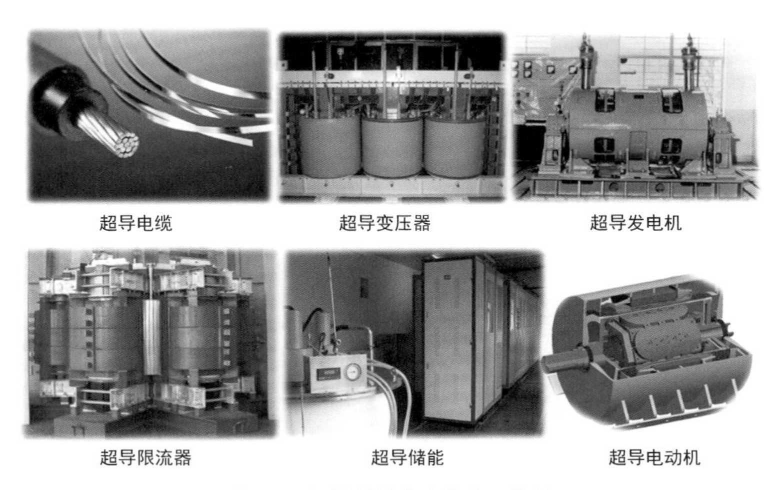

图 8-8 超导材料的电学应用举例
（由中科院电工所肖立业提供）

参考文献

[1] Prokhorov A M et al. Great Soviet Encyclopedia (in Russian) 8[R]. Moscow ,1972.

[2] Matthiessen A, von Bose M. On the influence of temperature on the electric conducting power of metals[J]. Phil. Trans. Roy. Soc. Lon. 1862,152: 1-27.

[3] Matthiessen A,Vogt C. On the Influence of Temperature on the Electric Conducting-Power of Alloys[J]. Phil. Trans. Roy. Soc. Lon. 1864,154: 167-200.

[4] van Delft D,Kes P. The discovery of superconductivity[J]. Physics Today 2010,63 (9): 38-43.

[5] Onnes H K. Further experiments with liquid helium[J]. Commun. Phys. Lab. Univ. Laiden 1911,119b-123a.

[6] Reif-Acherman S. Liquefaction of gases and discovery of superconductivity: two veryclosely scientific achievements in low temperature physics [J]. Rev. Bras. Ensino Fís. ,2011,33(2): 2601.

[7] https://en. wikipedia. org/wiki/Mercury(element).

[8] de B. Ouboter R. Heike Kamerlingh Onnes's Discovery of Superconductivity[J]. Scientific American,1997,03: 98-103.

[9] Onnes H K. Further experiments with liquid helium: the resistance of pure mercury at helium temperature. [J]. Commun. Phys. Lab. Univ. Laiden,1913,133d.

[10] Kondo J. Resistance minimum in dilute magnetic alloys[J]. Prog. Theo. Phys. 1964, 32: 37.

[11] Onnes H K. Further experiments with liquid helium: the appearance of resistance in superconductors,which are brought into a magnetic field,at a threshold value of the

field[J]. Commun. Phys. Lab. Univ. Laiden 1914,139f.

[12] Planck C. Planck 2015 results. XIII. Cosmological parameters[J]. Astronomy and Astrophysics,2016,594: A13.

[13] London F, London H. The electromagnetic equations of the supraconductor[J]. Proc. R. Soc. London, Ser. 1935, A149: 71.

[14] 肖立业,韩朔,林良真. 高温超导磁体导体尺寸的优化选择[J]. 低温与超导,1994,22(2): 9.

[15] https://en.wikipedia.org/wiki/Heike_Kamerlingh_Onnes.

9　金钟罩、铁布衫：超导完全抗磁性的发现

在武侠世界里,"金钟罩、铁布衫"似乎可以铸就铜身铁臂,足以抵御一切外力[1]。这些人体之间攻防应激,对应到我们的物理世界里,就体现为物体对外界干扰的一种响应。也就是说,一个物体置于某个外界干扰(称之为"外场")下,它会根据内部结构的不同,而做出截然不同的响应方式。一个最简单的例子,就是静电感应现象,在静电场里的金属材料,因为内部电荷的重新分布,会在表面感应出正电荷或负电荷,使得内部的电场变为零。那么,如果将一个材料置于静磁场之下,它会做出什么样的"攻防响应"呢?

最早研究这个问题的,就是我们在《秩序的力量》一节提到的法国物理学家皮埃尔·居里。居里同学的聪明勤奋众人皆知,18 岁获得硕士学位,23 岁就当上了巴黎市立理化学校的实验室主任,随后 12 年的漫长攻读博士学位期间,他主要就是在研究物质的磁性问题。居里发现物质对外磁场的相对响应——磁化率和温度成反比关系,由此被命名为"居里定律"。后来另一位物理学家皮埃尔·外斯发现大部分材料里面,这个反比关系应该在某个特定温度以上才会出现,于是在分母上减去了一个居里温度项,这个定律便改名为居里-外斯定律。居里和外斯的研究告诉我们,对于大部分材料而言,它的磁性对外磁场的响应是"低眉顺眼"型的,温度越低表现越顺从,物理上把这类典型磁现象叫作"顺磁性"[2]。颇像武功里的北冥神功,将外力吸收化为己有。

遗憾的是,皮埃尔·居里 46 岁(1906 年)那年飞来横祸,被马车撞死,留下了玛丽·居里和两个年幼的女儿。居里夫人一时难以抑制内心的悲痛,后

来在皮埃尔一位学生的悉心照料下才慢慢缓过来。这位学生叫保罗·朗之万，比导师皮埃尔·居里小13岁，比师母玛丽·居里小5岁。朗之万于1902年在皮埃尔·居里指导下获得博士学位，并于1905年尝试发展导师关于物质磁性的微观解释。在无外磁场时，物质中原子的磁矩是杂乱无章的，所以整体不显磁性；有外磁场时，原子的磁矩会在磁场作用下倾向于和磁场方向一致排列，从而出现顺磁性，外磁场越强，顺磁强度就越大。然而，细心的朗之万发现除了顺磁性之外，几乎所有的材料还应该同时具有“防御”外磁场的能力——称之为“抗磁性”。这是因为外磁场会让原子内部电子发生额外的进动，电子因运动产生的轨道磁矩会被削弱，原子整体产生一个和外磁场相反的磁矩变化，即每个原子本身就会“抗拒”外磁场，而且这个原子的抗磁性是与外部磁场和温度无关的[3]。朗之万的研究奠定了他在物理学界的地位，博士毕业后不久就成为法兰西学院的物理学教授，与当时的大物理学家爱因斯坦、埃伦费斯特、昂尼斯、外斯等交往甚密(图9-1)。而与美丽又孤独的玛丽·居里师母走得越来越近，也给朗之万带来了不少绯闻。在当时最著名的国际物理学会议——索尔维会议上，经常可见居里夫人和朗之万的身影。例如著名的1927年第五届索尔维会议，集齐了创立量子力学和相对论的人类顶级智慧大脑，位于合影人群中心的爱因斯坦右二为居里夫人，左一就是朗之万(图9-2)。尽管朗之万有心不惧世俗的目光，但却难免被他的“女汉子”媳妇在报纸上当众羞辱，最后家庭不欢而散，绯闻也止步于传言。有意思的是，居里夫人的女儿伊蕾娜·居里再度勇敢选择了朗之万作为导师，并为居里一家捧来第三个诺贝尔奖。时

图9-1 （从左到右）爱因斯坦、埃伦费斯特、朗之万、昂尼斯、外斯在昂尼斯位于荷兰莱顿的家中
（来自维基百科）

图 9-2　1927 年第五届索尔维会议“电子与光子”参会科学家合影，爱因斯坦右二为居里夫人，左一为朗之万
（来自维基百科）

隔多年后，居里夫人的外孙女伊莲娜终于和米歇尔·朗之万结为连理，后者正是保罗·朗之万的嫡孙。一段大科学家之间的情感纠葛，就像情节跌宕起伏的武侠故事一样，前后跨越 50 年，终成圆满结局[4]。

不过，原子的抗磁性是材料中“防”外磁场的低级功夫，轻松可破。因为从微观上来说，原子的顺磁性主要来自电子自旋磁矩的贡献，抗磁性则主要来自电子轨道磁矩的贡献，前者一般要比后者大得多，所以许多材料中抗磁性难以体现。不过，在惰性气体和金、银、铜等金属单质中都具有抗磁性，而食盐、水以及绝大多数有机化合物呈现出很强的抗磁性[5]。为了验证水和有机化合物的抗磁性究竟有多强，充满好奇心的荷兰物理学家安德烈·海姆在他的强磁场实验室玩起了花样。他把一只活的青蛙放进了 20 特斯拉的强磁场中，然后神奇魔法出现了——青蛙因为抗磁性而被磁悬浮起来[6]。海姆因为他的神奇实验获得了 2000 年的“搞笑诺贝尔物理学奖”，这却不是他最后一次拿“诺贝尔奖”。2010 年，正宗诺贝尔物理学奖被授予给海姆，获奖理由是他的另一杰作——用胶带“手撕”石墨获得了单原子层的“石墨烯”。无独有偶，中国的“疯狂”科学家利用超声波技术，也玩起了各种悬浮花样，实验对象包括各种小昆虫、蝌蚪、小鱼[7]。美国宇航局的科学家更是超级疯癫地把一只 10 克重的活白鼠给磁悬浮起来[7]！或许科学就是要这种“玩”的心态，才能解开思维樊笼的束缚，得到重大的发明或发现(图 9-3)。如今，人造磁铁材料钕铁硼合金的磁场强度足以达到 1 特斯拉，许多五金店都有卖。或许你可以试试，用磁铁是否可以隔空推动小块黄瓜或西红柿。

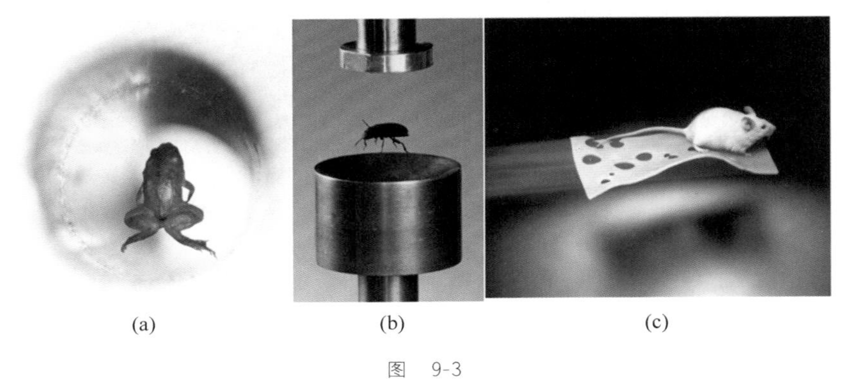

图 9-3
(a) 青蛙磁悬浮；(b) 昆虫超声悬浮；(c)“飞毯”上的白鼠[6,7]
(来自 Wikicars 及 Live Science*)

在金属材料中，存在着大量可以自由奔跑的电子，因此，金属中的传导电子顺磁性和抗磁性有着许多特殊的地方。一般来说，金属中顺磁性要比抗磁性强 3 倍，磁化率和温度无关。要理解清楚其物理根源，光用朗之万基于经典物理框架的图像是不够的，必须用到高一层次的“武学造诣”——量子力学。两位伟大且绝顶聪明的理论量子物理学家——泡利和朗道给出了非常直观的解释。按照泡利的理解，材料内部的电子本来是对称分布的：自旋向上和自旋向下的电子数目相等，所以在没有外磁场情况下不显磁性；但是一旦引入外磁场，这种平衡就被打破了，自旋沿着磁场方向的电子数目将增加，而自旋和磁场方向相反的电子数目将减少，导致整体沿着磁场存在一个顺磁的磁矩，

* 图 9-3(a) https://wikicars.org/en/File:Frog_diamagnetic_levitation.jpg；图 9-3(b)(c) https://gajitz.com/who-moved-my-cheese-lab-mouse-levitated-with-magnets/

这被称为金属的“泡利顺磁性”(图 9-4)[8]。朗道从电子运动方式分析,在磁场影响下电子的回旋运动会出现能量量子化——朗道能级,从而金属导体整体能量会随着外磁场强度周期性规律变化,相应出现抗磁性的特征,这被称为金属的“朗道抗磁性”[2]。在量子化的朗道能级影响下,随着外磁场的增加,金属的磁矩、电阻、比热等物理性质会出现“量子振荡”行为[9],又按照发现者名字被命名为德·哈斯-范阿尔芬效应和舒勃尼科夫-德·哈斯效应等[10]。在量子振荡行为中,隐藏着许多尚待发现的物理原理,至今仍有诸多物理学家为揭谜而努力(图 9-5)。

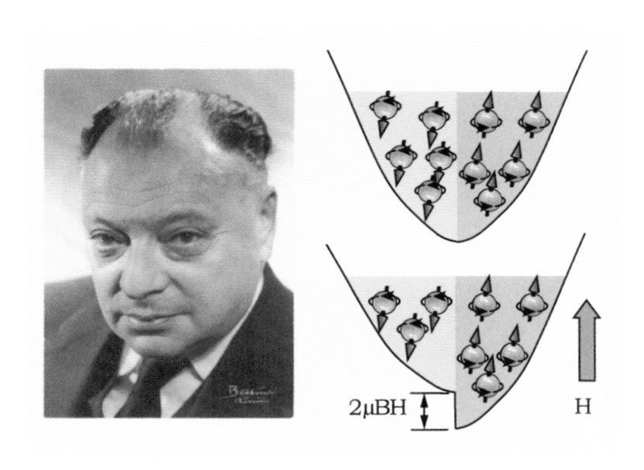

图 9-4　泡利与金属顺磁性
(来自维基百科/孙静绘制)

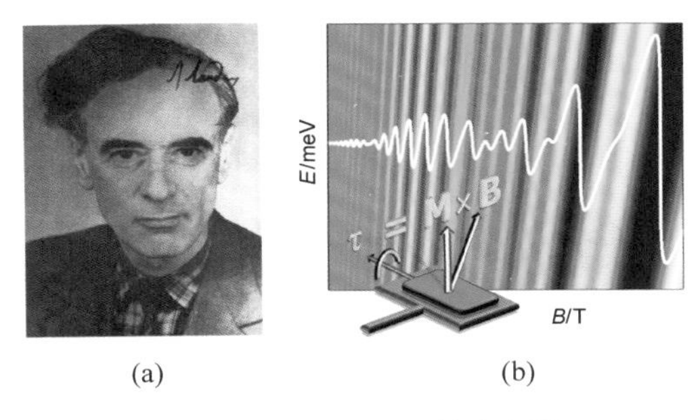

图 9-5　朗道与量子振荡效应[9]
(来自维基百科及 PSSB*)

* 图 9-5(b) Reprinted Figure from Ref. [9] as follows: Wilde M A et al., Phys. Status Solidi B, 2014, 251(9): 1710-1724.

正如武学中功夫层层递进、上不封顶一样，关于金属磁性的物理起源深入探索远远没有结束。随着许多新的物理现象不断被发现，理论的概念也在不断刷新，人们对材料中电和磁现象的认识也越来越丰富。武林派别，只会越来越多，越来越怪。

1911 年，与朗之万、泡利等齐名的实验物理学家卡末林·昂尼斯发现了超导的零电阻现象。任何人只要稍微翻阅电磁学发展史，就可以从奥斯特、安培、法拉第、麦克斯韦、赫兹等的研究发现，凡是存在某些电现象，必然同时伴随着特定磁现象。电和磁，如同鸡蛋同源一样，密不可分。遗憾的是，当时许多物理学家或忙于寻找更多具有零电阻特性的超导材料，或忙于证明零电阻确实是零电阻，或仍然在搜索可能的"理想导体"(如杜瓦和昂尼斯预言的纯净金属电阻会缓慢连续地在零温下降为零)。关于超导体的磁效应实验，迟迟未能开展。

11 年后的 1922 年，著名量子力学奠基人马克斯·普朗克的弟子沃尔特·迈斯纳(Walther Meissner)跟随昂尼斯等的脚步，在德国着手建立当时世界第三大氦气液化器，并于 3 年后完成。掌握了基于液氦的低温物理技术，迈斯纳也投入了当时刚刚火起来的超导研究。时间又过了 11 年，于 1933 年终于实现了突破。迈斯纳和他的学生罗伯特·奥森菲尔德(Robert Ochsenfeld)在对金属球体做磁场分布测量时发现，在磁场中把锡或铅金属球冷却进入超导态时，磁力线似乎一下子从球内部被"清空"(图 9-6)。由于他们无法直接测量超导内部磁场的变化，只间接从内外磁场相反变化行为推断，超导体内部的磁感应强度为零，磁力线会绕开超导体跑(图 9-7)[11]。

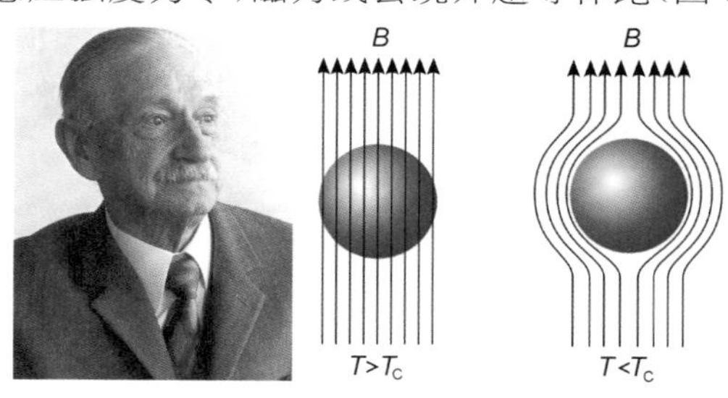

图 9-6　迈斯纳与超导体的完全抗磁性

(来自维基百科)

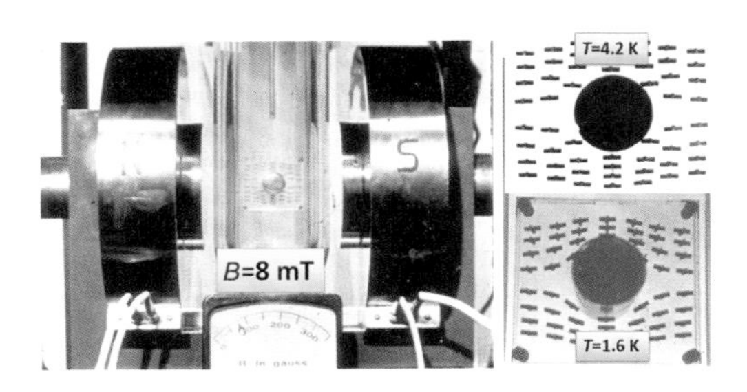

图 9-7　实验观测金属锡的迈斯纳效应
（来自维基百科）

于是，和零电阻效应相媲美，超导材料的电磁效应又多了一个零——内部的磁感应强度也为零！超导体的完全抗磁性又被命名为迈斯纳效应。让迈斯纳青史留名的是一篇极短的半页纸论文，里面没有公式，没有图标，只有简短的一些描述他们观测到实验现象的文字，以及最后迈斯纳和奥森菲尔德的署名。由此可见，优秀的研究工作有时并不需要长篇累牍来解释，短小精悍地解决关键问题最重要！迈斯纳的研究发表之后，后人对超导体的磁性进行了进一步的研究。他们发现无论是先降温到超导态再加磁场，还是先加磁场再降温到超导态，都无法改变最终的事实——磁感应强度在超导体内部为零，低温下撤掉磁场后仍为零，即超导体的完全抗磁性是和超导紧密联系在一起的。这需要与所谓“理想导体”特别区分，因为理想导体还是具有普通金属特征，尽管先冷却再加磁场会使得内部磁感应强度为零，但是若先加磁场后冷却的话，磁力线则会穿透材料内部，最后撤掉磁场时，材料会发生磁化效应而产生磁性(图 9-8)[12]。正因为如此，迈斯纳效应告诉我们，超导体并不简单地等于“理想”导体，它具有特殊的电磁性质。

因此，同时具有零电阻效应和完全抗磁性两个独立的物理性质的材料，才可以被严格地称为超导体。正如前面所提及的，食盐、水甚至青蛙等都存在一定的抗磁性，但它们绝对不是超导体！超导体的完全抗磁性，要远比电子轨道磁矩变化引起的抗磁性大得多，是目前发现的最强抗磁性现象[13]。就像少林绝技“金钟罩、铁布衫”一样，超导材料一旦降温进入超导态，就能完全抵御外磁场的入侵做到全身而退，可谓是顶级功夫！

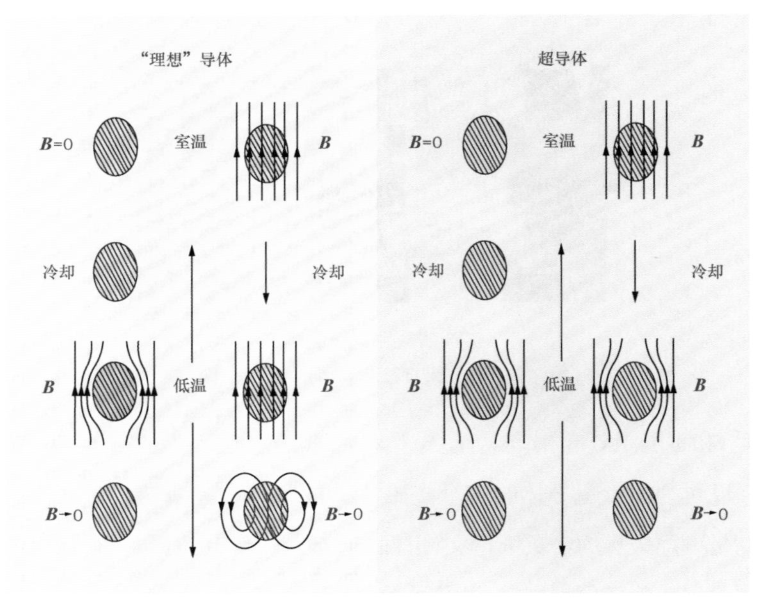

图 9-8 "理想"导体与超导体的磁性的区别[12]
（来自张裕恒著《超导物理》）

不过，话说回来，"天下武功、无坚不摧"，再厉害的瓷器，也顶不住金刚钻。超导体对磁场并非是百分百"免疫"的，即使在迈斯纳态，磁场也可以进入超导体表面和边缘处。随着外磁场强度的增加，磁场穿透的深度也会越来越大，最终夺占整个超导体，超导性能完全消失。这一现象于 1935 年由伦敦兄弟提出，因为超导体内部磁感应强度为零，对麦克斯韦方程组稍加修改就可以得到新的描述超导电磁特性的方程，称为伦敦方程[14]。由伦敦方程可知，磁感应强度在进入超导体之后指数衰减，其穿透深度又称为伦敦穿透深度，至今仍是描述超导材料的一个重要物理参数。完全破掉超导体的"金钟罩、铁布衫"武功，只需要足够强的磁场，就能让其抵达临界态，最终完全崩溃成正常态(图 9-9)[15]。

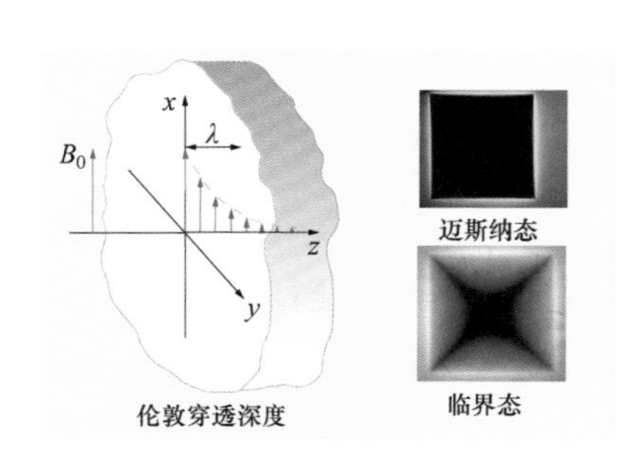

图 9-9 伦敦穿透深度与磁场进入超导体内部情况
（孙静绘制）

那么，超导体的完全抗磁性有多强

大呢？超导体在不同强度磁场下会有什么具体表现？超导体受限于哪些临界参数？不急，下节将为您详细分解。

参考文献

[1] 金庸. 金庸小说全集[M]. 北京：三联书店，1994.

[2] Kittel C. Introduction to Solid State Physics[M]. 8th Edition，Hoboken：Wiley，2005.

[3] Mehra J，Rechenberg H. The Historical Development of Quantum Theory[M]. Springer，2001.

[4] 邢志忠. 朗之万的师生情[J]. 科学世界，2014，7.

[5] Jackson R. John Tyndall and the Early History of Diamagnetism [J]. Annals of Science，2015，72(4)：435-489.

[6] Geim A. Everyone's Magnetism [J]. Physics Today，1998，9：36-39.

[7] Charles Q. Choi. Mice Levitated in Lab [N]. Live Science，2006-11-29 (http://www.livescience.com/5688-mice-levitated-lab.html)；Scientists Levitate Small Animals[N]. Live Science，2009-09-09 (https://www.livescience.com/1165-scientists-levitate-small-animals.html).

[8] Nave C L. Magnetic Properties of Solids [J]. HyperPhysics，2008 (http://hyperphysics.phy-astr.gsu.edu/hbase/Solids/magpr.html).

[9] Wilde M A et al.，Spin-orbit interaction in the magnetization of two-dimensional electron systems [J]. Phys. Status Solidi B，2014，251(9)：1710-1724.

[10] Shubnikov L V，de Haas W J. A new phenomenon in the change of resistance in a magnetic field of single crystals of bismuth[J]，Nature，1930，126：500.

[11] Meissner W，Ochsenfeld R. Ein neuer Effekt bei eintritt der Supraleitfähigkeit[J]. Naturwissenschaften，1933，21：787.

[12] 张裕恒. 超导物理[M]. 合肥：中国科学技术大学出版社，1997.

[13] 章立源. 超越自由：神奇的超导体[M]. 北京：科学出版社，2005.

[14] London F，London H. The Electromagnetic Equations of the Supraconductor[J]. Proc. Roy. Soc.，(London)，1935，A155：71.

[15] http://www.mn.uio.no/fysikk/english/research/groups/amks/superconductivity/mo/.

10　四两拨千斤：超导磁悬浮的基本原理

正所谓："温饱思哲学，哲学生物理"，古希腊繁荣的物质文明不仅催生了"科学和哲学之祖"泰勒斯，还涌现出如苏格拉底、柏拉图、亚里士多德、德谟克利特等多名哲学家。哲学(英文 philosophy)在希腊语里是 Φιλοσοφία，意指"爱好智慧"，和探索万物之理的物理学颇有渊源。实际上，物理学一词(英文

physics)就起源自亚里士多德的一本同名著作(希腊语 Φυσική)，是哲学一词的变体[1]。古希腊最有名的物理学家，当属“力学之父”——阿基米德，他在几何学、力学、天文学都做出了非常伟大的贡献。有关阿基米德的科学故事，总是充满浓浓的哲学味儿。比如他在泡澡时顿悟了浮力原理，然后大喊“ερηκα”(英文 eureka，即“找到了”)裸奔上街，玩起了类哲学家的行为艺术[2]。阿基米德对他从事的力学研究充满自信，曾豪言壮语道：“给我一个支点，我可以撬动整个地球！”这句话从物理原理上来说看似没有根本错误，但要真正实现却纯属扯淡。阿基米德显然没搞清楚地球到底有多大，——它可是一个平均直径 12742 千米、总质量约 6×10^{24} 千克的大家伙！假设阿基米德是个体重 100 千克的胖子，而且他还能不知从何处找到一根无比坚韧、无比纤长、无比轻巧的杠杆，加上一个无比坚实的支点。阿基米德在杆这头，地球在杆那头，都属于同一平直时空。那么，阿基米德要把地球移动 1 毫米，需要跑多远？6×10^{19} 米，折合天文单位约为 6300 光年[3]！可怜的阿基米德，如果要从实验上验证他的理论，至少要以光速奔跑 6000 余年，天晓得要穿越到未来什么时代，更别提谁还能注意到把地球移动 1 毫米前后的区别。何况就是他想这么玩，老天爷也不忍心折磨他。公元前 212 年，古罗马军队攻陷叙拉古城，工作中的阿基米德被某无名士兵捅了一剑，时年 75 岁，卒。难不成，阿基米德的杠杆宣言，就这样终结在哲学范畴？细观阿基米德撬地球的姿势，你或许还能领悟到另一层面的“哲学意义”。阿基米德攥拳扬起的左手和斜斜下压的右手，神似太极拳中的一招“白鹤晾翅”(图 10-1)。太极拳术讲究借力打力和“四两拨千斤”，这或许就是阿基米德的杠杆原理的精髓——不怕力小，只要原理恰当，用巧了可有大智慧。

图 10-1 阿基米德“四两拨千斤”之术
(孙静绘制)

哲学归哲学，武侠归武侠，咱们自己

的现实生活中，有没有那么一种可能，实现“四两拨千斤”的即视感呢？有，肯定有！

2011 年年初，日本女孩林奈津美在东京各个角落拍了一组名为“今天的浮游”照片。照片中的她不借助任何支撑，整个悬浮在空中，仿佛具有自我漂浮的力量。“东京漂浮少女”的名号，从此红遍网络[4]。女孩的秘诀在于单反相机的延时拍摄和不断地奔跑跳跃腾空，其实和印度街头僧人或魔术师们表演的“人体悬浮术”如出一辙，都是视觉欺骗，仅此而已。

不过，别灰心，悬浮并不是不可能。

如上一节里讲到，超声波可以让小昆虫甚至小鱼悬浮起来，强磁场可以让青蛙悬浮起来。借助科技的力量，就可以创造奇迹！我们知道，电场和磁场的存在，可以让物体在不发生直接接触的情形下，就产生相互作用。磁铁的南极和北极相吸，同极则相斥。如果精细设计磁铁的形状，让磁性底座产生足够强的斥力，使另一个带有磁性的物体稳定地悬浮起来，就实现了“磁悬浮”。早在 1922 年，德国工程师赫尔曼 · 肯佩尔就提出了电磁悬浮原理。如今，这种磁悬浮早已不稀奇，在各大网络电商平台都可以轻松找到诸如“磁悬浮地球仪”“磁悬浮音箱”等产品，而且价格不贵。俄罗斯的 Kibardin Design 工作室甚至异想天开发明了一种“磁悬浮鼠标”，它不仅无线，而且可以浮在半空中，计算机又多了一种酷玩法(图 10-2)[5]。磁悬浮的力量是很强大的，利用磁铁线圈，可以产生几个特斯拉的磁场，足以把整个列车悬浮起来，有效克服了轨道摩擦带来的阻力，让列车可以跑得更快。2003 年 1 月，开往上海浦东机场的高速磁悬浮列

图 10-2　磁悬浮地球仪、音箱和鼠标
(来自淘宝网和 Kibardin Design *)

* https://www.kibardindesign.com/products/in-progress/the-bat-levitating-kibardin/

车正式运营，跑完全程 30 千米只需 8 分钟。2016 年 5 月 6 日，世界上最长的中低速磁浮运营线在我国长沙开通。2017 年 12 月 30 日，北京门头沟的磁悬浮 S1 线开通[6]。磁悬浮列车技术，正在不断蓬勃发展。也许您注意到了，现有的大多数磁悬浮列车速度都还不算快，顶多和高铁技术差不多(300 千米/时)。这主要是因为采用常规导体电磁铁的磁悬浮轨道造价昂贵，稳定性、可靠性、制动性都尚待改进，开快了容易失控，弄不好就要酿出车毁人亡的惨剧。这也是我国发展高速铁路运输首选了电动车组的高铁技术，而没有大面积推广常规磁悬浮列车的主要原因之一。

常规导体做成的电磁铁还具有电阻，耗电量大且存在严重的发热效应，能产生的磁场强度也十分有限，这都极大地限制了其应用。然而，倘若换成超导体，那效果将大有不同。超导体电阻为零，根本不存在任何电损耗和热效应，一旦在超导线圈通电并闭合，电流将持续稳定地存在于线圈内，节约了大量能源。超导体具有完全抗磁性，一旦进入超导态，外磁场的磁通线将统统排出体外，从而对外磁场存在最强大的斥力。如果外磁场因超导抗磁性对其产生的作用力足以平衡超导体的自身重力，那么就可以实现超导磁悬浮[7]。超导磁悬浮有多强？一块不到一平方米见方的超导小板可以轻松悬浮起一个十几岁的小孩！这，才是名副其实的"四两拨千斤"顶级武功！超导的力量，不容小觑(图 10-3)。

图 10-3　超导磁悬浮

(来自 phys. org 及 supraconductivite. fr *)

* 图 10-3（左）https://phys. org/news/2015-03-superconductor. html；图10-3（右）http://www. supraconductivite. fr/en/index. php?p = recherche-nouveaux-moleculaires # samuser-magsurf

可是，为什么现有的磁悬浮列车不都采用强大的超导技术呢？原因有多个方面。其一是超导往往需要很低的温度才能实现，比如金属汞，临界温度仅有 4.2 K，如此低的温度只能依赖液氦来维持。氦气作为稀有气体，目前只能从天然气或铀矿石里提取。物以稀为贵，用于维持低温环境的液氦消耗远远大于超导节约下来的电能消耗，这种赔本买卖不好做。其二是超导体虽然电阻为零，但其能够承载的电流并非可以无限大，电流密度存在一定上限。一旦超过这个阈值，超导体会瞬间恢复到有电阻的正常态，然后迅速发热，导致周围液氦急剧沸腾，设备即刻失效，且存在安全风险。其三是超导体虽然具有完全抗磁性，也不永远是“金刚不坏之身”，其承受的磁场强度也同样存在一定上限。超过磁场上限，超导体同样会恢复到有电阻的正常态，危险依然存在。这意味着，要想超导体为我们安全稳定地服务，必须在足够低的温度、不太大的电流、不太强的磁场下才可以，这三个方面的阈值分别称为超导体的临界温度（T_c）、临界电流密度（J_c）、临界磁场（H_c）。三者共同构成了超导体的三维“临界曲面”，只有在临界曲面内，超导态才可以稳定地存在，这就是制约超导应用的关键因素（图 10-4）[8]。

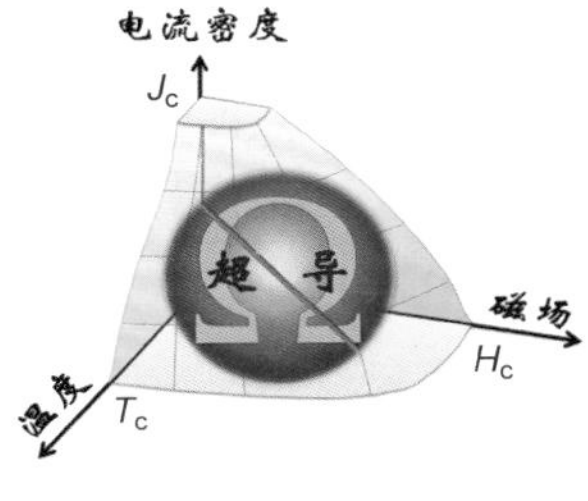

图 10-4　超导的临界参数和临界曲面
（作者绘制）

磁场攻破超导体的“金钟罩、铁布衫”之功的方式多种多样。整体来说，可以根据不同磁场/温度下材料的行为，将超导体分成两大类：第Ⅰ类超导体和第Ⅱ类超导体（注：Ⅰ和Ⅱ为罗马数字）。第Ⅰ类超导体只有一个临界磁场 H_c，H_c 随温度升高而减小，当外磁场大于 H_c 时，无电阻且完全抗磁的超导态就会恢复到有电阻且磁场全穿透的正常态。第Ⅱ类超导体存在两个临界磁场：下临界磁场 H_{c1} 和上临界磁场 H_{c2}，两者之间是混合态。混合态中，外磁场可以进入到超导体内部，完全抗磁性被破坏。但是外磁场并不是全部穿透，而是以一个个量子化的磁通进入的，磁通量子之外仍然存在许多超导电流通道，零电阻态仍然存在。混合态是超导材料特有的状态，只有外磁场超过上临界磁场 H_{c2}，零电阻态才会彻底被破坏，恢复到有电阻且磁全穿透的正常态（图 10-5）。常见的第Ⅰ类超导体有汞、铅、锡、铝等单质金属。目前发现的大部分超导材料都是第Ⅱ类超导体，包括部分单质如铌、钒等，部分金属合金、金属间化合物、氧化物等。从超导材料对外磁场的响应，也即磁化曲线的行为就可以判断出属于哪类超导体。理论上，可以通过超导相和正常相之间界面能来严格区分，第Ⅰ类超导体界面能为正，第Ⅱ类超导体界面能为负[9]。

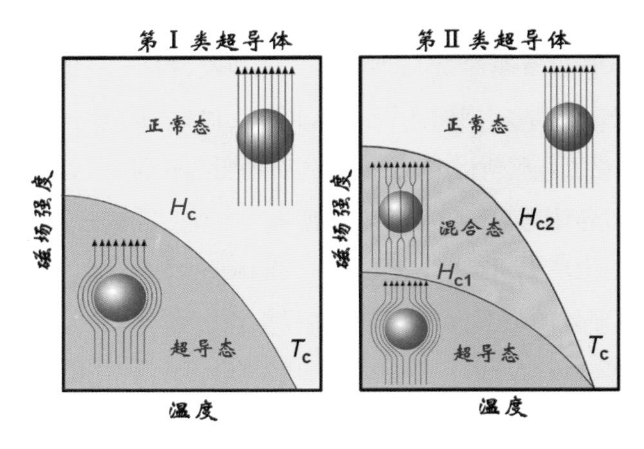

图 10-5 超导体的分类：第Ⅰ类超导体和第Ⅱ类超导体
（作者绘制）

利用磁光技术，可以直接观察到磁通线是如何进入超导材料内部的。注意对于Ⅰ类超导体而言，尽管没有混合态，但是由于边界效应，磁场在足够强的情况下也是可以渗入体内的。不同的是，它将在内部形成分层的正常相+超导相结构，内部磁通线就像树枝一样逐渐生长出来，这种状态又称为“中间态”（图 10-6），和Ⅱ类超导体中的混合态有着本质的不同。对于Ⅱ类超导体而言，磁场在混合态下的分布形式必须是一个个磁通量子。就像一个电子携带一个元电荷一样，一个磁通量子具有的磁通量为 $\Phi_0 = h/2e$（约 2×10^{-15} Wb），是磁通量的最小单位，仅受量子力学基本原理的限制。在磁光技

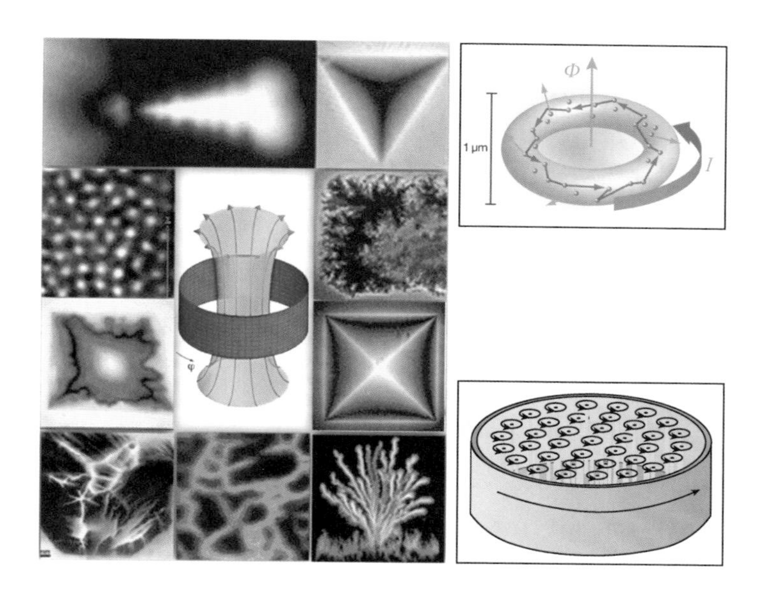

图 10-6　(左)超导体内的磁场穿透；(右)磁通量子与磁通格子
(来自爱索洛大学和宾州州立大学 *)

术或扫描隧道显微镜下，可以直接“看”到磁通量子在超导体内的分布(图 10-6)。大部分情况下，它们的分布并不是杂乱无章的，而是形成一个个四方或三角形排列的格子。在某些温度/磁场区间，量子磁通格子也会发生融化，磁通会出现钉扎、跳跃、蠕动、流动等多种行为，这些统称为超导体的磁通动力学。理解磁通动力学的行为对Ⅱ类超导体的应用研究极其重要，毕竟绝大多数情形下都是有外磁场存在的[10]。

一般来说，Ⅰ类超导体的 H_c 不高，尽管它们具有完全抗磁性，原则上也可以用于实现超导磁悬浮，却和常规导体磁悬浮具有同样的缺点——稳定性和可靠性较差。况且Ⅰ类超导体的 T_c 也很低，实际应用成本要高不少。因此，超导磁悬浮实际上都是采用Ⅱ类超导体来实现，它们的下临界磁场 H_{c1} 比较小，基本上都是混合态下用于悬浮技术。超导体在不均匀的磁场背景下降温进入混合态，磁场的分布状态被超导体牢牢锁定，以不均匀密度的磁通形

* http://www.personal.psu.edu/qud2/Res/Pic/gallery1.html

式分布在内部，超导体就记忆住了它和磁体轨道之间的初始距离，不想靠近或者远离，因此能够及时 hold 住重力，实现稳定可靠的磁悬浮[11]，——这才是超导磁悬浮的不可替代优势！确实，演示实验中的超导磁悬浮小车既能够在磁铁轨道上方悬浮运动，也能在轨道侧面、甚至下面“悬挂”运动，发生脱轨的风险大大降低。日本从 20 世纪 70 年代开始从常导型转向对超导型磁悬浮列车的研究。1972 年 12 月就达到试验时速 204 千米/时，1982 年 11 月成功进行载人试验，1995 年时速高达 411 千米/时。2015 年 4 月，日本 JR 超导磁悬浮列车测试速度进一步提升到 603 千米/时，并计划在不久的将来正式投入营运[12]。在我国，1994 年 10 月，西南交通大学建成了首条磁悬浮铁路试验线，并于 2000 年进行了载人试验，2014 年 5 月开展了首个真空管道的高速磁悬浮试验，并于 2020 年建成了首台高速超导磁悬浮样车。理论上，真空管道里的超导磁悬浮列车速度有可能达到 3600 千米/时，是民航客机速度的 3～4 倍，但是实验上还有很长的一段路要摸索(图 10-7)[13]。在如今日新月异的科技时代，超高速的超导磁悬浮，也许并不只是梦想。

图 10-7　高速行驶的超导磁悬浮列车
(来自 phys. org *)

以超导线圈为基础的超导磁体是超导电磁应用的另一个重要方面。如前面提到，超导体电阻为零，回路中通入电流后没有电能和热能损耗，其承载的

* https://phys. org/news/2015-03-superconductor. html

电流密度比常规超导要大得多。因此，超导线圈有体积轻小、能耗低、磁场稳定度和均匀度高等优点，已经在医疗卫生、科学研究、工业生产等多个方面有重要应用。比如，高分辨核磁共振成像仪的关键在于磁场的强度和均匀度，如今各大医院核磁共振仪很多都采用超导磁体，成像清晰度和辨识度获得了极大提高，成本却从数年前的上万元一次检测费用降至如今千余元一次检测费用，还不考虑物价上涨因素。如果实现 14 特斯拉以上的超强超导磁体核磁共振成像技术，能够把人脑中的 860 亿根神经元全部清晰地测量出来，做成令人惊叹不已的"人脑神经地图"(图 10-8)[14]。在科学实验中往往需要强磁场的环境，在普通实验室里，超导磁体就可以提供高达 18 特斯拉的强磁场；在质谱仪中，高精度的元素甚至同位素分辨能力需要依赖于高强度的超导磁体；对于大型粒子加速器，超导磁体是加速粒子和探测粒子的有效工具，欧洲大型强子对撞机 LHC 之所以能发现希格斯粒子，其上 9300 余个超导磁体功不可没；对于人工可控核聚变装置，超导磁体提供的强磁场是用于约束聚变反应使其持续进行的神兵利器，这个叫作超导托卡马克的装置还有个名号，称为"人造小太阳"，是未来能源危机的有效解决途径之一(图 10-9)[15]。

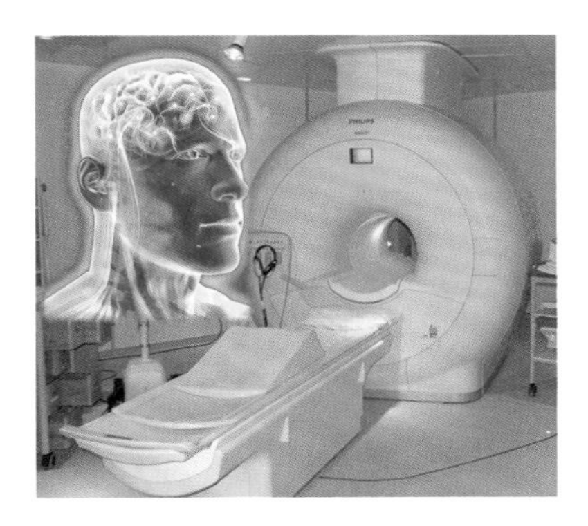

图 10-8　核磁共振成像仪

(来自 phys.org*)

* https://phys.org/news/2015-03-superconductor.html

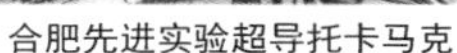

图 10-9 超导磁体在科学研究中的应用
（来自中科院等离子所、欧洲核子中心、牛津仪器等）

超导电力、超导磁悬浮、超导磁体等都是在承载大电流或强磁场情况下的超导应用，又统称为超导强电应用。对应地，还有超导的弱电应用，主要利用了超导材料内部电子的量子特性，下节为您详细介绍。

参考文献

[1] 亚里士多德. 物理学[M]. 张竹明，译. 北京：商务印书馆，1982.

[2] David B. Fact or Fiction? Archimedes Coined the Term "Eureka!" in the Bath [N]. Scientific American，2006-12-08.

[3] 林革. 阿基米德能撬动地球吗[J]. 学与玩，2015，1：40.

[4] http://yowayowacamera.com/.

[5] http://www.kibardindesign.com/products/in-progress/the-bat-levitating-kibardin/.

[6] 黄文艳. 磁悬浮时代的到来[N]. 中华铁道网，2016-03-15.

[7] Moon F C. Superconducting Levitation：Applications to Bearing and Magnetic Transportation[M]. Wiley-VCH，2004.

[8] Poole Jr. C P，Farach H A，Creswick R J，et al. Superconductivity[M]. 3rd edition，Elsevier，2014.

[9] Tinkham M. Introduction to superconductivity[M]. 2nd edition, New York: Dover Publications Inc. ,2004.
[10] 闻海虎. 高温超导体磁通动力学和混合态相图[J]. 物理,2006,35 (1): 16 和 35(2): 111.
[11] http://www.quantumlevitation.com/.
[12] Justin M. Japan's Maglev Train Breaks World Speed Record with 600 km/h Test Run[N]. The Guardian (U. S. ed.) (New York) 2015-04-21.
[13] 丁峰. 真空管道超高速磁悬浮列车相关技术尚处于试验阶段[N]. 新华网,2014-05-13.
[14] Smith K. Brain imaging: fMRI 2.0[J]. Nature,2012,484: 24-26.
[15] http://www.hfcas.ac.cn/xwzx/tpxw/201305/t20130508_3834306.html.

11 群殴的艺术：超导量子干涉的原理和应用

战争是人类历史上有组织有纪律的群殴,纵观世界历史上大大小小的战争,基本上以少胜多或弱者战胜强者的例子极少,只要有即可列入史上著名战争之一。换而言之,基本上临时拼凑的杂牌军很难在规模宏大的正规军面前取得胜利[1]。这背后其实蕴含着一个非常简单的物理原理：正规军所处能量状态和无序度要比杂牌军低。阵法分明、训练有素的正规军在战斗中体现的是排列有致、整齐划一,不仅在气势上压倒敌人,在实战中还可以根据形势实施高效有力的打击或防御。相比之下,杂乱无章、不听指挥、效率低下的杂牌军就很可能一触即溃。总之,处于低能有序稳定态的正规军,在大部分情况下完全可以无情地碾压杂牌军,因为相对而言敌人处于高能无序亚稳态,战争消耗必然要大得多。战场前线从正规军冲到杂牌军,就是一个熵增加的过程(图 11-1)。

图 11-1 熵增加与无序度
(来自 popphysics *)

* https://popphysics.com/chapter-5-energy-and-heat/entropy-part-2/

等等，熵？是个什么玩意儿？

大多数人应该听说过智商和情商，是衡量一个人的智力和情绪的重要指数。智商的定义为：智力年龄除以生理年龄然后乘以100，是个商系数值。智商为200分制，低于25属于白痴，高于140属于天才，有兴趣的朋友自行对号入座。物理学上的熵，是热力学中的一个极其重要且基本的概念，甚至比温度等概念更为重要，堪称热力学之魂。熵的概念是由热力学祖师爷之一——克劳修斯于1854年引入的，意为简单描述热力学第二定律的态函数。该自然基本定律的其中一种描述是：“热量从低温物体向高温物体传递而不产生任何其他影响是不可能的。”[2]对可逆热力学过程，可以用流入系统热量与温度之商来定义一个和循环路径无关的态函数，克劳修斯结合德语中的能量(die Energie)和转变(trope)两个词命名这个态函数为Entropy。据说后来中国物理学家胡刚复于1923年仿克劳修斯造新词的style，将其翻译为“熵”，也是取其商的形式定义及热力学属性结合而成。因此，和智商的定义类比，物理学中的熵，可谓是“热商”[3]。

然而，熵并不仅仅是一个简单热力学商值，这个概念蕴含着极其重要的物理思想。在麦克斯韦、玻耳兹曼、普朗克等著名理论家的步步深入挖掘下，熵的定量表达式最终得以给出。这一系列研究构筑了宏观世界和微观世界之间的重要桥梁——统计物理学。麦克斯韦成名于他的电磁学统一理论，即著名的麦克斯韦方程组。1871年，麦克斯韦出任剑桥大学物理学教授，负责筹建卡文迪许实验室，并对更多的物理问题产生了浓厚兴趣。其中一项重要贡献就是他提出的气体分子动力学假说，他认为气体是由一个个独立的微小分子组成，它们的集体运动规律决定了气体的宏观性质。1872—1875年，来自奥地利的天才物理学家路德维希·玻耳兹曼进一步发展了麦克斯韦分子运动论，他用概率统计的方法，引入能量均分理论，用于描述大量气体分子的运动状态。玻耳兹曼给出一个极其重要的结论：一切自发过程，总是从概率小的有序态向概率大的无序态变化。而我们熟知的热力学中的熵，其实是刻画系统无序度的物理量。1900年，普朗克将玻耳兹曼的研究写成一个极其简洁的表达式：$S=k\lg W$。其中 W 就是系统的宏观状态数或称宏观态出现概率，S 即系统的熵，k 是物理学常数，后命名为玻耳兹曼常数。可以说，玻耳兹曼的熵公式，其优美程度和麦克斯韦方程组不相上下，甚至比其更加深刻地揭示了微观物理世界的基本规律，影响整个物理学至今(例如著名的薛定谔方程就可能是借鉴该公式而来)[3]。不幸的是，天才往往超越他所处的时代，玻耳兹曼做出这些研究的时候，量子论尚未建立，关于原子的概念是否存在仍然有极大的争议。玻耳兹曼与奥斯特瓦尔德之间发生了激烈的"原子论"和"唯能论"之争，后者背后是理论物理"教父"级人物——恩斯特·马赫。尽管当时资历尚浅的普朗克(时为玻耳兹曼助手)站在了玻耳兹曼的一边，但于事无补，面对大牛群体的激烈质疑，玻耳兹曼对当时物理界充满了厌恶和愤懑。1906年，痛苦压抑绝望之极的玻耳兹曼，选择了饮弹自杀，一代物理天才陨落在无谓的人身攻击和纷争之中。如果玻耳兹曼能在黑暗年代坚持下去的话，或许他将见证甚至亲自推动物理学史上前所未有的新革命。1900年，普朗克在黑体辐射研究中首次提出量子论；1905年，爱因斯坦借鉴量子论提出了光量子假说；随后十几年间，量子力学在玻、海森堡、德布罗意、薛定谔、波恩等的努力下迅速建立；数十年后，人们已经可以从实验上直接观察甚至操纵单个原子。原子的客观存在毋庸置疑，玻耳兹曼理论也得到了迟来的肯定，奈何天意弄人，空留慨叹。玻耳兹曼被葬在了维也纳中央公墓，他的墓碑上刻有他的名字、生卒年月，和著名的玻耳兹曼熵表达公式(图11-2)[4]。

图11-2　玻耳兹曼和刻在他墓碑上的熵公式
(来自维基百科)

根据热力学，对于一个孤立系统，体系的熵是恒增加的，也就是说，系统的状态数总是在增加，趋于无序状态。需要注意的是，严格意义上来说，这里的状态数是在相空间，表征的是系统个体步调一致程度，和我们实空间直观上的无序度有一定区别。玻耳兹曼的熵公式明确告诉我们，系统的宏观状态数和微观运动存在必然联系，因此，理论上，研究一个系统熵的变化，就可以从热力学上给出它的微观集体行为。只是，实验上并非如此轻而易行，因为直接测量熵本身存在许多困难。在实验研究物体热力学性质时，人们通常采用的是测量系统的比热容、热导等比较直接的方法，通过对比热和温度之商的积分，可以得到系统熵的相对变化，进一步推断系统是否发生了热力学意义上的宏观行为。就像一群人吃芝士火锅一样，完整的热力学实验包括热源（炉子）、量热器（锅）、样品（芝士）、温度计（餐具）、观测者（人）等重要因素，才可以给出热力学参量的演化信息（图 11-3）。

图 11-3　热力学的实验研究方法
（孙静绘制）

当一个系统的热力学参量发生突变的时候，物理上往往就称其发生了热力学“相变”，系统从一个状态相转换成了另一个状态相，水变冰就是一种典型的物理相变[5]。（注：关于热力学相变的具体分类和理论描述，我们将在下一篇详述。）类似地，超导现象发生前后，材料的电阻突降为零，体内磁感应强度也变为零，这是否意味着，超导会是一种热力学相变呢？

答案是肯定的！

实验测量超导材料的比热就会发现，超导现象的出现，伴随着比热容的跃变发生——超导态的比热容会突然增加。详细的研究表明，这个比热容跃变来源于材料内部的电子体系，即电子的比热容发生了跃变，而材料的晶体结构和晶格比热容并未发生突变。因此，超导现象的发生实际上是材料内部电子体系的一种相变过程，对应着电、磁、热等多种“异常”物理现象。零电阻、完全抗磁性、比热容跃变是完整描述一个超导相变的三个典型特征，其中零电阻和完全抗磁性各自独立，而比热容跃变则揭示了超导作为热力学相变的重要属性[6]（图 11-4）。

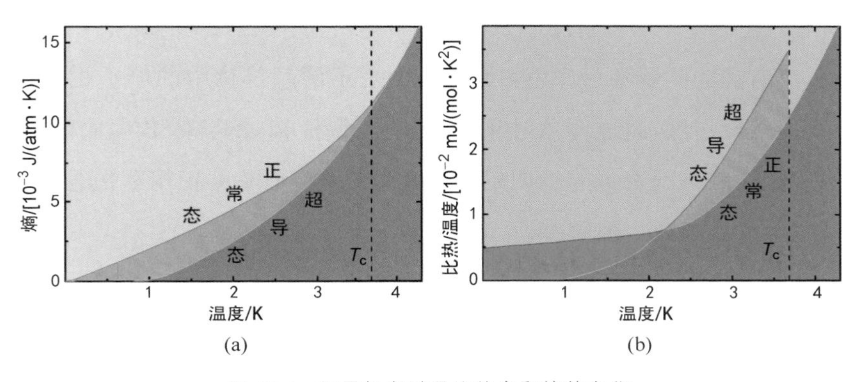

图 11-4　超导相变过程比热容和熵的变化
（作者绘制）

在一般金属材料中，其比热容系数主要来源于与温度成正比的电子运动比热容，以及和温度成三次方关系的晶格振动比热容。倘若不存在超导相变，比热容/温度比值将和温度本身成二次方关系，我们可以定义其为“正常态比热容”。发生超导相变后，电子体系的比热容将发生跃变，而晶格比热容规律不变，我们称之为“超导态比热容”。将正常态和超导态下的比热容/温度比值对温度进行积分，就可以得到系统熵对温度的依赖关系。一个非常明显的事实是，超导态的熵要低于正常态，且越到低温差距越大（图 11-4）。这说明，超导相变是电子体系熵减小的过程，电子系统从相对无序态进入到了有序态。进一步把熵对温度进行积分，就可以得到材料体系的自由能。因为超导态的熵要低，对应系统的自由能也就减少了。这意味着，超导态是材料中电子体系的一种低能凝聚现象，其减少的自由能又被称为“超导凝聚能”。由于固体材料中电子体系相变根源于微观量子相互作用，超导可以被认为是电子体系有序化的一种“宏观量子凝聚态”，这是超导热力学给我们的重要启示！[7]

正是因为认识到超导属于电子体系的宏观量子态，物理学家才得以从微观上揭示超导的物理本质——材料中近自由运动的电子两两配对并集体凝聚到低能组态(详见第13节双结生翅成超导)。物理上描述微观粒子集体行为有一个非常简单的量——位相，相当于每个粒子运动的"步调"。由于电子超导是集体凝聚行为，同一个超导体内电子将步调一致，即共享一个位相。也就是说，所有的超导电子可以看作一个和谐的整体，它们按照共同的旋律来运动[8]。

一个有趣的问题随之产生：如果让两个不同超导体中的电子相遇，会发生什么事情？显然，超导体A中的电子有A型位相，超导体B中的电子有B型位相，相遇后谁跟着谁的步调呢？就像两支训练有素的正规军相遇，一言不合，群殴大战就爆发。何解？

1962年，剑桥大学一名22岁的二年级研究生仔细思考了这个问题，并从理论上给出了自己的答案。两个中间隔着薄薄一层绝缘体的超导体，在不加外界电压的情况下，就会因为相位差异而形成"超导隧道电流"，超导电子可以量子隧穿到另一个超导体中去；在加上外界电压之后，最大通过电流会随磁场呈周期振荡。这种奇异的量子效应称为"超导隧道效应"，后以发现人名字命名为"约瑟夫森效应"[9]。据说，当年刚刚跨入研究门槛的布莱恩·约瑟夫森苦于寻找研究课题，偶然机会拜访凝聚态物理大牛菲利普·安德森后，向其请教可能的课题，安德森便建议理论研究超导隧道效应。约瑟夫森用简单的数学方法很快就得到了上述结果，但预言的现象实在太奇特，即使论文发表后他自己都还忐忑不安。幸运的是，实验技术走在了理论前面，1958年，江崎玲于奈实现了半导体材料的隧道二极管，1960年贾埃沃就已在铝/氧化铝/铅复合薄膜中观测到了超导隧道电流[10]。约瑟夫森理论出来3个月后，安德森的研究组就成功在锡/氧化锡/锡薄膜中全面验证了他的理论[11]。因为半导体和超导体中量子隧道效应的成功实验和理论，江崎、贾埃沃、约瑟夫森分享了1973年的诺贝尔物理学奖，其中约瑟夫森时年33岁(图11-5)。遗憾的是，直到如今，约瑟夫森的下半生精力都贡献给了包括特异功能在内的超自然力研究当中，逐渐走向边缘化了。

图 11-5　1973 年诺贝尔物理学奖获得者：约瑟夫森、贾埃沃、江崎玲于奈
（来自诺贝尔奖官网*）

约瑟夫森效应开启了超导应用的新天地——超导电子学，其基本单元就是超导体/绝缘体/超导体构成的约瑟夫森结。超导应用不再局限于输电、强磁场、磁悬浮等强电领域，利用超导隧道效应或超导材料本身制作的电子学器件，是超导弱电应用的重要代表，具有非常广泛的用途。如果您已认识到超导是一种宏观量子凝聚态，那么理解超导隧道效应其实也非常简单。量子力学告诉我们，微观粒子具有不费吹灰之力的"穿墙术"——通过量子隧穿效应越过壁垒到另一侧，超导体中的电子也不例外。由于超导态下电阻为零，即使零电压也可以维持超导隧穿电流的存在。当超导体 A 中的一群电子量子隧穿到超导体 B 中遇到另一群电子时，他们将因为相位的不同而"群殴"。只要稍微改变两个超导体的相位差（如施加外磁场），就可以实现不同的"群殴模式"——超导隧道电流会出现强度调制。这就像光学中的夫琅禾费衍射一样，平行光通过小孔会在远处屏上出现明暗相间的条纹，这恰恰说明了光的波动性和量子本质，也告诉我们超导隧道效应必然是一种量子力学现象(图 11-6)[12]。

* https://www.nobelprize.org/prizes/physics/1973/summary/

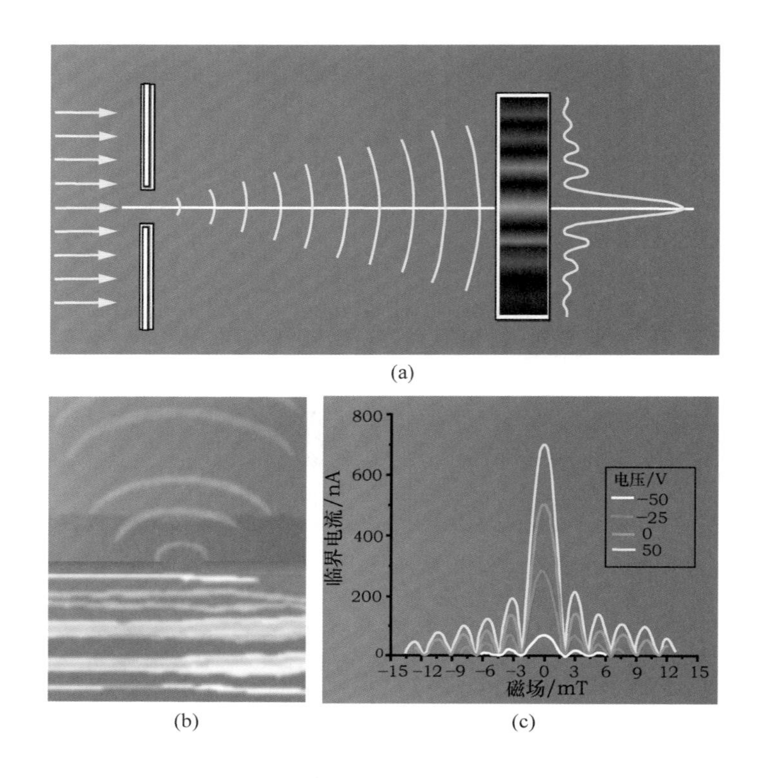

图 11-6
(a) 光的衍射；(b) 水波衍射；(c) 约瑟夫森结电流
(孙静绘制)

超导隧道电流对外磁场极其敏感，因为即使发生最小的磁通量变化——单位磁通量子($\Phi_0=h/2e\approx2\times10^{-15}$ Wb)，也会引起超导体相位差的变化，从而形成对超导隧道电流的调制。正是由于超导材料的神奇量子特性，利用约瑟夫森效应，可以做成极其精密的超导量子干涉仪(superconducting quantum interference device，SQUID)[13]。具有并联双约瑟夫森结的直流 SQUID，可以探测 10^{-13} T 的微弱磁场，相当于地磁场(5×10^{-5} T)的几亿分之一(图 11-7)。在交流条件下工作的单结射频 SQUID，甚至可以探测 10^{-15} T 的微弱磁场。可以说，SQUID 是目前世界上最精密的磁测量器件，仅受到了量子力学基本原理的限制[14]！如今 SQUID 已广泛应用于商业化仪器，在微弱磁信号测量中大有用武之地。将 SQUID 安装在微尺度扫描探头上，能够清晰地测量材料中的磁场分布，可轻松用于检测诸如 CPU 之类大规模集成电路中的缺陷(图 11-7(c))。基于 SQUID 技术，还能够探测 $10^{-9}\sim10^{-6}$ T 的生物磁场，有可能在未来实现脑磁图和心磁图的扫描，或给生物医学带来新的技术手段，揭开候鸟和海洋生物远距离迁徙的秘密。

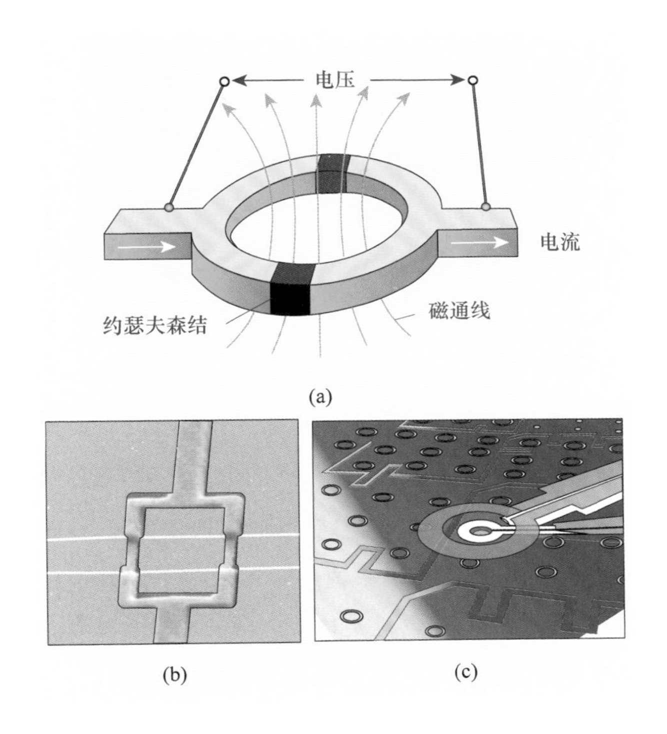

图 11-7　超导量子干涉仪
(a) 原理示意图；(b) 实物；(c) 扫描功能器件
(孙静绘制)

超导电子学另一个极其重要的应用就是基于超导约瑟夫森结的超导量子比特，根据其利用超导电子的不同性质(自旋、电荷、位相)，又分为超导磁通比特、电荷比特、位相比特三类(图 11-8)[15,16]。打开你的计算机机箱。在主板核心位置就会发现计算机的 CPU，它是计算机的“神经中枢”，其中大量的“神经元”就是由半导体电子学器件——经典比特构成。摩尔定律告诉我们，计算

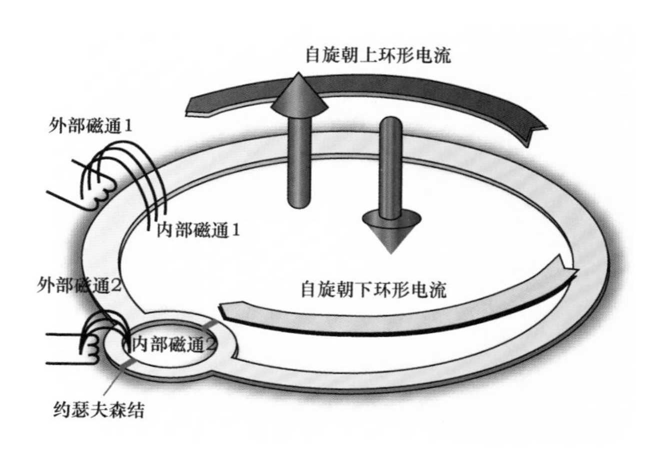

图 11-8 一个典型的超导磁通量子比特[17]
（孙静绘制）

机每秒的运行次数随着年代在持续增长，但是总有一天会遇到尽头——因为经典比特里的电路宽度不能无限小，终将触碰到量子极限。当集成电路单元越来越小的时候，量子效应的凸显会让所有经典的电路失效，最后计算机里只能用越来越多个核来克服无法集成更多电路的困境，即便如此，该困境预计会在未来 10 年内走到绝境。看来逃避量子效应并不是一个好办法！既然躲不起，那不如惹得起！主动利用起量子效应，把半导体电子学器件“进化”为超导电子学器件，大胆用起超导量子比特，把现在的经典计算机量子化，实现高速并行的量子计算[17]。当然，量子计算机并非一定要采用超导量子比特。不过由于超导的零电阻效应，超导电子学器件运行能耗相对较低，虽然因为量子纠缠的原因需要在极低温度下运行，却再也不用担心 CPU 温度过高的问题了。量子计算的效率有多高？由于量子叠加效应，仅仅需要 32 个量子比特就能存储 4 GB 的信息量！现今用大型服务器做一部 IMAX 高清动画需要花费数年，换量子计算机来也许就是分分钟搞定的事儿，未来的美好简直不敢想象！

除了利用超导材料中的奇异量子效应之外，单纯利用超导的零电阻优势制作微波器件也是超导弱电应用的重要领域。普通金属材料存在电阻，因此作为微波器件必然存在损耗，无法达到理想的电子学性能。如今社会离不开通信和数据传输，保证通信质量和效率的办法就是尽可能提高信号识别度和降低器件的损耗率，超导材料做成的微波系统是唯一有效的方案（图 11-9）。超导滤波器具有极小的插入损耗，极高的带边陡度和极深的带外抑制等多重优势，在移动通信、国防军事、航空航天等多个方面已有重要应用[18]。早在 2004 年，中国联通的 CDMA 移动通信基站就试用了超导滤波器。而在 3G/4G 基站中，高性能超导滤波器也是让我们手机不串号、不混流量的重要法宝。2008 年汶川大地震，我们科技人员制造的超导滤波器及时送出了清晰的遥感地图，为救灾抢险指明了路径。2012 年，我国首颗民用新技术试验卫星——实践九号 A 星搭载超导滤波器上天试验，首次完成了超导器件的空间实验。2016 年，超导滤波系统作为“天宫二号”的重要仪器，再次上天。如今，超导滤波器已经走向了产业化道路，未来正是蓬勃发展的黄金期。

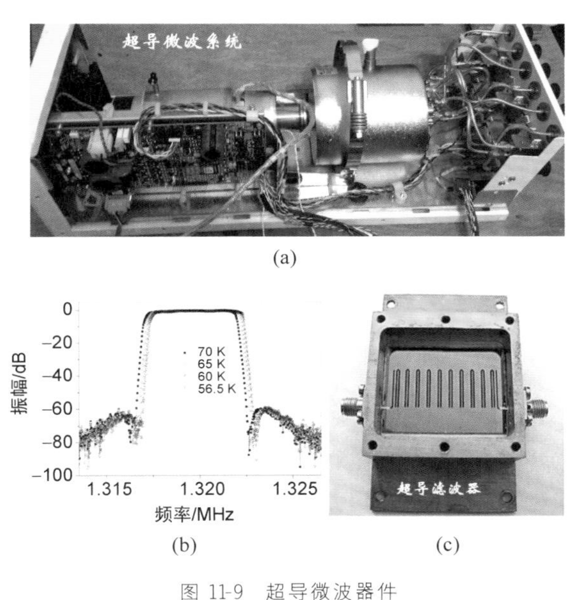

图 11-9　超导微波器件

（由中国科学院物理研究所孙亮提供）

不仅是微波，对介于无线电波和光波频段之间的太赫兹波段，超导材料器件也大有可为。由于太赫兹在非金属断层探测成像、基因和细胞水平成像、化学和生物检查、宽带通信和微波定向等多个方面具有难以替代的优势，其技术发展有着巨大的应用价值[19]。目前，研发太赫兹发射器、接收器、雷达、成像仪和通信系统都是处于起步阶段，部分器件也利用了超导材料的优异性能（图 11-10）[20]。

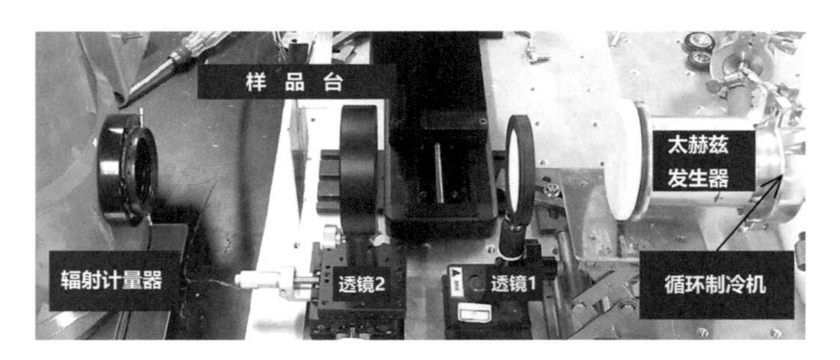

图 11-10 一个典型的超导太赫兹系统

（来自 Scientific Reports＊）[19]

无论是简单利用超导材料的零电阻和抗磁性优势，还是较为复杂地利用其宏观量子特性，超导材料的弱电应用都已经悄然改变了我们的生活。在值得期待的未来，超导的各种应用将会带来更多的惊喜！

参考文献

［1］ 黄于. 世界是部战争史［M］. 杭州：浙江人民出版社，2011.

［2］ 冯端，冯少彤. 熵的世界［M］. 北京：科学出版社，2005.

［3］ 曹则贤. 物理学咬文嚼字之二十七熵非商—the Myth of Entropy［J］. 物理. 2009. 38(9)：675-680.

［4］ Jaynes E T. Gibbs vs Boltzmann Entropies［J］. American Journal of Physics，1965，33：391.

［5］ 于渌，郝柏林. 相变和临界现象［M］. 北京：科学出版社，1980.

［6］ 刘兵，章立源. 超导物理学发展简史［M］. 西安：陕西科学技术出版社，1988.

［7］ 张裕恒. 超导物理［M］. 合肥：中国科学技术大学出版社，1997.

［8］ 陈式刚，等. 高温超导研究［M］. 成都：四川教育出版社，1991.

［9］ Josephson B D. Possible new effects in superconductive tunnelling［J］. Phys. Lett. 1962，1：251-253.

［10］ Giaever I. Electron Tunneling Between Two Superconductors［J］. Phys. Rev. Lett. 1960，5：464-466.

＊ 图 11-10 Reprinted Figure from Ref. ［19］ as follows：Nakade K et al. Sci. Rep. 2016，6：23178(Open Access).

[11] Anderson P W, Rowell J M. Probable Observation of the Josephson Superconducting Tunneling Effect [J]. Phys. Rev. Lett. 1963, 10: 230-232.
[12] Cho S. Symmetry protected Josephson supercurrents in three-dimensional topological insulators [J]. Nature Commun. 2013, 4 : 1689.
[13] Jaklevic R C, Lambe J, Silver A H and Mercereau J E. Quantum Interference Effects in Josephson Tunneling[J]. Phys. Rev. Lett. 1964, 12: 159-160.
[14] Clarke J. SQUIDS: Theory and Practice. In: Weinstock H., Ralston R. W. (eds) The New Superconducting Electronics. NATO ASI Series (Series E: Applied Sciences), vol 251. Springer, Dordrecht, 1993.
[15] Yu Y. et al. Coherent Temporal Oscillations of Macroscopic Quantum States in a Josephson Junction [J]. Science, 2002, 296: 889-892.
[16] Yamamoto T et al. Demonstration of conditional gate operation using superconducting charge qubits [J]. Nature, 2003, 425: 941-944.
[17] Johnson M W et al. Quantum annealing with manufactured spins[J]. Nature, 2011, 473: 194-198.
[18] Li C G et al. A high-performance ultra-narrow bandpass HTS filter and its application in a wind-profiler radar system [J]. Supercond. Sci. Technol. 2006, 19: S398.
[19] Nakade K et al. Applications using high-Tc superconducting terahertz emitters[J]. Sci. Rep., 2016, 6: 23178.
[20] Welp U et al. Superconducting emitters of THz radiation [J]. Nature Photonics, 2013, 7: 702-710.

12　形不似神似：超导唯象理论

尽管物理学是一门以实验为基础的科学，但实验现象往往要回归到理论框架中去，以形成系统性的科学描述。如果面对比较直观可见的物理现象，理论的建立也就同样直观明了，达到“形似”。然而，如果面对暂时令人觉得“奇异”的物理现象，其过程完全不甚清楚的时候，理论家们往往觉得如同面对空白画布而无从下手。幸运的是，这并没有难倒所有的科学家们。聪明的理论物理学家探索了一条脱离“形似”而求“神似”的道路，只要抓住物理现象的背后本质，而不管其具体过程是如何发生的，也能建立描述这个现象的物理理论——称为“唯象理论”，或理解为“看起来像的理论”。

在寻求常规金属超导理论的征程上，物理学家最初走出来的，正是这么一条“形不似神似”的道路。

超导体所展现出的零电阻、完全抗磁性等奇特行为充满了迷人之处，不仅在应用上蕴含着巨大的潜力，在物理机制研究上也富有挑战性。为了解释超导现象，许多顶尖的物理学家都前赴后继发明了各种自己的"语言"，真可谓"长江后浪推前浪，前浪死在沙滩上"。令人惊讶的是，扑死在超导理论沙滩上的物理学家，包括鼎鼎大名的爱因斯坦（Albert Einstein）、汤姆孙（Joseph John Thomson）、玻尔（Niels Bohr）、布里渊（Léon Brillouin）、布洛赫（Felix Bloch）、海森堡（Werner Heisenberg）、玻恩（Max Born）、费曼（Richard Feynman）等（图 12-1）。这些人里面，爱因斯坦的成就自不待说，汤姆孙以发现电子而闻名，玻尔、海森堡、玻恩、费曼都是量子论的创始人物，布里渊和布洛赫作为"老布家"建立了电子在固体中运动的基础理论（见第 5 节神奇八卦阵），这些人显然对微观电子是如何运动的已"了如指掌"，可谓代表了同时期固体物理的顶级理论水平。出乎意料的是，这些差不多个个都拿过诺贝尔物理学奖的"最强大脑"在挑战超导问题的时候，都无一例外遭遇了共同结局——失败！爱因斯坦曾因超导理论的失败十分懊悔地说道："自然界总对理论家冷酷无情，对一个新理论，她从来不肯定，最多说可能是对的，绝大多数

图 12-1　超导理论探索中失败的物理学家[1]

（来自维基百科）

情况下是直接否定。最终，几乎每个新理论都会被否决掉。”面对超导问题，使尽了洪荒之力的“科学顽童”费曼，也不无郁闷地说道：“天知道这些年(1950—1966年)我都经历了些什么，好像我在努力解决超导问题，然而最终我还是失败了……”[1]

早期的超导理论往往都非常粗糙，因为当时实验和理论都远远落后，理论物理学家们唯一能做的，就是相信自己，同时鄙视别人。超导零电阻现象于1911年发现，直到1933年才发现迈斯纳效应，期间人们对超导电子态性质了解甚少，对低温下正常态和超导态的电阻、比热容等几乎一无所知。尽管量子论早在1900年就开始出现，然而真正走向成熟是1926年海森堡和薛定谔(Erwin Schrödinger)建立矩阵力学和波动力学之后，而量子论应用于固体物理研究则在1928年布洛赫定理提出之后[2]。在这种情形下，提出超导理论模型大都靠凭空猜想，难有成功希望。例如：爱因斯坦提出超导电流可能在一个个闭合的“分子导电链”上形成[3]，汤姆孙提出“电偶极链涨落模型”[4]，超导发现者昂尼斯也试图提出过“超导细丝模型”[5]，后期的实验很快证明这些理论模型错得一塌糊涂，因为不考虑固体中电子-电子间相互作用是完全行不通的。随着量子理论工具的不断完善，布洛赫、玻耳、海森堡、玻恩等再度提出了多种五花八门的超导理论，然而在解释新发现的迈斯纳效应时都或多或少遇到了困难[1]。究其原因，很可能是因为物理学家们都执着地在寻找超导的“微观理论”，而忽略了超导的宏观量子现象本质，且绝大多数人的思维都没有跳出当时理论的樊笼。值得深思的是，爱因斯坦在热力学统计物理方面做出的工作足以傲视物理群雄，而超导就是一种量子体系中的热力学相变，爱因斯坦却没有真正领会它的本质。

为了进一步理解超导相变是如何发生的，我们不妨先认识一下什么是热力学相变。

热力学相变实际上就是物质中无序态和有序态相互竞争的表现，系统从一种状态过渡到另一种状态，其无序度发生了改变，就称为相变。一般来说，相互作用是有序的起因，而热运动则是无序的来源[6]。冰融化成水，水蒸发成汽，这对应着固体变成液体、液体变成气体的相变过程，水分子的无序度在不断增加。类似地，液晶是由棒状分子组成，在低温下形成规则有序的固态晶相（近晶相），温度升高会变成胆甾相、向列相等只有某些特定取向的排列，再升高就变成无序化的液相（图 12-2）[6]。液晶的不同相对透射或吸收的光线有着不同的选择，正是由于这种独特性质才被广泛应用于电子显示屏。

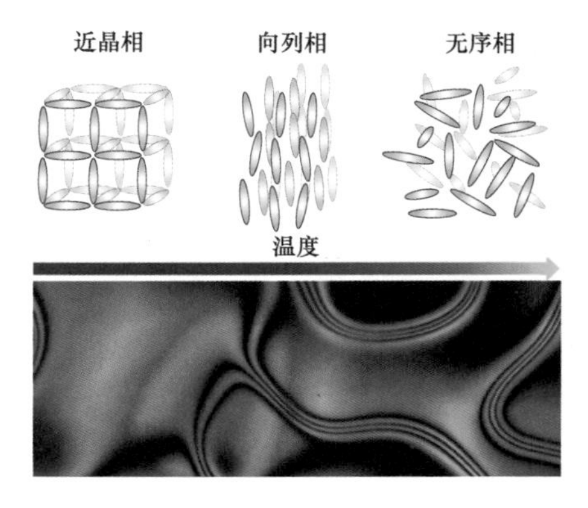

图 12-2 （上）液晶中的相变；（下）液晶的向列相
（孙静绘制）

要理解相变的物理起源，首先就要对各种各样的相变做一个明确的分类，这个由奥地利物理学家埃伦费斯特（Paul Ehrenfest）首先完成。埃伦费斯特是玻耳兹曼的学生，和爱因斯坦、昂尼斯、普朗克、索末菲等也都是好友（见第 8 节畅行无阻）。1906 年 9 月，在玻耳兹曼自杀之后的几天，埃伦费斯特回到德国哥廷根负责整理玻耳兹曼生前的研究工作，于 1911 年终完成这部热力学统计物理开山之作。1912 年，埃伦费斯特接替洛伦兹在荷兰莱顿大学的教授职位，开始了关于绝热不变量的理论研究，并提出了相变分类方法。不幸的是，在法西斯猖獗的年代，作为犹太人的埃伦费斯特在家庭和社会的双重压力下，患上了严重的抑郁症，最终于 1933 年步其导师后尘自杀。埃伦费斯特关于相变的思想一直沿用至今。这个方法其实非常简单，根据热力学理论，把各种热力学函数（如自由能、体积、焓、熵、比热容等）在相变过程的变化进行分类。其中体积、焓和熵是自由能（与热力学势相关）的一阶导数，比热容、磁化率、膨胀率等是自由能的二阶导数。如果所有热力学函数都是连续变化的，就无相变存在；如果自由能连续，但体积和熵等一阶导数有突变，那么就是一级相变；如果自由能、体积、熵等都连续变化，但比热容等二级导数有突变，那么就是二级相变(图 12-3)[7]。一级相变过程存在明显体积变化或热量的吸收/放出，又称为存在相变潜热，蒸汽凝结成水珠就是一级相变。二级相变没有体积变化或潜热，但是比热容、磁化率等随温度有跃变，固体中的大部分电子态相变属于二级相变。

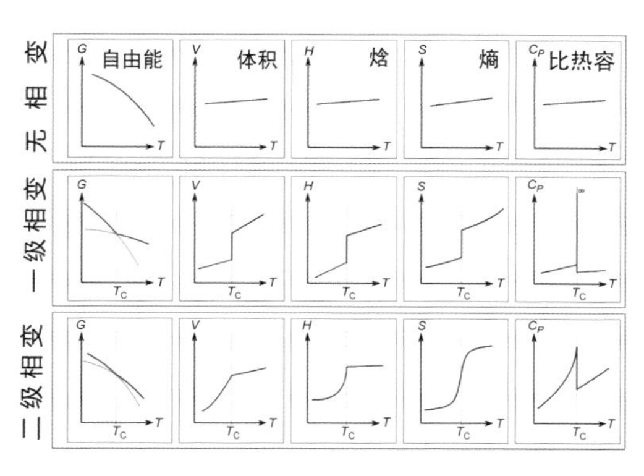

图 12-3　热力学相变中各个物理量的变化行为
(来自维基百科)

由此可见，零外磁场情况下超导体相变过程伴随着比热容跃变，超导相变其实是一种二级相变(见第 11 节群殴的艺术)。超导的二级相变特征说明，超导相变前后并没有吸放热或者发现体积改变，就实现了零电阻导电现象。精细的实验观测确实验证了这点——超导相变前后原子晶格并没有发生变化。这意味着，超导现象，必然是材料中电子体系的一种集体量子行为。

为了解释超导体中电子为何能实现无阻碍导电，理论家本着“形不似神似”的物理精神，先不着急寻找微观理论，而是提出了若干唯象理论。刨除前面提到的几位理论大咖的不成功理论，残存的几个较为成功的理论有：二流体模型、伦敦方程、皮帕理论和金兹堡-朗道理论等，以下逐一简略介绍。

1933 年春天，著名的固体理论物理学家布里渊提出了他的“非平衡态超导理论”，金属中电子体系会在局域范围内产生能量较高非平衡态电子，可以克服运动障碍，形成亚稳态的超导电流[8]。次年，戈特（Cornelius Gorter）和卡西米尔（Hendrik Casimir）发现布里渊思路是错的，超导必须是一种稳定态，因为实验上确实可以观测到持续稳定的超导电流，理论上也可以证明超导相变是熵减小的二级相变，是有序化的低能凝聚态。戈特和卡西米尔由此提出了第一个可以较准确描述超导现象的二流体模型[9]。就像泾渭分明的河水一样，导体进入超导态时，自由运动电子也将分成两部分：一部分电子仍然会受到原子晶格的散射并会贡献熵，称之为正常电子；另一部分是无阻碍运动的超流电子，熵等于零。正常电子和超流电子在空间上互相渗透，同时又独立运动。进入超导态后，电流将完全由超流电子承载，实现零电阻效应，而系统整体的熵也会因超流电子出现而消失一部分，形成能量较低的稳定凝聚态。其中超流电子占据整体电子的比例 ω，就可以定义为超导有序化的一个量度，称为“超导序参量”。随温度的降低，ω 从超导临界温度 T_c 处开始出现，到绝对零度 $T=0$ 时，$\omega=1$，全部电子变成超流电子而凝聚。二流体模型非常简洁明了地概括了超导的相变特征，就像一幅素描，轮廓和线条有了，色彩尚且不清楚。

根据二流体模型，结合欧姆定律和麦克斯韦方程组，就可以推断出电阻为零的导体内部电磁场分布。假设该导体是非磁性金属且有零电阻的“理想”导体，那么磁感应强度将在进入导体表面后以指数形式衰减，最终在内部保持为一个常数恒定不变。然而，1933 年迈斯纳和奥森菲尔德的实验证明，超导体不等于“理想”导体，磁感应强度在超导体内部不仅是常数，而且恒等于零（见第 9 节金钟罩、铁布衫）。英国的伦敦兄弟（Heinz London 和 Fritz London）发现了这个矛盾的根源，从迈斯纳实验现象结果反推回去，在基于麦克斯韦方程做了适当的限定假设之后，得到了一组唯象方程，命名为“伦敦方程”[10]。伦敦方程可以很好地描述超导体的完全抗磁性，即磁感应强度 B 在进入超导体表面之后迅速指数衰减到零（图 12-4）。描述磁场衰减的特征距离称为“伦敦穿透深度”λ，其平方与超导电流密度（超流密度）成反比，是描述超导体的一个重要物理参数。实验上可以利用磁化率、微波谐振、电感等手段直接测量伦敦穿透深度，事实证明伦敦方程在描述界面能为负的第Ⅱ类超导体方面还是非常成功的[11]。

图 12-4　(上)伦敦兄弟与皮帕；(下)超导体中伦敦穿透深度 λ 与皮帕关联长度 ξ
(来自维基百科/作者绘制)

考虑到伦敦方程无法完全解释界面能为正的超导体中电磁学现象，剑桥大学的皮帕(Brian Pippard)提出了一个修正理论。他假设超导序参量 ω 在特定空间范围是逐渐变化的，描述序参量空间分布的特征长度称为超导关联长度 ξ，超导电子数将在关联长度范围之上才能达到饱和(图 12-4)[12]。皮帕的理论顺利解决了伦敦方程的缺陷，使超导体的界面能可正可负，并揭示了超导态的非局域性，显然与布里渊等人的错误理论迥然相反。皮帕因为在固体物理理论的成功，于 1971 年接替莫特(Nevill Francis Mott)成为剑桥大学卡文迪许(William Cavendish)讲席教授，与麦克斯韦(James Clerk Maxwell)、汤姆孙(Joseph John Thomson)、卢瑟福(Ernest Rutherford)、布拉格(William Lawrence Bragg)等著名物理学家享受同等声誉，是约瑟夫森(Brian Josephson)的博士生导师(见第 11 节群殴的艺术)。超导体的非局域性导致电磁波在金属表面会存在一个恒定厚度的穿透层，即所谓反常趋肤效应[13]。可以说，伦敦方程和皮帕理论就是在二流体模型的素描上，增加了一丝水彩，让超导图像变得更鲜活起来。

伦敦兄弟和皮帕的理论局限性在于无法解释穿透深度与外磁场的关系，特别是强磁场情况下超导体的电磁学性质。真正取得完全成功的超导唯象理论，是由苏联科学家金兹堡（Vitaly Lazarevich Ginzburg）和朗道（Lev Davidovich Landau）于 1950 年左右建立的，称为金兹堡-朗道理论，简称 GL 理论[14]。朗道作为世界上顶级理论物理学家，自然对神秘的超导现象充满了兴趣。早期时候，也朝着电导率（注：等于电阻率的倒数）无穷大的“理想”导体的错误方向做了些尝试，并于 1933 年提出相关理论模型[15]。随后迈斯纳的实验否定了“理想”导体的猜想，一并否定了一大堆早期的超导唯象理论。朗道何其聪明，他并没有放弃希望，转而从超导相变的本质属性抓起，重新探索可能的超导唯象理论。首先，朗道和栗弗席兹（Evgeny Lifshitz）发展了一般意义上的二级相变理论，获得了基本的理论工具[16]。当然，这个理论，也是唯象的。定义一个在相变点为零的序参量，而系统自由能就是关于序参量的多项式函数（不含奇次项），其中系数是温度的函数。由此出发，就可以发现系统的相变序参量在相变温度之上只有一个稳定态，就是序参量为零处；在相变温度之下，序参量为零处反而变得不稳定，而在两侧各出现一个稳定的平衡态，即系统的某些热力学势二阶导数物理量发生了突变（图 12-5）。可以证明，朗道和栗弗席兹的二级相变理论完全可以等价于范德瓦尔斯方程、外斯的“分子场理论”和合金有序化理论等多种相变理论描述，但是前者的语言更具有普适性，这些理论又被统称为“平均场理论”。该理论在凝聚态物理研究中具有重要地位，形成的深远影响直到今天。

金兹堡-朗道理论是在二级相变唯象理论基础上，结合伦敦和皮帕等从实验出发提出的一些合理假设，针对超导现象，赋予相变序参量新的物理意义为：序参量的平方定义为超导电子密度。如此，只要引入合适的边界条件，就可以得出超导体中磁场和电场的分布关系式，得到两个方程，分别命名为第一

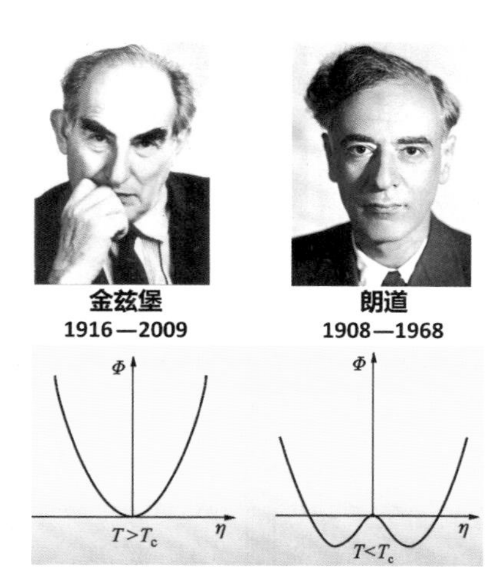

图 12-5　(上)金兹堡与朗道；(下)二级相变唯象理论模型
(来自维基百科)

GL 方程和第二 GL 方程[14]。加上麦克斯韦方程组，原则上可以解出磁场环境下超导体内部所有的电磁场分布，但实际情况远远比这个复杂，仅有在诸如零磁场、序参量缓变或趋于零以及在临界磁场附近等特殊情况下才有解析解。1952—1957 年，另一位苏联科学家阿布里科索夫(Alexei Alexeyevich Abrikosov)成功解出了强磁场环境下的 GL 方程，发现超导体在接近临界磁场附近时，磁场实际上可以穿透材料内部，而且是以磁通涡旋点阵的形式存在，并最终被实验观测证实(图 12-6)[17]。阿布里科索夫通过解 GL 方程还发现：根据界面能是正是负可以把超导体划分成两类，其中第Ⅱ类超导体介于下临界场 H_{c1} 和上临界场 H_{c2} 之间会存在点阵排列的磁通涡旋(见第 10 节四两拨千斤)。金兹堡、朗道、阿布里科索夫三位科学家关于超导的唯象理论，在描述超导相变许多临界现象中取得了巨大的成功，是超导理论研究画作上浓墨重彩的一笔，从此超导唯象理论图像变得栩栩如生，许多定量化的物理已经有规律可循。朗道因其在液氦超流方面的理论研究工作(也是二级相变理论的一个实际应用)获得 1962 年诺贝尔物理学奖，金兹堡和阿布里科索夫则于 2003 年获诺贝尔物理学奖，距离他们做出相关工作已经过去了差不多 50 年。朗道获奖的另一

图 12-6　（上）阿布里科索夫与他预言的量子化磁通格子；（下）诺贝尔奖纪念册
（来自美国阿贡实验室主页和诺贝尔奖官网 * ）

个原因是他 1962 年遭遇了严重车祸，诺贝尔奖委员会担心错失给这位天才物理学家颁奖的机会，赶紧把当年的诺贝尔奖给了他。令人扼腕的是，重伤的朗道最终没有挨过 60 岁的坎，于 1968 年去世。无独有偶，金兹堡也在获奖之后的第六年(2009 年)去世，享年 93 岁。而年近九旬的阿布里科索夫自从 1991 年离开俄罗斯之后，一直在美国的阿贡实验室工作，直到 2017 年去世(享年 89 岁)。看来，要拿诺贝尔奖，除了本身工作必须足够优秀之外，保持一个健康的体魄和良好的心态也同等重要！

参考文献

[1] Schmalian J et al. Failed theories of superconductivity[J]. Mod. Phys Lett B，2010，24：2679.

* https://www.nndb.com/people/021/000027937/和 https://www.nobelprize.org/prizes/physics/2003/abrikosov/diploma/

[2] Sauer T. Einstein and the Early Theory of Superconductivity, 1919—1922[J]. Archive for History of Exact Science, 2007, 61: 159.
[3] Cardona M. Albert Einstein as the father of solid state physics, in 100 anys d'herència Einsteiniana[M]. Universitat de València, 2006.
[4] Thomson J J. Cathode Rays [J]. Phil. Mag. 1897, 44: 293; ibid 1915, 30, 192.
[5] Onnes H K. The Superconductivity of Mercury[J]. Commun. Phys. Lab. Univ. Laiden. 1921, Supplement 44a, 30.
[6] 于渌，郝柏林，陈晓松. 边缘奇迹：相变和临界现象[M]. 北京：科学出版社，2005.
[7] Jaeger G. The Ehrenfest Classification of Phase Transitions: Introduction and Evolution[J]. History of Exact Sciences 1998, 53: 51-81.
[8] Brillouin L. Les électrons libres dans les métaux et le role des réflexions de Bragg[J]. J. Phys. Radium, 1930, 1 (11): 377-400.
[9] Gorter C S, Casimir H. The thermodynamics of the superconducting state[J]. Z. Tech. Phys., 1934, 15: 539.
[10] London H, London F. The Electromagnetic Equations of the Supraconductor[J]. Proc. Roy. Soc. A, 1935, 149: 71-88.
[11] https://www.phy.duke.edu/fritz-london.
[12] Pippard A B. Field variation of the superconducting penetration depth[J]. Proc. Roy. Soc. 1950, A203, 210; ibid 1953, A216, 765.
[13] 管惟炎，李宏成，蔡建华，等. 超导电性·物理基础[M]. 北京：科学出版社，1981.
[14] Ginzburg V L, Landau L D. On the Theory of Superconductivity[J]. Sov. Phys. JETP, 1950, 20: 1064.
[15] Landau L D. Possible explanation of the dependence on the field of the susceptibility at low temperatures[J]. Phys. Zeit. Sow., 1933, 4, 675.
[16] Landau L D, Lifshitz E M. Statistical Physics[M]. London: Pergamon Press, 1958.
[17] Abrikosov A A. Magnetic properties of superconductors of the second group[J]. J. Exp. Theor. Phys., 1957, 32: 1442.

13　双结生翅成超导：超导微观理论

从生物学来看，很多事物都和两两成对有关。比如从生理结构上往往有两只脚、两只手、两个耳朵、两只眼睛、两扇翅膀……，从社会行为上有“一山不容二虎、除非一公一母”，从生活工具上有一双筷子、一副对联、一对铙钹……“有点二”的世界，就是这么有趣。

在物理学中，“二”这个数字，并不奇怪。我们生活的世界，就是一个充满二元极性的世界。正如老子在《道德经》中言道：“太极生两仪、两仪生四象、四象生八卦"，古人朴素哲学思想里认为"万物负阴而抱阳，冲气以为和"，从二出发，才衍生出我们的纷繁复杂的世界。自然界的电荷分正负两种，粒子分正反两类，磁极也分南北两极，量子有波粒二象性，电子自旋分上下两种状态……，似乎很多物理研究对象只需要两两成对的数字就可以了。非常有趣的是，一些著名的物理定律也和二有关，比如库仑定律和万有引力定律都遵循平方反比的形式，氢原子光谱体现出平方倒数差的规律，狭义相对论表征距离公式是微分二次型[1]。

诚然，对于单体系统，物理学往往可以给出精确的描述。自从有了二，物理世界就变得极其复杂多变起来。若是到了"三体世界"，很多时候物理学理论和物理学家们都是比较懵的。如要描述固体世界里的电子运动状态，那我们必须面临的是 10 的 23 次方数量级的对象，可以肯定的是，没有谁能够给出精确的数学理论。好在布里渊、布洛赫、费米、朗道等的固体量子论研究给了我们方便，微观世界的原子是周期排列的，因此可以大大简化理论模型。相对原子来说，电子的尺寸要小得多得多，电子在原子间隙中穿梭空间非常巨大，倘若电子浓度足够低，电子-电子之间相互作用非常弱，就可以把电子独立开来研究。只要理解了其中一个电子的运动行为，就可以推而广之描述其他一群电子的行为。于是，又回到了数量为一的物理学问题，处理起来似乎轻松多了。这种既简单又显懒惰的方法一方面给固体物理学家带来了许多方便，另一方面却也带来了不少麻烦，甚至引人进入了死胡同牛角尖出不来。从一跨越到二的物理学，看似容易，实则艰难。

在寻找常规超导微观机理的漫漫征程上，一部分物理学家用"神似"的唯象理论成功解释了超导是二级热力学相变，另一部分物理学家则在不断寻找导致电子在固体材料中"畅行无阻"的微观相互作用。如上篇提及，不少著名的物理学家都折戟沉沙，他们距离正确的超导微观理论，恰似十万八千里之遥[2]。也有少数几个幸运的物理学家，离最后的微观理论，只隔着不到一毫米的窗户纸。例如赫伯特 · 弗勒利希(Herbert Fröhlich)、戴维 · 派因斯(David Pines)、李政道、约翰 · 巴丁(John Bardeen)等(图 13-1)，始终坚持如一并最终捅破窗户纸的是巴丁,常规超导微观理论于 1957 年终于被建立。为什么独有巴丁能获得成功?回顾并思考这段有趣的历史,不禁令人感慨唏嘘。

图 13-1　距超导微观理论最近的几位物理学家
(来自维基百科)

1908 年 5 月 23 日,约翰·巴丁出生于美国威斯康星州麦迪逊的一个科学与艺术之家。父亲是威斯康星大学医学院第一任院长,母亲是一位艺术家。巴丁从小就聪明过人,小学连跳三级,15 岁高中毕业,20 岁从威斯康星大学电机工程系毕业,随后一年内拿到了硕士学位。毕业后的巴丁曾从事三年的地球磁场及重力场勘测方法研究,可能是他觉得这类研究距离前沿物理太远,于是决定"回炉重造",于 1933 年到普林斯顿大学跟著名物理学家维格纳(E. P. Wigner)学习固体物理学。恰恰是这一年,超导理论研究形成了分水岭,因为迈斯纳效应的发现,之前忙于解释零电阻的科学家,又得焦头烂额地去解释完全抗磁性,一大批所谓超导理论就此宣告失败。巴丁前后在哈佛大学、明尼苏达大学、美国海军实验室、贝尔实验室、伊利诺伊大学香槟分校等地工作,在最后一个单位工作长达 20 余年。从博士生、博士后到助教的岁月里,年轻的巴丁就对超导问题跃跃欲试,奈何当时能力有限而无所建树。第二次世界大战的来临也影响了巴丁的学术生涯,他于 1941—1945 年在美国海军实验室从事军械研究,战后加入了著名的科学家摇篮——贝尔实验室,在那里,他做出了一生中第一个重要的科学贡献。1945 年 7 月,贝尔实验室成立半导体物理小组,目标是"研制具有三端电极的半导体电子放大器件"。巴丁和同事布拉顿(W. H. Brattain)的主要任务,就是验证团队组长肖克利(W. B. Shockley)提出的场效应思想,也就是利用电场来控制半导体器件中的载流子浓度。巴丁从理论上探讨了器件的原理,并于 1947 年 11 月 21 日设计了第一个半导体放大器,心灵手巧的布拉顿克服了实验困难,终于制作成功了世界上第一个点接触半导体晶体三极管,肖克利在此基础上又成功发明了第一个半导体 pn 结晶体管(图 13-2)[3]。半导体的广阔应用，从此拉开帷幕。尽管世界上基于晶体管的第一个计算机 ENIAC 重达 30 吨，但半导体工业的发展速度是十分惊人的，如今笔记本计算机、ipad、智能手机已是身轻如燕，走入到人们生活的每一个角落之中。晶体管的发明让肖克利、巴丁、布拉顿三人摘得 1956 年的诺贝尔物理学奖，巴丁也因此当选为美国科学院院士，但这只是巴丁精彩科学生涯的一幕而已。

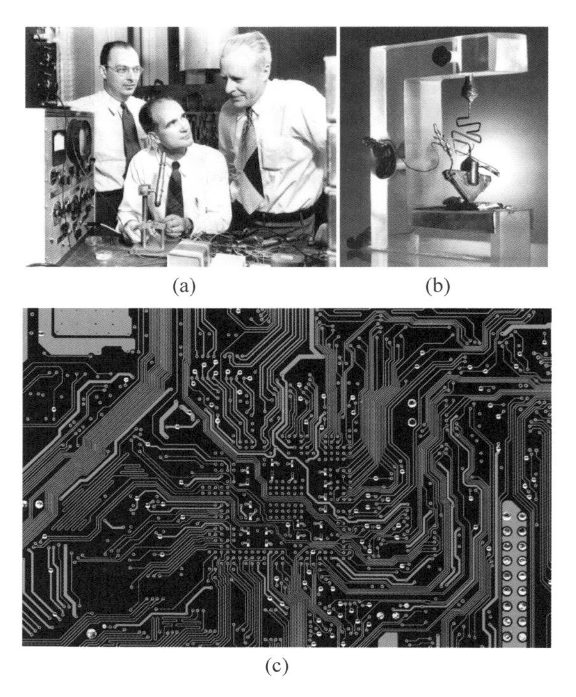

图 13-2 晶体管的发明与集成电路
(a) 晶体管发明者巴丁、布拉顿、肖克利；(b) 世界上第一个晶体管；(c) 现代集成电路
(来自维基百科和壹图网)

刚刚在半导体方面做出突破的巴丁，目光早就转移到他一直钟情的超导问题上了。1950 年 5 月美国国家标准局的科学家塞林(B. Serrin)等通过精确测量金属汞的各个同位素超导温度，发现超导临界温度实际上和同位素质量开方成反比(图 13-3)[4]。塞林打电话告诉了贝尔实验室的巴丁，巴丁显得异常兴奋，他敏锐地意识到超导同位素效应的物理本质——原子质量的开方

正好与原子振动能量相关，这意味着超导电性和原子晶格的振动有必然联系。加上当时的超导唯象理论和实验均已表明超导电性是材料内部电子体系的二级相变，几乎可以断定，超导的“幕后推手”极有可能来自电子和原子晶格之间的相互作用。1951年5月24日，巴丁毅然从高薪的贝尔实验室转到伊利诺伊大学教书，新的目标直接瞄准超导问题。

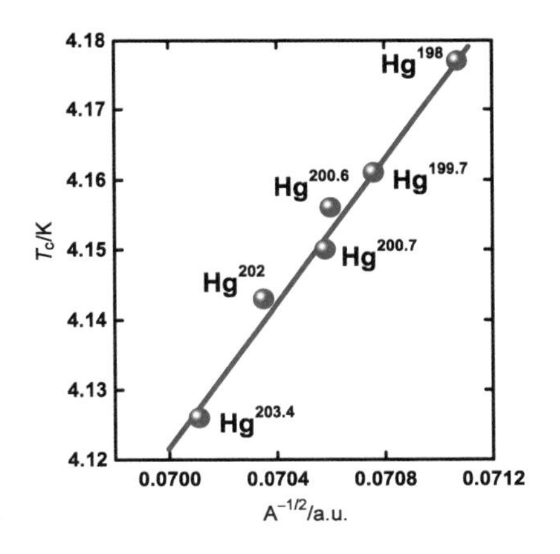

图13-3 金属汞中超导临界温度的同位素效应[4]
（作者绘制）

1950年6月，巴丁将关于超导电性可能起源于电子和晶格振动量子（声子）相互作用的学术思想写成一篇论文并发表。接下来为全面解决超导机理问题，他做了非常细致的文献调研，记录了数百页的笔记，并积极寻找理论家开展探索。巴丁和弗勒利希首先从理论上证明了电子通过交换声子相互作用，可以产生一种净的吸引作用[5]。这是十分大胆的推测，因为常识认为电子都带负电，库仑相互作用的结果是两两相斥，何来吸引？实际上，这种吸引相互作用是间接产生的，就像冰面上的两位舞者互相抛接球一样，原子晶格振动就是那个球，让两个电子间形成了微弱的吸引作用。弗勒利希简化理论模型到一维电子晶格系统，预言了一种新型的电荷密度波并被实验验证，他在核物理和固体物理方向均做出了重要贡献，只是在超导微观理论领域差了临门一脚就离开了[6]。理论物理学家费曼听说巴丁的工作后，马上明白他们理论的关键在于要给出合适的方程解，但在他饶有兴致地用传统的量子力学处理方法——微扰论来解巴丁的方程时则郁闷了，成功似乎遥遥无期[2]。1952年，派因斯刚刚完成关于金属中等离激元的博士学位论文，就和李政道等合作，借鉴了核物理理论中间接相互作用的相关模型，提出了一个基于“极化子模型”的金属导电理论[7]。巴丁随即和派因斯写出了一个比较完整的电子-声子相互作用下的理论模型，同样由于模型过于复杂而没能得到合适的方程解[8]，不过这距离真正的超导微观理论，已经非常之近了！

巴丁没有放弃理想，他总结失败的教训有如下几点：电子-声子相互作用应该是对的，现有理论方程是错的或不准确的，要解出合适的答案还需要借助新的理论工具——如费曼发明的量子场论而不是传统的量子微扰论，无电阻的超导态相对有电阻的正常金属态应该是一个能量较低的稳定态——即两者之间存在能隙。明确了问题所在，巴丁更加坚定地朝着胜利的曙光走去[3]。

为了赢下超导这场攻坚战，巴丁决定组建一支具有生命力的年轻队伍，形成导师-博士后-研究生梯队。他让年轻的李政道和杨振宁从哥伦比亚大学推荐了一位得力博士后——库珀(Leon Cooper)，时年 25 岁的库珀之前主要从事生物学的研究，在 1955 年 9 月加入巴丁研究组之前几乎对超导一无所知，这或许是他的幸运之处，因为他对无数重量级前辈的失败尝试将无所畏惧。巴丁故意把库珀安排和他同一个办公室，不断敦促他阅读文献资料，并给了他第一个课题——在电子体系存在弱吸引相互作用下如何才能产生一个能隙，这可是巴丁一直百思不得解的难题！就这样过了几个月，库珀仍毫无收获，非常郁闷和烦恼，对自己这个课题一度迷惘。圣诞节假期回来后，库珀重新理清了一下思路，面对复杂得多的电子体系，他干脆一不做二不休，把研究对象简化到了两体问题：一对相互作用电子同时满足动量相反和自旋相反两个条件。库珀是幸运的，他这个简化一下子抓住了物理的本质，很快就推导出能隙的存在。也就是说，一对电子之间倘若存在弱的吸引相互作用，只要满足动量相反和自旋相反，就可以实现稳定的低能组态！那么，巴丁关于超导起源于电子-声子相互作用的设想，从理论上来说，是完全可行的[9]。下一步的关键，是寻找到适合的理论方程和其合理解，任务落到了另一个更加年轻的人身上。

1955 年，巴丁从麻省理工学院招来一名有着电子工程学习经历的研究生——24 岁的施隶弗(John Schrieffer)。估计是与这位同名不同姓且专业出身类似的年轻学生有惺惺相惜之情，巴丁一下子给了施隶弗 10 个研究课题任由他选择，并把难度最大的超导问题列为第 10 个。施隶弗面临选择困难时候，问了派因斯和李政道的合作者 Francis Low，得到的回答是：既然你这么年轻，那么不妨浪费一两年青春到超导这样的难题上，说不定有所收获呢！于是施隶弗撩起袖子就和超导杠上了，同样，年轻，无所畏惧，结果也是，难有进展！1956 年，巴丁在高高兴兴跑去斯德哥尔摩领关于三极管发明的诺贝尔物理学奖之前，特别叮嘱学生施隶弗抓紧科研工作，期待回来讨论一下。施隶弗小紧张了好一段时间，估计也没少找库珀诉苦过，或找派因斯和李政道等聊天。偶然一次在粒子物理学家的学术报告中，他发现粒子物理里面的 Tomonaga 变分法可以借鉴过来，在回程地铁上就写出了关于超导电子系统的波函数。第二天施隶弗势如破竹地成功解出了超导的方程，在机场和库珀碰面并告诉他这个突破，回到学校两人便跟巴丁汇报了进展[10]。

巴丁对施隶弗完成的小目标非常满意，也迅速意识到其重要性。接下来他给施隶弗和库珀两人定下来一个大目标——彻底解决常规超导微观理论！为此，三个人闭门修炼了多个月，各自分工，用他们尚未成型的理论去计算解释目前超导实验观测到的各种现象。结果非常完美，他们仨完全从理论上解释零电阻、比热容跃变等奇异的超导性质。于是他们赶紧发表了关于超导微观理论的第一篇论文[11]，并在 1957 年的美国物理学会年会上进行了报道。随后，他们也完成了迈斯纳效应的理论解释，并发表了第二篇超导理论论文[12]。系统化的常规金属超导微观理论，从此宣告诞生，后以三人的名字抬头字母命名为 BCS 理论(图 13-4)[10]。特别是超导的载体——配成对的超导电子对，又被命名为库珀对。巴丁的执着，终于换来了成功的这一天！

BCS 理论的核心思想在于：两个动量相反、自旋相反的电子，可以通过交换原子晶格振动量子——声子而产生间接吸引相互作用，从而组成具有能隙的低能稳定态——超导态。电子为何能产生间接吸引作用？可以直观理解如下：由于电子带负电，失去外层电子的原子晶格带正电，所以当一个电子路过时，会因局域的库仑相互作用而导致周围带正电的原子晶格形成微小畸变，相当于电子把能量传递给了原子晶格体系，等下一个动量相反的电子路过时，将

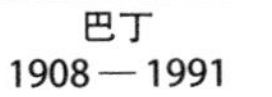

库珀
1930 —

施隶弗
1931 — 2019

图 13-4 建立常规超导微观理论的三位科学家
（来自诺贝尔奖官网*）

产生相反的效应，即原子晶格畸变恢复过程中把能量传递给了另一个电子（图 13-5）。配成库珀对的电子为何能实现零电阻效应？可以粗糙理解为，因为配对电子动量是相反的，当其中一个电子得到能量，另一个电子必然失去同等能量（注：实际上就是和原子晶体发生能量交换），所以电子对中心能量并不因此发生改变，或者说，电子对可以实现无能量损失的运动——也即零阻碍。至于迈斯纳效应的 BCS 理论解释要更为复杂，这里就不做介绍了。BCS 理论是一个典型的"从一到二"的物理学模型，即不再纠结单个电子在原子晶格中的运动模式，而是探索一对电子的运动。严格来说，BCS 理论描述的也不仅仅是一对电子的行为，而是一群电子的集体行为，因为实际上库珀电子对的空间尺度在 100 纳米左右，是原子间距的 1000 倍。电子发生配对后，要形成超导电性，还必须经历另一个步骤——步调一致地集体运动，用物理语言来

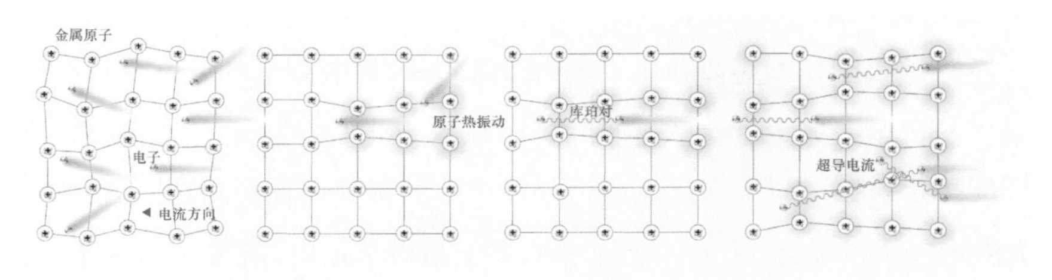

图 13-5 常规超导微观理论"BCS"理论
（孙静绘制）

* https://www.nobelprize.org/prizes/physics/1972/summary/

说，就是电子对的位相要一致，然后所有电子对才能抱团凝聚成低能组态。就像舞池里跳交谊舞的男女搭档一样，音乐响起的时候，大家按照相同的旋律和步调舞动起来，看似人多，却也互不干扰。总结来说，实现超导必须有：配对、相干、凝聚这三个步骤，理解这一点非常重要[13]。

正如诗曰："君住华山峰头，我住泰山谷口，挥一挥咱俩带电小手，爱情让我们一齐畅通奔走。"

原本纷繁复杂的大量电子宏观集体行为，在巴丁、库珀、施隶弗三人的神来之笔下，变得非常简洁优美。李政道为此授意著名画家华君武做了一副关于 BCS 超导理论的漫画，在 C_{60} 组成蜂巢上，蜜蜂只有单只翅膀，只有左翅膀蜜蜂抱住右翅膀蜜蜂，成双成对后，才可以畅行纷飞。正所谓"双结生翅成超导，单行苦奔遇阻力"（图 13-6）。一个成双入对的思想，解决了困扰物理学家 40 余年的难题，这就是 BCS 理论魅力所在[10]。

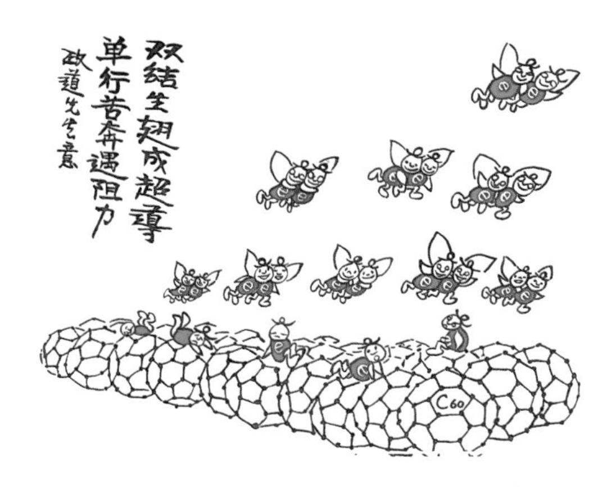

图 13-6　华君武漫画"双结生翅成超导、单行苦奔遇阻力"
（孙静重绘）

派因斯和李政道等因错失发现超导微观理论的机会，难免有些后悔。不过，派因斯后来在固体物理学（主要是超导理论的发展）和理论天体物理学等方面做出了许多重要贡献。而李政道和杨振宁共同做出的关于弱相互作用中宇称不守恒的工作，恰恰是在 1956 年左右，那一年李政道也才 29 岁。因为这个工作，次年（1957 年）在 BCS 理论诞生之际，李政道和杨振宁同样获得了一枚诺贝尔物理学奖章。

然而，关于BCS理论诺贝尔奖，却相对要姗姗来迟，直到15年后的1972年，才被授予诺贝尔物理学奖。可见物理学界接受关于电子配对这个新思想，也是费了一段时间。要证明BCS理论的正确性，除了解释已有的超导性质外，还需要验证它所预言的一些效应，特别是库珀电子对的观测。1962年，William A. Little和Roland D. Parks在平行磁场下的通电超导圆筒中观测到了超导临界温度的周期振荡，由此证明单个磁通量子确实需要两个电子来维持，即存在库珀电子对[14]。苏联科学家玻戈留波夫(Nikolay Bogoliubov)利用量子场论，分析了超导电子对在激发态下的行为。他认为超导电子配对之后，和液氦发生超流具有类似物理过程，都是因为它们状态可以等效为新的玻色子，从而发生凝聚形成稳定基态，其激发态表现为费米能上下存在对称的准粒子[15]。所谓准粒子，指的并不是真实可以独立存在的粒子，而是固体材料中某些相互作用的量子化形式。例如，晶格振动的能量量子就是声子，而超导电子对在激发态的准粒子则被称为玻戈留波夫准粒子。实验上，可以直接观测到玻戈留波夫准粒子，也同样证实了BCS理论[16]。

值得一提的是，库珀和施隶弗做出诺贝尔奖工作时的年龄都很小(24～25岁)，另一位因超导隧道效应获诺贝尔奖的约瑟夫森，也是在年仅22岁时做出的工作。年轻人开放的思想和敢于挑战的精神，或许是他们取得成功的原因之一。约翰·巴丁分别于1956年和1972年获得两次诺贝尔物理学奖，是历史上目前唯一获得两次诺贝尔物理学奖的科学家(图13-7)。而诺贝尔奖历史上也仅有4位科学家获得两次奖项，除巴丁外，还包括居里夫人(1903年物理学奖、1911年化学奖)、莱纳斯·鲍林(1954年化学奖、1962年和平奖)、弗雷德·桑格尔(1958年和1980年化学奖)。一个非常有趣的插曲是，巴丁在1956年领取诺奖的时候，把他的两个儿子威廉姆·巴丁(William A. Bardeen)和詹姆斯·巴丁(James M. Bardeen)扔在了宾馆。主持人问他孩子哪里去了，巴丁说他不知道还可以带亲属来颁奖现场，主持人只好说，那下次别忘了哦！没想到，还真的有下一次！那就是1972年的超导理论获奖！约翰·

图 13-7 巴丁的诺贝尔奖证书和奖章
（由威廉姆·巴丁和刘真提供）

巴丁的两个儿子都是成名的物理学家，其中威廉姆是粒子物理学家，后来被选为大型超导对撞机 SSC 的理论组长，只是不幸该项目因预算超支等问题而中途夭折；詹姆斯是理论天体物理学家，在黑洞物理方面做出了杰出贡献，找到了爱因斯坦场方程的一个严格解——命名为巴丁真空。巴丁的女儿也嫁给了一位物理学家，称他们家为“物理世家”，一点儿都不为过。1975 年 9 月和 1980 年 4 月，约翰·巴丁曾两次到访中国，访问了北京大学、清华大学、复旦大学、中国科学院等多家科研单位，黄昆、谢希德、周培源、卢鹤绂、章立源等多名国内物理学家与之讨论[3]。其中访问中国科学院物理研究所时，在场的研究生问巴丁获得两次诺贝尔物理学奖殊荣的“诀窍”是什么？巴丁笑答：“三个条件：努力、机遇、合作精神，缺一不可。”的确，对科学真谛乃至应用前景的孜孜不倦追求，在恰当的时机进入一个重要的领域，寻找合适且可信赖的合作伙伴，这三点铸就了巴丁一生辉煌的科学成就[17]。约翰·巴丁一生获奖无数，被评为“20 世纪最具有影响力的 100 位美国人”之一，于 1991 年因心脏衰竭在美国去世，享年 82 岁。

BCS 理论的物理思想深深影响了一代代物理学家。例如"两两配对"的机制被广泛应用于核子相互作用、He-3 超流体、脉冲中子双星等[18,19]，只是配对对象和相互作用力不同而已。关于自发对称破缺的思想更是直接被许多粒子物理学家借鉴，提出了汤川相互作用、希格斯机制等(图 13-8)[20]，对揭示我们世界的起源起到了重要作用。物理的精髓，就是彼此相通的！

图 13-8　希格斯玻色子理论借鉴了 BCS 理论思想
（来自 beyinsizler * ）

参考文献

[1] 曹则贤. 物理学咬文嚼字之八十：特别二的物理学[J]. 物理，2016，45(10)：679-684.
[2] Schmalian J et al. Failed theories of superconductivity[J]. Mod. Phys Lett B，2010，24：2679.
[3] 卢森锴，赵诗华. 著名物理学家约翰·巴丁及其两次中国之行[J]. 大学物理，2008，27(9)：37-42.
[4] Maxwell E. Isotope Effect in the Superconductivity of Mercury[J]. Phys. Rev.，1950，78(4)：477 & Reynolds C A et al. Superconductivity of Isotopes of Mercury[J]. Phys. Rev.，1950，78(4)：487.
[5] Tinkham M. Introduction to Superconductivity[M]. Dover Publications，1996.
[6] https://en.wikipedia.org/wiki/Herbert_Fröhlich.
[7] Lee T D，Pines D. The Motion of Slow Electrons in Polar Crystals [J]. Phy. Rev.，1952，88(4)：960.
[8] Bardeen J，Pines D. Electron-Phonon Interaction in Metals [J]. Phy. Rev.，1955，99(4)：1140.
[9] Cooper L N. Bound Electron Pairs in a Degenerate Fermi Gas [J]. Phys. Rev.，1956，104 (4)：1189-1190.
[10] Cooper L N，Feldman D. BCS：50 Years[M]. World Scientific Publishing，2010.
[11] Bardeen J，Cooper L N，Schrieffer J R. Microscopic Theory of Superconductivity[J].

* https://beyinsizler.net/varligimizin-kisa-biyografisi/

Phys. Rev. ,1957,106 (1): 162-164.

[12] Bardeen J,Cooper LN,Schrieffer J R. Theory of Superconductivity[J]. Phys. Rev. , 1957,108 (5): 1175-1204.

[13] Schrieffer J R. Theory of Superconductivity[M]. Perseus Books,1999.

[14] Little W A, Parks R D. Observation of Quantum Periodicity in the Transition Temperature of a Superconducting Cylinder[J]. Phys. Rev. Lett. ,1962,9: 9.

[15] Bogoliubov N N, Tolmachev V V, Shirkov D V. A New Method in the Theory of Superconductivity[M]. New York: Consultants Bureau,1959.

[16] Shirkov D V. 60 years of Broken Symmetries in Quantum Physics (From the Bogoliubov Theory of Superfluidity to the Standard Model)[J]. Phys. Usp. 2009,52: 549-557.

[17] Pines D. Biographical Memoirs: John Bardeen[J]. Proc. Ame. Philo. Soc. , 2009, 153(3): 287-321.

[18] Peskin M E. , Schroeder D V. , An Introduction to Quantum Field Theory[M]. Addison-Wesley,1995.

[19] Haensel P. ,Potekhin A Y. ,Yakovlev D G. ,Neutron Stars[M]. Springer,2007.

[20] Higgs P W. Broken Symmetries and the Masses of Gauge Bosons[J]. Phys. Rev. Lett. ,1964,13 (16): 508-509.

14 炼金术士的喜与悲：超导材料的早期探索

道教三清中的道德天尊——俗称“太上老君”，在古代人心目中就是一个精于炼丹的高级神仙[1]。历朝历代，不少道士名家沉迷于炼制金丹，也有不少皇帝追求仙丹妙药。

炼丹的主要原料是铅砂、硫磺、水银等天然矿物，放到炉火中烧炼而成丹。实际上，就是高温下这些原料发生了化学反应，生成了新的化合物。正如雍正皇帝在《烧丹》一诗中道：“铅砂和药物，松柏绕云坛。炉运阴阳火，功兼内外丹。”炼丹其实是化学研究的雏形，中国古代“四大发明”之一——黑火药，就是用硝石、硫磺、木炭等炼丹时发生爆炸而偶然发现的。话说，用木炭和铜炉搭设的炼丹设备，其温度顶多能达到1200℃，一般只能炼化一些低熔点的固体。对于石猴精——孙悟空来说，他的主要成分是二氧化硅，熔点在1600℃，怪不得太上老君的八卦炉也无可奈何，只够把孙悟空炼成火眼金睛，而没把他彻底消灭。长生不老毕竟只是虚无缥缈的幻想，道士们在不断炼丹摸索过程中，还发现了新的致富之道——炼金术[2]。用玄乎的语言来说，就是"点石成金"。高温可以让矿石熔化或者与其他原材料发生化学反应，从而分离出里面的金属，包括金银在内。

无独有偶，西方世界也早早诞生了炼金术。提出原子概念的古希腊哲学家——德谟克利特，就是炼金术的祖师爷之一，他认为世界上的金属都有希望炼成金灿灿的黄金，前提是你要足够虔诚和努力。这一号召，古埃及、古希腊、古巴比伦很多人都投身到轰轰烈烈的炼金运动中去，试图把一些便宜的铅、铜等金属炼成贵重的黄金。甚至直到近代，我们伟大的物理祖师爷——牛顿他老人家也耗费了大半辈子去研究炼金术，秘密记录了上百万字的手稿。和中国人炼丹求仙求富不同的是，西方人终究在炼金术中诞生了近代科学——化学。他们试图把各种各样的原料进行分离，寻找其中最本质的成分——元素。法国的托万-洛朗·德·拉瓦锡(1743—1794)就是代表性人物之一，这位仁兄有一个既貌美如花又博学手巧的夫人，两人经常打情骂俏地一起玩各种瓶瓶罐罐，研究物质的化学成分(图 14-1)。拉瓦锡开创了定量化学研究方法，发现了氧气和氢气的存在，也预测了硅的存在，首次提出了"元素"的定义，并于 1789 年发表了第一个含有 33 种"元素"的化学元素表，可谓是"近代化学之父"。法国名家雅克-路易·大卫为拉瓦锡及其夫人画的肖像也不甘寂寞，出现在我国多本世界名著的中译本封面上，真是刷脸刷到众人熟知。

或许是巧合，第一个被发现的超导体——金属汞，也是炼金术士最常用的原料之一。因为汞在常温下是银白色液态，氧化汞又呈现出鲜艳的红色，两者都极具魅惑，符合金丹的神秘特质。汞和氧化汞都有剧毒，容易分解或蒸发，摄入一点点就可能头晕目眩，颇有成仙的感觉，一旦摄入过多，就一命呜呼，真上西天去了。幸好，有了诸如拉瓦锡、门捷列夫等近代化学家的努力，人们终于认识清楚自然界是由多种元素组成，整体构成一个元素周期表。汞，无非是其中一种普通元素而已。自从荷兰的昂尼斯发现单质汞可以超导之后，物理学家就把元素周期表翻了个透，到处寻找可能超导的元素单质。结果是令人

图 14-1　拉瓦锡与夫人在做实验
（雅克-路易·大卫　画作）

可喜的：汞的超导电性并不是特例，很多金属单质在低温下都可以超导，只要温度足够低！例如人们生活中常用的易熔的锡，超导温度为 3.7 K；厚重的铅，超导温度为 7 K；亮白的锌，超导温度为 0.85 K；轻薄的铝，超导温度为 1.2 K；熔点很高的钽和铌，超导温度分别为 4.5 K 和 9 K。一些金属在常压下难以超导，还需要靠施加外界压力才能超导，如碱土金属钙、锶、钡等，许多非金属如硅、硫、磷、砷、硒等也完全可以在高压下实现超导。剩下的一些不超导的单质，要么活性很低——如惰性气体，要么磁性很强——如锰、钴、镍、镧系和锕系元素等，要么具有很强的放射性如 84 号钋及以上的元素等。有意思的是，导电性很好而且在生活中利用历史最悠久的金、银、铜三者均不超导，也有可能是超导温度实在太低，以至于现代精密仪器都无法测量到。总而言之，如果给元素周期表中超导的元素单质上色，就会发现大部分元素都是可以超导的(图 14-2)[3]。

超导，并不像想象的那样特别！但是不同元素单质的超导临界温度，千差万别！

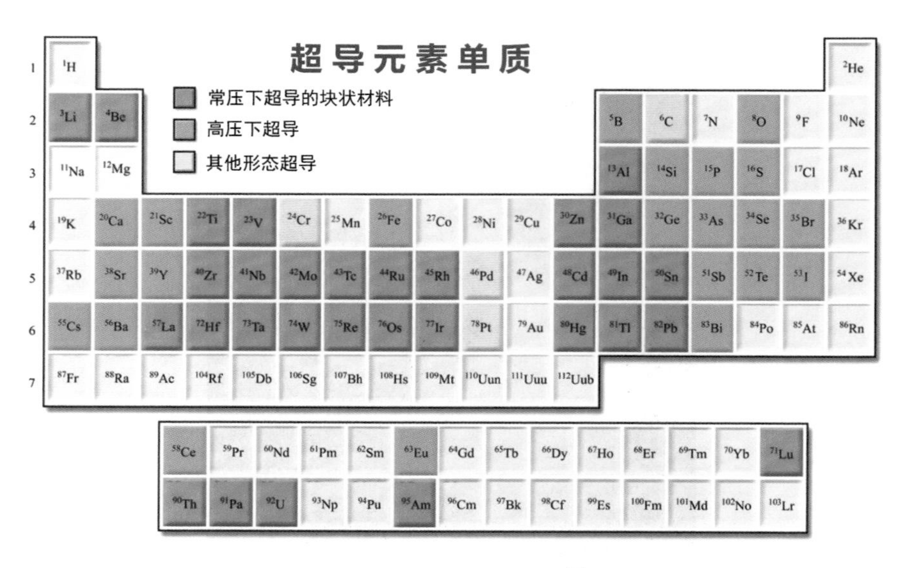

图 14-2 超导元素周期表[3]

（作者绘制）

究竟是什么因素影响了超导的临界温度？理论物理学家率先展开了思考。根据巴丁、库珀、施隶弗的 BCS 理论，金属中的超导电性来自电子间通过交换晶格振动量子——声子而配对，那么电子和声子、电子和电子之间的相互作用，必然会对超导电性造成重要影响。

原子的热振动就像两个原子间连着一根弹簧一样，弹簧的粗细长短将直接决定原子振动的能量，穿梭其中的电子也将为此受到影响（图 14-3）[4]。爱因斯坦曾认为原子振动都是一种频率分布，建立了第一个声子的理论模型，但这个模型过于简单粗暴，无法准确解释固体的比热容。德拜在此基础上做了改进，考虑了多个分支的不同频率的声子分布，建立了声子的德拜模型，很好地解释了实验数

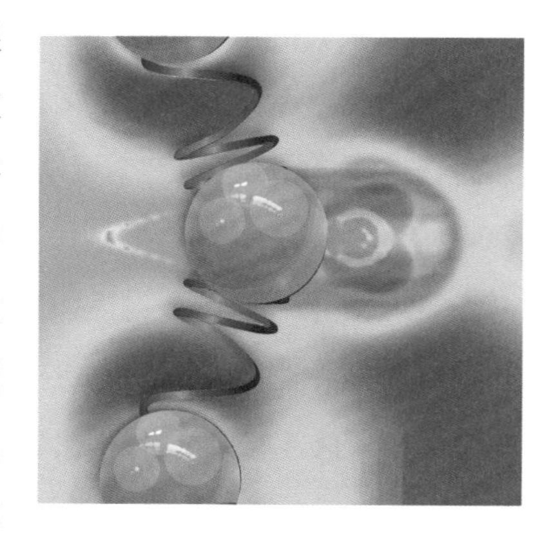

图 14-3 固体中的原子振动——声子

（孙静绘制）

据。根据德拜的理论,原子热振动存在一个截止频率——被称为“德拜频率”,也就是说,连接原子的“弹簧”也有它的极限,再强只会崩断,原子晶格失稳,固体发生塌缩或熔化。BCS理论预言,超导体的临界温度,就和原子晶格振动最大能量尺度——德拜频率以及声子态密度(单位体积的声子数目)正相关[5]。

然而,在理论家进行详细计算时,发现有些金属单质中的超导临界温度并不是如此简单。特别是实验上有了贾埃沃的超导隧道效应数据,他发现实际隧道效应曲线的边缘并不像BCS理论预言的那么光滑,而总是存在一些弯弯曲曲的特征,并且随温度还有变化[6]。理论和实验的细微矛盾引发物理学家深入思考了背后原因,原来巴丁、库珀、施隶弗的BCS理论早期只考虑了电子和声子之间的弱相互作用,也就是说两者耦合很小。理论家伊利希伯格(G. M. Eliashberg)很早注意到了这个问题,他充分考虑了电子配对过程的延迟效应和声子强耦合机制,提出了一个复杂的关于超导临界温度的模型[7]。威廉·麦克米兰(William L. McMillan,图14-4)在此基础上进行了简化近似,得到了一个更为准确的超导临界温度经验公式,其中一个重要的决定性参量就是电子-声子耦合参数,它和声子的态密度成正比[8]。麦克米兰的经验公式非常完美地解释了超导隧道效应的实验曲线[9],他本人也因这项重要成果而获得1978年的伦敦奖(超导研究领域的理论方面大奖)。作为继施隶弗之后的巴丁的第二个得意弟子,生于1936年的麦克米兰无疑是同时期最年轻有才的凝聚态物理理论家。他凭借关于液氦超流理论的博士学位论文获得了巴丁等的赏识,从伊利诺伊大学毕业后转到贝尔实验室继续科研工作。令人刮目相看的是,这位看似木讷、说话结巴、讲报告超紧张的长胡子年轻人,在液晶、层状材料、自旋玻璃态、局域化

图14-4　威廉·麦克米兰
(来自伊利诺伊大学香槟分校*)[10]

* https://physics.illinois.edu/people/memorials/mcmillan

现象等多个重要凝聚态物理方向上取得了一项项重要成果。可惜天妒英才，1984 年麦克米兰在骑车锻炼路上惨遭车祸，一位刚开始学车的小姑娘意外结束了这位才华横溢的理论物理学家年仅 48 岁的年轻生命[10]。为了纪念麦克米兰，他的朋友和同事设立了"麦克米兰奖"，用于年度奖励一位年轻的凝聚态物理学家，不少超导领域的科学家包括数位华人在内曾获此殊荣，他们个个在超导领域的贡献功勋卓著，或许算是对麦克米兰在天之灵的一种慰藉吧！

另一方面，实验物理学家也在不断努力探索和尝试。1930 年左右，大家发现常压下最高临界温度的单质是金属铌(9 K)，继而在铌的化合物中寻找超导。后来发现氧化铌、碳化铌和氮化铌都是超导体，特别是 $NbC_{0.3}N_{0.7}$ 的临界温度达到了 17.8 K，几乎是单质铌临界温度的两倍。由此启示人们在更多合金或金属-非金属化合物中寻找超导，在一大类称为 A15 结构的合金中找到了许多超导体：Nb_3Ge(23.2 K)、Nb_3Si(19 K)、Nb_3Sn(18.1 K)、Nb_3Al(18 K)、V_3Si (17.1 K)、Ta_3Pb(17 K) 、V_3Ga(16.8 K)、Nb_3Ga(14.5 K)、V_3In(13.9 K)等。这些材料超导温度都在 10 K 以上，最高的是临界温度为 23.2 K 的 Nb_3Ge，很奇怪的是，一直到 20 世纪 70 年代，超导温度纪录也未能突破 30 K，似乎上面有一层"看不见的天花板"。理论物理学家对此并不惊讶，科恩和安德森根据麦克米兰的公式和 BCS 理论[10]，做了一个简单的估算，在原子晶格不失稳的前提下，超导临界温度不能超过 40 K。原来，这就是禁锢超导临界温度的"紧箍咒"，后来人们称之为"麦克米兰极限"。1911—1986 年，整整 75 年时间里，超导材料的临界温度一直没能突破麦克米兰极限(图 14-5)，加上 BCS 理论的巨大成功，让不少人对超导"炼金术"逐渐失去了耐心和信心。毕竟，40 K 的临界温度还是太低了，超导材料的应用仍然需要耗费昂贵的液氦或危险的液氢，前途渺茫。

应用物理学家并没有直接放弃，因为金属的良好延展性和可塑性，金属或合金超导材料是理想的电缆材料。特别是需要提供大电流和强磁场的时候，超导电缆和普通铝铜电缆相比还是有不少优势的，比如它的体积相对较小，没有热量或损耗产生，可以在环路实现持续稳定的磁场等。也正是因为如此，人们先后研制了多种超导单相线缆、多相电缆和带材等，如今广泛应用到了超导

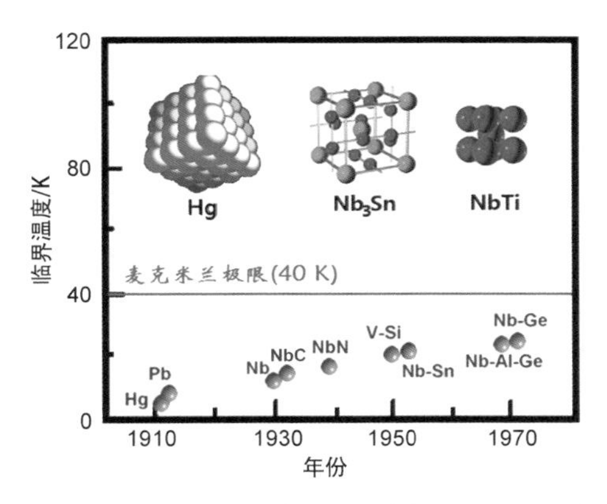

图 14-5　典型超导单质和合金的发现年代及温度
（作者绘制）

输电、储能、发电、磁体等多方面。美国政府曾经设想搭建一套全国超导电网，利用液氢来冷却超导线缆，输电损耗大大减少，液氢到家里后又可以作为清洁能源(图 14-6)。日本科学家甚至提出利用超导线把世界各地的风能、太阳能、潮汐能等清洁能源产生的电力连接起来，构造一个全球化的超导供电网

图 14-6　三相超导电缆与超导电网设想图
（来自 NKT 公司网页及 eVolo *）

* 图 14-6（上）https://www.nkt.com/news-press-releases/nkt-is-developing-the-prototype-for-the-worlds-longest-superconducting-power-cable 图 14-6（下）https://www.evolo.us/architecture-as-renewable-energy-power-grid-solution/

络，让 70 亿地球人同受益。虽然如此宏大的设想由于种种原因，当前还没实现，但是未来谁也说不准。话说，梦想还是要有的，万一哪天实现了呢？

参考文献

[1] 宋元时道士. 太上老君历世应化图说，年代不详.

[2] 何跃青. 中华神秘文化：相术文化[M]. 北京：外文出版社，2011.

[3] 罗会仟，周兴江. 神奇的超导[J]. 现代物理知识，2012，24(02)：30-39.

[4] Jin H et al. honon-induced diamagnetic force and its effect on the lattice thermal conductivity [J]. Nature Materials 2015，14，601-606.

[5] Tinkham M. Introduction to superconductivity[M]. New York：Dover Publications Inc.，2004.

[6] Giaever I，Hart H R Jr. and Megerle K. Tunneling into Superconductors at Temperatures below 1°K[J]. Phys. Rev.，1962，126：941.

[7] Eliashberg G M. Interactions between electrons and lattice vibrations in a superconductor[J]. Sov. Phys. JETP，1960，11(13)：696.

[8] Andreev A F et al. Gerasim Matveevich Eliashberg (on his sixtieth birthday)[J]. Sov. Phys. Usp. 1990，33 (10) ：874-875.

[9] McMillan W L，Rowell J M. Lead Phonon Spectrum Calculated from Superconducting Density of States[J]. Phys. Rev. Lett.，1965，14：108.

[10] Anderson P W. National Academy of Sciences. Biographical Memoirs V. 81[M]. Washington，D C：The National Academies Press，2002.

第3章　青木时代

尽管在理论上有许多羁绊和所谓的“极限”，自1911年发现第一个超导体以来，人们探索超导材料的脚步就从未停止过。在繁盛的时期，每月、每周甚至每天都在发现新超导体。如今，已有成千上万种超导材料被发现，它们广泛存在于金属、合金、金属间化合物、氧化物甚至有机物等各种材料类型中，超导这棵大树不断萌发新芽、枝繁叶茂、硕果累累。

在本章将着重介绍除高温超导之外的几类典型的超导家族，包括氧化物超导体、重费米子超导体、有机超导体和轻元素超导体等，并介绍2001年“新发现”的二硼化镁超导体。这些超导家族形态各异，物性千奇百怪，发现的历程也充满曲折和戏剧性。

15 阳关道、醉中仙：氧化物超导体

氧，是我们这个蔚蓝地球分布最广的重要元素，遍及岩石层、水层和大气层，占据地壳元素含量的48.6%。几乎地球上的所有生命体都依赖于呼吸氧气，氧气占据了空气的21%，仅次于氮气(占78%)。地球上空的臭氧，如同一把巨大的遮阳伞，大幅削弱了对生物有害的紫外线。可以说，如果没有氧的存在，也就没有如今地球表面的繁荣生命，人类也不复存在。

关于氧元素的认识，起源于18世纪初的"燃素说"。德国化学家施塔尔等提出一切可燃物质由灰烬和"燃素"组成，燃素在燃烧后转化为光和热。随着冶金术的发展，人们分析了燃烧前后物质质量的变化，发现金属燃烧后剩下的灰烬质量反而增加了，燃素说也就显得不再靠谱。1771—1774年，瑞典的舍勒和英国的普利斯特里各自从燃烧后的物质出发，在加热氧化汞、氧化锰、硝石等时实际上制得了氧气——当时他们称之为"脱去燃素的空气"或"火空气"。1774年，法国化学家拉瓦锡从普利斯特里的实验得到启示，确认了这种支持燃烧的气体是一种新的元素，金属煅烧后增加的质量就来自它(图15-1)[1]。拉瓦锡命名该气体为Oxygen(氧)，由希腊文oxus-和geinomai组成，即"成酸的元素"的意思，取其化学符号为O。清末我国的徐寿把这种气体称为"羊气"，后人们改为"氧气"[2]。氧气和古文中的阳气谐音，正如《管子·形势解》曰："春者，阳气始上，故万物生。"氧气就像万物生长之气一样，促使这个世界生机勃勃。阳关大道意味着光明的前途和蓬勃的发展。

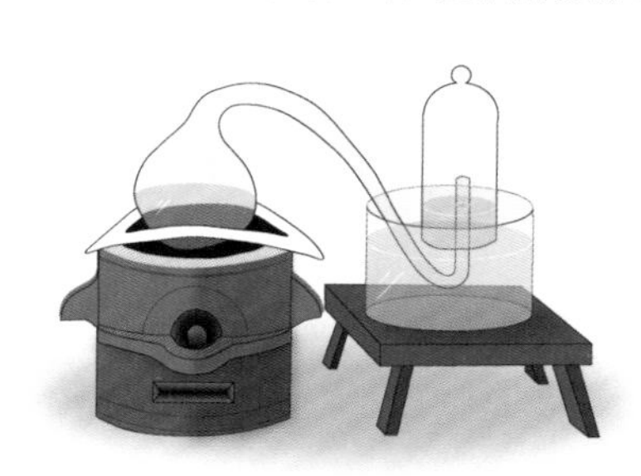

图15-1 氧气的制备方法
(孙静绘制)

在探索超导材料之路上，也存在这么一条"阳关大道"——氧化物超导体。其中最著名的，当属铜氧化物高温超导体，由于其重要性和特殊性，我们将在后续章节单独详细介绍。必须强调的是，在发现铜氧化物高温超导体之前，许

多氧化物超导体就已经被发现；在发现铜氧化物超导体之后，同样也有许多氧化物超导体不断被发现。这些氧化物超导体千奇百怪，又似乎存在某些共性，为超导材料的探索提供了广阔且定向的思维空间[3]。此节，让我们一起来扒一扒阳关道上的超导体，以及与之类似或相关的其他氧族（硫、硒、碲）化物超导体。

第一个被发现的氧化物超导体是$SrTiO_3$（钛酸锶），于1964年被发现，距离BCS理论的建立仅7年。尽管$SrTiO_3$的超导临界温度仅有0.35 K，但它的发现意义非凡[4]。作为第一个有别于传统金属或合金的氧化物超导体，和大部分陶瓷材料一样，钛酸锶一般是绝缘体，仅有在掺杂如金属铌等之后才能导电，很难想象这类材料也能超导。在结构上，钛酸锶属于钙钛矿结构材料，其基本结构单元是以氧原子为顶点的氧八面体，这类结构的氧化物家族非常丰富，物质性质也千变万化，是否有更多的钙钛矿材料具有超导电性？答案是肯定的！很快，第二个氧化物超导体Na_xWO_3也被发现，它的学名叫作钨青铜，同样含有类似的氧八面体结构，临界温度为3 K[6]。1975年，又一个类钙钛矿结构的材料$BaPb_{1-x}Bi_xO_3$被发现，临界温度达到了17 K[8]，随后在1988年，和铋氧化物类似结构的材料$Ba_{1-x}K_xBiO_3$被发现，临界温度一下子提高到了30 K[9]。只是，由于1986年人们在铜氧化物$La_{2-x}Ba_xCuO_4$中发现了30 K的超导电性[10]，并随后迅速突破了77 K的液氮沸点[11]，铋氧化物中的超导电性研究反而被冷落。仔细对比铜氧化物超导体的结构就会发现，其实铜氧化物超导体也同样属于含氧八面体的钙钛矿这一大类材料，只是它们的超导电性比较特殊罢了。和La_2CuO_4类似的材料还有钌氧化物Sr_2RuO_4，它的超导温度仅有1.2 K，但和传统的金属材料超导具有很大的区别，其物理起源至今仍不清楚[12]。钌氧化物有不少含有氧八面体的家族成员，除了214型外，还有327型的$Sr_3Ru_2O_7$等[13]，只是它们不一定超导(图15-2)。

除了铋氧化物和钌氧化物外，还存在大量的具有类似氧八面体或四面体结构的氧化物材料，这些材料整体形貌是立方体或长方体，人们多年以来也在其中不断探索和寻找可能的超导体。典型的体系有，铱氧化物：$SrIrO_3$、

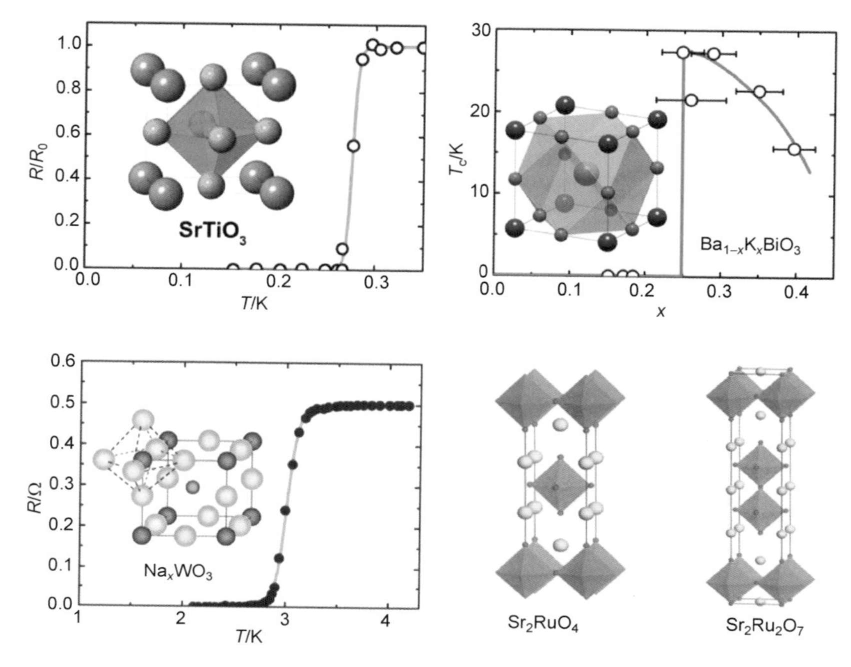

图 15-2　具有钙钛矿型结构的几类超导体[5, 7, 9, 13]
（作者绘制）

Sr_2IrO_4、$Nd_2Ir_2O_7$ 等[14,15]，钛氧化物：$Dy_2Ti_2O_7$、$LiTi_2O_4$、$BaTi_2Sb_2O$ 等[16,17]，铌氧化物：$LiNbO_2$、$BaNbO_3$、$Sr_{1-x}La_xNb_2O_6$ 等[18,19]，锇氧化物 $BaOsO_3$ 等[20]（图 15-3）。按照元素配比的划分，这些材料结构可以归类为113、214、227、124 等，它们中间有的材料发现了确切的超导电性，如尖晶石结构的 $LiTi_2O_4$（T_c=12.4 K）、六角结构的 $LiNbO_2$（T_c=5.5 K）等，也有些材料在特殊情况下出现了可疑超导电性，甚至有少量报道声称铌氧化物 $Sr_{1-x}La_xNb_2O_6$ 具有 100 K 以上的超导，后来证实是实验假象[21]。氧化物材料的复杂结构，同样意味着复杂的微观电子态行为和多变的宏观物性，多年以来不仅是超导领域的研究热点和难点，也是整个凝聚态物理研究的一大块重要领域。例如，在一些具有 227 型烧绿石结构的材料如 $Dy_2Ti_2O_7$ 中，电子的自旋被冻结在固定的位置，人们甚至可以在其自旋动力学行为中寻找"磁单极子""希格斯相变"等奇异物态或物性的存在[22,23]。

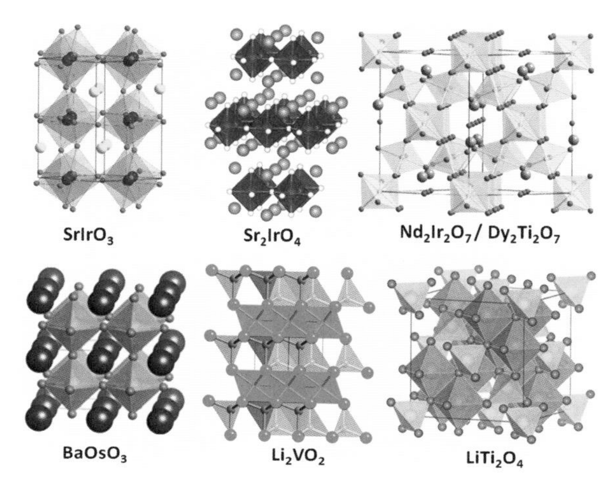

图 15-3　可能的过渡金属氧化物超导体[14-23]
（作者绘制）

钴氧化物中的超导材料目前发现的相对较少。具有 CoO_2 层状的材料 Na_xCoO_2，仅有在特殊情况下超导，Na 的含量要少，而且晶体材料还得“喝水”。就像蒸包子一样，包子喝水以后会发面造成体积膨胀，Na_xCoO_2“喝水”之后，CoO_2 层的间距将被水分子撑开，最终出现 5 K 左右的超导电性[24]。无独有偶，在铁基超导材料中，一类铁硒/铁碲/铁硫化合物在“喝酒”情况下也会出现超导或者改善超导性能。日本科学家饶有兴致地把 $FeTe_{0.8}S_{0.2}$ 材料浸泡在不同酒里面，发现它对酒类还有“独具品味”——单纯泡在乙醇水溶液里面超导体积比在 10%以下，但是在葡萄酒里面泡过则达到了 50%以上！其最爱的酒是来自法国中部 Paul Beaudet 酒庄在 2009 年生产的 Beajoulais 红葡萄酒[25]（图 15-4）。真可谓是“醉翁之意不在酒，在乎超导之间也。超导之乐，得之理而寓之酒也。”

对于大部分氧化物超导体来说，其内部都基本具有面内正方结构，并且呈现层状堆叠。层状效应（二维性）越强的材料，其超导临界温度往往越高。出于此规律总结，人们逐渐拓展视野到了低维材料中，特别是一些层状的二维材料甚至一些准一维材料。这类材料在氧化物、硫化物、硒化物等中广泛存在，也确

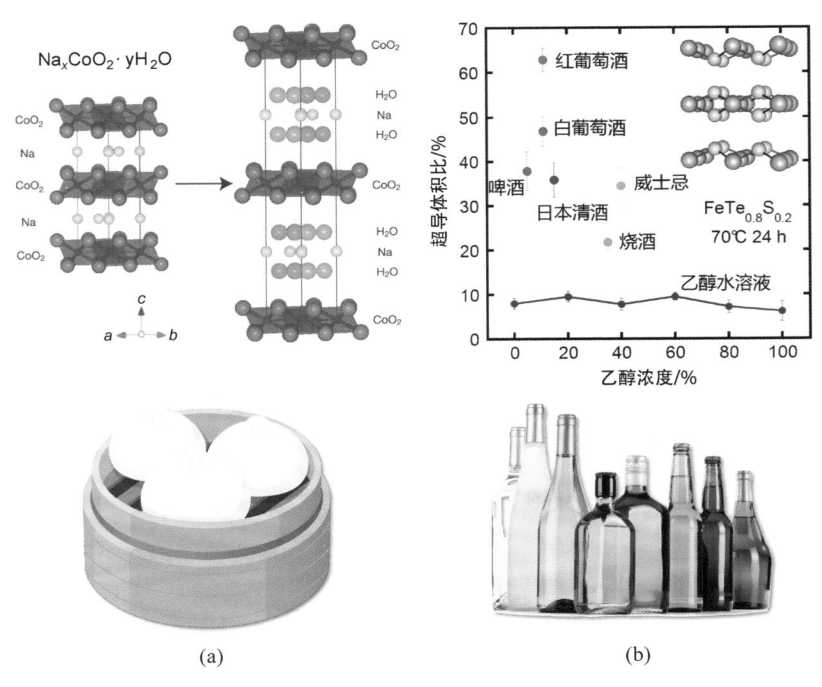

(a)　　　　(b)

图 15-4　(a) 喝水的超导体 Na_xCoO_2；(b)喝酒的超导体 $FeTe_{0.8}S_{0.2}$[24, 25]
(来自壹图网及作者绘制)

实在不少材料中发现了超导电性，——只不过还需要借助特殊方法来实现。例如一维氧化物材料 $Sr_{14-x}Ca_xCu_{24}O_{41}$ 和一维硫化物材料 $BaFe_2S_3$，这类材料的原子排列成一串一串的，就像一把梯子一样，而且梯子腿上还有特定的自旋结构，又称为“自旋梯”材料[26-28]。在常压下它们是不超导的，甚至是绝缘体，然而，施加 10 万个大气压左右的外界压力后，就会出现 12～24 K 的超导，而且临界温度会随压力的变化而变化。对于另一类准一维材料如 MoS_2，则需要通过门电压技术将足够多的电子“注入”到材料内部，才会出现 11 K 左右的超导[29](图 15-5)。

在其他一些准二维的硫化物、硒化物、碲化物材料中，只要进行合适的化学掺杂或者外界压力调控，也会出现超导。不过这个时候，超导电性往往和其

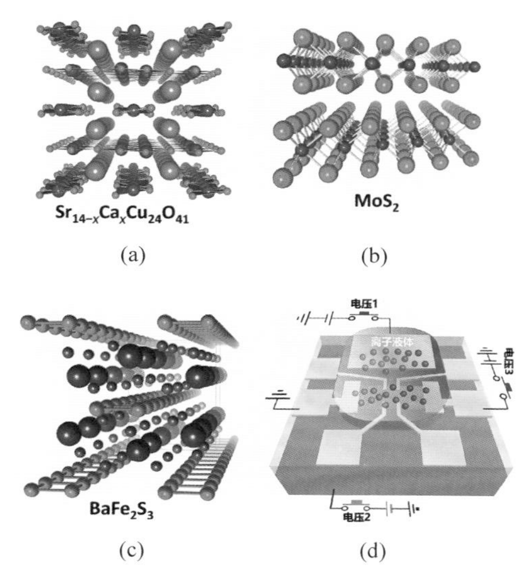

图 15-5　几类准一维梯子形结构超导体[26-29]
（来自 APS* /作者绘制）

他物理现象相伴相生，比如电荷密度波、自旋密度波、反铁磁性等。Cu_xTiSe_2、Na_xTaS_2、$NbSe_2$ 等材料中就是电荷密度波和超导相互竞争，切开晶体的侧面，可以清晰地看到层状的解理结构，超导就发生在这些二维平面上（图 15-6）[30-34]。铋硫化物 $LaO_{1-x}F_xBiS$ 和 $Sr_{1-x}La_xFBiS_2$ 同样具有类似结构，它们的超导温度不高，却可能因为掺杂的变化导致体系从绝缘体转变为超导体[35,36]。WTe_2 材料则非常有趣，它具有巨大的磁电阻效应，即磁场可以很轻易地改变电阻率大小，但是在高压下它也能出现 6 K 左右的超导[37]。Bi_2Se_3 材料属于具有拓扑性质的绝缘体，通过 Cu 离子的掺杂，能够出现 4 K 左右的超导[38]（图 15-7）。

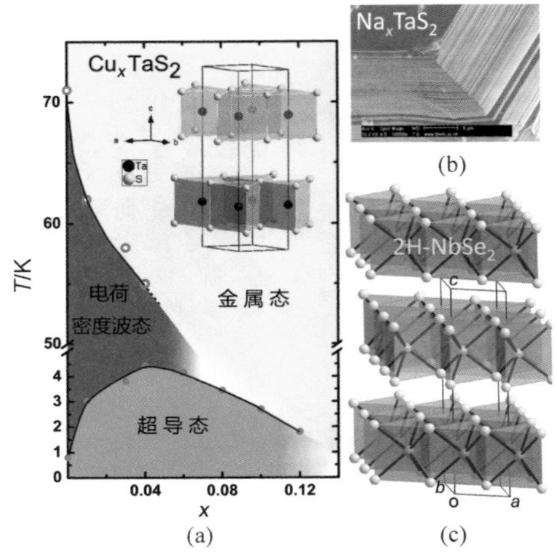

图 15-6　准二维硫化物/硒化物超导体[30-34]
（来自 APS*）

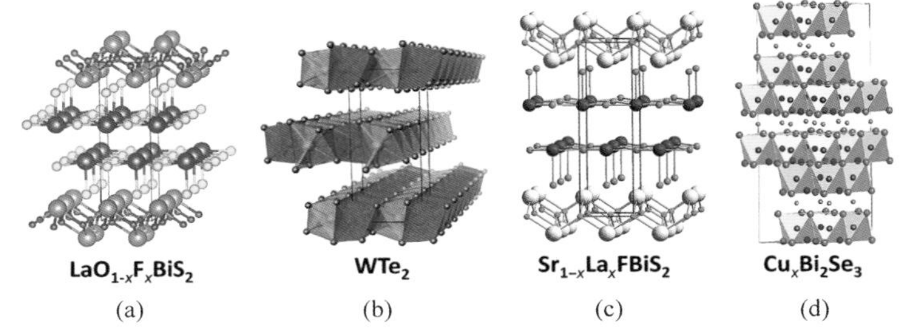

图 15-7　其他典型的硫化物/硒化物超导体[33-35]
（来自 APS/JPS/ACS 等*）

---

* 图 15-6(a)Reprinted Figure 9 with permission from[Ref. [31]as follows：Wagner K E et al.，PHYSICAL REVIEW B 2008，78：104520]；图 15-6(b)Reprinted Figure 2 with permission from[Ref. [32]as follows：Fang L et al.，PHYSICAL REVIEW B 2005，72：014534]；图 15-6(c)Reprinted Figure 1 with permission from[Ref. [33]as follows：Noat Y et al.，PHYSICAL REVIEW B 2015，92：134510] Copyright(2021) by the American Physical Society.

* 图 15-7(a)Reprinted Figure with permission from Ref. 35 as follows：Mizuguchi Y et al. J. Phys. Soc. Jpn. 2012，81，114725. Copyright© 2012 The Physical Society of Japan. 图 15-7(b)Reprinted Figure 1 from Ref. 37 as follows：Kang D F et al. Nat. commun. 2015，6：7804(Open Access). 图 15-7(c)Reprinted Figure 1 with permission from Ref. 36 as follows：Lei H C et al. Inorg. Chem. 2013，52：10685. Copyright© 2013 by American Chemical Society. 图 15-7(d)Reprinted Figure 4 with permission from[Ref. 38 as follows：Hor Y S et al. PHYSICAL REVIEW LETTERS 2010，104：057001]Copyright(2021) by the American Physical Society.

总结来说，氧八面体和四方结构是氧化物超导体的典型特征，二维性和易调控是硫化物/硒化物等超导体的共同特征，化学掺杂、载流子注入、外部高压是诱导超导的有效武器。因此，寻找新的超导体，往往从这些方面入手，希望的曙光就会多一缕。

正所谓“条条大路通超导”，关键是你要能想得到，而且要能做得到！

参考文献

[1] Cook G A，Lauer C M. Oxygen[M]. New York：Reinhold Book Corporation，1968.

[2] 王东生. 氧的发现[J]. 科学与文化，2007，08.

[3] Cava R J. Oxide Superconductors[J]. J. Am. Ceram. Soc.，2000，83(1)：5-28.

[4] Koonce C S，Cohen M L. Superconducting Transition Temperatures of Semiconducting $SrTiO_3$[J]. Phys. Rev.，1967，163 (2)：380.

[5] http://satori.ims.uconn.edu/phonon-dispersion-srtio3/.

[6] Aliev A E. High-T_c superconductivity in nanostructured Na_xWO_{3-y}：sol-gel route[J]. Supercond. Sci. Technol.，2008，21：115022.

[7] http://som.web.cmu.edu/structures2/S056-BKBO.html.

[8] Sleight A W，Gillson J L，Bierstedt P E. High-temperature superconductivity in the $BaPb_{1-x}Bi_xO_3$ systems[J]. Solid State Commun.，1975，17：27-28.

[9] Cava R J et al. Superconductivity near 30 K without copper：the $Ba_{0.6}K_{0.4}BiO_3$ perovskite[J]. Nature，1988，332：814.

[10] Bednorz J G，Müller K A. Possible high T_c superconductivity in the Ba-La-Cu-O system[J]. Z. Phys. B.，1986，64 (1)：189-193.

[11] 赵忠贤，等. Ba-Y-Cu 氧化物液氮温区的超导电性[J]. 科学通报，1987，32：412-414.

[12] Maeno Y et al. Superconductivity in a layered perovskite without copper[J]. Nature，1994，372：532-534.

[13] Matzdorf R et al. Ferromagnetism stabilized by lattice distortion at the surface of the p-wave superconductor Sr_2RuO_4[J]. Science，2000，289：746-748.

[14] Cai Y，Li Y，Cheng J. Perovskite Materials-Synthesis，Characterisation，Properties，and Applications，InTech，2016.

[15] He J et al. Fermi Arcs vs. Fermi Pockets in Electron-doped Perovskite Iridates[J]. Scientific Reports，2015，5：8533.

[16] Johnston D C et al. High temperature superconductivity in the Li-Ti-O ternary system[J]. Mater. Res. Bull.，1973，8：777-784.

[17] Ozawa T C，Kauzlarich S M. Chemistry of layered d-metal pnictide oxides and their potential as candidates for new superconductors[J]. Sci. Technol. Adv. Mater.，2008，9：033003.

[18] Geselbracht M J et al. Superconductivity in the layered compound Li_xNbO_2 [J]. Nature, 1990, 345: 324.

[19] Ōgushi T et al. Observation of large diamagnetism in La-Sr-Nb-O films up to room temperature[J]. J. Low Temp. Phys., 1988, 73: 305.

[20] Shi Y G et al. A ferroelectric-like structural transition in a metal[J]. Nat. Mater., 2013, 12: 1024.

[21] Solodovnikov S F et al. Search for Superconductors with the Tetragonal Tungsten Bronze Structure in the Sr-La-Nb-O System [J]. Zh. Neorg. Khim., 1995, 40: 179-183.

[22] Bramwell S T et al. Measurement of the charge and current of magnetic monopoles in spin ice[J]. Nature, 2009, 461: 956-959.

[23] Chang L J et al. Higgs transition from a magnetic Coulomb liquid to a ferromagnet in $Yb_2Ti_2O_7$ [J]. Nature Commun., 2012, 3: 992.

[24] Takada K et al. Superconductivity in two-dimensional CoO_2 layers[J]. Nature, 2003, 422: 53-55.

[25] Deguchi K et al. Alcoholic beverages induce superconductivity in $FeTe_{1-x}S_x$ [J]. Supercond. Sci. Technol., 2011, 24: 055008, ibid, Clarification as to why alcoholic beverages have the ability to induce superconductivity in $Fe_{1+d}Te_{1-x}S_x$ [J] Supercond. Sci. Technol., 2012, 25: 084025.

[26] Dagotto E, Rice T M. Surprises on the Way from One- to Two-Dimensional Quantum Magnets: The Ladder Materials[J]. Science, 1996, 271: 618-623.

[27] Deng G C et al. Structural evolution of one-dimensional spin-ladder compounds $Sr_{14-x}Ca_xCu_{24}O_{41}$ with Ca doping and related evidence of hole redistribution[J]. Phys. Rev. B, 2011, 84: 144111.

[28] Roh S et al. Magnetic-order-driven metal-insulator transitions in the quasi-one-dimensional spin-ladder compounds $BaFe_2S_3$ and $BaFe_2Se_3$ [J]. Phys. Rev. B 2020, 101: 115118.

[29] Ye J T et al. Superconducting dome in a gate-tuned band insulator[J]. Science, 2012, 338: 1193.

[30] Morosan E et al. Superconductivity in Cu_xTiSe_2 [J]. Nat. Phys., 2006, 2: 544.

[31] Wagner K E et al. Tuning the charge density wave and superconductivity in Cu_xTaS_2 [J]. Phys. Rev. B, 2008, 78: 104520.

[32] Fang L et al. Fabrication and superconductivity of Na_xTaS_2 crystals[J]. Phys. Rev. B, 2005, 72: 014534.

[33] Noat Y et al. Quasiparticle spectra of 2H-$NbSe_2$: Two-band superconductivity and the role of tunneling selectivity[J]. Phys. Rev. B, 2015, 92: 134510.

[34] Ugeda M M et al. Characterization of collective ground states in single-layer $NbSe_2$ [J]. Nature Phys. 2016, 12: 92-97.

[35] Mizuguchi Y et al. Superconductivity in Novel BiS_2-Based Layered Superconductor

$LaO_{1-x}F_xBiS_2$[J]. J. Phys. Soc. Jpn.,2012,81：114725.
[36] Lei H C et al. New Layered Fluorosulfide $SrFBiS_2$[J]. Inorg. Chem.,2013,52：10685-10689.
[37] Kang D F et al. Superconductivity emerging from a suppressed large magnetoresistant state in tungsten ditelluride[J]. Nat. commun.,2015,6：7804.
[38] Hor Y S et al. Superconductivity in $Cu_xBi_2Se_3$ and its Implications for Pairing in the Undoped Topological Insulator[J]. Phys. Rev. Lett.,2010,104：057001.

16 胖子的灵活与惆怅：重费米子超导体

人类历史上关于美的评判标准是"与时俱进"的。别看现代女性以瘦为美,在唐朝可是以胖为美。而早在春秋战国时期的诗经,就可以找到"硕人"一词,所谓"有美一人,硕大且卷"就是——美丽的女胖子[1]！所以呢,胖有胖的缺点,胖有胖的优势,关键是——胖,也要胖到点子上啊！

在超导材料中,有一类材料被称为重费米子超导体,这就是超导界的"胖子"[2]。胖从何方来？还得回头从金属导电性说起。

在绝大部分金属材料里面,原子的内层电子被束缚在了带正电的原子核周围,而外层电子往往距离原子核很远,加上内层电子的屏蔽效应,金属中的外层电子大都是"自在奔跑"的,称之为"巡游电子"。正是由于大量巡游电子的存在,金属才具有良好的导电能力。而在这种正常情况下,金属中的巡游电子应该是一个体型匀称的家伙,它的"有效质量"(考虑到相互作用之后的理论质量)和金属外面完全独立自由的电子质量差异不大。但是,不要忘了,电子还带有1/2的自旋,故而划分为费米子。电子的自旋导致电子除了可以产生电荷(库仑)相互作用外,还可以产生磁相互作用。假设把材料中一个个带正电的原子实换成一个个的局域磁矩,那么电子的自旋同样可以与之产生相互作用,造成的物理现象远要比常规金属导电复杂(图16-1)。

以金属中的电阻为例。一般来说,随着温度的下降,电子受到原子热振动的干扰就变小,电阻也随之下降。如果发生超导,电阻会在临界温度处突降为零；如果没有超导,电阻会最终趋于一个有限大小的"剩余电阻"。有没有可能金属的(注意,不是半导体!)电阻会在低温下反而上升？开尔文猜测电子在

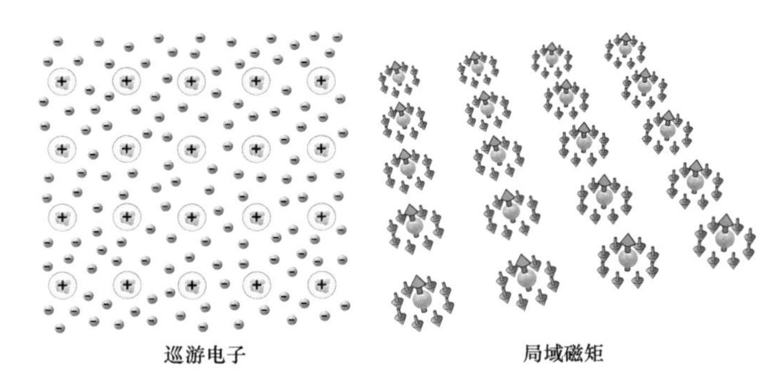

图 16-1　金属中的巡游电子与局域磁矩
（孙静绘制）

低温下会被"冻结"而导致运动迟缓，使得电阻上升（见第 8 节畅行无阻）。量子力学告诉我们，该理论当然是错误的，因为电子是费米子的缘故，在低温下它无法被"笼络"在一起，也就很难真正冻住。但是实验物理学家总是不听话，偏偏要作出理论家不喜欢的实验结果——只要在足够纯净的金属样品（比如金）里掺一点点的磁性杂质如铁、锰等，在低温下金属电阻就随温度降低达到极小值后反而指数式地上升[3,4]。这个结果让理论家很抓狂，包括解决常规金属超导理论的大物理学家巴丁，也百思不得解。终于，在某次小型学术研讨会上，一个精瘦的日本年轻人在巴丁和派因斯等面前展示了他的理论解释。茅塞顿开的巴丁高度赞赏这位叫近藤淳的日本青年，并以他的名字命名这个物理现象为"近藤效应"，其物理实质在于金属中的巡游电子自旋会与掺杂磁性原子的局域磁矩发生耦合，低温下的自旋相互作用导致电子受到的散射增强[5]。这意味着，金属中的磁性杂质周围，总是会聚集一堆"爱看热闹的"电子，以至于忘了去赶路导电了。而扎堆的巡游电子也对磁性杂质形成了屏蔽效应，远处路过的电子就可能"视而不见"参与导电，电阻在足够低温下也会趋于一个饱和值（图 16-2）。

当金属中的磁性"杂质"浓度越来越大，以至于不再是杂质，而晶体内部局域磁矩就像图 16-1 那样有序排列起来——"近藤晶格"也就形成了。此情此景下，金属中的巡游电子就无法继续自由自在奔跑了，和局域磁矩的近藤相互

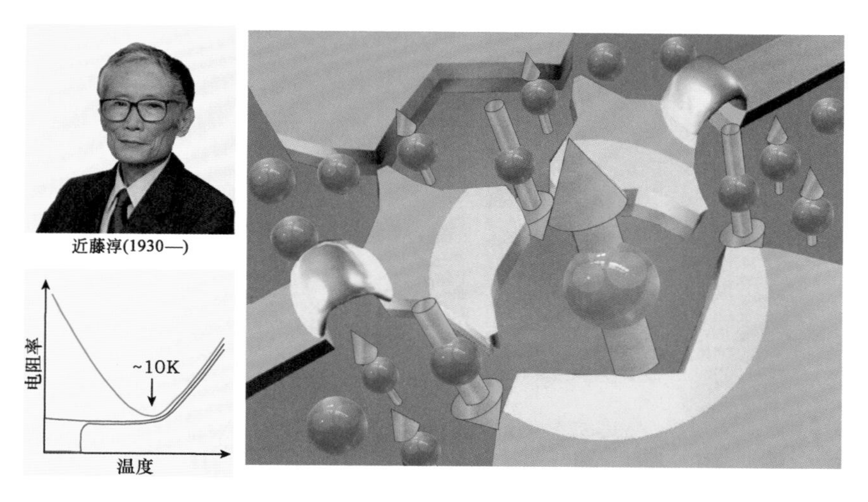

图 16-2 近藤淳与近藤效应[7]
（孙静绘制）

作用必然导致电子奔跑过程中“拖泥带水”。最终的结果，就是电子的有效质量迅速增加，原本体态匀称的家伙，变成了一个“大胖子”[6]。这个胖子有多胖呢？说出来吓死人！费米子系统的有效质量与其比热容系数成正比，常规金属如铜中电子比热容系数约为 1 mJ/(mol·K^2)，但是近藤晶格中的“胖电子”导致的比热容系数为 100～1600 mJ/(mol·K^2)，相当于有效质量是常规金属中的 1000 倍左右[7]！设想一下，体重 50 千克的正常人，放到某个地方去，瞬间变成体重 50 吨的巨人，这该如何是好？由于近藤晶格中的电子是如此之重，该类材料又被统称为“重费米子”材料(图 16-3)[8-11]。胖子的世界你不懂，重费米子材料的物理性质也变化多端，难以理解，至今仍然是让物理学家头疼的大问题之一。

1975 年，第一个重费米子材料 $CeAl_3$ 被 K. Andres（美国）、J. E. Graebner（美国）、H. R. Ott（瑞士）等发现，它的比热容系数达到了 1620 mJ/(mol·K^2)。首个大胖电子就是重量级的！然而，即使胖子如此之重，它的电

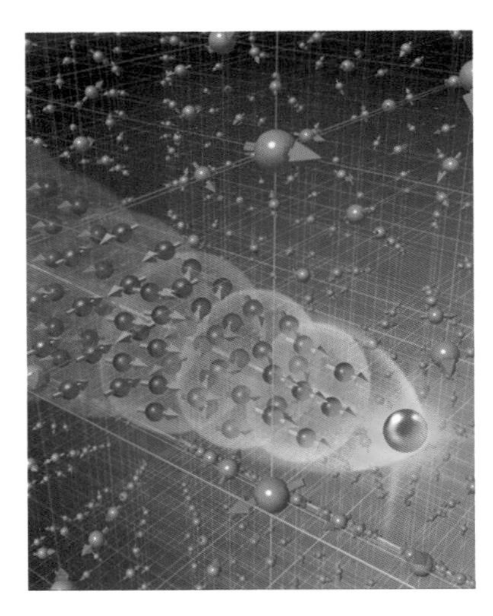

图 16-3　重费米子形成过程[11]
（来自普林斯顿大学 Yazdani 研究组*）

阻依然与温度的平方成正比，这被认为是费米液体的标志（注：作为费米子的电子群体存在弱相互作用后，类比于宏观材料的液体，称为费米液体）[12]。也就是说，胖归胖，人家还是像个常规金属那样地导电。

时间到了 1979 年，"胖子世界"的奇迹出现了，德国科学家 Frank Steglich 在重费米子材料 $CeCu_2Si_2$ 中发现了超导现象！尽管超导临界温度可怜仅有 0.5 K 左右，但迈斯纳效应证明是千真万确的超导体。$CeCu_2Si_2$ 的电子比热容系数至少为 1100 mJ/(mol · K^2)，是第一个重费米子超导体[13]。紧接着在 1983 年，重费米子材料发现者之一 H. R. Ott 与 Zachary Fisk（美国）、J. L. Smith（美国）等合作发现第二个重费米子超导体 UBe_{13}，临界温度为 0.9 K[14]。1984 年，Zachary Fisk 和 J. L. Smith 再接再厉，和 Gregory Stewart（美国）一起发现第三个重费米子超导体 UPt_3，临界温度为 0.5 K（图 16-4）[15]。重费米子超导的发现，彻底打破了理论物理学家关于磁性和超导"一山不容二虎"的论断，因为这些材料在低温都具有一定的磁有序结构。即使在有磁性原子且电子如此之胖的情况下，超导在极寒之下（小于 1 K）"依旧笑春风"，令人不得不惊叹大自然的神奇。

许多新超导体的发现都伴随着偶然因素，也有必然努力的结果，还有不少擦肩而过的遗憾。其实，早在 1975 年，E. Bucher 等就研究了 17 个 MBe_{13} 型的化合物，其中包括 UBe_{13} 在内。而且，他们还发现了 0.97 K 的超导电性，但

---

* https://yazdanilab.princeton.edu/highlights/visualizing-heavy-fermions-emerging-quantum-critical-kondo-lattice

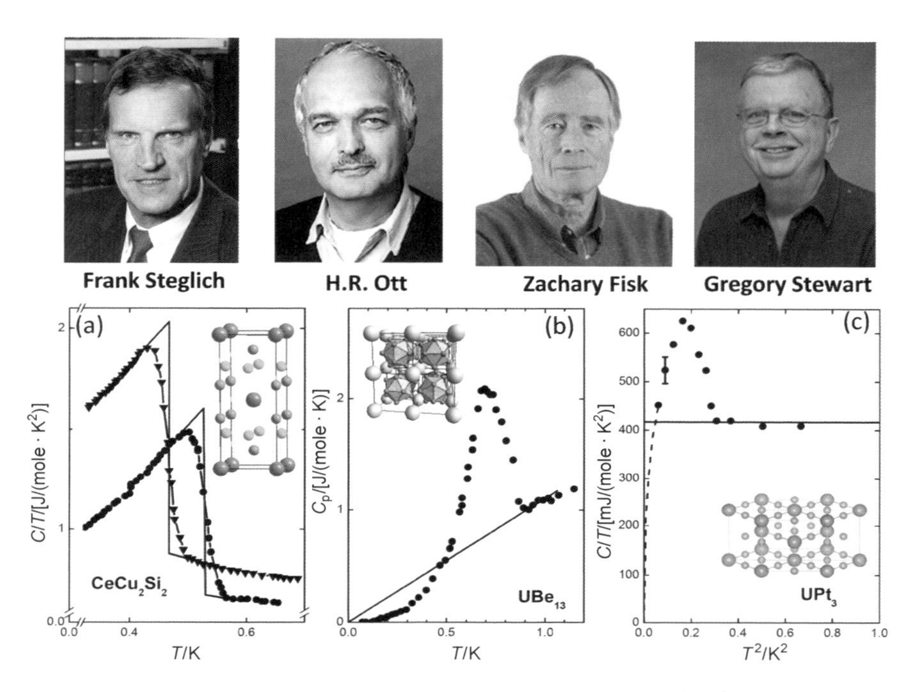

图 16-4　早期的三个重费米子超导体及主要发现者[13-15]

（来自 APS* /作者绘制）

却错误地认为可能来自样品中残存的 U 杂质，因为超导电性太容易被磁场压制了[16]。更大的遗憾是，他们的比热容仅测到了 1.8 K，距离 0.9 K 的超导一步之遥。否则一旦比热容数据证明是块体超导体，而且具有重费米子物性，那么意味着第一个发现的重费米子材料就是超导体！因为：他们的论文发表于 1975 年 1 月 1 日，而 $CeAl_3$ 的论文发表于 1975 年 12 月 29 日，相差整整一年！有趣的是，Frank Steglich 等在 1978 年就研究了 $CeCu_2Si_2$ 和 $LaCu_2Si_2$ 中的

---

* 图 16-4(a)Reprinted Figure 1 with permission from[Ref. 13 as follows：Steglich F et al.，PHYSICAL REVIEW LETTERS 1979，43：1892.]；图 16-4(b)Reprinted Figure 2 with permission from[Ref. 14 as follows：H. R. Ott et al.，PHYSICAL REVIEW LETTERS 1983，50：1595.]；图 16-4(c)Reprinted Figure 3 with permission from[Ref. 15 as follows：G. R. Stewart et al.，PHYSICAL REVIEW LETTERS 1984，52：679.] Copyright(2021)by the American Physical Society.

超导现象，受到 E. Bucher 等的影响，他们也对 0.6 K 左右的超导电性产生了怀疑，起初同样发现超导含量极低(小于 0.1%)[17]。但是他们坚持不断改进样品质量，并测量到了 30 mK 的比热容，最终在 1979 年实现了块体超导，宣告第一个重费米子超导体被发现[13]！或许，科研过程就需要这样一份坚持和执着的韧性，才更有可能取得成功。

从此以后，越来越多的重费米子超导体如雨后春笋般涌现出来。这些材料几乎都含有磁性稀土重离子，如 Ce、Pr、Yb、U、Np、Pu、Am 等。结构上也多种多样，按照原子比例有 122、115、218、113、127、235、123、111 等。具体举例如：$CeCu_2Si_2$、$CeCoIn_5$、$CeIn_3$、Ce_2RhIn_8、$PrOs_4Sb_{12}$、$YbAlB_4$、UBe_{13}、UPt_3、UCoGe、$NpPd_5Al_2$、$PuCoGa_5$ 等[2,10]。绝大部分重费米子材料的超导临界温度都在 5 K 甚至 1 K 以下，只有 Pu 系的材料具有较高的临界温度，其中 $PuInGa_5$ 为 8.7 K，$PuCoGa_5$ 临界温度是目前最高的，为 18.5 K[18]。然而元素 Pu(钚)作为原子弹重要原料之一，具有非常强的放射性和毒性，目前世界上关于 Pu 系的重费米子超导研究还非常困难和稀少[19]。随着时间的积累，重费米子超导体的数量也在加速递增，截至 2010 年，已经达到了 40 种左右(图 16-5)。如此之多的重费米子材料都具有超导电性，说明该现象并不十分少见[10]。如同氧化物超导体一样，重费米子超导体也遍布各种类型的稀土合金材料之中，为超导研究打造了一片富饶的田园。

重费米子超导材料的结构变化非常丰富，以 115 类型的材料为例。通过降低材料的维度，即增加原子堆积层数，让三维性减低到二维性，就可以实现从 $CeIn_3$(T_c=0.2 K)到 $CeRh_2In_7$(T_c=2.1 K)。另外，再通过增加材料的带宽(导电电子的能量分布范围)，就可以到 $PuCoGa_5$(T_c=18.5 K)。前后超导临界温度增强了约 100 倍(图 16-6)！真是没有做不到，只有想不到！重费米子材料的物理性质也极其复杂，可以在温度、压力、磁场等多种手段下对其电子组态进行微观调控，得到各种各样的电子态，其中包括铁磁、反铁磁、超导等(图 16-7)[20-24]。即使在这些态温度之上的正常态，其物理性质也异常古怪。

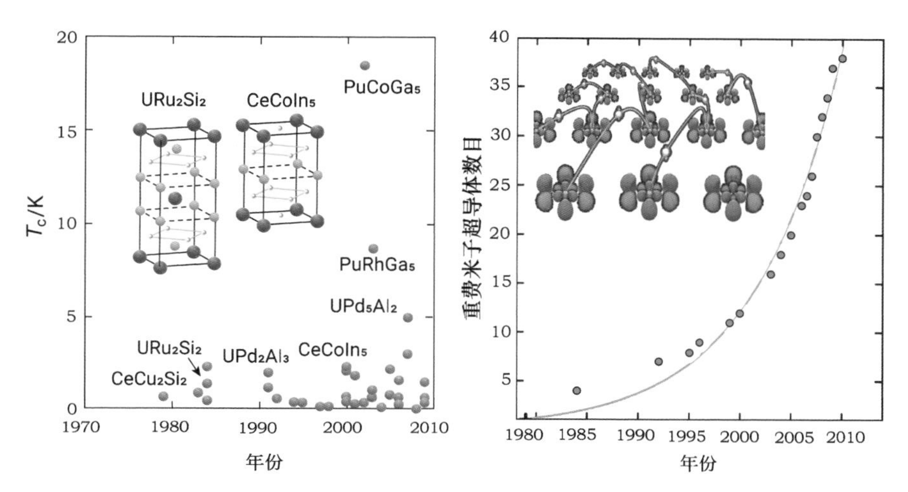

图 16-5 重费米子超导体发现年代、临界温度和数目增长

(由中国科学院物理研究所杨义峰提供)

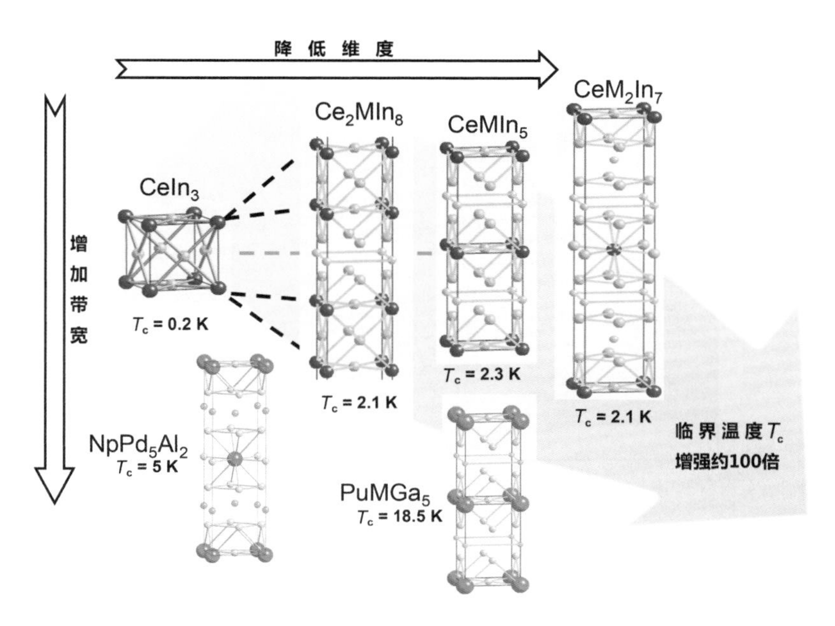

图 16-6 115系列及其相关的重费米子超导家族

(由洛斯阿拉莫斯实验室 J. D. Thompson 提供)

比如在某些区域存在所谓隐藏序，至今实验仍无法分辨是属于电荷/轨道/自旋等有序态的哪一种。有的材料电子价态还存在涨落，有的材料在绝缘态或者金属态下存在拓扑不变性，有的材料在绝对零温存在异于有限温度热力学相变的量子相变（图16-7）[10]……这些千奇百怪的物理性质，极大地挑战了现有的物理理论框架，其中包括常规金属超导的BCS理论，在重费米子超导中已经不再适用。重费米子材料是如何实现超导，那些奇重无比的胖电子们如何华丽转身成如相扑运动员般灵活的，至今还是一个令人无比惆怅的谜！

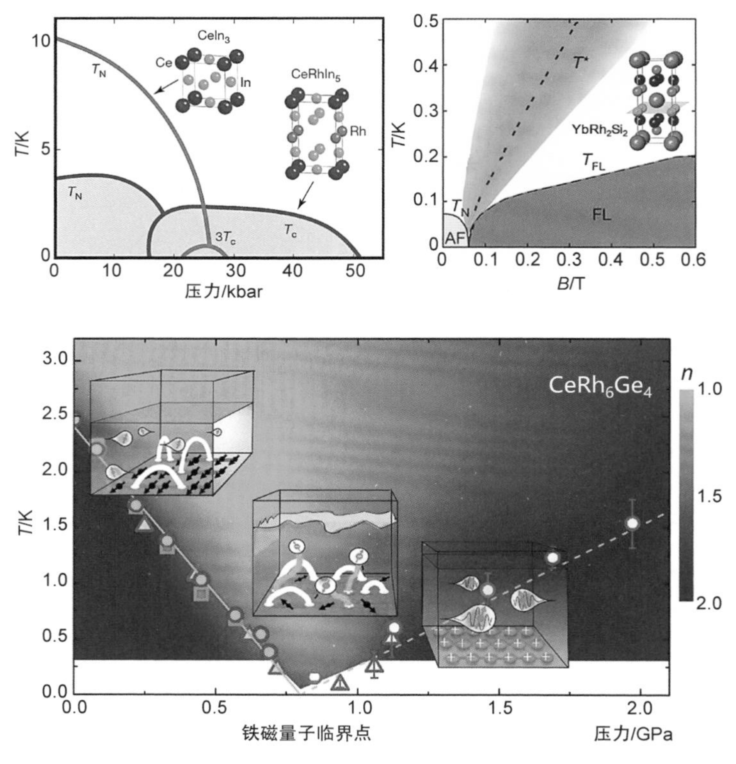

图16-7 重费米子材料中丰富的电子态相图
（由中国科学院物理研究所杨义峰和浙江大学袁辉球提供）

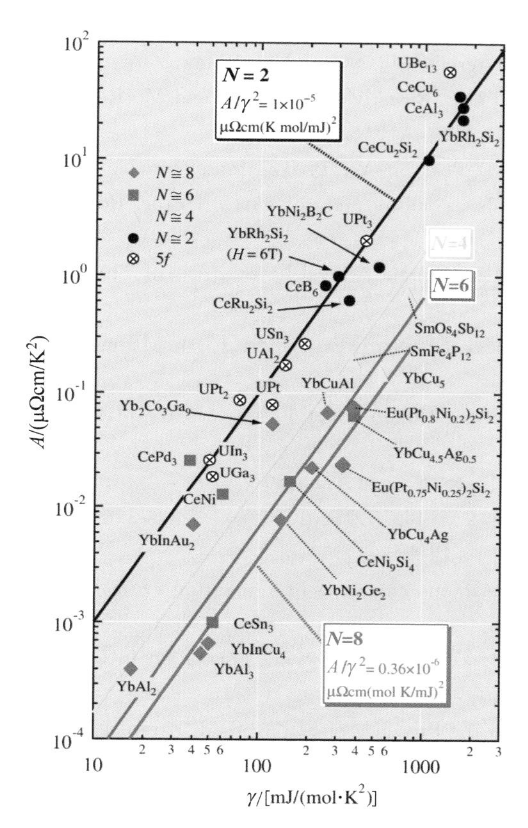

图 16-8 重费米子材料中 Kadowaki-Woods 比值关系（来自 APS*）[25]

仔细分析的话，也会发现重费米子材料具有的某些共性。比如表征电阻随温度变化的强度系数 A 和比热容系数 γ 就成一定的函数关系，其中系数 N 可以是 2、4、6、8。这被称之为重费米子材料的 Kadowaki-Woods 关系（图 16-8）[25]，一般新发现的重费米子材料都遵从该规律。许多重费米子材料中电子行为随温度的演化，也具有一定的普适标度律，并且不受掺杂、磁场、压力的影响[10]。这些都表明重费米子物性很可能具有共同的起源，只是目前尚未认识到而已。

最后，值得一提的是，重费米子的产生机理主要就是巡游电子和局域磁矩的磁相互作用，进而影响了电输运的物理性质。这点和粒子物理中的“希格斯机制”，还有宇宙学中的黑洞奇点，都有着异曲同工之妙[26]。再次体现了物理各分支之间的触类旁通，令人深省。

参考文献

[1] 程俊英. 诗经译注[M]. 上海：上海古籍出版社，2006.

---

* Reprinted Figure 1 with permission from[Ref. 25 as follows: N. Tsujii, H. Kontani, and K. Yoshimura, PHYSICAL REVIEW LETTERS 2005, 94: 057201.]Copyright(2021) by the American Physical Society.

[2] Coleman P. Heavy Fermions: Electrons at the edge of magnetism. In: Handbook of Magnetism and Advanced Magnetic Materials[M]. New York: Wiley, 2007.

[3] Sarachik M P, Corenzwit E, Longinotti L D. Resistivity of Mo-Nb and Mo-Re Alloys Containing 1% Fe[J]. Phys. Rev., 1964, 135: A1041.

[4] MacDonald D K C, Templeton I M, Pearson W. B. Thermo-electricity at low temperatures. IX. The transition metals as solute and solvent[J]. Proc. Roy. Soc. (London), 1962, 266: 161.

[5] Kondo J. Resistance Minimum in Dilute Magnetic Alloys[J]. Progress of Theoretical Physics, 1964, 32: 37.

[6] Smith J L, Riseborough P S. Actinides, the narrowest bands[J]. J. Magn. Magn. Mat., 1985, 47&48: 545.

[7] Kouwenhoven L, Glazman L. Revival of the Kondo effect[J]. Physics World, 2001, 14(1): 33-38.

[8] 章立源. 重费米子系统及其超导电性[J]. 物理, 1986, 15(01): 7-9.

[9] 路欣. 压力环境下重费米子体系的物性探索[J]. 物理, 2013, 42(06): 378-388.

[10] 杨义峰. 重费米子材料中的反常物性[J]. 物理, 2014, 43(02): 80-87.

[11] Aynajian P et al. Visualizing heavy fermions emerging in a quantum critical Kondo lattice[J]. Nature, 2012, 486: 201-206.

[12] Andres K, Graebner J E, Ott H R. 4f-Virtual-Bound-State Formation in $CeAl_3$ at Low Temperatures[J]. Phys. Rev. Lett., 1975, 35: 1979.

[13] Steglich F et al. Superconductivity in the Presence of Strong Pauli Paramagnetism: $CeCu_2Si_2$[J]. Phys. Rev. Lett., 1979, 43: 1892.

[14] Ott H R et al. UBe_{13}: An Unconventional Actinide Superconductor[J]. Phys. Rev. Lett., 1983, 50: 1595. ibid, p-Wave Superconductivity in UBe_{13}[J]. Phys. Rev. Lett., 1984, 52: 1915.

[15] Stewart G R et al. Possibility of Coexistence of Bulk Superconductivity and Spin Fluctuations in UPt_3[J]. Phys. Rev. Lett., 1984, 52: 679.

[16] Bucher E et al. Electronic properties of beryllides of the rare earth and some actinides[J]. Phys. Rev. B, 1975, 11: 440.

[17] Franz W, Grießel A, Steglich F, Wohllleben D. Transport properties of $LaCu_2Si_2$ and $CeCu_2Si_2$ between 1.5 K and 300 K[J]. Z. Physik B, 1978, 31: 7-17.

[18] Hiess A et al. Electronic State of $PuCoGa_5$ and $NpCoGa_5$ as Probed by Polarized Neutrons[J]. Phys. Rev. Lett., 2008, 100: 076403.

[19] Bauer E D, Thompson J D. Plutonium-Based Heavy-Fermion Systems[J]. Annu. Rev. Cond. Mat. Phys., 2015, 6: 137-153.

[20] Pfau H et al. Thermal and electrical transport across a magnetic quantum critical point[J]. Nature, 2012, 484: 493-497.

[21] Huxley A et al. Realignment of the flux-line lattice by a change in the symmetry of superconductivity in UPt_3[J]. Nature, 2000, 406: 160-164.

[22] Huxley A et al. The co-existence of superconductivity and ferromagnetism in actinide compounds[J]. J. Phys. : Condens. Matter,2003,15: S1945.
[23] Monthoux P, Pines D, Lonzarich G G. Superconductivity without phonons[J]. Nature,2007,450: 1177.
[24] Shen B et al. Strange-metal behaviour in a pure ferromagnetic Kondo lattice[J]. Nature,2020,579: 51-55.
[25] Tsujii N,Kontani H,Yoshimura K. Universality in Heavy Fermion Systems with General Degeneracy[J]. Phys. Rev. Lett. ,2005,94: 057201.
[26] Sachdev S. Quantum magnetism and criticality[J]. Nat. Phys. ,2008,4: 173.

17 朽木亦可雕：有机超导体

前几节我们介绍了单质金属、合金及金属间化合物、氧化物、硫化物、硒化物等材料的超导，这些材料统统属于无机化合物。有没有可能，在有机化合物中出现超导？或者说，有没有碳基超导体？

这个，当然，可以有！有机超导体不仅存在，还且有百余种[1]。即使朽木变成了碳，超导也还是可能发生的！

1979年是个超导大年，这一年里发现了第一个重费米子超导体，也发现了第一个有机超导体。丹麦科学家 Klaus Bechgaard 与法国合作者们在有机盐$(TMTSF)_2PF_6$中发现了0.9 K的超导电性，但是需要借助高压——约1.2万个大气压(1.2 GPa)的帮助。这个超导体的临界温度很低，上临界场也很低，仅需要500 Oe (0.05 T)左右的磁场就可以彻底破坏超导电性(图17-1)[2]。Bechgaard的发现并非完全偶然，事实上，他从1969年开始就在哥本哈根大学从事有机化学的研究。作为量子力学的摇篮，哥本哈根大学也孕育了许多其他著名的科学发现，有机超导只是其中之一。

1964年，物理学家 Little 基于 BCS 理论提出了他的高温超导个人理论预言，在某些具有高度极化悬挂链的导电聚合物中可能存在1000 K以上的超导电性[3]，因为聚合物不像固体材料那样存在声子能量上限，其分子形状是“柔软”可变的，只要有合适媒介(比如激子)提供电子配对“胶水”，就有希望实现高温超导。理论学家有多大胆，实验学家就有多能干。一般来说，要超导，首

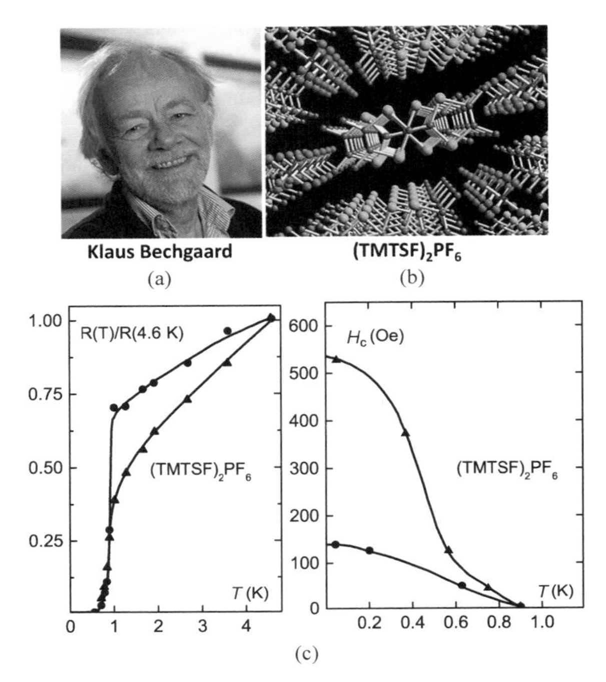

图 17-1 第一个有机超导体及其发现者
（来自哥本哈根大学/supraconductivite. fr/Edp sciences * ）

先得能导电，但是绝大部分有机物都导电很差甚至完全绝缘，寻找有机聚合物超导体的希望似乎比较渺茫。然而大家很快就注意到在 20 世纪 50 年代已经发现了一类有机导体，名称为 TCNQ（四氰代对苯醌二甲烷）的有机固体[4]。这类有机导体有几个典型特征：从结构上往往是一维化聚合物；从化学上带有苯环基团；从导电机制上属于电荷转移型，即分子链的某些部分提供电子载流子到另一些部分参与导电。它们往往在低温下由于分子间距变化形成有规律的电荷密度分布——称为"电荷密度波"[5]。而 TMTSF（四甲基四硒酸富烯）也是电荷转移型准一维有机导体的一种，Bechgaard 本人是首位发现

---

* 图 17-1(a) https://www. ki. ku. dk/nyheder/nyhedssamling/bechgaard/；图 17-1(b) http://www. supraconductivite. fr/en/index. php? p = recherche-nouveaux-moleculaires；图 17-1(c) Reprinted Figures from Ref. 2 as follows：Jérome D et al. J. Phys. Lett. ,1980, 41：L95-L98.

者,这一类材料被命名为"Bechgaard 盐"[6]。和其他一维有机导体中的电荷密度波相变不同的是,$(TMTSF)_2PF_6$ 在常压下是绝缘体,通过施加压力,会发生绝缘体-金属相变,最后在一万个大气压(1 GPa)以上出现超导。有机分子晶体中超导电性的发现,把超导物理学家们的视野从无机材料拓展到了更为广阔的有机材料之中,令超导的未来十分值得期待[7]。因为 TMTSF 家族及其超导电性的发现,Bechgaard 曾被多次提名诺贝尔化学奖,可惜至今无缘[6]。有意思的是,Little 的预言(或称"Little 定理")并没有严格限定在有机材料之中。出乎意料的是,人们在无机聚合物中同样找到了超导电性,如氮化硫[$(SN)_x$,$T_c<3$ K][8]和黑磷($T_c=10.7$ K,高压 $p=29$ GPa)[9],其临界温度还是很低。更令人振奋的是,2016 年人们发现黑磷具有更优于石墨烯的物理性能,在高压下同时还会出现拓扑半金属态等新颖的量子物态[10]。超导的神奇,真是令人叹为观止!

有机超导体虽然说属于有机化合物,其结晶体在人们肉眼看来并不像团软乎乎的软组织,而是有特定形状的固体,和无机晶体没有太大的区别。在偏振光显微镜下,有机超导体的单晶表面能显现出非常绚烂的色彩。大部分有机单晶都是有机溶液里面生长出来的,其结晶过程非常缓慢,而且成品往往比较脆弱,体积也不大,为研究和应用都带来了许多困难(图 17-2)[11]。

图 17-2 一些有机超导体的照片及生长方法[3]
(来自 IntechOpen/supraconductivite.fr*)

* 图 17-2(a)(b) https://www.intechopen.com/chapters/40030;图 17-2(c) http://www.supraconductivite.fr/en/index.php?p=recherche-nouveaux-moleculaires

1980年之后，人们发现了更多的Bechgaard盐超导体——只需要把PF_6基团换掉就可以。这些材料有$(TMTSF)_2SbF_6$（T_c=0.4 K）、$(TMTSF)_2AsF_6$（T_c=1.1 K）、$(TMTSF)_2NbF_6$（T_c=1.3 K）、$(TMTSF)_2TaF_6$（T_c=1.4 K）、$(TMTSF)_2FSO_3$（T_c=3 K）、$(TMTSF)_2$-ReO_4（T_c=1.2 K）、$(TMTSF)_2$-ClO_4（T_c=1.4 K）等，它们的超导临界温度都低于3 K，几乎都需要借助高压来实现，大部分都有自旋（注意不是电荷）密度波相变，仅有$(TMTSF)_2ClO_4$在常压下超导。这类有机超导体在常压下的结构都是一维链堆积而成，故而被划分为一维有机超导体[12]。除了TMTSF家族外，一维有机超导体还包括TMTTF（二硫代四硫富瓦烯）家族，如$(TMTTF)_2SbF_6$（T_c=2.8 K）、$(TMTTF)_2PF_6$（T_c=1.8 K）、$(TMTTF)_2BF_4$（T_c=1.4 K）、$(TMTTF)_2$-Br（T_c=1 K）、$(BEDT\text{-}TTF)_2$-ReO_4（T_c=1.4 K）等。类似地，也存在二维有机超导体，它们包括BO、ET、BETS等几个家族。例如：β-$(ET)_2I_3$（T_c=1.5～8.1 K）、β-$(ET)_2AuI_2$（T_c=4.9 K）、α-$(ET)_2KHg(SCN)_4$（T_c=0.3 K）、κ-$(ET)_2Cu[N(CN)_2]Cl$（T_c=12.8 K）、κ-$(ET)_2Cu[N(CN)_2]Br$（T_c=11.2 K）、κ-$(ET)_2Cu(NCS)_2$（T_c=10.4 K）、κ-$(ET)_4Hg_{2.89}Cl_8$（T_c=1.8 K）、κ-$(ET)_2Ag(CF_3)_4$·TCE（T_c=11.1 K）、$(BETS)_2FeCl_4$（T_c=5.5 K）、λ-$(BETS)_2GaCl_4$（T_c=8 K）等[1]。其中ET系列包括氢盐（h_8-ET）和氘盐（d_8-ET），由于同位素效应，后者临界温度更高一些。这些有机超导体的上临界场、相干长度、超导对称性、同位素效应等都不一定能完全用BCS理论来描述，和重费米子超导体一样，它们也被归类为"非常规超导体"[11]。

以上提到的TMTSF、TMTTF、BO、ET、BETS有机超导体均属于"施主有机超导体"（主动贡献导电电子）。除了它们之外，还包括BEDSe-TTF、BDA-TTP、ESET-TTF、S,S-DMBEDT-TTF、meso-DMBEDT-TTF、DMET、DODHT、TMET-STF、DMETTSF、DIETS、EDT-TTF、MDT-TTF、MDT-ST、MDT-TS、MDT-TSF、MDSe-TSF、DTEDT、DMEDO-TSeF等[11]。仔细

看有机超导体的结构，不难发现几乎所有体系都含有苯环或者嵌有硫/硒的苯环。是否具有单苯环的分子超导体？是否有多苯环结构的有机物超导体？又是否存在碳分子化合物超导体？难不成还有碳单质超导体？这些疑问的答案都一样——是的！碳基超导体不仅存在，而且种类非常繁杂，包括 C_{60}、石墨/石墨烯、碳纳米管、多环芳烃、金刚石等。大部分情况下这些材料需要通过掺杂碱金属或碱土金属来获得导电电子，又被统称为“受主有机超导体”(图 17-3)，它们也大都含有碳六角结构单元。以下，我们简要列举几类掺杂碳单质超导体。

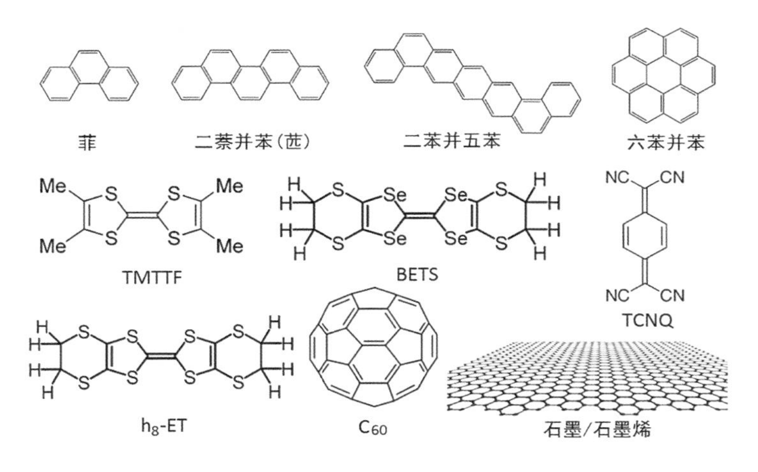

图 17-3　典型的有机超导体结构[11]
(来自 IntechOpen*)

C_{60} 又称足球烯，由 60 个碳原子组成，含有 20 个六边形和 12 个五边形，和足球的表面一样。非常类似 $NaCoO_2$ 蒸水后变超导，在 C_{60} 中蒸入碱金属 K，就可以出现 18 K 左右的超导电性[13]。其中 K 离子分布在 C_{60} 分子的间隙中，提供电子作为导电载流子，整体形成 K_3C_{60} 立方体的结构(图 17-4)。因此，C_{60} 分子超导体实际上和前面提及的一维和二维超导体不同，它属于立体

* https://www.intechopen.com/chapters/40030

化的三维超导体。同样地，通过改变掺杂的碱金属/碱土金属，或者施加外界压力，或者用液氨法合成，C_{60} 超导体可以出现不同的临界温度。包括 Rb_3C_{60}（T_c=29 K）、K_2CsC_{60}（T_c=24 K）、Rb_2CsC_{60}（T_c=31 K）、$RbCs_2C_{60}$（T_c=33 K）、K_2RbC_{60}（T_c=21.5 K）、K_5C_{60}（T_c=8.4 K）、Sr_6C_{60}（T_c=6.8 K）、$(NH_3)_4Na_2CsC_{60}$（T_c=29.6 K）、$(NH_3)K_3C_{60}$（T_c=28 K，高压 p=1.5 kPa）、Cs_3C_{60}（T_c=38 K，高压 p=0.7 GPa）等 40 余个超导体[14]。实验表明，C_{60} 超导体的能隙和同位素效应等都完全满足 BCS 理论，因此它们都属于常规超导体。这也可能是在 C_{60} 超导体中难以突破 40 K 的原因（存在麦克米兰极限）。

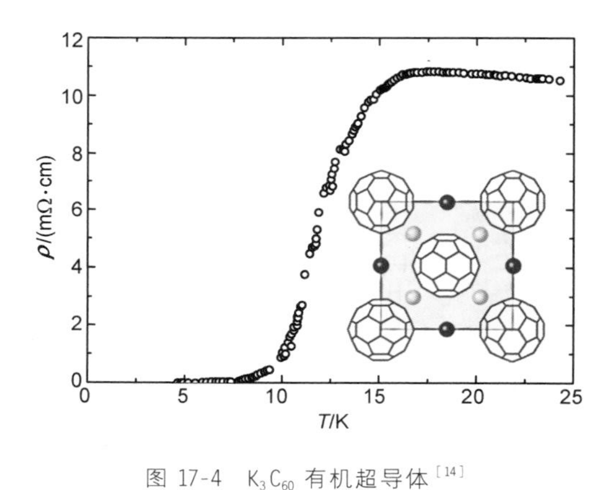

图 17-4　K_3C_{60} 有机超导体[14]
（作者绘制）

2001 年，科学家在仅有 1.4 nm 直径的单壁碳纳米管（只有一层碳原子）中发现了 0.4 K 的超导电性[15]，随后有报道称在直径更大的多壁碳纳米管（有多层碳原子）存在 12～15 K 的超导电性[16]。但实验数据中的超导转变都远不如三维 C_{60} 分子超导体好，因此目前一直有所争议。在石墨或石墨烯（单原子层石墨）中掺杂碱金属，同样可以实现超导[17]。典型的有 KC_8（T_c=0.15 K）、LiC_2（T_c=1.9 K）、CaC_6（常压 T_c=11.5 K，高压 T_c=15.1 K）、SrC_6（T_c=1.65 K）、YbC_6（T_c=6.5 K）等[18]。石墨超导体的结构就像威化饼干一样，一层层六角形的石墨堆垒起来，中间夹着碱金属离子（图 17-5）。另一个碳的同素异形体——金刚石，通常是绝缘体。在掺杂B以后，就可以出现空穴型导电，在约9万个大气压下会出现4 K的超导[19]，利用化学气相沉积的薄膜甚至可以达到11 K的超导[20]。和零维的C_{60}分子超导体一样，二维的石墨超导体和三维的金刚石超导体基本上都属于BCS常规超导体，它们的临界温度都不算高[11]。

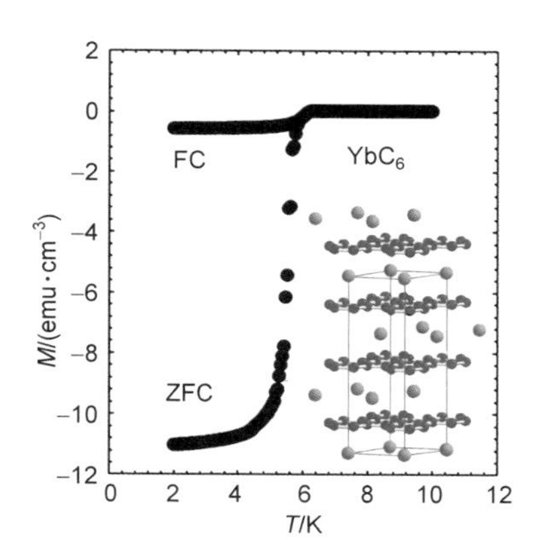

图 17-5　YbC_6有机超导体[18]
（作者绘制）

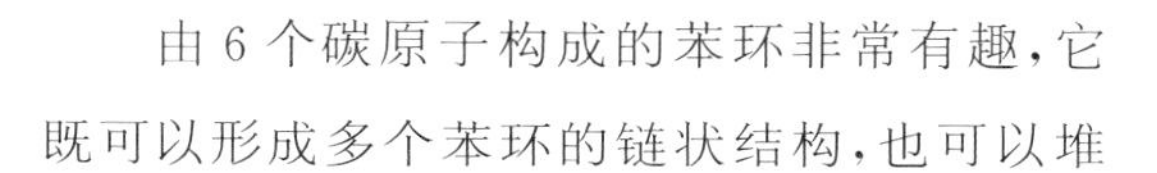

由6个碳原子构成的苯环非常有趣，它既可以形成多个苯环的链状结构，也可以堆积成拼接堆积结构，按照苯环个数分别是苯(1)、萘(2)、蒽/菲(3)、芘(4)、二萘并苯/苉(5)、六苯并苯(6)、二苯并五苯(7)……。通过碱金属或碱土金属掺杂，同样可以出现超导。有趣的是，菲、二萘并苯、二苯并五苯中随着苯环数目的增加，临界温度从5 K、18 K，升到了33 K (图 17-6)[21-24]。虽然目前尚未在该多环芳烃家族发现40 K以上的超导，但它们大部分的临界温度都随压力提高而提高，预示着可能是非BCS超导体，这是和其他掺杂碳单质超导体最大的不同。

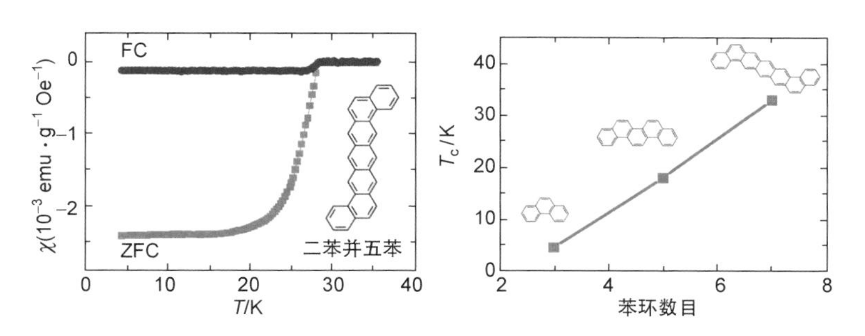

图 17-6　多环芳烃有机超导体[23]
（来自 Scientific Reports*）

* Reprinted Figures from Ref. 23 as follows: Xue M Q et al., Sci. Rep., 2012, 2: 389 (Open Access).

由于有机超导体的特殊性,特别是在自然界的高丰度含量和相对低廉的价格,加上 Little 等关于聚合物存在 1000 K 以上超导电性的理论预言,许多不太认真的实验物理研究者也曾一度疯狂地寻找高临界温度的碳基超导体,少数人甚至为了博取名利而铤而走险,走上了学术造假的不归路。早在 1977 年,人们在五氟化砷掺杂的聚乙炔膜中寻找到了金属导电性[7]。1993 年,L. N. Grigorov 等报道称氧化物的聚丙烯材料存在 700 K 的超导电性[7]。类似的报道从未间断,2004 年,美国的赵国猛(Zhao Guo-meng 音译)声称在碳纳米管中存在 636 K 的超导电性[25]。2016 年 6 月 30 日,又有德国的 Christian E. Precker 等报道了关于某巴西石墨矿产出晶体中存在 350 K 超导迹象[26]。细观他们论文中所谓的"超导迹象",大都是电阻测量有一个突降,很多时候电阻都不曾到零(预示有可能是测量假象),或者缺乏抗磁性的测量,因此结果都不被人承认。最令人发指的事情发生在 2001 年,一位叫 Jan Hendrik Schön 的德国人宣称在 C_{60} 等材料中发现 52 K 甚至 117 K 的"高温超导电性",并随后发现了更多"碳基高温超导体",紧接着又发明了一系列的电子器件应用。Schön 的"发现"当时轰动了全世界,然而他自己的过度疯狂很快就暴露了造假的本质,最快的时候其论文产出效率达到了每 8 天一篇的速度!据知情人士透露他做实验从来都是一个人,数据怎么来的只有他知道,而且科学家很快就发现他的"漂亮"结果完全不能重复,最终被大家揭露他几乎所有论文均造假。著名的 *Science* 杂志于 2002 年撤稿 8 篇,*Nature* 杂志于 2003 年撤稿 7 篇,其他学术期刊也纷纷撤稿数 10 篇。他的母校也实在看不下去了,要把他的博士学位撤销。双方还反复打官司扯皮,最后在 2011 年 9 月终审决定还是撤销学位。这桩科学丑闻几乎让全世界的科学家蒙羞,他本人也被誉为"物理学史上 50 年一遇的大骗子",学术研究做到这份上,也是极品中的极品[27]。

当然不可否认的是,除去不少掺杂碳单质有机超导体属于 BCS 理论框架下的常规超导体,即其临界温度无法突破 40 K 的麦克米兰极限(仅限于常压下),也有不少超出 BCS 理论框架的非常规超导体。在压力、磁场、温度等手段调控下,非常规的有机超导体也会出现类似重费米子超导体等的电子态相图，即出现绝缘体、反铁磁、自旋密度波、电荷密度波、超导等多个区域交错[1]。其导电维度随着压力的增加会从一维变成二维，再到三维，通常有机超导体中超导温度之上的正常态都是三维导体（图17-7）。如何解释有机超导体的复杂相图乃至其微观超导机理，目前也是超导物理学的难题之一，涉及凝聚态物理理论最前沿的核心问题。

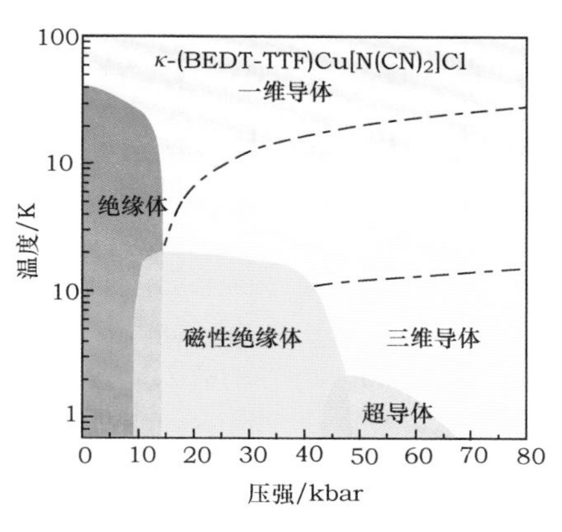

图17-7　有机超导体电子态相图
（孙静绘制）

参考文献

[1]　Lebed A G. The Physics of Organic Superconductors and Conductors[J]. Springer Series in Materials Science, Vol. 110. 2008.

[2]　Jérome D, Mazaud A, Ribault M, Bechgaard K. Superconductivity in a synthetic organic conductor (TMTSF)2PF6[J]. J. Phys. Lett., 1980, 41: L95-L98.

[3]　Little W A. Possibility of Synthesizing an Organic Superconductor[J]. Phys. Rev., 1964, A134: 1416-1424.

[4]　Akamatu H, Inokuchi H, Matsunaga Y. Electrical Conductivity of the Perylene-Bromine Complex[J]. Nature, 1954, 173: 168-169.

[5]　Hertler W R et al. Cyanocarbons—Their History From Conducting to Magnetic Organic Charge Transfer Salts[J]. Molecular Crystals and Liquid Crystals, 1989, 171: 205-216.

[6]　https://en.wikipedia.org/wiki/Klaus_Bechgaard.

[7]　杨宪立.电荷转移复合物[$(C_5S_5H_3CH_2O)_4Ni$]$(FeCp_2)_{0.84}$的合成、结构及其性质[D].内蒙古民族大学，2006.

[8]　Greene R L, Street G B, Suter L J. Superconductivity in Polysulfur Nitride $(SN)_x$[J]. Phys. Rev. Lett., 1975, 34: 577-579.

[9]　Kawamura H, Shirotani I, Tachikawa K. Anomalous superconductivity in black phosphorus under high pressures[J]. Solid State Commun., 1984, 49: 879-881.

[10]　叶国俊. β-MNCl体系超导电性与黑磷单晶生长研究[D].中国科学技术大学，2016.

[11]　Saito G, Yoshida Y. Development and Present Status of Organic Superconductors, Book chapter of "Superconductors-Materials, Properties and Applications"[N]. Edited by Alexander Gabovich, InTech, 2012-10-17.

[12] https://en.wikipedia.org/wiki/Organic_superconductor.
[13] Holczer K et al. Alkali-Fulleride Superconductors: Synthesis, Composition, and Diamagnetic Shielding[J]. Science, 1991, 252: 1154-1157.
[14] Prassides K. The Physics of Fullerene-Based and Fullerene-Related Materials[M]. Boston: Kluwer Academic Publishers, 2000.
[15] Kociak M et al. Superconductivity in Ropes of Single-Walled Carbon Nanotubes[J]. Phys. Rev. Lett., 2001, 86: 2416-2419.
[16] Tang Z K et al. Superconductivity in 4 Angstrom Single-Walled Carbon Nanotubes[J]. Science, 2001, 292: 2462-2465.
[17] Xue M Q et al. Superconductivity in potassium-doped few-layer graphene[J]. J. Am. Chem. Soc., 2012, 134: 6536.
[18] Weller T E et al. Superconductivity in the intercalated graphite compounds C_6Yb and C_6Ca[J]. Nat. Phys., 2005, 1: 39-41.
[19] Ekimov E A et al. Superconductivity in diamond[J]. Nature, 2004, 428: 542-545.
[20] Takano Y et al. Superconducting properties of homoepitaxial CVD diamond[J]. Diamond Relat. Mater., 2007, 16: 911-914.
[21] Mitsuhashi R et al. Hydrocarbon superconductors[J]. Nature, 2010, 464: 76-79.
[22] Wang X F et al. Superconductivity at 5 K in alkali-metal-doped phenanthrene[J]. Nat. Commun., 2011, 2: 507.
[23] Xue M Q et al. Superconductivity above 30 K in alkali-metal-doped hydrocarbon[J]. Sci. Rep., 2012, 2: 389.
[24] Kubozono Y et al. Metal-intercalated aromatic hydrocarbons: a new class of carbon-based superconductors[J]. Phys. Chem. Chem. Phys., 2001, 13: 16476-16493.
[25] Zhao G-m. The resistive transition and Meissner effect in carbon nanotubes: Evidence for quasi-one-dimensional superconductivity above room temperature Guomeng Zhao[J]. arXiv: cond-mat/0412382, 2004.
[26] Precker C E et al. Identification of a possible superconducting transition above room temperature in natural graphite crystals[J]. New J. Phys., 2016, 18: 113041.
[27] https://en.wikipedia.org/wiki/Schön_scandal.

18 瘦子的飘逸与纠结：轻元素超导体

人类不知从何时开始，从“以胖为美”逐渐走向“女为悦己者瘦”的路线[1,2]。所谓“莫道不消魂，帘卷西风，人比黄花瘦”。真是胖瘦有道，各有千秋！

类似地在超导界，既然有身体灵活、心灵惆怅的胖子——重费米子超导体，也必然有平分秋色的瘦子，我们称之为——轻元素超导体。轻元素主要指的是氢、锂、硼、碳、氮、氧、氟等，因为大部分碳化物（有机）超导体和氧化物超导体已在前面单独和大伙儿见面，这里需要认识的瘦子们主要是简单金属化合物、硼化物和氮化物超导体等。超导界的瘦子，大都身材飘逸，但灵魂深处充满了纠结，难以实现自我突破（提高 T_c），只默默地为后来居上的高温超导体做了垫脚石。

还得接着第14节关于炼金术士的故事说起。1911年，单质汞中发现超导之后，人们首先想到的就是寻找单质超导体。话说，超导单质还真不少，但临界温度高一点点的实在稀有，常压下 T_c 为9 K的铌（Nb）已然算是佼佼者。为此，科学家费了九牛二虎之力，继而在铌的化合物中寻找超导体，其中NbO的 T_c 为1.4 K、NbC的 T_c 为15.3 K[3]、NbN的 T_c 为16 K[4]。适当改变元素配比，可以在 $NbC_{0.3}N_{0.7}$ 里实现 T_c=17.8 K（1954年）[5]，完成这项工作的人是来自美国贝尔实验室的德裔科学家马蒂亚斯（Bernd Theodor Matthias）。这些工作启迪人们，在某金属元素和非金属元素的二元化合物里，有希望寻找到更高临界温度的超导体。鉴于这些材料结构和化学式相对简单，分子量也比较轻，故而基本算是瘦子超导家族的一员。铌的碳化物和氮化物都是立方结构，和我们日常吃饭的食盐NaCl结构类似，称之为B1相。同在1954年，另一个具有A15相的超导体 V_3Si 被G. F. Hardy和J. K. Hulm发现[6]（T_c=17.1 K），它和B1相同样具有立方结构，但面内原子分布细节不同。马蒂亚斯很快就抓住机会，在铌的A15相 Nb_3Sn 中发现了 T_c=18.1 K[7]。从第一个A15相的化合物 Cr_3Si 开始顺藤摸瓜，人们陆续不断发现了诸多A15类超导体，来自V、Ta、Nb和Si、Ge、Ga、Al、Sn等的组合，多达60余种[8]。特别是 Nb_3Al（T_c=18.8 K）、Nb_3Ga（T_c=20.3 K）、Nb_3Si（T_c=18 K）、Nb_3Ge（T_c=23.2 K）等，一再突破当时的超导温度记录（图18-1），其中不少出自马蒂亚斯之手[8]。目前最高临界温度的A15相化合物是2008年发现的高压下 Cs_3C_{60}，T_c=38 K[9]。在1986年以前，A15相一度统治超导临界温度冠军地位长达32年，瘦子的实力不容小觑。

马蒂亚斯因为A15相的研究，加上其他一系列新超导材料的发现，成为

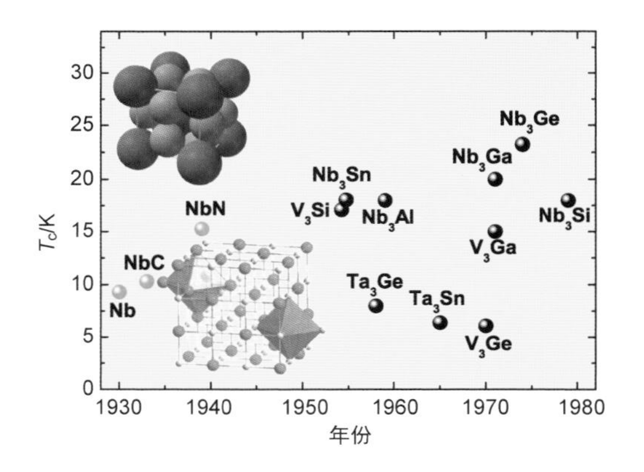

图 18-1 B1相和 A15 相超导金属化合物
（作者绘制）

了当时超导材料探索的超级大师[10]。身为超导界的老司机，他也是自信满满做领路人，早早地提出了“高温超导”的概念，只相对 10 K 左右的单质超导而言[11,12]。马蒂亚斯总结了探索更高 T_c 超导材料的黄金六法则（实际上不止 6 条，此处姑且如此总结）：高对称性、高电子态密度、不含氧、无磁性、非绝缘体、不信理论家（图 18-2）[13]。这些经验是 A15 相化合物探索的精髓，例如往往只有 3∶1 的化学计量比才能具有最好的 T_c，在 Nb_3Ge 中无论掺杂、加压、热处理等，都只会导致晶体缺陷，降低临界温度。在马蒂亚斯法则指导下，人们试图在三元化合物中寻找超导电性，例如 $ReRh_4B_4$（Re＝Y，Nd，Sm，Er，Tm，Lu，Th，Sc，…）[11]、TiRuP、HfOsP 等[12]，不幸的是，这些化合物连突破 20 K 的 T_c 都很困难，令人不禁怀疑自己遵循了“假法则”。直到 1986 年，铜氧化物高温超导体的发现，几乎（注意，不是全部！）颠覆了马蒂亚斯法则，至少 6 条里面 5 条是错的，仅剩下“远离理论学家”也许是对的。不过，马蒂亚斯也没有完全错，他很早提出了 d 电子的重要性，并早就猜测磷化物、砷化物、硒化物、硫化物的超导电性，时隔多年后才被一一证实[14]。这是后话，我们此节暂不细说。在此之前，马蒂亚斯依然是超导材料大师。超导领域最高级别的国际超导材料和机理大会（M^2S 会议）设立了三个奖项：其中马蒂亚斯奖就是颁布给超导材料方面有突出贡献的科学家，另外两个奖昂尼斯奖、巴丁奖则分别颁发给超导实验、理论方面有重要贡献的科学家[15]。

图 18-2 马蒂亚斯及其超导探索六法则[13]
（来自美国国家科学院*）

1986年以前的超导材料探索，在蹒跚步履中走了数十年，超导温度提升固然艰难，但超导应用却一直充满活力。关于 Nb_3Sn 和 NbTi 的超导线缆技术得以不断发展，至今仍然是应用最多的超导材料，在超导输电、超导磁体、粒子探测等均有用。而 NbN 材料因为其薄膜容易被刻蚀成宽度极窄的纳米线阵列，被用于单光子探测器——当一个光子落到纳米线上时，超导被破坏而产生电阻，从而被探测到。单光子探测器不仅限于 NbN 超导薄膜，它已经是现代光学探测的重器[16]。

除了 NbN 之外，VN、ZrN、TaN 等金属氮化物也都是 10 K 左右的超导体[17-19]，这说明氮化物的超导并不是偶然的，寻找氮化物超导体，也是超导材料探索的一个可能方向。1996年以来，一类称之为 MNX（M = Ti，Zr，Hf；X = Cl，Br，I）的氮化物超导体被发现[20]，这类层状材料需要插入离子导电层才能出现超导，具有 α 相和 β 相两种结构形式[21]。其中日本科学家山中昭司研究组发现了 α-$K_{0.21}$TiNBr（T_c = 17.2 K）[22]，β-$Li_{0.48}(THF)_{0.3}$HfNCl（T_c = 25.5 K）[23]，Li_xZrNCl（T_c = 14 K）[24]，β-$Ca_{0.11}(THF)_y$HfNCl（T_c = 26 K）[25]等。这类插层超导体和 Na_xCoO_2、FeSe 等有着异曲同工之妙，最有趣的是，其临界温度跟插层后的原子层间距直接相关（图 18-3）。因为这类材料具有

* https://www.nap.edu/read/5406/chapter/14

稀薄的电子浓度、不太强的电子-声子耦合和较大的超导能隙，经验上显然违背了马蒂亚斯法则，理论上也难以用BCS来解释，故和重费米子超导体及有机超导体一样属于非常规超导体，其超导微观起源目前尚有争议[21]。这类材料也不是很稳定，或对空气敏感，目前许多实验测量尚存在诸多困难，导致人们对其了解有限。除了 MNX 型氮化物超导体外，还有 $Ln_3Ni_2B_2N_3$（Ln = La，Ce，Pr，Nd，…）、V_3PN_x、ThFeAsN 等多种形式和结构的氮化物超导体[26-31]，许多氮化物超导体仍待发掘，物理性质更是不甚清楚，它们是属于常规BCS超导体，还是非常规超导体，同样需要更多实验来证实。和 $La_3Ni_2B_2N_3$ 具有相似结构的 YNi_2B_2C、$LaPd_2B_2C$ 等硼化物也具有12～23 K的超导 T_c[30]（图18-3），它们则属于另一个瘦子超导家族——硼化物超导体。

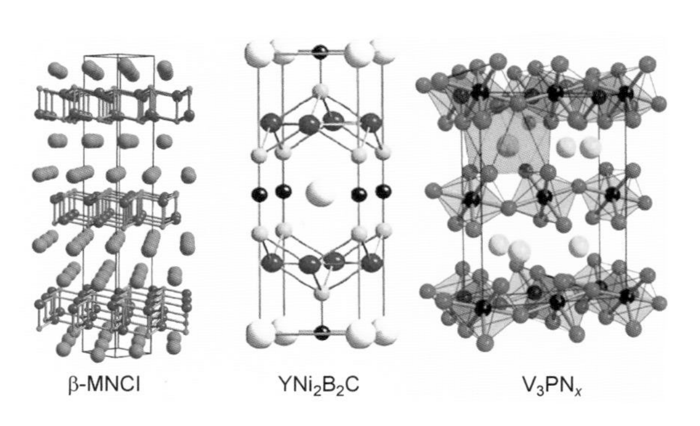

图 18-3　几类典型的氮化物超导体[20-31]
（作者绘制）

关于含Ni和C的超导体，有一个小插曲就是2001年美国R. J. Cava研究组发现的 $MgCNi_3$ 超导体[32]。该化合物具有八面体钙钛矿结构，但不是氧化物，T_c 约为7 K（图18-4）。由于Ni是磁性元素，人们首先怀疑它是否具有磁有序或者磁涨落，并再度怀疑它可能属于非常规超导体。随着数年的实验研究，最后两个疑点都被澄清，确认它是属于电子-声子耦合的常规BCS超导体，和复杂的钙钛矿氧化物有着天壤之别。

轻元素超导体里面，最庞大的家族要数硼化物超导体，至少有80余种，包括前面提及的 1∶4∶4 和 1∶2∶2∶1 元素配比的两大类材料[11,30]。硼化物超导体大致划分如下：二元硼化物 XB(X=Ta,Nb,Zr,Hf,Mo,…),XB_2(X=Mg,Nd,Mo,Ta,Be,Zr,Re,Ti,Hf,V,Cr,…),X_2B(X=Mo,W,Ta,Re,…),XB_6(X=Y,La,Th,Nd,Sm,Be,…),XB_{12}(X=Sc,Y,Lu,Zr,…),Ru_7B_3,Re_3B,FeB_4；三元硼化物 $ReXB_2$(Re=Y,Lu,Sc；X=Ru,Os),ReB_2C_2(Re=Y,Lu),$Re_{0.67}Pt_3B_2$(Re=Ca,Sr,Ba),ReX_3B_2(Re=La,Lu,Th；X=Rh,Ir,Os,Ru),ReX_4B_4(Re=Y,Nd,Sm,Er,Tm,Lu,Th,Sc,Ho,…；X=Rh,Ir,Ru),$Mg_{10}Ir_{19}B_{16}$,Li_2X_3B(X=Pt,Pd)；四元硼化物 ReX_2B_2C(Re=Y,La,Pr,Th,Dy,Ho,Er,Sc,Tm,Lu；X=Ni,Pt,…)[33]。这些硼化物超导体的结构多种多样,元素配比和搭配变化多端,要找到它们的共性实在是个极具挑战的事情(图 18-5)。许多硼化物超导体都属于常规超导体,也有许多硼化物具有独特的物理。例如 Li_2Pt_3B、Ru_7B_3、$Mg_{10}Ir_{19}B_{16}$ 等材料内部原子分布是没有对称中心的,也就是说中心反演对称破缺,它们又被称为“非中心对称超导体”,其中最令人期待的就是自旋三重态的库伯电子对,至今仍有不少科学家在探寻[34-42]。硼化合物还有个特点,就是硬度往往非常高,如 Cr、Re、W、Zr 等元素和硼的化合物都属于“超硬材料”,其硬度值达到了几十万个大气压。正是如此,不少硼化物超导实际上都是在高压环境下实现的。单质硼在 250 万个大气压(250 GPa)的超高压下会有 11.2 K 的超导[41],具有 3 K 左右超导的 FeB_4 和 5.5 K 左右超导的 ZrB_{12} 则需要借助高温高压环境下来合成[36,42],常压下 T_c=9 K 的 BeB_6 在高压下会发生结构相变并在 400 GPa 下出现 24 K 的超导[35]。绝大部分常压下的硼化物超导临界温度都低于 10 K,其中最高 T_c 的硼化物是 MgB_2,为 39 K[33]。由于其特殊性,我们将在下一节详细介绍

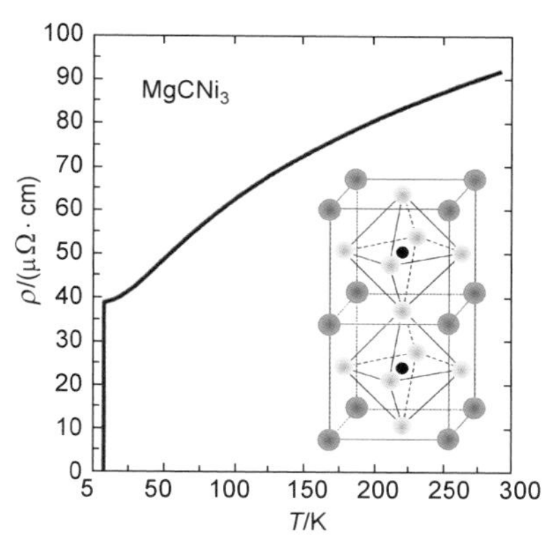

图 18-4　$MgCNi_3$ 超导体[32]
(作者绘制)

MgB_2 的发现及其物理特性。

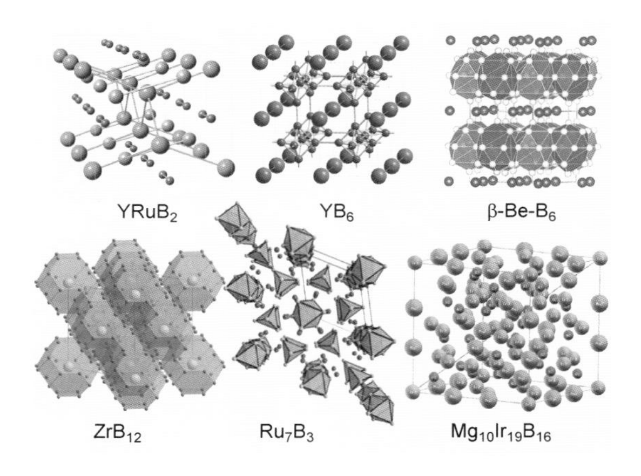

图 18-5 几类硼化物超导体结构[34-39]
（来自 APS/JPS/ACS 等*）

参考文献

[1] 百度知道日报：http://zhidao.baidu.com/daily/view? id=516.

[2] 吕晗子.女为悦己者瘦，何时兴起[N].人民网-国家人文历史，2013-12-27.

[3] Horn F H，Ziegler W T. Superconductivity and Structure of Hydrides and Nitrides of Tantalum and Columbium[J]. J. Am. Chem. Soc.，1947，69(11)：2762.

[4] Shy Y M et al. Superconducting properties，electrical resistivities，and structure of NbN thin films[J]. J. Appl. Phys.，1973，44：5539.

[5] Matthias B T. Transition Temperatures of Superconductors[J]. Phys. Rev.，1953，92：874.

[6] Hardy G F，Hulm J K. The Superconductivity of Some Transition Metal Compounds[J]. Phys. Rev.，1954，93：1004.

---

* $YRuB_2$：Reprinted Figure 1 with permission from[Ref. 34 as follows：Barker J A T. et al. PHYSICAL REVIEW B 2018，97：094506]Copyright(2021) by the American Physical Society；YB_6：https://everipedia.org/wiki/lang_en/Yttrium_borides；BeB_6：Reprinted Figure 2 with permission from[Ref. 35 as follows：Wu L et al. J. Phys. Chem. Lett.，2016，7(23)：4898-4904]Copyright© 2016 American Chemical Society；ZrB_{12}：Reprinted Figure 1 with permission from[Ref. 36 as follows：Ma T et al. Adv. Mat.，2017，29(3)：1604003.] Copyright© 2016 WILEY-VCH Verlag GmbH & Co. KGaA，Weinheim；Ru_7B_3：Reprinted Figure 1 with permission from[Ref. 37 as follows：Fang Let al. PHYSICAL REVIEW B 2009，79：144509.] Copyright (2021) by the American Physical Society；$Mg_{10}Ir_{19}B_{16}$：Reprinted Figure from https://arxiv.org/abs/0704.1295.

[7] Matthias B T et al. Superconductivity of Nb_3Sn[J]. Phys. Rev. ,1954,95: 1435.
[8] Stewart G R. Superconductivity in the A15 Structure[J]. Physica C, 2015, 514: 28-35.
[9] Ganin A Y et al. Bulk superconductivity at 38K in a molecular system[J]. Nat. Mat. , 2008,7: 367.
[10] Geballe T H,Hulm J K. Biographical Memoirs[M]. Bernd Theodor Matthias. 1996, 240-259.
[11] Matthias B T et al. High superconducting transition temperatures of new rare earth ternary borides[J]. Proc. Natl. Acad. Sci. U S A,1977,74(4): 1334-1335.
[12] Barz H et al. Ternary transition metal phosphides: High-temperature Superconductors[J]. Proc. Natl. Acad. Sci. U S A,1980,77(6): 3132-3134.
[13] Matthias B T. Empirical Relation between Superconductivity and the Number of Valence Electrons per Atom[J]. Phys. Rev. ,1955,97: 74.
[14] Matthias B T,Corenzwit E,Miller C E. Superconducting Compounds[J]. Phys. Rev. 1954. 93: 1415.
[15] https://m2s2018. medmeeting. org/Content/74130.
[16] Govenius J et al. Detection of Zeptojoule Microwave Pulses Using Electrothermal Feedback in Proximity-Induced Josephson Junctions[J]. Phys. Rev. Lett. 2016. 117: 030802.
[17] Zhao B R et al. Superconducting and normal-state properties of vanadium nitride[J]. Phys. Rev. B,1984,29: 6198.
[18] Lide D R. CRC Handbook of Chemistry and Physics[M]. Florida: CRC Press,2009.
[19] Nie H B et al. Structural and electrical properties of tantalum nitride thin films fabricated by using reactive radio-frequency magnetron sputtering[J]. Appl. Phys. A,2001,73 (2): 229-236.
[20] 叶国俊. β-MNCl 体系超导电性与黑磷单晶生长研究[D]. 中国科学技术大学,2016.
[21] Hosono H et al. Exploration of new superconductors and functional materials,and fabrication of superconducting tapes and wires of iron pnictides[J]. Sci. Technol. Adv. Mater. ,2015,16: 033503.
[22] Zhang S et al. Superconductivity of alkali metal intercalated TiNBr with α-type nitride layers[J]. Supercond. Sci. Technol. ,2013,26: 122001.
[23] Yamanaka S et al. Superconductivity at 25. 5 K in electron-doped layered hafnium nitride[J]. Nature,1998,392: 580.
[24] Yamanaka S et al. A new layer-structured nitride superconductor. Lithium-intercalated β-zirconium nitride chloride, Li_xZrNCl [J]. Adv. Mater. ,1996,8: 771.
[25] Zhang S et al. Superconductivity of metal nitride chloride β-MNCl (M=Zr,Hf) with rare-earth metal RE (RE = Eu, Yb) doped by intercalation[J]. Supercond. Sci. Technol. ,2013,26: 045017.

[26] Michor H et al. Superconducting properties of $La_3Ni_2B_2N_{3-\delta}$[J]. Phys. Rev. B, 1996,54: 9408.

[27] Ali T et al. The effect of nitrogen vacancies in $La_3Ni_2B_2N_{3-\delta}$[J]. J. Phys.: Conf. Ser., 2010,200: 012004.

[28] Manalo S et al. Superconducting properties of $Y_xLu_{1-x}Ni_2B_2C$ and $La_3Ni_2B_2N_{3-\delta}$: A comparison between experiment and Eliashberg theory[J]. Phys. Rev. B, 2001,63: 104508.

[29] Wang B, Ohgushi K. Superconductivity in anti-post-perovskite vanadium compounds [J]. Sci. Rep., 2013,3: 3381.

[30] Müller K H et al. Rare Earth Transition Metal Borocarbides (Nitrides): Superconducting, Magnetic and Normal State Properties[M]. e-Book of Nato Science Series Ⅱ, 2001.

[31] Wang C et al. A New ZrCuSiAs-Type Superconductor: ThFeAsN[J]. J. Am. Chem. Soc., 2016,138: 2170-2173.

[32] He T et al. Superconductivity in the non-oxide perovskite $MgCNi_3$[J]. Nature, 2001, 411: 54-56.

[33] Buzea C, Yamashita T. Review of the superconducting properties of MgB_2[J]. Supercond. Sci. Technol., 2001,14: R115-R146.

[34] Barker J A T, Singh R P, Hillier A D, Paul D McK. Probing the superconducting ground state of the rare-earth ternary boride superconductors $RRuB_2$ (R = Lu, Y) using muon-spin rotation and relaxation[J]. Phys. Rev. B, 2018,97: 094506.

[35] Wu L et al. Coexistence of Superconductivity and Superhardness in Beryllium Hexaboride Driven by Inherent Multicenter Bonding[J]. J. Phys. Chem. Lett., 2016, 7(23): 4898-4904.

[36] Ma T et al. Ultrastrong Boron Frameworks in ZrB_{12}: A Highway for Electron Conducting[J]. Adv. Mat., 2017,29(3): 1604003.

[37] Fang L et al. Physical properties of the noncentrosymmetric superconductor Ru_7B_3[J]. Phys. Rev. B, 2009,79: 144509.

[38] Wiendlocha B, Tobola J, Kaprzyk S. Electronic structure of the noncentrosymmetric superconductor $Mg_{10}Ir_{19}B_{16}$[J]. arXiv: 0704.1295.

[39] Mu G et al. Possible nodeless superconductivity in the noncentrosymmetric superconductor $Mg_{12-\delta}Ir_{19}B_{16}$[J]. Phys. Rev. B, 2007,76: 064527.

[40] Yuan H Q et al. S-Wave Spin-Triplet Order in Superconductors without Inversion Symmetry: Li_2Pd_3B and Li_2Pt_3B[J]. Phys. Rev. Lett., 2006,97: 017006.

[41] Eremets M I et al. Superconductivity in Boron[J]. Science, 2001, 293(5528): 272-274.

[42] Guo H et al. Discovery of a Superhard Iron Tetraboride Superconductor[J]. Phys. Rev. Lett., 2013,111: 157002.

19　二师兄的紧箍咒：二硼化镁超导体

话接上节，此节我们着重介绍超导界的著名二师兄——二硼化镁超导体，关于它如何有点二，又如何那么二，还如何犯了二的故事。当然，还得唠唠关于这位超导二师兄头上的紧箍咒——难以突破的临界温度上限。

二硼化镁（MgB_2）并不是一个什么“新材料”，早在1954年就被化学家合成并测定结构了[1]，可惜直到2001年从未有人试图测量过MgB_2的低温磁化率或电阻率。2001年1月10日，在日本仙台的一次学术会议上，日本青山学院大学的秋光纯（Jun Akimitsu）教授研究组报道了MgB_2中具有39 K的超导电性（图19-1）。人们才猛然发现，多年的超导材料探索，竟然不知不觉遗漏了一个成分和结构都如此简单的化合物。为什么说MgB_2是“漏网之鱼”呢？如上节所述，超导材料学家们在玩转单质金属和A15结构金属间化合物之后，就转战各种轻元素超导体，特别是硼化物超导体，发现了一大堆，如T_c＝23 K的YPd_2B_2C等[2]。然而1986年铜氧化物高温超导材料的发现，给轻元素超导体的研究带来了巨大的冲击，大家乐此不疲地在铜氧化物中寻找更高T_c的材料，不少人似乎有选择性地遗忘了轻元素超导体的存在。1939年出生的秋光纯，于31岁时在东京大学物性研究所获得理学博士学位，从此一辈子走在了超导探索之路上。和许多同行一样，秋光纯也见证了重费米子超导体、有机超导体、铜氧化物高温超导体等几大超导家族的在20世纪七八十年代激动人心的发现，但他都不为所动，一反常态地坚持在简单金属化合物中寻找超导电性。关于MgB_2超导发现的论文，于2001年3月1日发表在*Nature*期刊上，是篇仅有一页余的简短文章[3]。正所谓于平凡处出英雄，秋光纯的成功绝非偶然，而是多年的执着和坚持带来的顺其自然，他本人因此获得马蒂亚斯

图19-1　二硼化镁发现者——秋光纯（2016年摄于东京大学）

奖、美国物理学会麦克格雷奖等多项材料学大奖[4]。MgB_2 超导的发现刺激了一系列新的硼化物及其相关超导体的发现，如 TaB_2、BeB_2、CaB_2、AgB_2、ZrB_2、$MgCNi_3$ 等，关于 MgB_2 本身的研究论文一度以平均每天 1.3 篇的速度涌现，这股热浪直到 2001 年 7 月才开始回落[2]。一个有趣且些许遗憾的事情是，MgB_2 超导发现之前，这个材料作为普通化学试剂在市场上可以直接买到，价格也很便宜，几乎无人问津。2001 年年初从宣布 MgB_2 超导到正式在 *Nature* 期刊上发表，正好跨越中国的农历春节假期。许多中国科研工作者过年放完假回来，才伤心地发现市场上的 MgB_2 试剂已经千金难求，唯有自己动手合成了。这难免耽搁科研进度，未能抢占先机，使中国在该方向研究曾一度相对落后。

MgB_2 究竟是一种什么材料，竟然有这么厉害?！其实外表上看起来也普普通通，和大部分材料一样，MgB_2 的粉末就是黑乎乎的一团，没什么新鲜。从化学结构来看，该材料其实也很简单，它属于二元化合物，具有两层六边形的 Mg，夹着一层六边形的 B。可是它的超导转变极其陡峭，即使是多晶样品，也几乎从 39 K 降温就突然出现了零电阻和抗磁性(图 19-2)。这就是二硼化镁，一个简单又特殊的超导界二师兄，充满神秘莫测的魅力！

二师兄 MgB_2 不仅其名字带个二，其内心深处也是二得不得了。透过黑不溜秋的表面看内涵，就会发现 MgB_2 的费米面相对复杂，基本上可以划分成两类：二维性很强的桶状 σ 带费米面和三维性的扁平状 π 带费米面(图 19-3)。测量 MgB_2 的超导能隙分布也能发现两组，数值一大一小。也就是说，MgB_2 的超导电性实际上是由两部分组成，属于“多带(两带)超导体”[5]。这么说来，MgB_2 无论从面上还是根上，它都是比较“二”的。二师兄，名副其实！

二师兄的重要性，关键还在于它的应用价值。一件几十元钱的衣服和一个几万元钱的名牌包，最大的区别在于——价格！价格低的意味着市场大，作为老百姓，你可以选择不要名牌包，但却不能不穿衣服出来裸奔。铜氧化物高

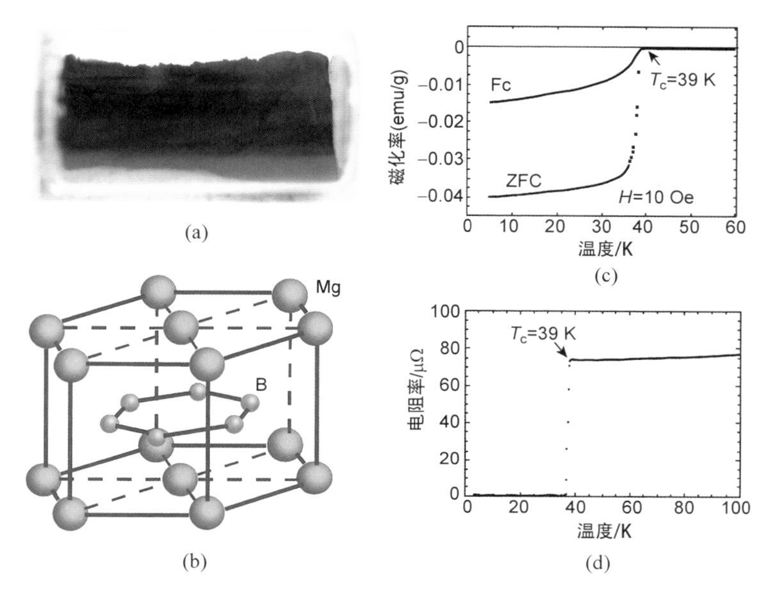

图 19-2　二硼化镁材料、结构及超导电性[2,3]
（来自维基百科/作者绘制）

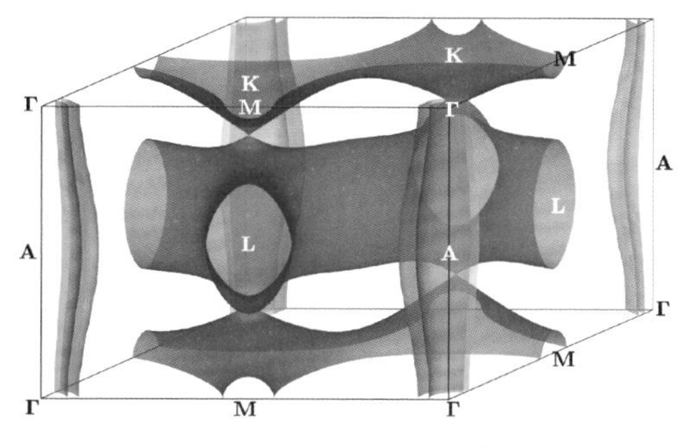

图 19-3　二硼化镁的费米面[5]
（来自 EPW*）

温超导材料的临界温度虽高，但因其天生脆弱易碎，需要包裹 70% 左右的银来保证其韧性，加上本来较贵的稀土元素，高温超导电缆或线圈的价格多年来一直居高不下。MgB_2 含有的元素价格相对低廉，因此意味着规模化市场应用极有可能。相对于 Nb_3Sn 和 NiTi 而言，MgB_2 的临界温度要高不少；相对铜氧化物而言，MgB_2 的各向异性度要弱（近三维导电性）、相干长度要长、晶粒对电流影响小；相对于有机超导而言，MgB_2 的化学结构更加简单且稳定、制备方法更容易产业化[6]。所以，对超导应用而言，MgB_2 是目前非常

* https://docs.epw-code.org/doc/MgB2.html

好的材料选择之一。因其优越的物理性能，MgB_2 的强电应用一般不需要制备高质量的单晶或薄膜，直接使用粉末多晶样品，通过粉末套管技术就可以轻松做出千米量级的 MgB_2 多芯电缆（图 19-4）。美国 Hyper Tech. 公司、意大利 Columbus Superconductor 公司、日本日立公司、我国西北有色金属研究院等均能够制备 MgB_2 长线带材，在 1～2 T 磁场、20 K 温度下其临界电流达到了 10^5 A/cm^2 的量级[5]。医院里常用于临床检查的核磁共振成像仪，磁场强度在 0.3～3 T，仅有少数科研机构采用 7 T 甚至更高的核磁共振成像磁体。利用 MgB_2 带材绕制的线圈，在普通制冷机帮助下就可以实现 0.6 T 左右的均匀磁场，将进一步降低核磁共振检测的成本[5-7]。在风力发电领域，风机涡轮线圈若全部采用 MgB_2 材料，其成本可降低至 1/15。也许不久的将来，我们就可以开一台电动巴士到农村去给广大群众做核磁共振检查身体，再也不用担心他们不方便到城市大医院就医的问题了。

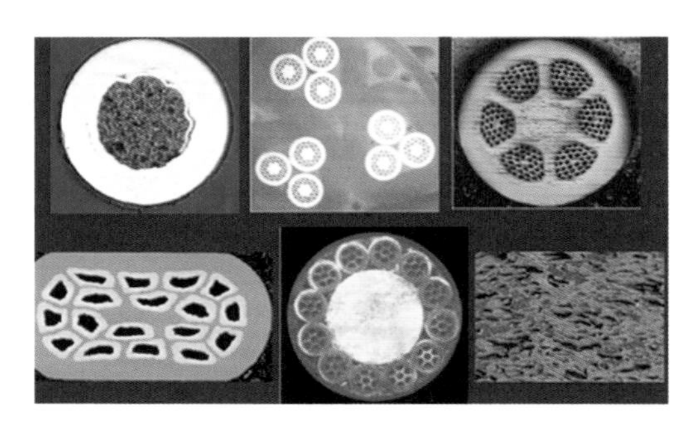

图 19-4　多种形态的二硼化镁电缆[6]
（来自 NextBigFuture*）

MgB_2 的弱电应用的基础在于高质量薄膜的制备，一般薄膜样品必须在一定基底上生长，称为薄膜衬底。可以用来做 MgB_2 薄膜的衬底有很多种，如 Al_2O_3、$SrTiO_3$、Si、SiC、MgO，甚至不锈钢都可以，制备薄膜的工艺也多种多样，如镁扩散、共沉积、脉冲激光沉积、磁控溅射等，其中临界温度最高的是 Al_2O_3 衬底上的镁扩散法制备的薄膜（图 19-5）[2]。美国天普大学、宾州州立

* http://www.nextbigfuture.com/2015/08/magnesium-diboride-superconductors-can.html

大学、北京大学等多家科研机构在 MgB_2 薄膜方面都有“独门绝技”。这些高质量 MgB_2 超导薄膜可用于超导量子干涉仪、超导量子电路元件、高能加速器的谐振腔等多种量子器件之中，当属应用超导材料之星[8]。

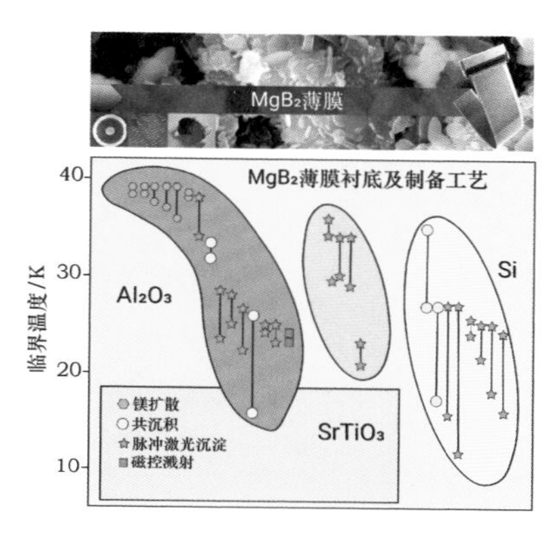

图 19-5　二硼化镁薄膜[2]
（孙静绘制）

和其他超导体应用过程需要解决的问题一样，MgB_2 的应用关键在于如何提高它的临界温度 T_c、上临界场 H_{c2}、临界电流密度 J_c 等决定其临界曲面的三个重要参数。提高 J_c 的常用办法是把材料放在氧气氛中进行合金化处理或者经过高能粒子（电子、质子、中子等）辐照，人为在材料内部造成缺陷，以提供量子磁通的钉扎中心。但这些方法同时也会造成 T_c 和 H_{c2} 的下降，结果就是两者相比取其优。糟糕的时候，线材的 H_{c2} 仅有 2.5 T；较好的时候，薄膜的 H_{c2} 可以达到 30 T 以上，个别技术甚至可以提升至 60 T。这些数值指的是在零温极限下，如果在通常 20 K（制冷机工作温度）环境下，上临界场往往低于 10 T（图 19-6）。最令人郁闷无比的是，MgB_2 的临界温度似乎无法提高，科学家们采用施加高压的办法发现 T_c 总是随压力增加而下降，采用 Zn、Si、Li、Ni、Fe、Al、C、Co、Mn 等各种元素替代，结果依然令人失望——掺杂浓度越高，T_c 就越低（图 19-7）[2]。换而言之，MgB_2 的 T_c 似乎永远无法真正超越 40 K，这正是当年麦克米兰预言的 BCS 常规超导体临界温度上限——麦克米兰极限[9]。这个极限 T_c 值，就像个紧箍咒一样套牢了二师兄超导体，至今也未能够摘除。

经过许多科学家的无数次验证，终于大家普遍认为 MgB_2 属于常规超导体，其超导机理仍然来自电子-声子耦合产生的库伯电子对凝聚，这回答了为什么遵循麦克米兰极限的原因。继而问题是：为何 MgB_2 能比其他常规金属或合金的临界温度高出许多？（T_c 仅次于 MgB_2 的常规超导体是 Cs_3C_{60}，T_c = 38 K，常规超导合金 Nb_3Sn 的 T_c 只有 23.2 K）这需要从这位“二师兄”

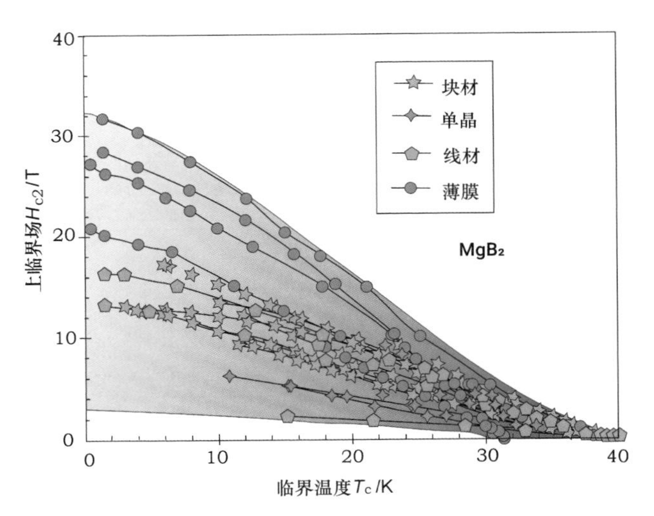

图 19-6 不同 MgB_2 材料的上临界场[2]

（孙静绘制）

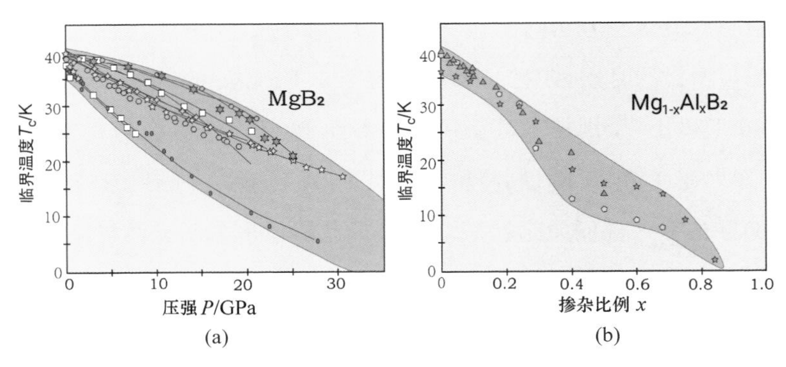

图 19-7 MgB_2 临界温度在压力和掺杂下的演化[2]

（孙静绘制）

的"二"里面寻找答案：因为 MgB_2 是两带超导体，两个电子能带（两类电子）之间的相互作用同样对超导电性至关重要，如果互相"取长补短"，就有希望实现高临界温度[10]。最后，MgB_2 的例子启示人们，寻找新超导材料的另一条好路子——具有多个能带共同参与超导，或许对提高 T_c 有所帮助。这条经验在 2008 年之后的铁基超导研究之中，得到了完美的验证！

参考文献

[1] Jones M E, Marsh R E. The Preparation and Structure of Magnesium Boride, MgB_2 [J]. J. Am. Chem. Soc., 1954, 76 (5): 1434.

[2] Buzea C, Yamashita T. Review of the superconducting properties of MgB_2 [J]. Supercond. Sci. Technol., 2001, 14: 115-146.

[3] Nagamatsu J et al. Superconductivity at 39 K in magnesium diboride[J]. Nature, 2001, 410: 63-64.

[4] https://zh.wikipedia.org/wiki/秋光纯.

[5] Wen H H. Development of Research on New High Temperature Superconductors[J]. Chin. J. Mat. Res., 2015, 29(4): 241-254.

[6] http://www.nextbigfuture.com/2015/08/magnesium-diboride-superconductors-can.html.

[7] Qinyang W. Fabrication and superconducting properties of MgB_2/Nb/Cu wires with chemical doping by using Powder-In-Tube (PIT) method[D]. PhD Thesis. Materials Science. Université Joseph Fourier-Grenoble, 2012.

[8] Oates D E et al. Microwave measurements of MgB_2: implications for applications and order-parameter symmetry[J]. Supercond. Sci. Technol., 2010, 23: 034011.

[9] McMillan W L, Rowell J M. Lead Phonon Spectrum Calculated from Superconducting Density of States[J]. Phys. Rev. Lett., 1965, 14: 108.

[10] Xi X X. Two-band superconductor magnesium diboride[J]. Rep. Prog. Phys., 2008, 71: 116501.

第4章　黑铜时代

超导的研究热潮可谓跌宕起伏，虽然在20世纪70年代末，重费米子、有机超导以及其他诸多不可思议的超导材料被发现，但临界温度几乎都没有超过30 K，更不必说突破40 K的麦克米兰极限。这意味着超导的大规模应用依旧困难，因为必然受到极其高昂的维持低温环境成本所制约。

寻找更高临界温度的超导体，不仅要打破理论的框架束缚，更要突破实践经验的固有思路。就在陷入低谷的时候，新的一波浪潮在1986年年底和1987年年初再度掀起，高温超导的发现把超导研究带入了全新的篇章。

在本章，将详细介绍铜氧化物高温超导体的发现历程、物理特性和研究困难。高温超导材料的探索竞争激烈又激动人心，高温超导物性的表现复杂多变又难以理解，高温超导机理的研究魅力非凡又充满挑战。可以说，高温超导的出现，不仅加快了超导的历史进程，还彻底改变了整个凝聚态物理学，包括理论、实验和应用的多个方面。

20　“绝境”中的逆袭：铜氧化物超导材料的发现

20 世纪 70 年代的超导研究似乎陷入低潮期，那时 BCS 理论已经不断发展丰富，成为了当时超导领域最重要的支撑理论。金属和合金超导体虽然不断被发现，但其超导临界温度都不够高（如 1974 年发现的 Nb_3Ge，$T_c=23.2$ K），意味着应用起来也极其困难。一些更令人困惑的超导材料陆续被发现，如氧化物超导体（1964 年）、重费米子超导体（1979 年）、有机超导体（1979 年），这些“奇怪”的超导体能否用 BCS 理论来解释还存有疑问，且令人失望的是，临界温度依旧太低[1]。那条神秘的麦克米兰极限，就是 40 K 处“看不见的天花板”，马蒂亚斯的超导探索黄金法则也好听不好使，新的超导突破仿佛走向了“山重水复疑无路”的一条绝境[2]。下一个希望在哪里，没有人知道。

往往当你看不见希望的时候，希望，它其实就在那里。

20 世纪 80 年代，新的超导突破，发生在了铜氧化物陶瓷材料身上。人类使用陶器的历史已经近万年，陶瓷在现代社会仍然是重要的生活用品之一。所谓陶瓷材料，主要成分就是金属氧化物，如氧化硅、氧化铝、氧化钙、氧化锆等[3]。氧化铜是著名青花瓷上釉色的成分之一，许多铜氧化物都属于陶瓷材料。陶瓷材料还有一个特点，就是它的导电性一般很差，绝大多数情况下是导体的“绝境”——绝缘体。谁也未曾想过，如此通常为绝缘体的铜氧化物，居然也能超导?！这就是现实的美妙之处。耳畔轻轻响起周杰伦的歌声：“素胚勾勒出青花笔锋浓转淡，瓶身描绘的牡丹一如你初妆。釉色渲染仕女图韵味被私藏，而你嫣然的一笑如含苞待放。”青花瓷于我们生活的美，就像超导在物理学家眼中的美一样，令人陶醉而着迷。

敢于在绝望中寻找希望的人，是两位来自瑞士 IBM 公司的工程师柏诺兹(Johannes Georg Bednorz)和缪勒(Karl Alexander Müller)（图 20-1）。柏诺兹是缪勒的博士生，1982 年毕业后留在了 IBM 位于苏黎世的研究室（当时这

图 20-1 J.G.Bednorz 和 K.A.Müller
（来自 Flickr *）

类大公司都有基础研发实验室），开始从事过渡金属氧化物的导电性研究，试图从金属氧化物中寻找超导电性。其实柏诺兹早在 1974 年的硕士学位论文研究工作中，就从事钙钛矿氧化物超导体 $SrTiO_3$ 的单晶生长，缪勒本人也对氧化物超导体特别感兴趣，两人可谓一拍即合。当时大家普遍承认的具有体超导的氧化物材料里，最高临界温度的是 $BaPb_{1-x}Bi_xO_3$，$T_c=13$ K[4]。他们认为，即使在 BCS 理论指导下，寻找到电子-声子相互作用足够强或载流子浓度足够高的钙钛矿金属氧化物材料，临界温度还有提升的空间，哪怕它们很多情况下都是绝缘体。要想在一群绝缘陶瓷材料里找超导，就像在大海里捞一只活着的蚂蚁一样困难。柏诺兹和缪勒的实验过程是十分令人沮丧的，他们找了一种又一种材料，测试了一次又一次，结果总是失败，痛苦到怀疑自己人生的份上。"我们从未想过会获得成功，我们只能一直保持低调，不停地加班又加班，借同事的设备来完成实验。"20 年后的柏诺兹曾如此回忆那段奋斗的岁月[5]。幸运的是，尽管探索过程十分艰苦，他们并没有就此放弃，终于在 1986 年，事情出现了转机。柏诺兹和缪勒在 Ba-La-Cu-O 体系找到了可能的超导迹象，略感兴奋的他们迎来的却是同事们一瓢接一瓢的冷水——"天方夜谭吧？氧化物？陶瓷？超导？有没有搞错！"面对同行的冷嘲热讽，他们依旧坚持了自己的研究，不断改变材料里的元素配比和合成温度等，终于确定在一个组分的样品 $Ba_xLa_{5-x}Cu_5O_{5(3-y)}$（$x=0.75$）找到了零电阻效应。超导转变发生在 30 K 左右，电阻从 35 K 开始下降，到 10 K 左右变为零。在另两个 $x=1$ 的配比样品里，也看到了电阻下降现象，却没有观察到电阻为零

* https://www.flickr.com/photos/ibm_research_zurich/5578970567

的行为(图 20-2)。他们把结果整理并撰写了论文投稿,并谨慎地把题目写成《Ba-La-Cu-O 体系中*可能的*高温超导电性》(*Possible High T_c Superconductivity in the Ba-La-Cu-O system*)[6]。

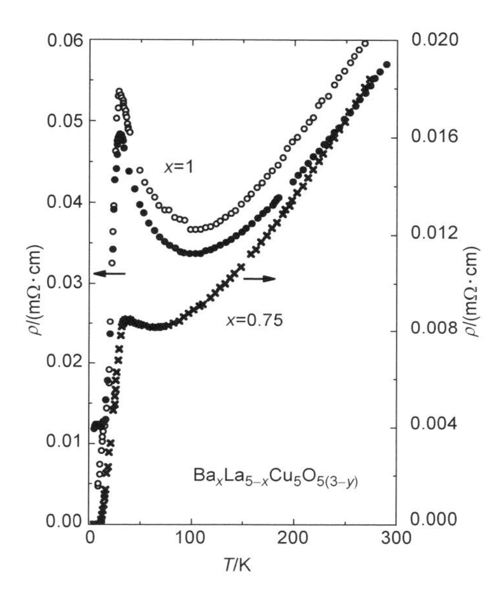

图 20-2　Ba-La-Cu-O 体系电阻率[6]
(作者重绘*)

如果把柏诺兹和缪勒在 Ba-La-Cu-O 体系发现的超导电性定为 $T_c=35$ K,那就已经比当时留守 $T_c=23.2$ K 纪录 10 余年的 Nb_3Ge 还要高出 12 K,更是氧化物 $BaPb_{1-x}Bi_xO_3$ 的 $T_c=13$ K 近 3 倍。毫无疑问,这个结果一旦被确认,必将是超导材料领域期待已久的重大突破。不过他们的论文里面,仅有电阻的数据,且只有一类样品达到了零电阻,更奇特的是超导相变之前电阻随温度下降的那段上翘,是典型的绝缘体或半导体行为,而非金属导电行为,很难排除超导是否来自某个金属性的杂质相。基于这些问题,物理同行们起初对柏诺兹和缪勒的结果将信将疑,纷纷自己动手去验证他们的结果。

* Reprinted Figures from Ref. 6 as follows: Bednorz J G and Müller K A. Z. Phys. B. 1986. 64: 189.

很快一个多月后，日本内田(Shin-ichi Uchida)等也成功做出了 Ba-La-Cu-O 体系材料，并且补上了另一个超导特征数据——迈斯纳效应。磁化率的数据表明，该材料在 25 K 甚至 29 K 就可以出现抗磁性，不过抗磁的体积分数不高，仅有10%左右[7](图 20-3)。超导抗磁体积那么低，说明并不是所有的化学成分都参与了超导，究竟哪个组分是真正的超导相呢？日本科学家认为，这个材料的主要成分是 $La_{1-x}Ba_xCuO_3$ 加上少量的$(La_{1-x}Ba_x)_2CuO_4$，但超导发生在谁身上，暂时无法确认。至于为什么日本研究组测量的磁化率 T_c 和瑞士研究组测量的电阻 T_c 有一定的差异，则是另一个不好回答的问题[7]。

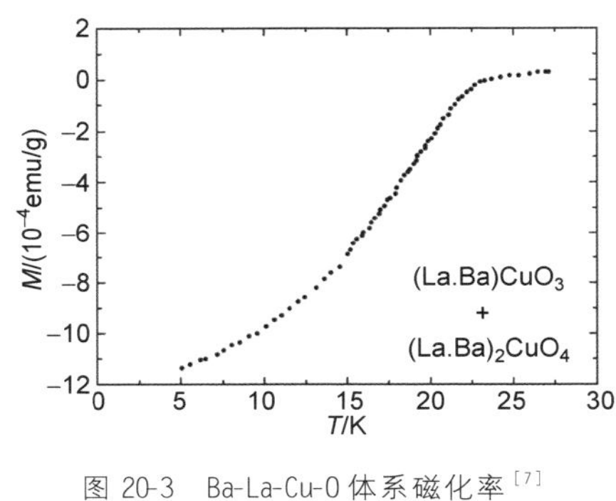

图 20-3 Ba-La-Cu-O 体系磁化率[7]
(作者重绘*)

无论如何，同时具备零电阻和抗磁性两大独立判据，基本上可以断定 Ba-La-Cu-O 体系存在超导电性，而且是 30 K 左右的临界温度，大大高于之前的纪录！这是铜氧化物超导体从一开始就被称为"高温超导体"的原因，名副其实！至此，超导"绝境"中的逆袭被铜氧化物完成。

柏诺兹和缪勒在高温超导发现的次年(1987 年)就荣获诺贝尔物理学奖，获奖速度之快，在诺奖历史上也是少见的，获奖的具体原因我们将在下一篇另行解释。在这么多人苦苦追索高温超导之路上，为何他们俩首先获得了成功？前面提及的不辞辛苦的探索最终"绝境逢生"是一个因素，另一个重要因素就是——他们做了充足的文献调研[5]。仔细翻看他们发表的论文引文目录，就会发现两篇来自法国科学家 C. Michel 和 B. Raveau 的论文，而他们研究的，正是 Ba-La-Cu-O 体系[8,9]。令人意外的是，这两位法国科学家早在 1977 年就研究该材料体系了，并在 1983 年

---

* Reprinted Figures from Ref. 7 as follows: Uchida S, Takagi H, Kitazawa K and Tanaka S. Jpn. J. Appl. Phys. 1987. 26: L1.

成功做出了 $BaLa_4Cu_5O_{13.4}$ 组分[10,11]。对照一下柏诺兹和缪勒给出的化学式 $Ba_xLa_{5-x}Cu_5O_{5(3-y)}$，很快就会发现这就是 $x=1$ 的情形！更令人惊讶的是，C. Michel 和 B. Raveau 测量了 $BaLa_4Cu_5O_{13.4}$ 的高温电阻率，发现 200～600 K 都是线性下降的(注：原文温度标度取的是℃)[9]，是很好的金属导电行为，并不是人们期待的绝缘体行为！他们最大的遗憾，就是没有继续测量更低温度的电阻率。柏诺兹和缪勒显然注意到了这个铜氧化物不寻常的金属导电性，因为把两组数据标度在一起的话，200～300 K 部分几乎是重合的(图 20-4)，超导，就发生在 35 K 以下！机遇，总是留给有所准备的人，这话一点儿都没错。法国科学家或许初衷并不是寻找超导电性，否则他们不会去测量 300 K 以上的高温电阻率，也或许他们不具备液氦环境的低温测量手段，所以无法判断线性电阻率在低温下会有什么发展趋势。更令人感慨唏嘘的是，这个高温下的线性电阻率，是铜氧化物超导体在正常态下最反常的物理性质之一：说明它的导电机制并不服从传统的费米液体理论，所谓非费米液体行为，至今仍是高温超导诸多未解谜团之一。而柏诺兹和缪勒他们电阻数据中随温度下降而上翘的行为，则可能是载流子局域化或赝能隙行为，同属高温超导的谜团[12]。这些有趣的物理问题，我们将在后续篇幅一一道来。

柏诺兹和缪勒的成功因素还有另外一面，就是他们有着准确的物理直觉。他们认为，改进氧化物材料中的相互作用和载流子浓度，是有希望实现更高温度超导的。如何做到这一点呢？这就要回到钙钛矿型氧化物超导体说起(见第 15 节：阳关道醉中仙)[13]。钙钛矿型氧化物材料里典型结构就是所谓氧八面体，

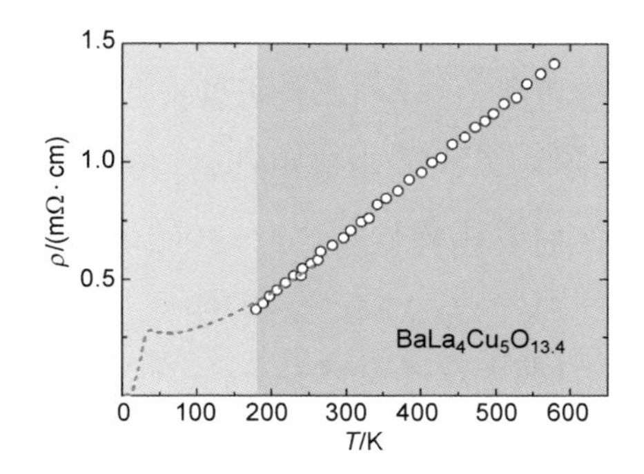

图 20-4　Ba-La-Cu-O 体系高温电阻率，红色虚线为柏诺兹和缪勒的数据，空心点为 Michel 和 Raveau 的数据[6,8,9]

(作者绘制)

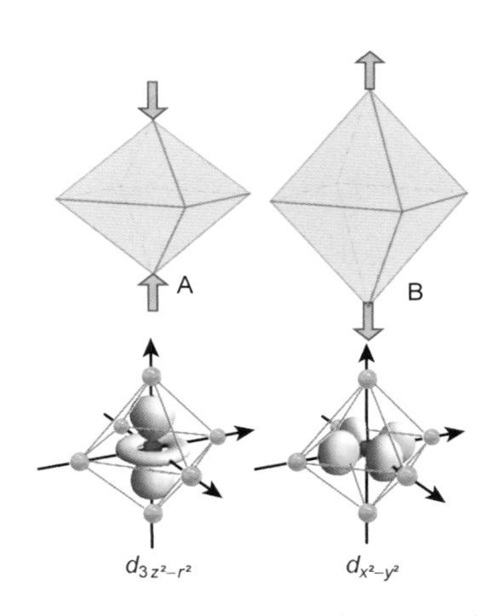

图 20-5 钙钛矿晶体中的杨-泰勒效应及电子轨道[14-16]
（孙静绘制）

如果把八面体外的原子用不同半径的其他原子来替代，那么就会造成八面体的畸变，或被拉伸或被压缩，这种效果导致八面体中间的四方形材料结构的电子轨道发生变化，必然对其相互作用产生影响，这个效应被称为杨-泰勒（Jahn-Teller）效应[14-16]（图 20-5）。铜氧化物正是典型的钙钛矿材料之一，改变 La 和 Ba 的配比，就是在改变杨-泰勒效应的尺度，而用不同的条件进行化学固相合成并后期退火处理，就是在改变其 O 含量，从而调节载流子浓度。这两点关键的物理，被柏诺兹和缪勒敏感地抓住了，后来其重要性被更多的实验证实，只不过其本质并不一定是改变电子-声子相互作用（图 20-6）。

有意思的是，柏诺兹和缪勒给出的第一个铜氧化物高温超导材料化学式 $Ba_xLa_{5-x}Cu_5O_{5(3-y)}$，其实是错误的！如前所述，日本科学家仅发现 10%的超导含量，显然有问题。真实的超导成分，后来才被证实是日本科学家当初怀疑的“杂质”——$(La_{1-x}Ba_x)_2CuO_4$，后来写成了 $La_{2-x}Ba_xCuO_{4-\delta}$，其中 δ 表示氧含量可变。其中 Ba 也可以换成 Sr，构成 $La_{2-x}Sr_xCuO_{4-\delta}$ 体系，同样可以具有 30 K 左右的超导电性，这一类高温超导材料，被称为 La-214 体系[17]。La-214 材料结构就以 Cu-O 八面体为基础，La/Ba 或 La/Sr 层夹在两个八面体之间，又称为 ABO_3 结构（图 20-6）。其单晶看起来是黑乎乎、亮晶晶的，不愧为超导“黑科技”（图 20-7）。

20 世纪 80 年代，铜氧化物高温超导的发现，为黯淡已久的超导研究带来了一缕朝阳之光。从此，超导研究焕发了一轮崭新的活力，如火如荼的材料探索、激动人心的临界温度纪录刷新、千奇百怪的理论模型、纷繁复杂的物理现象、神秘莫测的各种物性反常等，点燃了超导界的热闹和喧嚣，影响了整整一代物理学家，撼动了整个凝聚态物理的基石[18]。

图 20-6 柏诺兹展示他们探索 ABO_3 结构铜氧化物超导体的灵感

（来自 Live Science * ）

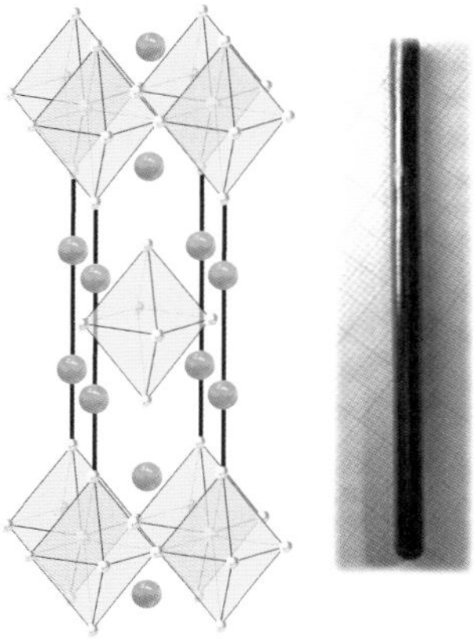

图 20-7 $La_{2-x}Sr_xCuO_4$ 晶体结构和形貌

（作者绘制）

参考文献

[1] 罗会仟，周兴江. 神奇的超导[J]. 现代物理知识，2012，24(02)：30-39.

[2] Ginzburg G L. High-temperature superconductivity (history and general review)[J]. Soviet Physics Uspekhi，1991，34(4)：283.

[3] 周玉. 陶瓷材料学[M]. 2 版. 北京：科学出版社，2004.

[4] Sleight A W，Gillson J L，Bierstedt P E. High-temperature superconductivity in the $BaPb_{1-x}Bi_xO_3$ systems[J]. Solid State Commun.，1975，17：27.

[5] Schuhmann R. Heating up of Superconductors[J]. Phys. Rev. Lett.，2017-03-10. https://journals.aps.org/prl/heating-up-of-superconductors.

[6] Bednorz J G，Müller K A. Possible high T_c superconductivity in the Ba-La-Cu-O system[J]. Z. Phys. B，1986，64：189.

[7] Uchida S，Takagi H，Kitazawa K，Tanaka S. High T_c Superconductivity of La-Ba-Cu Oxides[J]. Jpn. J. Appl. Phys.，1987，26：L1.

[8] Nguyen N，Er-Rakho L，Michel C，Choisnet J，Raveau B. Intercroissance de feuillets "perovskites lacunaires" et de feuillets type chlorure de sodium：Les oxydes $La_{2-x}A_{1+x}Cu_2O_{6-x/2}$[J]. Mat. Res. Bull.，1980，15：891.

[9] Er-Rakho L，Michel C，Provost J，Raveau B. A series of oxygen-defect perovskites

* https://www.livescience.com/49397-nobel-prize-winners-dra

containing Cu^{II} and Cu^{III}: The oxides $La_{3-x}Ln_xBa_3[Cu^{II}_{5-2y}Cu^{III}_{1+2y}]O_{14+y}$[J]. J. Solid State Chem.,1981,37(2),151-156.

[10] Michel C, Er-Rakho L, Raveau B. The oxygen defect perovskite $BaLa_4Cu_5O_{13.4}$, a metallic conductor[J]. Mat. Res. Bull.,1985,20: 667-671.

[11] Michel C, Er-Rakho L, Raveau B. $La_{8-x}Sr_xCu_8O_{20-\varepsilon}$: A metallic conductor belonging to the family of the oxygen-deficient perovskites[J]. J. Phys. and Chem. Solids,1988,49(4): 451-455.

[12] Lee P A, Nagaosa N and Wen X-G. Doping a Mott insulator: Physics of high-temperature superconductivity[J]. Rev. Mod. Phys.,2006,78: 17.

[13] Cava R J. Oxide Superconductors[J]. J. Am. Ceram. Soc.,2000,83(1): 5-28.

[14] Persson I. Hydrated metal ions in aqueous solution: How regular are their structures[J]. Pure Appl. Chem.,2010,82: 1901-1917.

[15] Chakraverty B K. Possibility of insulator to superconductor phase transition[J]. J. Phys. Lett.,1979,40: 99-100.

[16] Englamann R. The Jahn-Teller Effect in Molecules and Crystals[M]. New York: Wiley Interscience,1972.

[17] Kerimer B et al. Magnetic excitations in pure, lightly doped, and weakly metallic La_2CuO_4[J]. Phys. Rev. B,1992,46: 14034.

[18] Dagotto E. Correlated electrons in high-temperature superconductors[J]. Rev. Mod. Phys.,1994,66(3): 763.

21 火箭式的速度：突破液氮温区的高温超导体

铜氧化物高温超导材料的发现之路充满曲折、坎坷、运气和惊喜。

回顾柏诺兹和缪勒在 Ba-La-Cu-O 体系貌似偶然的成功，却也有不少值得深思的地方。他们起初在 $SrFeO_3$ 和 $LaNiO_3$ 氧化物材料中的初步尝试遭遇失败[1]（注：后者在 30 余年后被发现是一类新的超导材料母体）。面对负面结果，他们不气馁，不放弃，而是静下心来，遍阅文献资料，发现了法国科学家 C. Michel 和 B. Raveau 关于铜氧化物导体的论文，最终在 1986 年初就发现了 30 K 左右的高温超导零电阻迹象[2]，直到 10 月 22 日进一步发表抗磁性测量的结果[3]。而此时，日本科学家也发表了相关抗磁性的测量结果[4]。其实，不仅法国科学家早已合成 Ba-La-Cu-O 材料并测量发现了 $BaLa_4Cu_5O_{13.4}$ 在 200 K 以上的金属导电性，实际上，苏联和日本也同样对铜氧化物材料开展了探索性研究[5]，其中苏联科学家于 1978 年就测量了 $La_{1.8}Sr_{0.2}CuO_4$ 体系

（后被证实这才是该超导体系正确的化学式）在液氮温度以上的导电性[6]，遗憾的是，他们都未能测量到足够低的温度，错失了发现 30 K 以上高温超导电性的机会。

可见，一项重大的科学发现并不是凭空产生的，而恰恰是相关的科学进程推进到某一种程度，偶然地在某些科学家手上自然诞生。等到这项发现被人们广泛接受和承认，还需要时间的考量。

柏诺兹和缪勒起初认为，他们的工作要被人们证实并接受，至少需要 3 年左右时间。原因来自传统经验，超导研究历史上常有所谓“新高温超导材料”蹦出来，而这些实验结果往往无法重复，多次“狼来了”令整个超导研究群体都对新超导体持异常谨慎态度。为此，作为 IBM 的无名小卒，柏诺兹和缪勒选择了普通期刊发表论文结果，除此之外，再也没以其他任何方式宣传他们的研究。但随后的事态发展，远远超越了他们的低调和悲观。

超导材料的探索，在 1987 年之后，进入了火箭式发展速度。发动这支“超导火箭”的，是来自中国、日本和美国的数位年轻科学家。

20 世纪 70 年代，中国的基础科学研究尚处于方兴未艾的时期，无论是实验设备、技术力量和人员实力都难以比肩国际前沿。1973 年，中国科学院高能物理研究所开启了超导磁体和超导线材的研究。1978 年，中国科学院物理研究所开启了超导薄膜的研究。带领中国人走向超导应用研究领域的科学家，正是来自科学世家的李林，其父就是大名鼎鼎的李四光先生[7]。当时同在物理研究所成立的还有另一个超导基础研究团队，就是以赵忠贤为研究组长的高临界温度超导材料探索团队，包括赵忠贤、陈立泉、崔长庚、黄玉珍、杨乾声、陈赓华等（图 21-1）。中国的超导研究，就这样在艰苦的大环境中生根发芽茁壮成长起来了。1986 年 9 月，在中国科学院物理研究所图书馆，赵忠贤读到了柏诺兹和缪勒的论文，立刻意识到这可能就是他们苦苦追求数年的突破点，论文中提及的杨-泰勒效应可能引起高温超导现象，和他在 1977 年提出的结构不稳定可能产生高温超导的思想不谋而合。当时设备极其简陋，烧制氧化物样品的电炉是自己绕制搭建的，测量电阻和磁化率的设备也是在液氦

图 21-1 物理所超导小组部分成员
（来自《赵忠贤文集》）

杜瓦的基础上改建的，相关的数据还是 X-Y 记录仪在坐标纸上的划点。即使如此，物理所的超导研究团队还是很快重复了柏诺兹和缪勒的工作，在 12 月 20 日就成功得到了 Ba-La-Cu-O 和 Sr-La-Cu-O 材料，而且发现起始温度在 46.3 K 和 48.6 K 的超导电性，同时指出 70 K 左右的超导迹象，论文于 1987 年 1 月 17 日投稿到中文版《科学通报》(图 21-2)[8]。这不仅验证了瑞士科学家的工作，而且说明铜氧化物材料的超导临界温度仍有提升的可能。也就是说，新高温超导材料的发现，大有希望！

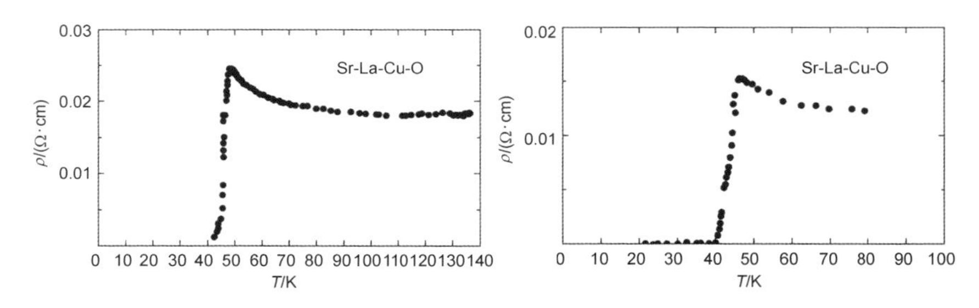

图 21-2 Sr(Ba)-La-Cu-O 体系在 40 K 左右的超导电性[8]
（来自《科学通报》，作者重绘图）

日本科学家同样在 1986 年 9 月得到了柏诺兹和缪勒研究结果，然而，他们起初并未对此引起足够的重视，经历其中的科学家有田中昭二、北泽宏一、内田慎一等，把这份“不起眼”的研究任务顺手交给了一位东京大学本科生金泽尚一。出乎意料的是，首批 Ba-La-Cu-O 样品很快在 11 月成功获得，磁化率测量结果也证实了超导电性[9]。消息传开后，日本的高温超导材料研究就此迅速铺开，他们还递交了世界上第一份关于高温超导材料的专利申请[10]。

美国科学家也紧跟其后，1986 年 11 月，休斯敦大学的朱经武才读到柏诺兹和缪勒的论文。他敏锐地意识到了这个工作的重要性，立刻倾全组之力从 $BaPb_{1-x}Bi_xO_3$ 材料转向 Ba-La-Cu-O 材料的研究，并邀请他原来的学生——当时已到阿拉巴马大学工作的吴茂昆一起合作。借助良好的实验设备，朱经武团队当月就重复出了相关实验结果，指出高压可以将临界温度起始点提升到 57 K[11]，并且同样发现了 70 K 左右的超导转变迹象[12]，只是后者难以重复。12 月，吴茂昆等发现 Sr-La-Cu-O 体系有 39 K 的超导电性[13]，几乎同时贝尔实验室的 R. J. Cava 等也在 12 月获得了 36 K 超导的 Sr-La-Cu-O 样品[14]，他们和朱经武的论文在 1987 年 1 月同时发表。

至此，瑞士科学家的工作已经确凿无疑，第一种铜氧化物高温超导材料确定为 $La_{2-x}Ba_xCuO_4$ 和 $La_{2-x}Sr_xCuO_4$。关于高临界温度超导材料探索的一场世界范围内的激烈竞争，就此拉开帷幕。中、日、美三国科学家没日没夜地奋战在实验室，为的是寻找之前 70 K 左右的超导迹象的真正原因，或有可能实现临界温度更高的突破。竞争很快达到白热化程度，以至于当时发表论文的速度跟不上研究进展的发布，很多进展消息都是在新闻发布会或者国际学术会议上宣布的，包括中国的《人民日报》、日本的《朝日新闻》、美国的《美国之音》等各大媒体也为这场科学竞赛推波助澜[15-17]。

当时科学家们最大的冀望，就是寻找到液氮温区的高温超导材料。在标准大气压下，液氦沸点是 4.2 K，液氢沸点是 20.3 K，液氖沸点是 27.2 K，液氮沸点是 77.4 K。所谓液氮温区超导体，也就是临界温度在 77 K 以上的超导材料[5]。进入液氮温区，意味着超导的应用将不再需要依赖昂贵的液氦来维持低温环境，而仅用廉价且大量的液氮就可以，成本有可能大大降低，超导的大规模应用也因此有望实现。

最激动人心的液氮温区超导材料突破，就发生在1987年1—2月，这两个月时间里，包括赵忠贤、吴茂昆、朱经武等在内的多位中国/华人科学家做出了关键性贡献（图21-3）。在北京的赵忠贤研究团队把70 K下的超导迹象作为攻关重点，然而多次重复实验合成Ba-La-Cu-O体系，却发现很难找到干净的70 K超导相，往往采用较纯的化学试剂原料只能合成30 K左右的超导体。当时《人民日报》已经在1986年12月就心急透露出了70 K超导电性的新闻[15]，海外学者也不断追问重复结果，北京的研究团队自然是压力山大。直到1987年1月底，赵忠贤团队终于意识到原料中的“杂质”问题，出现70 K超导迹象的样品往往使用了纯度不够高的原料，这意味着里面除了镧之外必然含有其他稀土元素，或者钡元素里面混有少量的锶元素。因为Sr-La-Cu-O体系临界温度变化不大[8]，他们转而探索Ba-Y-Cu-O体系，另一个理由在于杨-泰勒效应因稀土离子半径差异会有所不同。按照之前的程序，样品总是前后烧结两次希望成相均匀，但最终结果并不是很理想。1987年2月19日深夜，他们决定顺便把仅烧结一次的样品也测量一下，于是又翻垃圾筐把准备扔掉的“可能的坏样品”找出来，这次发现了惊喜——出现了93 K下的抗磁转变信号！为了抢占先机，他们又在次日加班加点把论文写好并于21日投稿到《科学通报》，题为《Ba-Y-Cu氧化物液氮温区的超导电性》[18]（图21-4）。中国科学院随后在2月24日召开了新闻发布会，迅速公布了赵忠贤团队的研究进展和材料成分，《人民日报》于25日再次在头条发布这一消息。来自中国北京的超导研究团队，就这样一下子站在了世界科学的最前沿。

美国的超导研究团队，同样在集体努力寻找70 K超导迹象的材料，结果和北京的团队一样——偶尔能看到超导迹象，但再经过一次热循环就消失了[14]。朱经武的团队尝试过高压合成、生长单晶、元素替换等方法，都不太奏效。他们合作者吴茂昆的一位学生J. Ashburn经过简单估算晶格畸变，认为

图 21-3　Ba-Y-Cu-O 超导材料的三位主要发现者
（由中国科学院物理研究所提供）

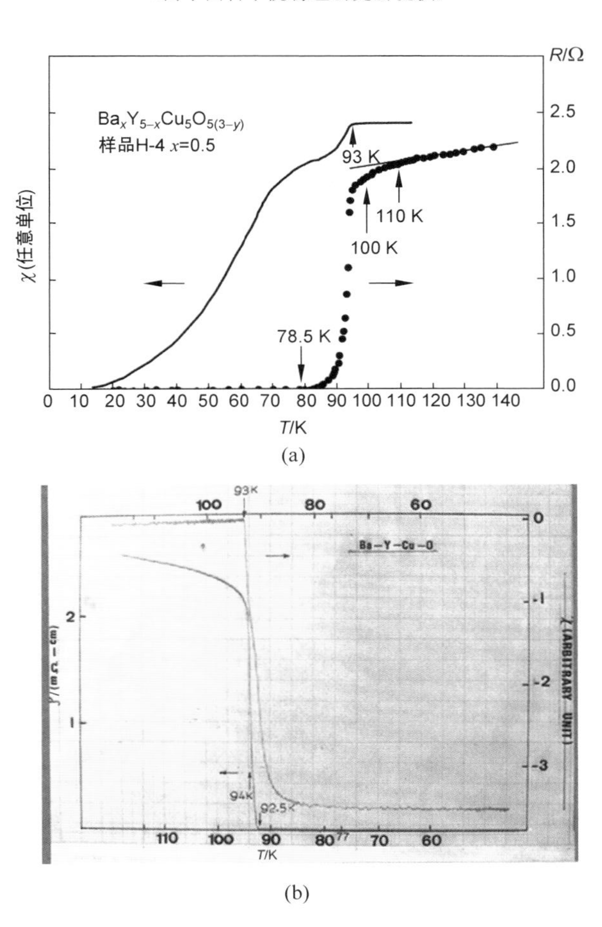

图 21-4　Ba-Y-Cu-O 体系在 93 K 左右的超导电性[18]
（来自《科学通报》* /中国科学院物理研究所，作者重绘图）

---

* 作者重绘图，来自：赵忠贤等，科学通报，1987，32：412-414.

钇替换镧是个不错的选择。吴茂昆从别的研究组临时借来了少量的氧化钇，并合成了 Ba-Y-Cu-O 体系，于 1987 年 1 月 29 日意外发现了 90 K 左右的超导电性！随后他们抓紧合成了新的样品，并奔赴休斯敦大学进行仔细的测量，确认了该体系在 90 K 的超导。朱经武将 Ba-Y-Cu-O 体系在常压和高压下的高温超导电性相关论文于 2 月 6 日送达《物理评论快报》，并将于 3 月 2 日正式发表(图 21-5)[19,20]。在此之前，1987 年 2 月 16 日，朱经武团队在休斯敦举办新闻发布会，宣告液氮温区超导材料的这一激动人心的发现，但当时没有具体公布化学成分，直到 2 月 26 日的学术会议上才公布。美国贝尔实验室的 J. M. Tarascon 在得知相关消息后，赶紧测量了还扔在实验室的 Ba-Y-Cu-O 样品，同样发现了高温超导，于是火速写出论文并于 2 月 27 日下班前的最后时刻送往《物理评论快报》编辑部[21]。

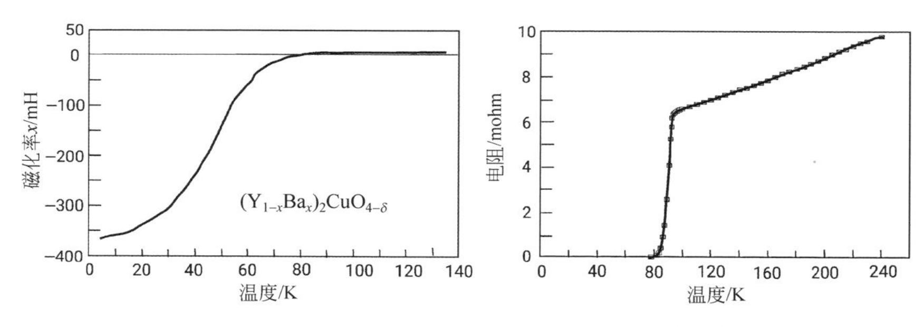

图 21-5　Ba-Y-Cu-O 体系在 93 K 左右的超导电性[19, 20]
（来自 APS＊，作者重绘图）

而日本的研究团队则相对比较低调，他们同样在 2 月 18—19 日举办的氧化物超导材料会议上提到了东京大学发现 85 K 左右的新超导材料，而具体成分也未公布，实际上就是 Ba-Y-Cu-O 体系。论文于 2 月 23 日送往《日本应用物理》杂志，并直到 4 月才发表，时间上已经落后于美国和中国[21]。

经过中、日、美三国科学家的激烈竞赛，Ba-Y-Cu-O 体系在液氮温区 90 K

＊ 作者重绘 Reprinted Figure 1 with permission from[Ref. 19 as follows: Wu M K. et al. PHYSICAL REVIEW LETTERS 1987, 58: 908.] Copyright (2021) by the American Physical Society.

以上的超导电性被多个团队几乎同时独立做出来，虽然公布时间或早或晚，但实验结果已是确凿无疑。为此，1987 年 3 月初，在纽约召开的美国物理学会 3 月会议，特地专门设立“高临界温度超导体讨论会”。中国、美国、日本的科学家作为大会特邀报告人，分别报道了他们在高温超导材料探索的结果，来自世界各地的 3000 多名物理学家挤满了 1100 人容量的报告厅，狂热的会议讨论一直持续了 7 小时，直到凌晨 2 点才结束。那一次会议被称为“物理学界的摇滚音乐节”，是超导研究史上划时代的重要里程碑[22]。做完大会特邀报告回到北京的赵忠贤，发现家里蜂窝煤烧完了，于是欣然换下西装，骑上了三轮车，拉煤去(图 21-6)。这就是中国科学家的精神，可以在世界科学前沿的殿堂做学术报告，也可以和普通老百姓一起蹬三轮车去拉煤，两者丝毫没有任何违和感。

图 21-6　1987 年美国物理年会 3 月会议上赵忠贤做大会邀请报告及会后回京骑三轮车拉蜂窝煤(来自《赵忠贤文集》)

Ba-Y-Cu-O 液氮温区超导材料的发现，开启了高温超导材料探索和规模化应用的大门，也让柏诺兹和缪勒的工作显得非常重要。为此，他们很快在高温超导发现的次年(1987 年)就荣获诺贝尔物理学奖，也是诺贝尔奖历史上的鲜有发生的事情。至于其他科学家为何没有获得诺贝尔奖，最直接的原因是：他们的成果公布时间都在 1987 年 1 月 31 日的诺贝尔奖提名截止日期之后。

回顾当时公布的 Ba-Y-Cu-O 化学成分，也是件非常有趣的事情。中国团队公布的成分是 $Ba_xY_{5-x}Cu_5O_{5(3-y)}$，和柏诺兹和缪勒发表的 $Ba_xLa_{5-x}Cu_5O_{5(3-y)}$

成分一脉相承，这说明中国科学家的学术思想同样来自杨-泰勒效应造成的局域晶格畸变[21]。美国和日本团队公布的成分是$(Y_{1-x}Ba_x)_2CuO_{4-\delta}$，参照于日本科学家当初确认的铜氧化物超导材料真实成分——$La_{2-x}Ba_xCuO_{4-\delta}$体系（简称 214 结构）[23,24]。然而，后续的实验证明，这两个化学式都是不完全正确的！Ba-Y-Cu-O 材料中超导的主要成分来自$YBa_2Cu_3O_{7-\delta}$，又称 123 结构铜氧化物超导材料，由美国贝尔实验室的 R. J. Cava 等找到（图 21-7）[25]。注意到氧含量中有一个 $7-\delta$，这意味着这个体系材料氧含量是不固定的。事实上，改变氧的含量，相当于改变其中的空穴载流子浓度，后来实验发现超导临界温度对氧含量极其敏感！因此，在 Ba-Y-Cu-O 体系寻找到 93 K 的最佳超导电性，还真不是一件轻而易举的事情。从初期的实验数据来看，超导转变往往远不如传统金属超导体那样十分突然，有的甚至出现多个转变现象，确认真正的超导材料结构往往需要更多实验和时间，这也是铜氧化物超导材料探索中常遇到的问题。

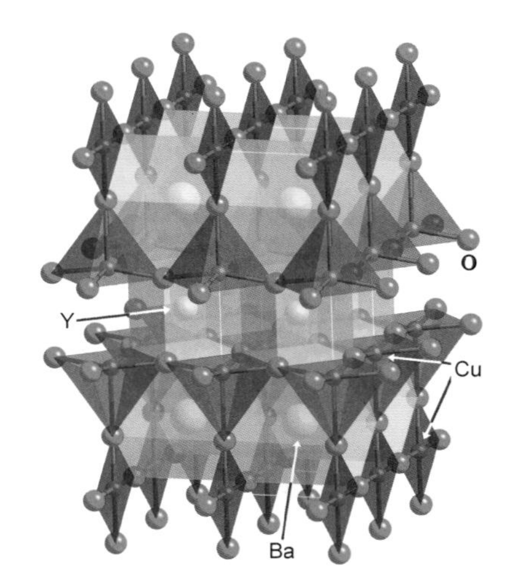

图 21-7 突破液氮温区的$YBa_2Cu_3O_{7-\delta}$高温超导材料结构
（来自维基百科）

$YBa_2Cu_3O_{7-\delta}$新高温超导材料的发现，把超导临界温度在 35 K 的纪录一下子突破到了 93 K，意味着高临界温度的超导体可能是普遍存在的[26]。于是，1987 年 12 月，在 Bi-Sr-Ca-Cu-O 中发现了 110 K 的超导[27]；1988 年 1 月，在 Tl-Ba-Ca-Cu-O 中发现了 125 K 的超导[28]；1993 年 1 月，在 Hg-Ba-Ca-Cu-O 中发现了 134 K 的超导[29]。超导临界温度的纪录被一而再，再而三，不断地被打破，超导研究进入了火箭式推进时期，充满了期待。其中 Bi-Sr-Ca-Cu-O 体系超导体主要有三类：$Bi_2Sr_2CuO_6$（简称 2201，最高 $T_c=20$ K）、$Bi_2Sr_2CaCu_2O_8$（简称 2212，最高 $T_c=95$ K）、$Bi_2Sr_2Ca_2Cu_3O_8$（简称 2223，最

高 T_c＝110 K)，主要区别在于 Cu-O 层数目的多少(图 21-8)；Tl-Ba-Ca-Cu-O 体系和 Bi-Sr-Ca-Cu-O 体系大同小异，也还有其他一些结构；Hg-Ba-Ca-Cu-O 体系也有三类：$HgBa_2CuO_{4+\delta}$(简称 Hg1201，最高 T_c＝97 K)、$HgBa_2CaCu_2O_{6+\delta}$(简称 Hg1212，最高 T_c＝127 K)、$HgBa_2Ca_2Cu_3O_{8+\delta}$(简称 Hg1223，最高 T_c＝134 K)等(图 21-9)[30]。之后，超导临界温度纪录一直处于停滞状态，也出现过多次“乌龙事件”，号称获得了 155 K[31]甚至 160 K[32]常压临界温度的 Y-Ba-Cu-O，但都因数据无法重复而被否决。通过对铜氧化物材料施加高压，临界温度还有上升的空间，目前高压下最高 T_c 纪录是 165 K，由朱经武的研究组在 Hg 系材料中创造(图 21-10)[28,30,33]。大量铜氧化物超导材料可以突破 40 K 麦克米兰极限，它们从而被统称为“高温超导体”[33]。(注：也有人定义 T_c 在 20 K 以上的超导体就属于“高温超导体”)

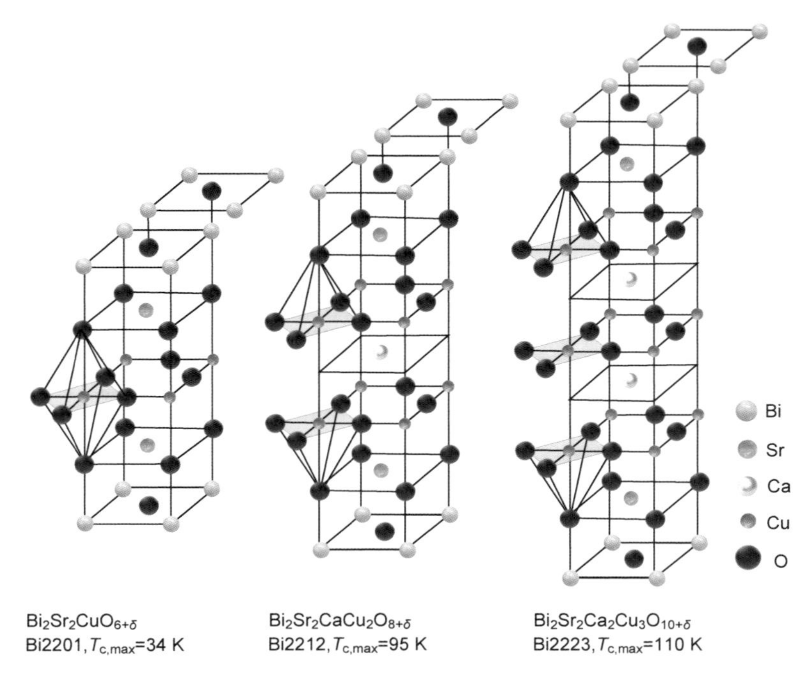

图 21-8 Bi-Sr-Ca-Cu-O 超导家族

(孙静绘制)

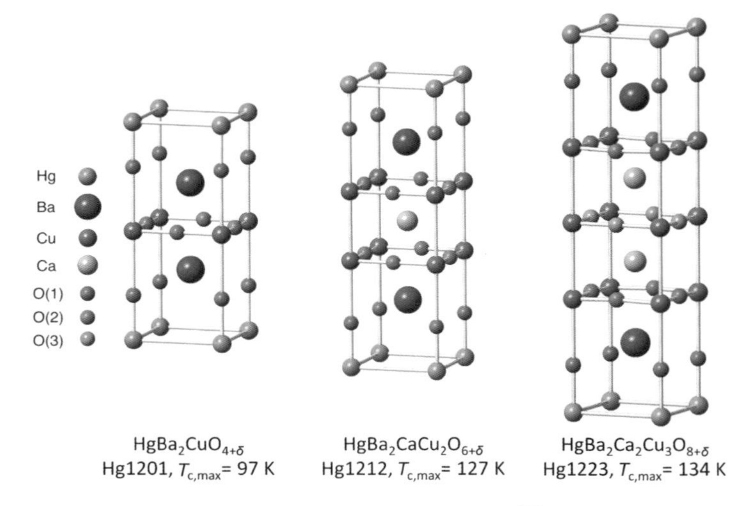

图 21-9　Hg-Ba-Ca-Cu-O 超导材料[29]

（来自 APS* /北京大学李源研究组）

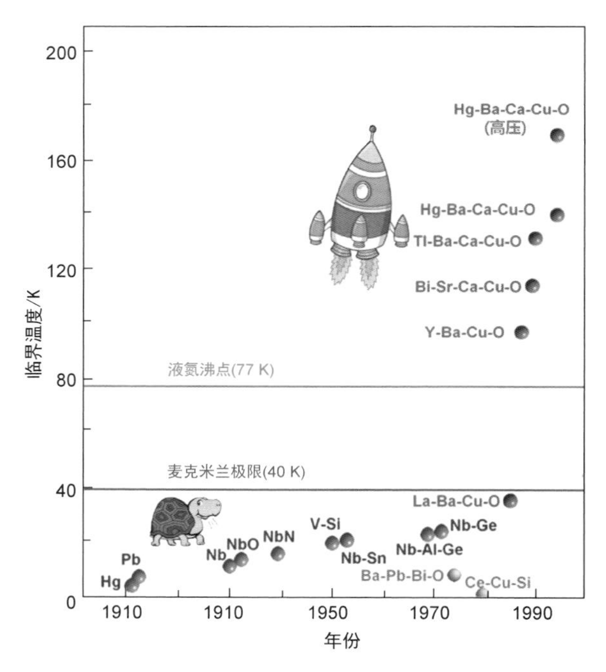

图 21-10　高温超导材料的发现迅速刷新临界温度纪录

（作者绘制）

---

* Reprinted Figure 1 with permission from [Ref. 30 as follows: Wang L et al. PHYSICAL REVIEW MATERIALS 2018, 2: 123401.] Copyright (2021) by the American Physical Society.

正是有了这一系列的高温超导材料探索，助力临界温度的不断攀升，点燃了许多科研工作者心中的希望，超导研究从此焕发新春，也培养和锻炼了一大批有才华的物理学家，极大地加速推动了凝聚态物理的发展。

参考文献

[1] Goodenough J B, Longo M. Crystal and solid state physics [M]. Springer-Verlag, 1970.

[2] Bednorz J G, Müller K A. Possible high T_c superconductivity in the Ba-La-Cu-O system[J]. Z. Phys. B, 1986, 64: 189.

[3] Bednorz J G, Takashige M, Müller K A. Susceptibility Measurements Support High-T_c Superconductivity in the Ba-La-Cu-O System[J]. Europhys. Lett., 1987, 379-382.

[4] Uchida S et al. High-T_c Superconductivity of La-Ba(Sr)-Cu Oxides. IV-Critical Magnetic Fields[J]. Jpn. J. Appl. Phys., 1987, 26: L196.

[5] Ginzburg V L. High-temperature superconductivity history and general review[J]. Soviet Physics Uspekhi, 1991, 34(4): 283.

[6] Ginzburg V L. High-temperature superconductivity: some remarks[J]. Prog. Low. Temp. Phys., 1989, 12: 1.

[7] 中国科学院物理研究所. 李林画传(纪念李林先生诞辰 90 周年)[M]. 2013.

[8] 赵忠贤等. Sr(Ba)-La-Cu 氧化物的高临界温度超导电性[J]. 科学通报, 1987, 32: 177-179.

[9] Kitazawa K. The First 5 Years of the High Temperature Superconductivity: Cultural Differences between the US and Japan (in Japanese) [J], American Technological Innovation, 1991, 119-127.

[10] Kishio K et al. New High Temperature Superconducting Oxides. $(La_{1-x}Sr_x)_2CuO_{4-\delta}$ and $(La_{1-x}Ca_x)_2CuO_{4-\delta}$[J]. Chemistry Letters, 1987, 16(2): 429-432.

[11] Chu C W et al. Superconductivity at 52.5 K in the lanthanum-barium-copper-oxide system[J]. Science, 1987, 235: 567-569.

[12] Hazen R M. Superconductors: The Breakthrough [M]. Unwin Hyman Ltd., London, 1988. P. 43-44.

[13] Chu C W et al. Evidence for superconductivity above 40 K in the La-Ba-Cu-O compound system[J]. Phys. Rev. Lett., 1987, 58: 405-407.

[14] Cava R J et al. Bulk superconductivity at 36 K in $La_{1.8}Sr_{0.2}CuO_4$ [J]. Phys. Rev. Lett., 1987, 58: 408-410.

[15] 张继民，等. 我国发现迄今世界转变温度最高超导体[N]. 人民日报, 1986-12-26.

[16] 刘兵. 对 1986—1987 年间高温超导体发现的历史再考察[J]. 二十一世纪, 1995. 4.

[17] 我国超导体研究又获重大突破，发现绝对温度百度以上超导体[N]. 人民日报, 1987-02-25.

[18] 赵忠贤等. Ba-Y-Cu 氧化物液氮温区的超导电性[J]. 科学通报，1987，32：412-414.
[19] Wu M K et al. Superconductivity at 93 K in a new mixed-phase Y-Ba-Cu-O compound system at ambient pressure[J]. Phys. Rev. Lett.，1987，58：908-910.
[20] Hor P H et al. High-pressure study of the new Y-Ba-Cu-O superconducting compound system[J]. Phys. Rev. Lett.，1987，58：911-912.
[21] Hazen R M. Superconductors：The Breakthrough[M]. London：Unwin Hyman Ltd.，1988，256.
[22] 王兴五. "高温"超导在 1987 年美国物理学年会上引人注目[J]. 物理，1987，16(9)：575.
[23] Uchida S，Takagi H，Kitazawa K，Tanaka S. High T_c Superconductivity of La-Ba-Cu Oxides[J]. Jpn. J. Appl. Phys.，1987，26：L1.
[24] Kikami S et al. High Transition Temperature Superconductor：Y-Ba-Cu Oxide[J]. Jpn. J. Appl. Phys.，1987，26：L314-L315.
[25] Cava R J et al. Bulk superconductivity at 91 K in single-phase oxygen-deficient perovskite $Ba_2YCu_3O_{9-\delta}$[J]. Phys. Rev. Lett.，1987，58：1676-1679.
[26] Schechter B. The Path of No Resistance：The Revolution in Superconductivity，Simon and Schuster，1989. 98.
[27] Cava R J. Oxide Superconductors[J]. J. Am. Ceram. Soc.，2000，83(1)：5-28.
[28] Lee P A，Nagaosa N，Wen X-G. Doping a Mott insulator：Physics of high-temperature superconductivity[J]. Rev. Mod. Phys.，2006，78：17.
[29] Schilling A et al. Superconductivity above 130 K in the Hg-Ba-Ca-Cu-O system[J]. Nature，1993，363：56-58.
[30] Wang L et al. Growth and characterization of $HgBa_2CaCu_2O_{6+\delta}$ and $HgBa_2Ca_2Cu_3O_{8+\delta}$ crystals[J]. Phys. Rev. Materials，2018，2：123401.
[31] Ovshinsky S R et al. Superconductivity at 155 K[J]. Phys. Rev. Lett.，1987，58：2579-2581.
[32] Cai X，Joynt R，Larbalestier D C. Experimental evidence for granular superconductivity in Y-Ba-Cu-O at 100 to 160 K[J]. Phys. Rev. Lett.，1987，58：2798-2801.
[33] 向涛. d 波超导体[M]. 北京：科学出版社，2007.

22 天生我材难为用：铜氧化物超导体的应用

铜氧化物高温超导材料的发现，特别是液氮温区超导体的突破，无疑是超导研究最振奋人心的进展之一[1]。科学家经过数年的努力，发现了大量的铜氧化物高温超导材料。按照组成元素分类，可以有 Hg 系、Bi 系、Tl 系、Y 系、La 系等；按照载流子浓度分类，主要分空穴型和电子型两种铜氧化物超导体；按照整体结构含有Cu-O面数目来区分，又可以分为单层、双层、三层和无限层等[2]。在每个系列下面，又可以根据晶体结构来划分，例如Hg系包括Hg-1212（$HgBa_2CaCu_2O_{6+\delta}$，127 K）、Hg-1223（$HgBa_2Ca_2Cu_3O_{8+\delta}$，134 K）、Hg-1201（$HgBa_2CuO_{4+\delta}$，97 K）等，Bi系包括Bi-2201（$Bi_2Sr_{2-x}La_xCuO_{6+\delta}$，35 K）、Bi-2212（$Bi_2Sr_2CaCu_2O_{8+\delta}$，91 K）、Bi-2223（$Bi_2Sr_2Ca_2Cu_3O_{10+\delta}$，110 K）等，Tl系包括类似Hg和Bi系的结构Tl-2201（$Tl_2Ba_2CuO_{6+\delta}$，95 K）、Tl-2212（$Tl_2Ba_2CaCu_2O_{6+\delta}$，118 K）、Tl-2223（$Tl_2Ba_2Ca_2Cu_3O_{10+\delta}$，128 K）、Tl-1234（$TlBa_2Ca_3Cu_4O_{11+\delta}$，112 K）、Tl-1223（$TlBa_2Ca_2Cu_3O_{9+\delta}$，120 K）、Tl-1212（$TlBa_2CaCu_2O_{7+\delta}$，103 K）等，Y系包括Y-123（$YBa_2Cu_3O_{7-\delta}$，94 K）和Y-124（$YBa_2Cu_4O_{7+\delta}$，82 K）两种，La系包括LaSr-214（$La_{2-x}Sr_xCuO_4$，40 K）和LaBa-214（$La_{2-x}Ba_xCuO_4$，30 K）两种，此外还有$Ca_{1-x}Sr_xCuO_2$（110 K）、$Nd_{2-x}Ce_xCuO_{4-\delta}$（30 K）、$Pr_{1-x}LaCe_xCuO_{4-\delta}$（24 K）、$Ca_2Na_2Cu_2O_4Cl_2$（49 K）等[3]。由此可见，铜氧化物超导家族是十分庞大且复杂的，其中临界温度在液氮温区以上的也有很多。纵观铜氧化物超导家族成员的结构，可以总结出几条规律[4]：(1)所有成员都含有Cu-O平面，有的结构单元里甚至含有两个以上的Cu-O面；(2)除了少量体系可以用元素替换掺杂来调节载流子浓度外，绝大部分材料的载流子浓度是其氧含量所决定；(3)结构越复杂的材料，通常临界温度越高，但也越难合成。也就是说，实现高温超导的条件在于有Cu-O平面、合适的氧浓度、复杂的结构等(图22-1)[5]。看似绝大部分铜氧化物超导材料都可以通过氧化物混合烧结来合成，但欲得到超导性能好、临界温度高的高温超导材料，并非易事。

正所谓：纵千里马常有，然伯乐不常有，亦骈死于槽枥之间，不以千里称也。好端端的千里马，却难以寻获，也无法好好利用，只能空叹无马可用！

铜氧化物超导材料面临的境地，就是看似有才，实难尽其材。从材料本身来看，铜氧化物属于陶瓷材料，天生就属于易碎品，部分还有剧毒。诸如Bi系、Tl系、Hg系等材料，它们往往具有很强的各向异性，几乎是层状二维材

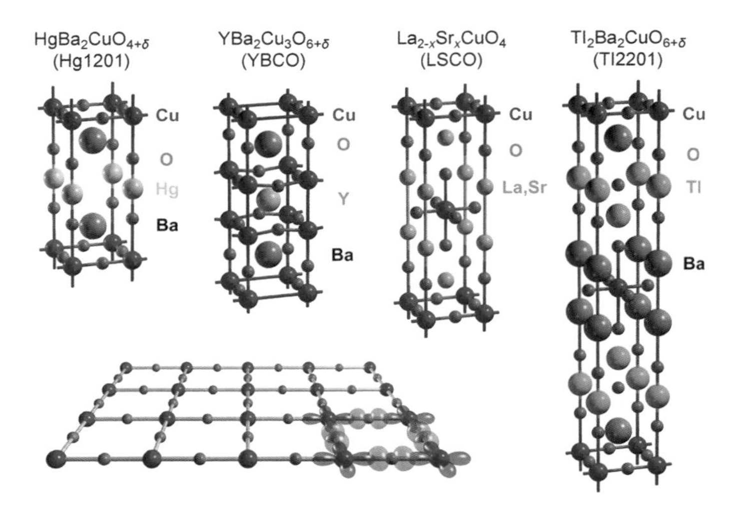

图 22-1　常见铜氧化物高温超导材料结构与铜氧面[4]
（由北京大学李源提供）

料，极其容易撕成薄片，用刀片一划拉就可以分离，也非常脆弱，稍加压力就会成一堆碎片[5]。因此，表面上十分光洁漂亮的铜氧化物单晶材料，在力学性能上却十分脆弱(图 22-2)[6]。如果将铜氧化物超导材料做成超导线材或带材，放到显微镜下去一看，就会发现存在无数个脆脆的小碎片堆在一起，或者是无数个分叉的裂纹存在于材料之中，同样极大地拉低了整体力学性能(图 22-3)。加上许多情况下，铜氧化物的临界温度取决于氧含量的浓度，而要控制氧的浓度需要通过许多复杂的手段如高温退火处理等来实现[7]，所以要在超导线材中实现均匀的超导温度分布，技术难度非常大。而且铜氧化物的各向异性，还特别体现在超导电性本身上，也就是说，在同等磁场环境下，沿着 Cu-O 面内和垂直于 Cu-O 面的超导电性差异非常大[4]。由于超导电缆往往采用的是多晶粉末样品制备，Cu-O 面的取向是杂乱无章的，这意味着每个小晶粒的超导“下限”将决定外界磁场的极限值，结果就是大家一起按最低标准走。好好的超导，却不让人好好地用！

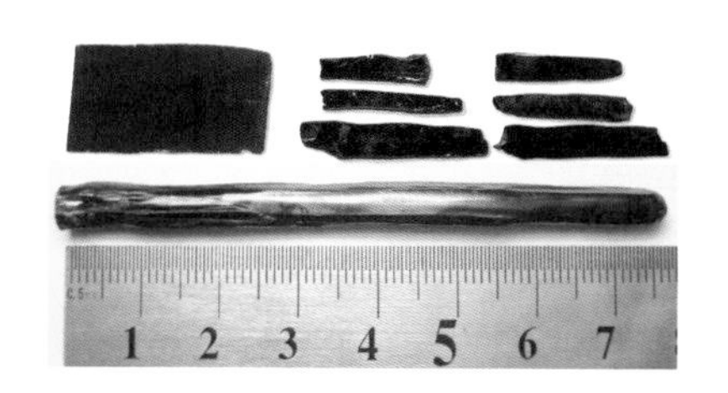

图 22-2　Bi2201 单晶照片[6]

（作者拍摄）

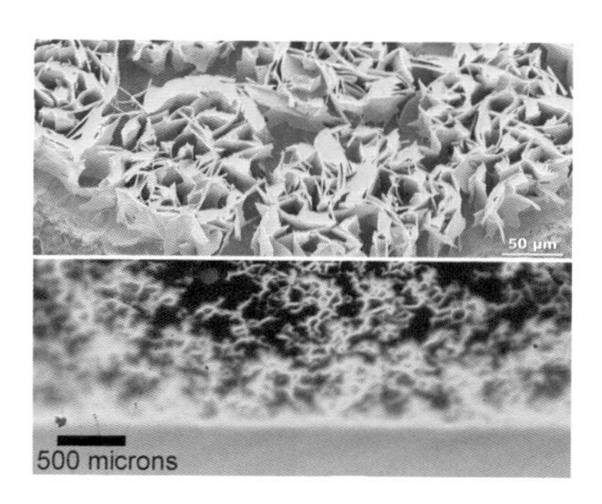

图 22-3　铜氧化物高温超导线材和带材的显微结构

（来自美国国家强磁场实验室*）

高温超导的应用困难，不仅在于其力学和机械性能的天然缺陷，而且还在于其物理特性的复杂多变。在“第 10 节四两拨千斤”中，我们介绍了超导体可以划分为两类：第Ⅰ类超导体和第Ⅱ类超导体。后者具有两个临界磁场：下临界场和上临界场。一旦外部磁场超越了下临界场，超导体就会进入混合态，其完全抗磁性将被破坏，磁通线会部分进入到超导体内部，以磁通量子的形式存在。此时零电阻效应仍然保持，进一步增加磁场到不可逆场时，磁通流动就会产生电阻，直到磁场高于上临界场时，会彻底变成非超导的正常态。一簇簇磁通量子会聚集成一个个磁通涡旋，形成具有周期性的四角或三角格子排布，这不仅理论上被预言，实验上也实际观测到了（图 22-4）[8]。磁通涡旋实际上是由一群超导电子对形成的环形电流造成的，就是很简单的电磁感应现象。磁通涡旋的中心，又称磁通芯子，是完全不超导的正常态区域。磁通涡旋的边界，是形成超流的电子对，只要材料的导电通道不被磁通涡旋覆盖，仍然可以依靠涡旋

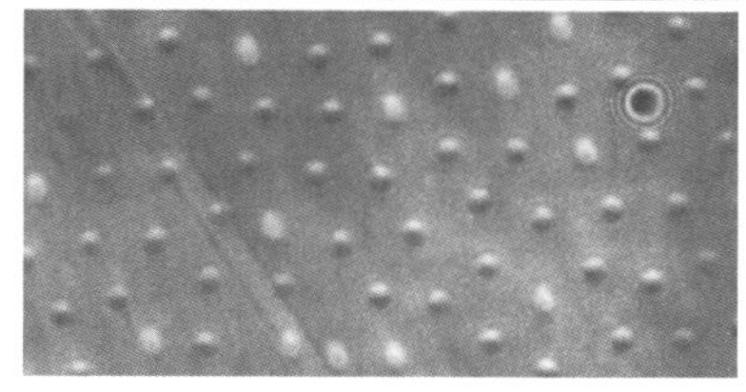

图 22-4　磁通涡旋假想图(上)与实测图(下)

（孙静绘制）

* https://nationalmaglab.org/news-events/feature-stories/high-te

外围的超导电子对实现无阻导电。严格来说，进入混合态区域形成的磁通涡旋格子，实际上部分破坏了超导电性，也即材料的部分区域是不超导的。

铜氧化物高温超导材料的应用物理问题在于，它们往往是极端Ⅱ类超导体，也就是说，存在磁通涡旋的混合态区域非常大，在电流驱动下磁通钉扎和运动机制非常复杂[9]。特别是在超导的强电应用中，磁场环境是不可避免的，导致绝大多数情况下需要在混合态下小心翼翼地加强电流。认识清楚磁通涡旋在高温超导材料中的性质，也就对强电应用研究至关重要。一般来说，磁通芯子的直径相当于超导电子对的相干长度，芯子外围到超导区的距离相当于磁场的穿透深度。随着磁场的增加，磁通涡旋的数量会越来越多，直到达到上临界场后，整个超导体被磁通涡旋覆盖，所有的区域都变成了磁通芯子的状态，超导体也就恢复到了正常态(图 22-5)。但对于铜氧化物超导体而言，远非如此简单。磁通涡旋在材料内部会形成各种状态：磁通固态、磁通液态、磁通玻璃态等。低场下一般是磁通固态，磁通线均匀分布在超导体内部，形成固定有序的格子。接近上临界场时一般为磁通液态，磁通不仅数目很多，而且可以随意“流动”。中间的状态有可能是磁通玻璃态，即磁通涡旋在某个温度下会被冻结，但属于亚稳态，一旦升温又会运动起来。更复杂的是，磁通涡旋除了固态、液态、玻璃态等各种复杂状态外，它本身还会有跳跃、蠕动、流动等多种形式的运动，取决于材料内部是否有足够的杂质和缺陷能够把磁通涡旋给“钉扎”住。因为铜氧化物是层状二类超导体，磁通涡旋的钉扎机制也非常复杂，不同的钉扎强度和各向异性度甚至会把本身圆柱形的磁通涡旋拉扯扭曲，

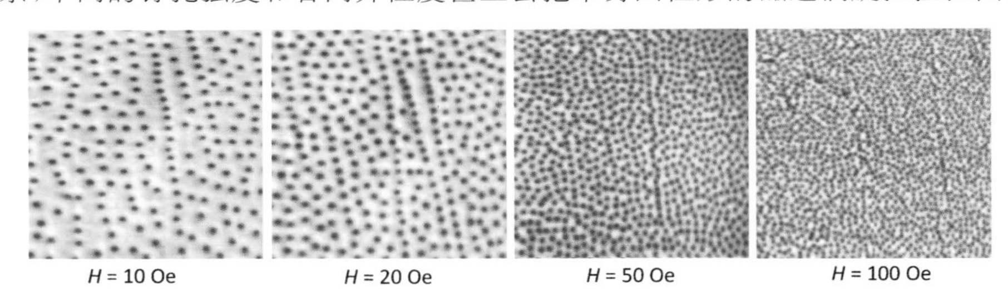

图 22-5 高温超导材料中的磁通涡旋[8]

(由南京大学闻海虎提供)

在各个 Cu-O 层之间形成“麻花”状或者“饼状”的磁通[10]（图 22-6）。如此复杂的磁通结构、分布和运动模式，必然也会造成系统状态的不稳定性。而且，磁通一旦发生运动，也会消耗一定的能量，对于超导电性的利用造成极大的影响。在磁通流动态下让磁通运动的能量阈值其实并不高，只要稍微施加一点温度梯度，磁通涡旋就会发生漂移，在磁场环境下甚至可以形成极性电压，称为“能斯特效应”[11]。反过来，如果在外磁场情况下施加电流，磁通涡旋的漂移也会产生温度梯度，称为“埃廷豪森效应”（图 22-7）。这两类效应在金属的电子系统中也会出现，只不过在超导体混合态下载流形式由磁通涡旋来承担。总而言之，铜氧化物高温超导材料的磁通动力学非常复杂多变，具体机制和过程与材料本身的杂质、缺陷、结晶性能等密切相关。在这种情况下，要想完美地利用其“高温”超导的性质，存在着巨大的挑战。

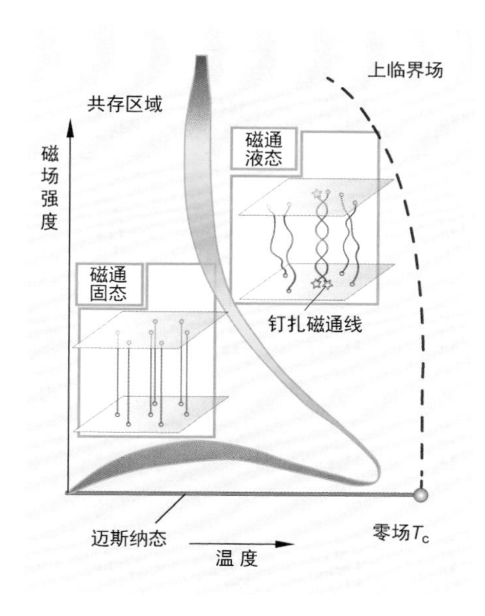

图 22-6　铜氧化物磁通相图[10]
（作者/孙静绘制）

但是，物理学家们并没有轻言放弃。毕竟千里马也是马，没有发挥其才能，可能是没仔细看使用说明书。为了高温超导体的实用化，科学家们琢磨出了各种技术，克服了重重困难，还是实现了高性能的高温超导线材和带材。付

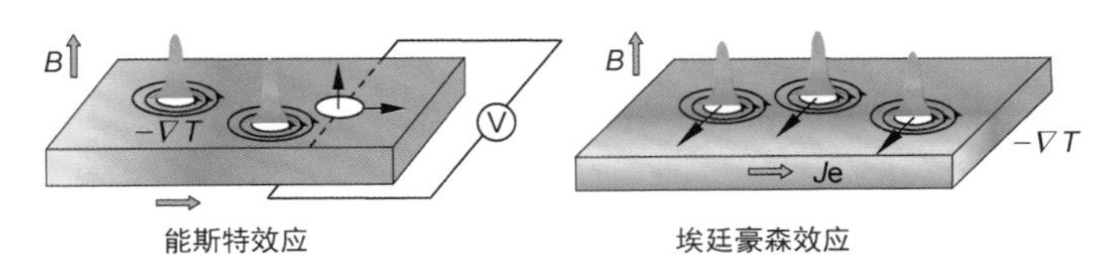

图 22-7　磁通涡旋的能斯特效应和埃廷豪森效应
（由清华大学王亚愚提供）

出的代价也是很重的，例如在二代高温超导带材中，为了克服高温超导材料的各种毛病，不得已采用了重重三明治的结构[12]。首先需要一片金属基带，然后用镀上一层氧化层作为缓冲，其后外延镀上高温超导层，再后用金属银把整体包套起来，最后再用金属铜把整个带材保护住，如此多层的结构，需要在整体厚度 0.1 毫米范围内实现，实在不易（图 22-8）！如此处理的高温超导带材，

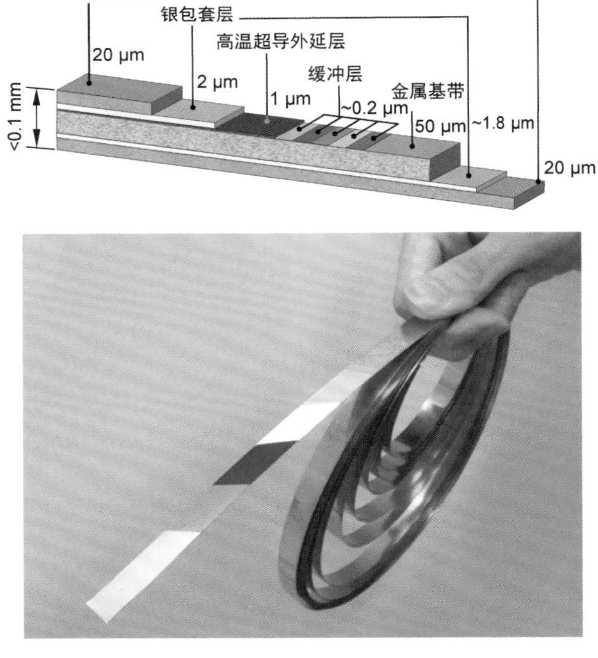

图 22-8　高温超导带材的多层结构与实物图
（来自 Fusion Energy Base*）

* https://www.fusionenergybase.com/concept/rebco-high-temperature-su

性能指标上已经和常规金属合金超导线(如 Nb-Ti 线)相当！然而，金属基带、银包套、铜保护层等却大大抬高了成本(相对来说，铜氧化物高温超导层的原料成本几乎可以忽略不计)，为最终的规模化应用带来了新的麻烦。如何拓展高温超导材料的强电应用之路，还需要新思路、新技术、新方法的帮助，未来，仍然值得期待！

参考文献

[1] Schrieffer J R, Brooks J S. Handbook of High-Temperature Superconductivity [M]. Springer, 2007.

[2] 向涛. d 波超导体[M]. 北京：科学出版社，2007.

[3] Cava R J. Oxide Superconductors[J]. J. Am. Ceram. Soc., 2000, 83(1): 5-28.

[4] N. Barišića et al. Universal sheet resistance and revised phase diagram of the cuprate high-temperature superconductors[J]. Proc. Natl. Acad. Sci. U. S. A., 2013, 110(30): 12235-12240.

[5] 周午纵，梁维耀. 高温超导基础研究[M]. 上海：上海科学技术出版社，1999.

[6] Luo H, Fang L, Mu G, Wen H-H. Growth and characterization of $Bi_{2+x}Sr_{2-x}CuO_{6+\delta}$ single crystals[J]. J. Crystal Growth, 2007, 305: 222.

[7] Luo H, Cheng P, Fang L, Wen H-H. Growth and post-annealing studies of $Bi_2Sr_{2-x}La_xCuO_{6+\delta}$ ($0 \leqslant x \leqslant 1.00$) single crystals[J]. Supercond. Sci. Technol., 2008, 21: 125024.

[8] 张裕恒. 超导物理[M]. 合肥：中国科学技术大学出版社，2009.

[9] 闻海虎. 高温超导体磁通动力学和混合态相图(Ⅰ)[J]. 物理，2006, 35(01): 16-26.

[10] 闻海虎. 高温超导体磁通动力学和混合态相图(Ⅱ)[J]. 物理，2006, 35(02): 111-124.

[11] Wang Y Y, Li L, Ong N P. Nernst effect in high-T_c superconductors[J]. Phys. Rev. B, 2006, 73: 024510.

[12] https://www.fusionenergybase.com/concept/rebco-high-temperature-superconducting-tape.

23 异彩纷呈不离宗：铜氧化物高温超导体的物性(上)

我们生活在一个变幻万千的世界，一切万物，从微观到宏观都在不断变化。宇宙膨胀、太阳聚变、地月绕转、四季更替、云卷云舒、花开花落、细胞代谢、分子振动、电子成云等，变化着的世界看似非常复杂，却也蕴含着基本的物理规律。就像一幅绚烂多彩的分形图，看起来复杂无比，其实不过是几个简单分数维度造成的结果（图 23-1）[1]。复杂和简单，之间只不过一层窗户纸。所谓“纵横不出方圆，万变不离其宗”，纵然孙悟空有七十二般变化，却怎么也遮掩不了他的猴子尾巴。在变幻之中，总有一些不变的本质可循。

图 23-1　绚烂多彩的分形图
（来自壹图网）

铜氧化物高温超导材料的基本特质就是“善变”。在它们的种种复杂物理行为中，超导只是其一而已。如何认识清楚高温超导体的物理性质，寻找到根本的物理规律，深入理解超导的物理过程，成为令超导物理学家数十年来最为头疼的问题之一。

铜氧化物高温超导复杂多变的行为最明显的体现，就是它们往往具有非常奇怪且复杂的电子态相图，也既是电子体系可以出现各种复杂的且稳定的状态。我们首先来认识一下粗略的电子态相图（图 23-2）[2]。铜氧化物超导材料的母体材料（如 La_2CuO_4）是一个反铁磁莫特绝缘体，它里面的铜离子自旋是反铁磁排列的，铜离子核外电子数是处于半满壳层的状态[3]。在通常意义下，这类材料应该是处于金属态，但它却反其道而行之，是一个处于绝缘态的反铁磁体，这种绝缘态以物理学家莫特命名[4]，在下节我们将会进一步加以解释。对于这么一个绝缘体，其中的载流子浓度是很低的，几乎没有可参与导电的载流子。要想把它变成超导，必须要对其进行所谓的“掺杂”，也就是想办法引入电子或空穴载流子。可以通过调节氧含量或者金属离子替代的方法来

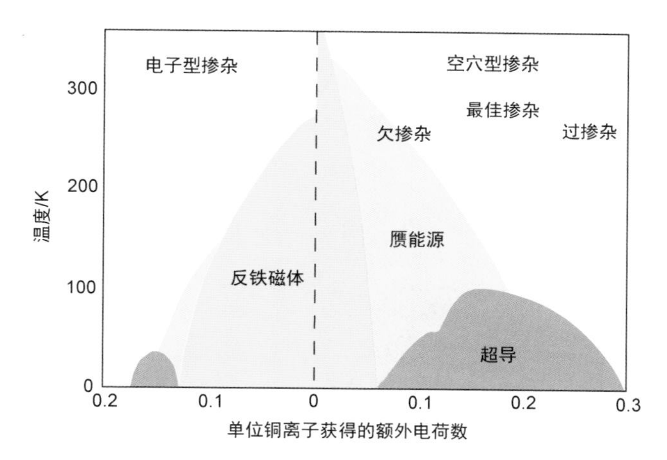

图 23-2　铜氧化物高温超导材料的粗略电子态相图[2]
（作者绘制）

实现，例如 La_2CuO_4 中掺入比 La 价态更低的 Ba 或 Sr 就是空穴型掺杂，掺入比 La 价态更高的 Ce 就是电子型掺杂[5]。空穴型掺杂和电子型掺杂构成了铜氧化物超导材料电子态相图的两大部分。这两部分并不是完全对称的，一般来说，空穴型掺杂的最高超导温度要比电子型掺杂要高一些，形成的超导区域也更大。即便是它们的母体，也不是完全相同的，在结构上虽然相似却略有区别，掺杂后的反铁磁区域也不一样。从相图上可以看出，铜氧化物并不是"天然"超导的，它的超导临界温度可以随着掺杂浓度的变化而变化，从一开始的不超导，到超导出现，临界温度不断提高，到最大值后又下降，直至另一边不超导区域。我们称最高临界温度的掺杂点为"最佳掺杂"，低于该掺杂浓度的区域称为"欠掺杂"，高于该掺杂浓度的区域称为"过掺杂"。这种"变幻式"超导给高温超导材料探索带来了极大的困难，即使你找对了结构和元素成分，没有找对合适的掺杂点，材料还是不超导的。原本母体是绝缘体的铜氧化物，必须通过合适的掺杂，调节成金属性，才有可能在低温下形成超导电性，这就是柏诺兹和缪勒探索高温超导的正确打开方式。因此，高温超导的发现从某种程度上来说也是偶然机遇和重重困难并存。

在不同掺杂区域，除了超导电性在不断变化之外，电子的实际状态行为要

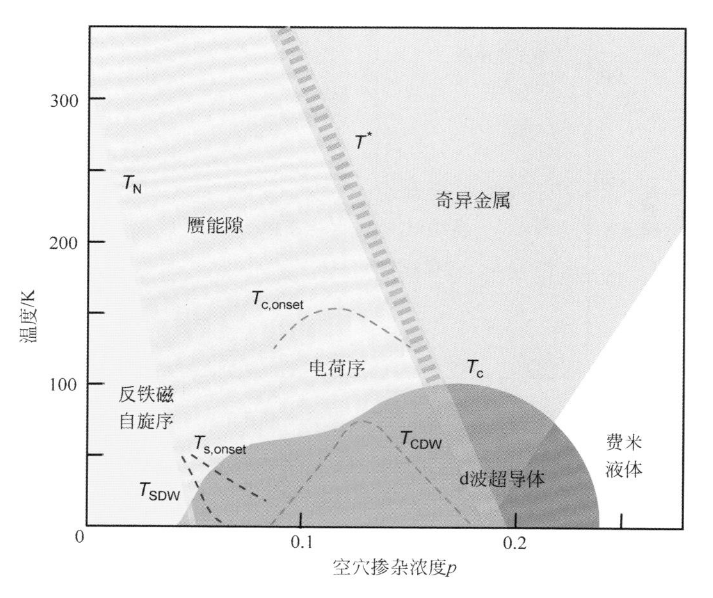

图 23-3　空穴型铜氧化物高温超导材料的精细电子态图[6]
（孙静绘制）

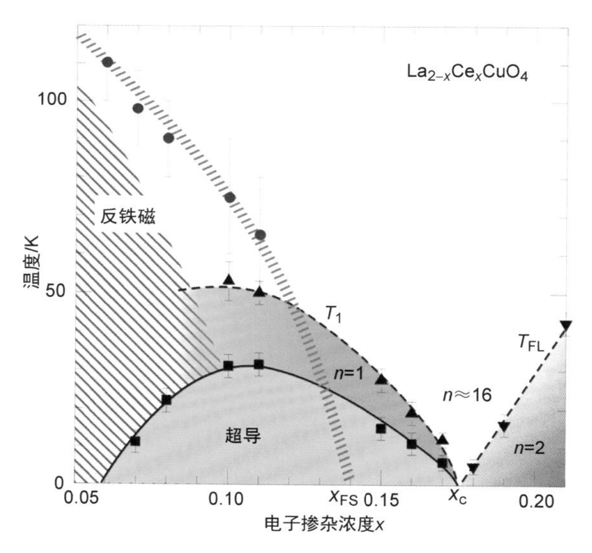

图 23-4　电子型铜氧化物高温超导材料的精细电子态相图
（由中国科学院物理研究所金魁提供）[7]

复杂得多。我们可以从更精细的电子态相图来一窥端倪(图 23-3、图 23-4)。对于空穴型铜氧化物高温超导材料来说,电子的电荷、自旋、轨道都可能形成有序态。母体中的反铁磁序就是一种自旋有序态,随着掺杂增加,反铁磁序会不断抑制,也有可能转为自旋序的另一种状态——自旋玻璃态,自旋在宏观上无序,但在局域范围看似有序。超导是电荷和自旋的共同量子有序态,担负超导重任的仍然是和传统金属超导体一样的库伯对,它们是自旋相反、动量相反的"比翼双飞"电子对,共同凝聚到了稳定的低能组态。在超导区域的上方和下方,都可以形成若干电荷有序态——电荷密度在空间分布存在不同于原子晶格的周期。在欠掺杂区域还可能会形成电子轨道有序态。最令人头疼的是,超导区域上方,也就是临界温度之上的正常态区域,有所谓的"赝能隙态""奇异金属态"和"费米液体态"等,其物理性质的复杂性甚至可能超越了我们对金属电子态的理解,在后文我们将略为介绍(图 23-3)。如此之多的各种有序电子态,可以归因于零温下因掺杂浓度变化诱导出的相变,对应的掺杂点又称为量子临界点[6]。电子型掺杂铜氧化物高温超导材料的精细电子态相图要相对简单一些,它没有那么多奇怪的正常态行为,但仍然保留反铁磁态和超导态,两者之间还存在共存区域(图 23-4)。当然,如果仔细研究 $La_{2-x}Ce_xCuO_4$ 正常态下的电阻行为,也会发现电阻的温度指数 n 在不同的掺杂区域是很不一样的,三者可能交于一个量子临界点 x_c。类似的费米面的掺杂演变也趋于另一个临界点 x_{FS}[7]。

怎么样,单看这么些奇奇怪怪的电子态,已经够令人头疼不已了吧?事实的真相远非如此!以上介绍的只是冰山一角。举例来说,由于空穴型铜氧化物中的空穴位置并不总是随机分布的,在某些情况下会串联在一起,并且形成固定的分数周期结构。在这种结构下,电荷、自旋、晶格都会形成特定的有序态,称为"条纹相"(图 23-5)[8]。如果我们再足够细致地去研究相图的话,还会发现超导区域并非是以最佳掺杂为轴心严格对称的。而且在某些个特定的掺杂点,超导甚至会突然消失,如 $La_{2-x}Ba_xCuO_4$ 的 $x=1/8$ 掺杂点,其实就是形成了条纹相[9]。也有某些掺杂点的超导电性特别“皮实”，雷打不动，周围的掺杂点通过退火等方式稍微调节一下就会落到这些掺杂点上，这些点称为“魔数”掺杂点。根据材料中空穴和电子的分布，结合晶格的对称性，可以用数学的方法推断出“魔数”载流子浓度分别对应$(2m+1)/2^n$（m、n 均为整数）一系列奇怪的分数（图 23-6），1/8 不过是其中之一！似乎冥冥之中，铜氧化物的高温超导电性由某个“魔法大师”在幕后控制[10]。

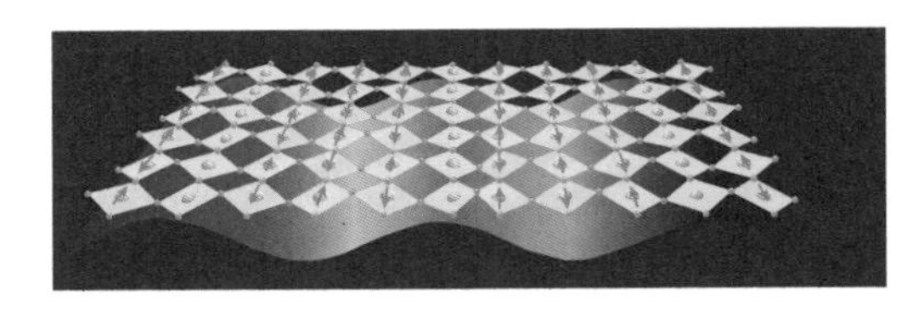

图 23-5　铜氧化物高温超导材料“条纹相”中的电荷、自旋、晶格排布示意图[8]
（孙静绘制）

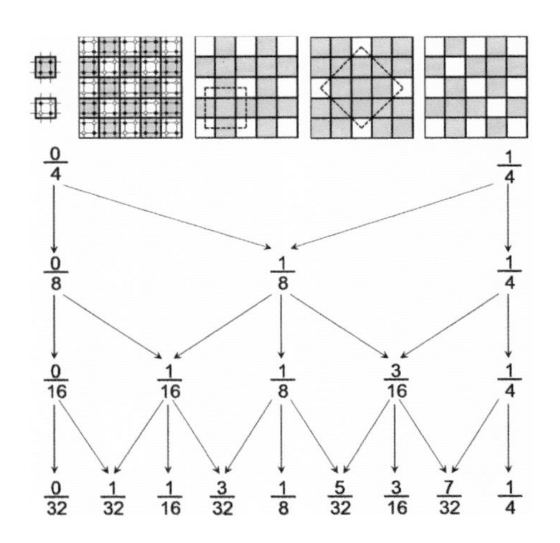

图 23-6　高温超导材料中的“魔数”($(2m+1)/2^n$)掺杂点[10]
（来自 APS*）

* Reprinted Figure 1 with permission from [Ref. 10 as follows: Komiya S et al. PHYSICAL REVIEW LETTERS 2005, 94: 207004.] Copyright (2021) by the American Physical Society.)

如此变幻多端的铜氧化物高温超导材料，到底有没有一个不变的“猴子尾巴”呢？当然有，且不多，“魔数”载流子也可以算是其中之一，至今有多少个“魔数”靠谱也说不准。进一步举例来说，在自旋相互作用方面，科学家们经过多年的艰辛努力，大致寻找到了一些“普适规律”。对于大部分铜氧化物超导材料来说，它们的自旋激发谱，也即动态自旋相互作用方面，在动量和能量分布上存在一个共同的“沙漏型”色散关系。在零能附近没有磁激发态，存在一个自旋方面的能隙，当磁激发出现的时候是存在一个四重对称的动量分布的，随着能量的增加在动量空间的分布将会收缩到一个点附近，随后又再次扩展分布开来。这种“沙漏型”自旋激发谱在铜氧化物超导材料中是普遍存在的（图 23-7）[11]。不仅如此，在自旋相互作用方面，科学家还发现自旋激发态会和超导态发生“共振效应”，表现为在某个能量附近的自旋激发会在超导临界温度之下突然增强，简称“自旋共振”（图 23-8）。自旋共振一般集中分布在特定的动量空间区域，在能量和动量上的分布往往对应于“沙漏”的腰部，即自旋激发在动量空间最为集中的那个点附近。十分令人惊奇的是，自旋共振的中心能量，往往和超导临界温度成正比。也就是说，自旋共振能量越高，超导临界温度也就越高[12]。因此，目前科学家们普遍认为，铜氧化物高温超导电性的形成，和该体系的自旋相互作用紧密相关，理解清楚自旋是如何相互作用并影响超导电性的，或是打开高温超导机理大门的一把金钥匙。

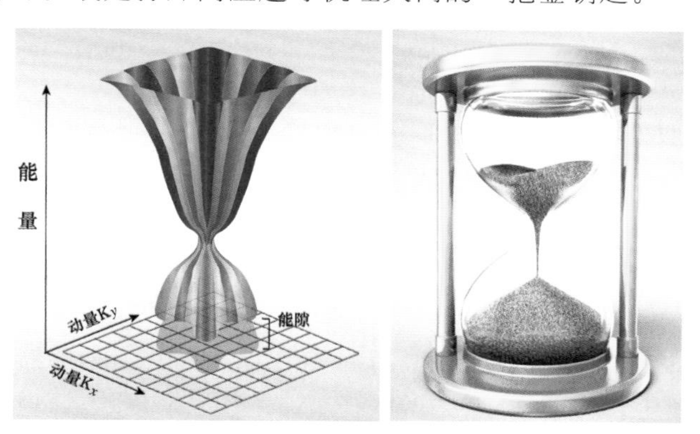

图 23-7　铜氧化物高温超导材料中的“沙漏型”自旋激发和真实的沙漏[11]
（孙静绘制/来自壹图网）

图 23-8 高温超导材料中自旋共振现象（由莱斯大学戴鹏程提供）

总之，相比于传统的金属合金超导体，铜氧化物高温超导材料的物性是极其复杂的，许多现象甚至超出了我们对传统固体材料的理解范围。为此，铜氧化物高温超导材料也是典型的非常规超导材料，它们的超导机理已经远非传统BCS理论可以解释。看透这些复杂现象背后的物理本质，是铜氧化物机理研究的关键，也是将来指导探索更高临界温度超导材料的基础。虽然目前科学家们已经寻找到了一些疑似的线索，但到最终的高温超导微观机理目标还有一定的距离。未来，仍需努力！

参考文献

[1] Peitgen H，Jürgens H，Saupe D. Chaos and Fractals：New Frontiers of Science[M]. 2nd Edition. Springer，2004.

[2] http://www.mrsec.umn.edu/research/seeds/2011/greven2011.html.

[3] 向涛. d 波超导体[M]. 北京：科学出版社，2007.

[4] Lee P A，Nagaosa N，Wen X-G. Doping a Mott insulator：Physics of high-temperature superconductivity[J]. Rev. Mod. Phys.，2006，78：17.

[5] Whitler J D，Roth R S. Phase diagrams for high T_c superconductors[M]. Westerville：American Ceramic Society，1991.

[6] Keimer B et al. From quantum matter to high-temperature superconductivity in copper oxides[J]. Nature，2015，518：179-186.

[7] Jin K et al. Link between spin fluctuations and electron pairing in copper oxide superconductors[J]. Nature，2011，476：73-75.

[8] Tranquada J M. Stripes and superconductivity in cuprate superconductors[J]. Proc. SPIE. 2005，5932，59320C.

[9] Hucker M et al. Stripe order in superconducting $La_{2-x}Ba_xCuO_4$ ($0.095 \leqslant x \leqslant 0.155$)[J]. Phys. Rev. B，2011，83：104506.

[10] Komiya S et al. Magic Doping Fractions for High-Temperature Superconductors[J]. Phys. Rev. Lett.，2005，94：207004.

[11] Zaanen J. High-temperature superconductivity：The secret of the hourglass[J]. Nature，2011，471：314.

[12]　戴鹏程,李世亮.高温超导体的磁激发:探寻不同体系铜氧 化合物的共同特征[J].物理,2006,35 (10):837-844.

24　雾里看花花非花:铜氧化物高温超导体的物性(下)

正如上节讲到,铜氧化物高温超导材料的基本物理性质,就是如同迷雾一样变幻莫测。待我们欲想进一步理解其中的物理时,更像是雾里看花一样,正所谓“看物理,如雾里,雾里悟理”。这种雾里物理,恰恰是高温超导机理研究最困难的地方,也是最令人着迷的地方[1]。雾里看到的高温超导之花,看似像花,却貌不似花,或者不是你所想象中的那枝花。

卿本绝缘何导电。话说铜氧化物高温超导材料和大多数过渡金属氧化物一样属于陶瓷材料,其母体一般都是绝缘体。然而根据传统的固体物理理论,材料中费米能附近的电子填充数目决定其导电性(见第 5 节神奇八卦阵)[2]。铜氧化物这类材料中铜离子含有的电子是半满壳层填充的,也就是说,铜离子可以贡献大量的电子到费米能附近,材料中应该充斥大量可以自由导电的电子,理应是导电良好的金属!本该好端端的导电金属,为何实际上却是个绝缘体呢?看来铜氧化物高温超导从母体开始,就不走寻常路[3]。实际上,早在 1937 年,科学家就注意到了金属电子论的局限性,某些过渡金属氧化物天生就是绝缘体,无法用简单的固体能带理论来解释。N. Mott (莫特) 和 R. Peierls (派尔斯)最早指出之前的理论出错是因为太简单粗暴了,金属电子论过于简化材料中的相互作用为近自由电子与原子实,而忽略了电子之间的相互作用,莫特据此提出了他的理论模型[4]。1963 年,J. Hubbard(哈伯德)简化了莫特的模型,发现:如果电子之间存在较强库仑排斥能 U,以致能使得费米能附近本来合为一体的铜离子 3d 轨道电子,会劈裂成上下两个不同的能带(又称上哈伯德带和下哈伯德带),中间隔着一个电荷能隙。由于电子都填充在下哈伯德带中,空穴都填充在上哈伯德带中,费米能附近就没有可参与导电的载流子,于是绝缘体就形成了[5]。如此机制形成的绝缘体,又称为“莫特-哈伯德绝缘体”,或简称“莫特绝缘体”。莫特绝缘体理论在解释氧化物材料的导电机制问题时取得了成功，但它并不是铜氧化物母体绝缘性的唯一可能解释。例如另一种解释就是电荷转移型绝缘体，这种情况下氧离子和铜离子的轨道距离很近，具有较小的电荷转移能。库仑排斥能使得铜离子 3d 轨道劈裂得更大，中间隔着氧离子的 2p 轨道，同样费米能附近没有可参与导电的载流子，属于绝缘体[6]。莫特绝缘体和电荷转移绝缘体之间的区别在于，电子受到的铜离子位库仑排斥能 U（由电子间相互作用决定），和铜-氧离子轨道之间电荷转移能 Δ（由离子间电负性差距决定）相比，看谁大谁小。如果 $U<\Delta$，意味着电子更倾向于在两铜离子位置之间（不同元胞间）跃迁，属于莫特绝缘体；如果 $U>\Delta$，电子则更倾向于在铜-氧离子位置之间（同一元胞内）跃迁，属于电荷转移型绝缘体（图 24-1）[7]。

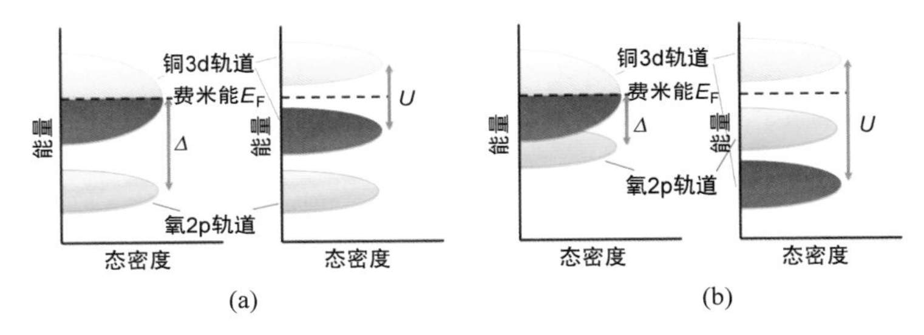

图 24-1 莫特-哈伯德绝缘体与电荷转移型绝缘体示意图
（作者绘制）

在铜氧化物母体材料中，是否存在严格意义上的莫特绝缘体，或者，它们是否应该是电荷转移型绝缘体，是难以界定的，因为 U 和 Δ 很难直接准确地由实验测量得到[8]。可以说，理解铜氧化物高温超导电性，一开始就遇到了困难。接下来更麻烦的困难是，为何掺杂空穴或者电子之后材料会导电？作为一个空穴载流子，如何在铜氧平面内移动呢？这个问题最早由 P. W. Anderson（安德森）提出，他同时给出了一个非常优美的共振价键理论（RVB 理论）[9]，但在面临实际问题时，RVB 理论显得不够实用。解决这一关键问题的，是华人物理学家张富春和他的博士后导师 T. M. Rice（莱斯）。通过借鉴重费米子材料中的近藤屏蔽理论，他们认为若考虑氧的 2p 轨道，其上带一个自旋和铜的3d轨道发生杂化，氧离子上的空穴载流子和铜离子上的自旋磁矩就可以形成一个自旋单态的复合粒子。该有效空穴在铜氧晶格平面就可以移动起来，可以用强相互作用下的单带有效哈伯德模型来描述(图24-2)。这个理论模型被称为Zhang-Rice单态，也被华人物理学家们戏称为“张大米态”，在高温超导微观模型上迈出了重要的一小步[10]。

图 24-2

(左) Zhang-Rice单态[10](来自APS*)；(右) 张富春与T. M. Rice(由香港科技大学戴希提供)

真真假假赝能隙。铜氧化物高温超导体的正常态，也是极其“不正经”的。我们知道，超导体进入超导态时会打开一个能隙，形成的库伯电子对会相干凝聚到低能组态(见第13节：双结生翅成超导)。正是因为超导能隙的存在，才保证了超导态的稳定性，超导能隙一般在超导临界温度之下开始形成。然而，铜氧化物高温超导体不走寻常路，即便在超导临界温度之上，体系也会打开一个“能隙”。这个“能隙”很奇怪，它不是严格意义上的能隙(态密度在某能量范围为零)，只是电子体系的态密度有所“丢失”，但是在某些行为上和超导能隙又特别像，所以干脆叫作赝能隙(意指“这个能隙有点假”)[11]。赝能隙出现的温度一般来说都要远远高于超导临界温度，尤其在欠掺杂区更为明显，一直延伸到过掺杂区。因为欠掺杂区往往涉及各种磁有序态或电荷有序态，赝能隙也有可能是这些超导之外的电子态造成的，在某些材料中，赝能隙态甚至和超导态在共存的同时又存在激烈竞争(图24-3)。赝能隙究竟是不是超导能隙

---

* Reprinted Figure 1 with permission from[Chen C-C et al. PHYSICAL REVIEW B 2013,87: 165144.]Copyright(2021)by the American Physical Society.

形成的“前奏”，或者根本与超导态无关，赝能隙本身的机理到底又是怎么样的？这些问题至今仍是高温超导研究的一个谜[12]。

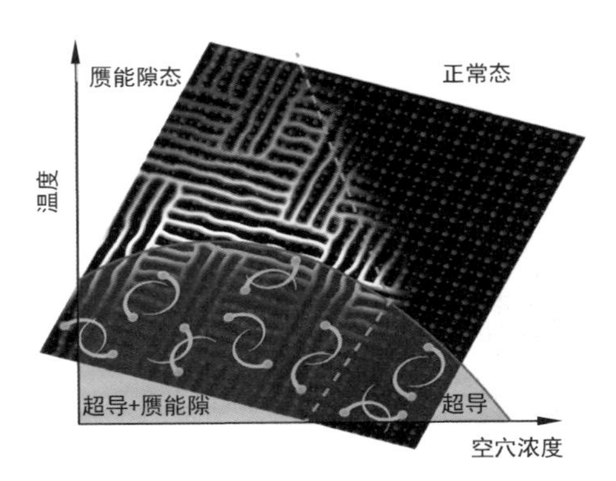

图 24-3 赝能隙与高温超导态[11]
（来自斯坦福大学沈志勋研究组*）

断断续续费米弧。由于赝能隙的存在，在欠掺杂的某些区域，铜氧化物高温超导材料的费米面居然是不连续的！是被打断的片状“费米弧”，在费米弧的不同位置，超导能隙或赝能隙的大小还会发生变化。费米弧的长短似乎和超导临界温度有一定的关系，但也不是很明确[13]。这无论如何都是很难理解的，因为在传统的金属中（注：高温超导体掺杂后已经具有金属性），费米面都是连续的，甚至是完全闭合的球形，从来不会有如此“支离破碎”的费米面。看热闹不嫌事大，在人们为不连续的费米面困惑不已的时候，在高质量单晶样品上的更多实验证据说明体系还存在小的“费米口袋”，即费米面实际上由四个小袋袋组成[14]。因为某些测量手段对内侧的“口袋壁”不敏感，所以造成了只测到半边口袋，看起来像是个弧。还有说法是“费米口袋”和“费米弧”两者是独立存在的，在外侧边比较靠近而已，真是越搞越糊涂。只有当进入过掺杂区后，体系空穴浓度大大增加，费米面才恢复到常见的连续费米面（图 24-4）（注：图示是空穴型高温超导材料，所以费米面的曲率是朝外弯曲的）。费米面的不清不楚，很大程度也是因为在欠掺杂区存在多种竞争电子序，这些有序电子态同样会造成费米面的折叠或变形。而铜氧化物材料在结构上的不均匀性或者调制，也会造成费米面的变化。整体来说，我们仍然不明白为何费米面会如此古灵精怪[15-18]。

---

* https://www6. slac. stanford. edu/news/2014-12-19-first-direct-evidence-mysterious-phase-matter-competes-high-temperature

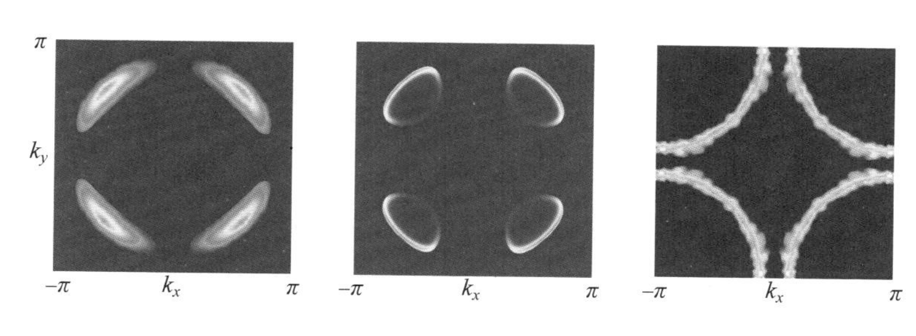

图 24-4　费米弧、费米口袋与费米面
（孙静绘制）

扭扭捏捏 d 波对。上面提及的都是正常态的反常性质，即使在超导态下，铜氧化物高温超导体也是有点奇怪。我们知道，对于常规的金属合金超导体，可以用 BCS 理论来描述。电子借助交换原子振动量子——声子来产生配对相互作用，形成的库伯对是空间各向同性的，也就是说超导能隙是 s 波[19]。但是，在铜氧化物高温超导体中，超导的配对却是各向异性的 d 波——超导能隙分布在空间上看起来像个扭出来的十字梅花，不同"花瓣"之间存在能隙为零的"节点"，而且相邻"花瓣"的能隙相位是相反的（图 24-5）。张富春和 T. M. Rice 作为先驱者之一，也较早指出高温超导波函数具有 d 波对称性[20]。原因很直观——铜离子的 3d 轨道就是一个 d 波对称性的函数，在 Zhang-Rice 单态下，超导电性因两个空穴配对而形成，超导波函数自然也可能服从类似的对称性。更深层次的物理，可能是因为超导电子对的形成交换了磁性涨落量子，传统的声子媒介，在这里换成了磁激发子，导致了奇怪的 d 波配对模式。铜氧化物高温超导材料的 d 波超导能隙非常独特且又普遍，因为目前在多个体系都用精确的实验验证了这个结果，甚至在重费米子体系，也观测到了类似的 d 波配对行为[21]，它们又统称为"d 波超导体"。后来证明，实际上超导配对并不必须是各向同性的 s 波，d 波和 p 波也是可以的，前两者是自旋单重态（俩配对电子自旋相反），后者是自旋三重态（俩配对电子自旋相同）[22]。真是"幸福的对儿，各有不同"！

拉拉扯扯非常规。铜氧化物高温超导材料的 d 波配对模式，以及可能不

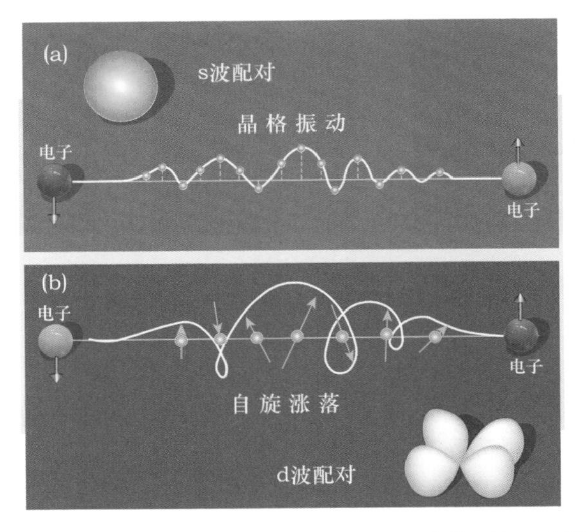

图 24-5 常规超导体的 s 波配对与高温超导体的 d 波配对[21]
（孙静绘制）

再单纯借助声子配对，说明高温超导电性已经不同于传统的金属合金超导体了，基于电子-声子相互作用的 BCS 理论已经不足以描述高温超导现象，这是为何称之为非常规超导体的原因之一。说它"非常规"，实际上是因为我们之前对金属电子论的理解过于简单和"常规"了。因为物理学习惯上难以处理多体问题，往往喜欢采取理想化的方式来把复杂体系变成一个单体体系，从而使得数学模型变得简单。例如，理想气体方程就是一个典型的例子，在完全不考虑气体分子之间的相互作用情况下，气体的压强、体积、温度就简单成了正反比的关系，一旦考虑分子大小和相互作用，就要改写成范德瓦尔斯方程[23]。类似地，在金属材料中，人们也习惯性地忽略了电子之间的相互作用，而单纯考虑"金属电子气"，原子外层电子近乎自由地在有周期的晶格中运动，这就是金属电子论的基本思路。简单考虑较弱的电子-电子相互作用，"电子气体"就变成了"电子液体"，因为电子是费米子，而固体材料中的电子并不是"裸电子"，所以又通常称之为"费米液体"。这类理论以朗道为主发展成熟，也称"朗道费米液体理论"[24]。在铜氧化物高温超导材料中，电子之间不仅存在相互作用，而且存在很强的相互作用，不仅有电荷之间的库仑相互作用，而且还有自旋之间的磁相互作用(图24-6)。如此复杂的相互作用,正是我们看到的种种“非常规”的根源,也超越了我们对传统费米液体的理解。对于最佳掺杂附近的某些正常态区域,电子态并非像传统费米液体那样受到统一约束,而是在某些特定的动量空间点会出现非零的激发态[25]。如果测量这个区域的电阻,就会发现电阻率随温度的演变并非是如传统费米液体一样出现 T^2 关系,而是和温度呈线性关系,甚至可能持续到几百开(K)上千开的温度。如此奇怪的状态难以描述,就笼统地称之为“非费米液体”。非费米液体态的出现,还往往对应于电子态相图某些特定的掺杂临界点,因为非费米液体区域就像个锥形落在了零温的临界点——量子临界点(QCP)附近(图24-7)。在量子临界点附近,某些物理量会出现奇异行为,如载流子的有效质量会发散,体系的关联长度趋于无穷大,而一些动力学的行为则满足某些标度律[2,20]。因此,很多时候,这些超导材料中的“非常规”现象,又归因于是量子临界点在捣鬼。

图24-6　非常规金属中的关联电子
(孙静绘制)

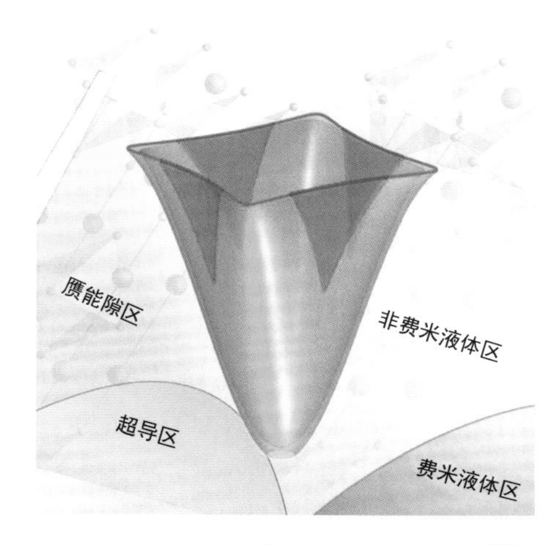

图24-7　高温超导体中的非费米液体态[25]
(来自保罗谢勒研究所*)

* https://www.psi.ch/num/HighlightsThirteenEN/igp_48a4728305c2fc94f66975effc0a18db_chang_nc.jpg

总之，看似金属的母体却是个绝缘体，本不该有能隙的正常态却有个赝能隙，好端端的费米面却被硬生生拽得支离破碎，安安稳稳的超导态却有个花花的配对能隙，拉拉扯扯说不清的相互作用导致了非费米液体……这些也只是部分例子，铜氧化物高温超导材料的"雾里看花"特征，其实远远不止这些。尽管在不断增加载流子浓度以后，体系看似恢复到了费米液体态，如果详细研究，也会挖掘出一些不可思议的现象。高温超导这朵"雾中花"，真是充满着神秘的魅力！

参考文献

[1] Schrieffer J R, Brooks J S. Handbook of High-Temperature Superconductivity[M]. Springer, 2006.

[2] 冯端，金国钧. 凝聚态物理学[M]. 北京：高等教育出版社，2013.

[3] 黄昆，韩汝琦. 固体物理学[M]. 北京：高等教育出版社，1998.

[4] Mott N F, Peierls R. Discussion of the paper by de Boer and Verwey[J]. Proc. Phys. Soc., 1937, 49 (4S): 72.

[5] Hubbard J. Electron Correlations in Narrow Energy Bands[J]. Proc. R. Soc. Lond., 1963, 276 (1365): 238-257.

[6] Lee P A, Nagaosa N, Wen X-G. Doping a Mott insulator: Physics of high-temperature superconductivity[J]. Rev. Mod. Phys., 2006, 78: 17.

[7] https://www.quora.com/Why-do-charge-transfer-insulators-exist.

[8] Olalde-Velasco P et al. Direct probe of Mott-Hubbard to charge-transfer insulator transition and electronic structure evolution in transition-metal systems[J]. Phys. Rev. B, 2011, 83: 241102(R).

[9] Anderson P W. The theory of superconductivity in the high-T_c cuprates[M]. Princeton University Press, 1997.

[10] Zhang F C and Rice T M. Effective Hamiltonian for the superconducting Cu oxides[J]. Phys. Rev. B, 1988, 37: 3759.

[11] Hashimoto M et al. Direct spectroscopic evidence for phase competition between the pseudogap and superconductivity in $Bi_2Sr_2CaCu_2O_{8+\delta}$[J]. Nat. Mater., 2015, 14: 37-42.

[12] Kordyuk A A. Pseudogap from ARPES experiment: three gaps in cuprates and topological superconductivity[J]. Low Temp. Phys., 2015, 41: 319.

[13] Chowdhury D, Sachdev S. Proceedings of the 50th Karpacz Winter School of Theoretical Physics[M]. Karpacz, Poland, 2014-02-09.

[14] Qi Y and Sachdev S. Effective theory of Fermi pockets in fluctuating

antiferromagnets[J]. Phys. Rev. B,2010,81：115129.
[15] Shen K M et al. Nodal quasiparticles and antinodal charge ordering in $Ca_{2-x}Na_xCuO_2Cl_2$[J]. Science,2005,307：901.
[16] Doiron-Leyraud N et al. Quantum oscillations and the Fermi surface in an underdoped high-T_c superconductor[J]. Nature,2007,447：565.
[17] Julian S R,Norman M R. Local pairs and small surfaces[J]. Nature,2007,447：537.
[18] Meng J Q et al. Coexistence of Fermi arcs and Fermi pockets in a high-T_c copper oxide superconductor[J]. Nature,2009,462：335.
[19] Tinkham M. Introduction to Superconductivity [M]. Dover Publications Inc. ,2004.
[20] 向涛. d波超导体[M]. 北京：科学出版社,2007.
[21] Coleman P. Superconductivity：Magnetic glue exposed[J]. Nature,2001,410：320.
[22] M Smidman et al. Superconductivity and spin-orbit coupling in non-centrosymmetric materials：a review[J]. Rep. Prog. Phys. ,2017,80：036501.
[23] van der Waals J D. On the Continuity of the Gaseous and Liquid States (Doctoral Dissertation)[D]. Universiteit Leiden. 1873.
[24] Phillips P. Advanced Solid State Physics[M]. Perseus Books. 2008.
[25] Chang J et al. Anisotropic breakdown of Fermi liquid quasiparticle excitations in overdoped $La_{2-x}Sr_xCuO_4$[J]. Nat. Commun. ,2013,4：2559.

25　印象大师的杰作：高温超导机理研究的问题

在第12节,我们讲到了超导理论界的“印象派”——超导唯象理论。的确,在寻找常规超导理论道路上,唯象理论起到了非常有价值的推进作用,最终催生了BCS超导微观理论。然而,当遭遇到铜氧化物高温超导体时,许多在常规超导体中用起来“顺手”的理论都面临囧境,一切起因于高温超导的复杂性。如同前面两节介绍的,高温超导体“善变”难以捉摸,许多物性都是“花相似”却“实不同”,这两点已经够让理论家头疼了。实验物理学家却还要告诫理论研究者们,高温超导还有更令人郁闷的一面,它是十足的“印象派”——在各种物理性质上都看起来纷繁无章。就像一幅印象派的名画,你大约知道他画的是什么,却要面对一团难以辨识的各种色彩,以至于无法搞清楚具体画的到底是什么。更糟心的是,考虑某些条件如温度、掺杂、压力等引入之后(如此超导才会出现),铜氧化物高温超导材料看起来越像是一团色彩进一步加工处理后的“印象派”油画,愈发地显得印象味儿更浓郁了(图25-1)[1]。

图 25-1 莫奈画作局部模糊化后更加"印象派"[1]
（来自壹图网/作者修改）

在常规超导材料里面，自然一切都显得清晰明了，测量到的许多物性都是毋庸置疑的，所以在金属电子论的基础上，常规超导微观理论得以建立[2]。在高温超导研究面前，情形要远远比想象中的复杂，实验研究越深入，获得的结果就越糊涂。强行采用"印象派"的唯象理论来理解"印象派"的高温超导，或许可以给出粗略的解释，李政道先生就为此做出过尝试，不过没有获得完全成功[3]。若要真正理解高温超导，必须建立完善的高温超导微观理论，这一步，着实艰难。铜氧化物高温超导材料的"印象派"体现在多个方面，包括晶体结构、原子分布、杂质态、电子轨道分布、微观电子态、超导能隙等，均是一团团理不清的乱麻[4]。

从晶体结构上看起来铜氧化物高温超导材料具有许多共性，比如均具有Cu-O平面和Cu-O八面体结构。但若戴上放大镜仔细看的话，就会感觉似乎每个高温超导体，都有它结构上的"个性"。Cu-O面可以是一个，也可以是两个，更可以是三个。Cu-O八面体有时候是一劈成两瓣的，而且即使是劈开的另一半，也会受到邻居离子的干扰，发生八面体的扭曲或倾斜现象。这些结构上的细微变化，形成了许多原子无序状态，自然也给整体的物理性质造成了干扰[5]。例如，在 $Bi_{2+x}Sr_{2-x}CuO_{6+\delta}$ 体系，如果从Cu-O面堆叠的侧面去看的话，就可以发现原子的位置并不是严格整齐划一的，而是存在上上下下的起伏不平，换句话说，就是原子的空间排列结构存在调制（图 25-2）[6]。非常令人难以理解的是,这种调制结构是非公度的,也就是找不到任何一个有理数的周期来刻画它,调制周期实际上是一个无理数。如此复杂的晶体调制结构,几乎存在于所有 Bi 系超导材料之中,其中以单层 Cu-O 面结构的 Bi2201 体系中无序程度最强。在双层 Cu-O 面结构的 Bi2212 体系,无序程度稍弱,但面临的问题却是原子分布的无序。例如,超导的实现主要靠的是氧空位提供的空穴掺杂,但氧空位在该体系中,却会形成一串空隙杂质态,而且,分布也是极其杂乱无章的[7]。如此不均匀的无序结构和原子分布,如何能够产生如此高温的超导电性,令人费解。

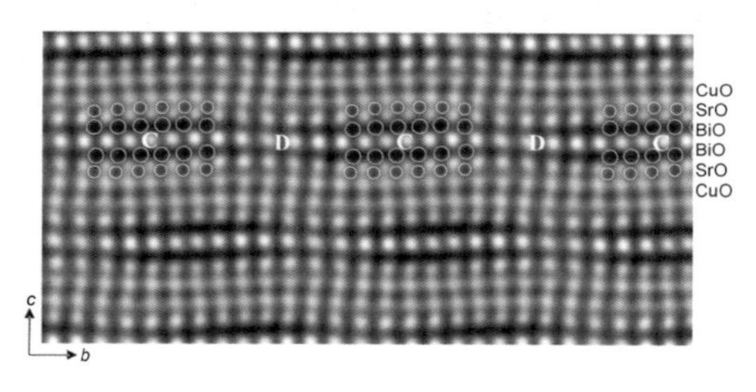

图 25-2　$Bi_{2+x}Sr_{2-x}CuO_{6+\delta}$ 晶格结构中的无公度调制[6]
(作者绘制)

结构和原子的无序,必须造成运动中的电子也出现无序状态。电子分电荷、轨道、自旋三个自由度,它们在铜氧化物高温超导体中,看起来几乎都是乱糟糟的。首先对于自旋来说,母体材料是反铁磁绝缘体,也就是存在长程有序的反铁磁自旋排列结构。但是随着掺杂增加,自旋有序会逐步打乱,先形成玻璃浆糊一样的"自旋玻璃"态,即自旋只在短程范围存在有序,进而被彻底打散成顺磁态[8]。只有在自旋杂乱无章的顺磁态下,铜氧化物材料中的高温超导电性才会出现(详见第 23 节异彩纷呈不离宗)。对于电子轨道而言,也是同样有点乱。原则上来说,Cu-O 面主要负责了高温超导的导电机制,而且这个平面的结构基本上是正方形的且具有四度旋转对称性。但如果仔细一看电子的轨道分布,它并不是四重对称的,而是二重对称的状态。似乎电子轨道分布更倾向于指"南北",而不喜欢指"东西"[9]。这种状态称为"电子向列相",就像液晶体系一样，棒状的液晶分子会一根根竖起来，打破了原来低温的液晶晶列相，形成液晶向列相(图 25-3)[10]。电子向列相的存在，意味着电子所处的状态，并不一定要严格依存于原子的晶体结构有序度。确实，如果仔细观察铜氧化物材料中的电荷分布的话，还会发现电荷也是不均匀的。在某些区域电荷会聚集，在某些区域电荷会稀释，电荷密度在空间的分布甚至会形成短程甚至长程有序的"电荷密度波"，且随着掺杂浓度变化剧烈[11]。电子自由度的无序对超导的具体影响，仍未知。

图 25-3 $Bi_2Sr_2CaCu_2O_{8+\delta}$ 中的"电子向列相"[9]
(来自布鲁克海文国家实验室 *)

进一步，如果用精细的扫描探针观测电子态本身的分布，也同样能够看到许多非常不可思议的状态。如果把电子态在不同能量尺度做一张"指纹地形图"的话，在特定的能量尺度下，看到的电子态是一条条"沟壑"，或高或低，或长或短，比老人脸上的皱纹还复杂(图 25-4)[12]。把电子态和原子的周期结构做比较，有时会发现局域范围内呈现 4 倍原子结构周期的电子态，这种电子态如果两边都是 4 倍原子周期，就会形成如同国际象棋黑白方格一样的"电子棋盘格子"，所谓"棋盘电子态"[13]。棋盘电子态主要存在于 100 meV 之下的低

* https://www.bnl.gov/newsroom/news.php? a=111155

能段,是低能电子组态。如果检查高能段电子态,还会发现电子的出现概率似乎要远比掺杂输入的电子数要大得多,体现了掺杂莫特绝缘体的特征[14]。电子态的奇怪行为或许并不是最烧脑的,仔细看超导能隙的分布,其实也是非常不均匀的！也就是说,如果直接观测铜氧化物高温超导体中的能隙,就会发现在不同区域的能隙数值是有所不同的。有的区域能隙大,有的区域能隙小,形成了一团团的能隙簇(图 25-5)[15]。这种现象在常规超导体中几乎绝不可能出现,因为对于它们而言,同一块超导材料中的超导能隙能量分布范围非常小。超导理论告诉我们,超导能隙的大小是决定临界温度高低的关键因素之一。原则上,能隙越大,破坏超导态所需要的能量就越高,超导临界温度也就越高。所以在常规超导理论中,超导能隙通常和临界温度有一个固定的比例系数[16]。但在高温超导体中,如此分布不均匀的能隙,是否意味着超导临界温度也是分布不均的呢？倘若如此,如果那些高能隙的区域没有连接到一起,又如何实现高临界温度呢？即使实现了高临界温度,如此杂乱的超导状态又如何能够稳定存在呢？这些问题的答案扑朔迷离。

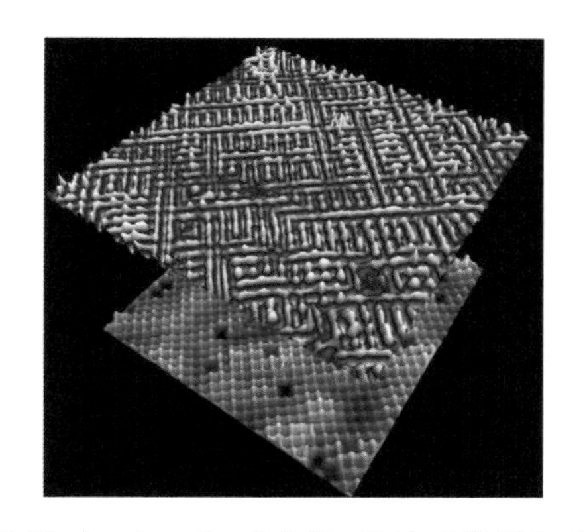

图 25-4　$Ca_{1.88}Na_{0.12}CuO_2Cl_2$ 中的"沟壑"电子态[13]

(来自爱尔兰科克大学 J. C. Séamus Davis 研究组)

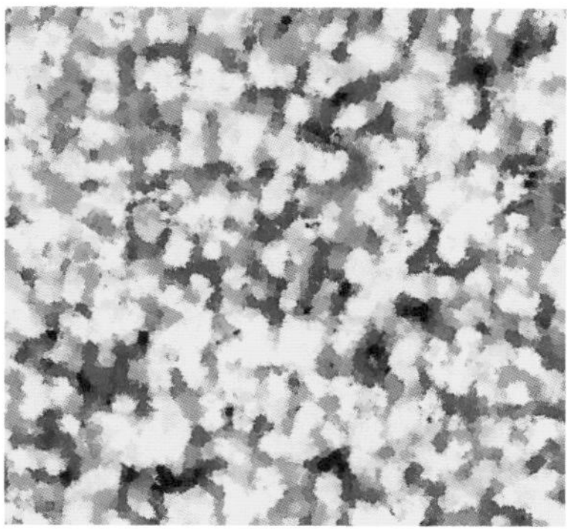

图 25-5　铜氧化物高温超导体中的"印象派"超导能隙[15]

(作者绘制)

总之,印象派高温超导体概括起来就是三个字：脏、乱、差。必须要把"纯净"的绝缘体进行掺杂来搞脏了,才会出现超导,结构和电子态分布极其混乱,超导态本身仪容似乎也是无比邋遢。真是"剪不断、理还乱"，长期把物理学家困扰到吐血。其中主要原因，可能是与电子的关联效应有关[17]。如前面几节讲到的，铜氧化物高温超导体中的电子，并不像我们理解的传统金属电子那样可以近似看成独立运动的自由电子，反而是各个手牵手的关联电子态。这种关联电子态，在牵手配成库伯电子对之后，仍然是存在很强的关联效应的(图 25-6)[18]。电子关联效应的存在，使得整体能够"牵一发而动全身"，也能在纷纷乱乱中寻找到集体的"inner peace"——形成高温超导现象。

图 25-6　铜氧化物高温超导体中的关联电子对[18]
(来自爱尔兰科克大学 J. C. Séamus Davis 研究组＊)

参考文献

[1] de Lozanne A. Superconductivity: Hot vibes[J]. Nature, 2006, 442: 522.
[2] Crisan M. Theory of Superconductivity[M]. World Scientific, 1989.
[3] Lee T D. A phenomenological theory of high T_c superconductivity[J]. Physica Scripta, 1992, 42: 62-63.
[4] Keimer B et al. From quantum matter to high-temperature superconductivity in copper oxides[J]. Nature, 2015, 518: 179.
[5] Park C, Snyder R L. Structures of High-Temperature Cuprate Superconductors[J]. J. Ame. Cer. Soc., 1995, 78(12): 3171.
[6] Li X M et al. Transmission electron microscopy study of one-dimensional incommensurate structural modulation in superconducting oxides $Bi_{2+x}Sr_{2-x}CuO_{6+\delta}$ $(0.10 \leqslant x \leqslant 0.40)$[J]. Supercond. Sci. Technol., 2009, 22: 065003.

＊ http://davis-group-quantum-matter-research.ie/

[7] McElroy K et al. Atomic-scale sources and mechanism of nanoscale electronic disorder in $Bi_2Sr_2CaCu_2O_{8+\delta}$[J]. Science,2005,309: 1048-1052.
[8] Lee P A,Nagaosa N,Wen X-G. Doping a Mott insulator: Physics of high-temperature superconductivity[J]. Rev. Mod. Phys. ,2006,78: 17.
[9] Lawler M J et al. Intra-unit-cell electronic nematicity of the high-T_c copper-oxide pseudogap states[J]. Nature,2010,466: 347-351.
[10] Kivelson S A,Fradkin E,Emery V J. Electronic liquid-crystal phases of a doped Mott insulator[J]. Nature,1998,393: 550-553.
[11] Campi G et al. Inhomogeneity of charge-density-wave order and quenched disorder in a high-T_c superconductor[J]. Nature,2015,525: 359-362.
[12] Lee J. et al. Spectroscopic Fingerprint of Phase-Incoherent Superconductivity in the Underdoped $Bi_2Sr_2CaCu_2O_{8+\delta}$[J]. Science,2009,325: 1099-1103.
[13] Hanaguri T et al. A "checkerboard" electronic crystal state in lightly hole-doped $Ca_{2-x}Na_xCuO_2Cl_2$[J]. Nature,2004,430: 1001-1005.
[14] Kohsaka Y et al. An Intrinsic Bond-Centered Electronic Glass with Unidirectional Domains in Underdoped Cuprates[J]. Science,2007,315: 1380-1385.
[15] Lee J et al. Interplay of electron-lattice interactions and superconductivity in $Bi_2Sr_2CaCu_2O_{8+\delta}$[J]. Nature,2006,442: 546-550.
[16] Tinkham M. Introduction to Superconductivity[M]. Dover Publications Inc. ,2004.
[17] Dagotto E. Correlated electrons in high-temperature superconductors[J]. Rev. Mod. Phys. ,1994,66: 763.
[18] Kohsaka Y et al. How Cooper pairs vanish approaching the Mott insulator in $Bi_2Sr_2CaCu_2O_{8+\delta}$[J]. Nature,2008,454: 1072-1078.

26　山重水复疑无路：高温超导机理研究的困难

在前面几节,我们已经从不同角度领略了铜氧化物高温超导材料中复杂的物理现象,从某种程度上说,它们甚至超出了物理学家目前的认知和掌控能力。经过多年的艰苦奋斗,许多科学家甚至都畏难放弃了高温超导的相关研究,有的在转战其他领域之后取得了巨大的成就,也有的从此默默无闻度一生。高温超导问题之难,不仅在于物理现象很难理解,还在于理解物理现象的过程充满艰辛。比如:对于同一个物理性质,实验测量结果可能很不一样,有时甚至同一测量手段对同一样品得到的结果是截然相反的。又如:理论对实验数据的理解很不一样,一万个理论物理学家,就有一万套高温超导理论,哪怕数据其实只有一份。简单来说,就是实验结果纷繁复杂,理论解释五花八门，高温超导微观机理之路深深隐藏在了山重水复之中，让一波又一波的江湖高手陷入痛苦的探索之路难以自救[1]。幸运的是，即使在如此穷山恶水之中，物理学家还是艰难地闯出了几条看似可通的路线，距离彻底理解高温超导机理似乎也不是那么遥远。

要回答高温超导是如何产生的这个重大问题，**首先第一个问题是：铜氧化物高温超导体中，究竟是什么载体负责超导电性的**？难道还是配对的库伯电子对吗？答案是百分百肯定的。非常规超导体绝大部分是第二类超导体，如果能够在材料中观测到一个单位的量子磁通涡旋，那么必然意味着它们是以成对电子导电的形式。因为一个磁通量子等于 $h/2e$，需要至少两个电子一起形成环流[2]。而在铜氧化物高温超导体，量子磁通涡旋可以在实验上直接观测到，库伯对的存在是妥妥的(见第 22 节天生我材难为用)。其实不仅仅是高温超导体，目前发现的几乎所有超导体都是依赖库伯对来导电的，令人不禁慨叹库伯当年的英知灼见！

第二个问题是，既然是库伯电子对来扛起导电大旗，那么究竟是怎么样的一群库伯对呢？在前面其实已经提到，就是那个扭捏的 d 波库伯对(见第 24 节雾里看花花非花)。高温超导里的库伯对，已经不再是常规金属超导体中那群天真无邪、各处同性的 s 波库伯对，而是花里胡哨、偶尔玩消失的 d 波库伯对。库伯电子对的能隙在空间某些位置是存在为零的节点，在非零的区域，相位还存在交叉演变。验证 d 波配对的实验方法有很多，其中最直接的证据是在高温超导三晶界上，观察到半个量子磁通 $h/4e$。由于在不同晶体取向下，d 波对同时在大小和相位上都有变化，构成一个三角形围栏之后，就会因为量子干涉效应形成半整数的磁通量子。这个非常精密的实验由华人物理学家 C. C. Tsuei (崔长琦)成功实现[3]，以无可争议的事实证明了 d 波配对的存在，在当时极其混乱不堪的高温超导对称性争议中杀出一条坦坦大道(图 26-1)。

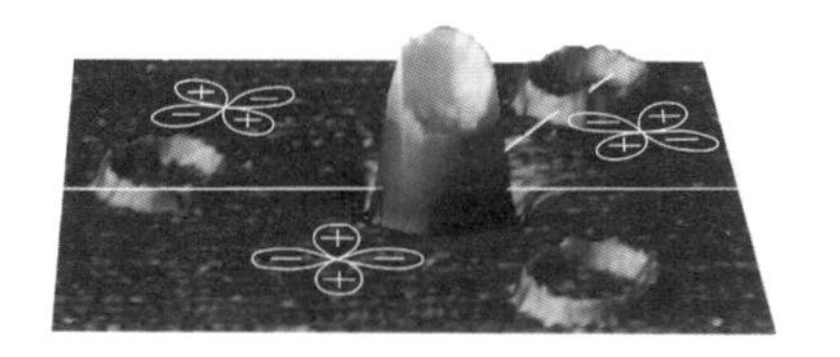

图 26-1　d 波配对的直接证据：三晶界中的半个磁通量子
(孙静重绘)

第三个问题是：库伯对的能隙是如何形成的？这个问题至今没有确切答案。尽管我们知道库伯对的能隙是 d 波，但却搞不清楚能隙从何方来。其中最大的困扰之一，就是赝能隙的存在。除了超导能隙外，远在超导温度之上就形成的赝能隙，和超导能隙有没有关系，是不是超导的前奏？赝能隙和超导能隙，大部分情况都具有类似 d 波的特征，它们是同一个能隙的不同表现形式吗？赝能隙往往出现在费米弧之上，它对体系的电子态行为究竟有什么样的影响？仔细测量赝能隙和超导能隙随掺杂的演变，会发现超导能隙基本上和临界温度成正比关系，但赝能隙则完全随掺杂增加单调递减直至消失，好像又说明它们不是一回事（图 26-2）[4]。哥俩就像一个妈的两个孩子，长得很像，但又不完全一样。随着人们对铜氧化物高温超导体中各种电子有序态的深入研究，目前大家倾向于认为赝能隙是由于体系中的电荷密度波等其他有序态造成的，但争议是仍然存在的。

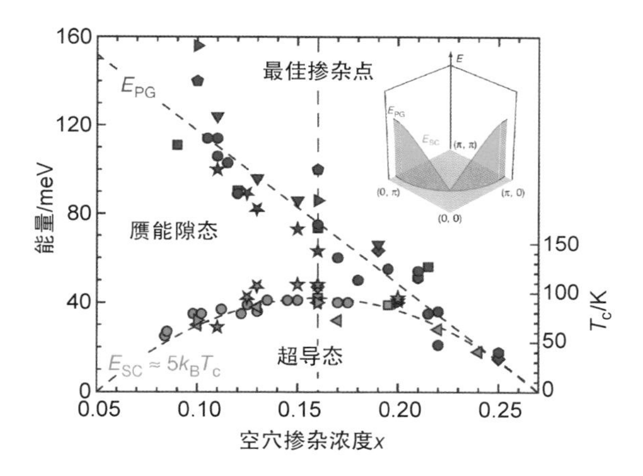

图 26-2　铜氧化物高温超导体中的赝能隙与超导能隙[4]

（来自爱尔兰科克大学 J. C. Séamus Davis 研究组 *）

第四个问题是：库伯对是如何凝聚成超导态的？光有库伯对，是不足以形成超导现象的，还需要所有的库伯对都发生相位相干，一起团结凝聚到足够

* http://davis-group-quantum-matter-research.ie/

低能的组态，形成超导电流（简称超流）。在传统金属超导体中，因为费米面附近所有电子都组对进入了有能隙的超导态，超导电子密度（超流密度）是非常之高的。此时，和临界温度成正比关系的，主要是超导能隙大小，而不是超流密度[5]。然而在高温超导体中，能隙的分布往往杂乱无章，大部分情况下能隙和临界温度关系是没有规律可循的。此时，和临界温度有最直接关系的，反而是超流密度，和临界温度成简单正比标度关系。也就是说，超导电子的浓度越高，对应的超导临界温度就越高。这个现象由 Yasutomo J. Uemura 提出，又称 Uemura 标度关系，或 Uemura 图[6]。后来的研究结果令人惊讶地发现，Uemura 关系几乎在所有铜氧化物高温超导材料中都得以成立[7]，哪怕是进入过掺杂区，临界温度也和超流密度成正比[8]。更神奇的是，即便是重费米子超导体和 C_{60} 超导体，也是满足这个简单的标度关系。如果把超流密度换算成费米速度，那么低温下进入超流态的液氦，也是基本满足这个关系的[7]（图 26-3）！透过 Uemura 关系，可以发现超导体基本上可以根据是否满足此关系分成两大组：传统的金属超导体超流密度高的同时反而临界温度相对低，都是常规超导体，可以用 BCS 理论来理解；其他超导体超流密度基本决定了临界温度，属于非常规超导体[8]。这个关系也暗示，寻找更高临界温度的

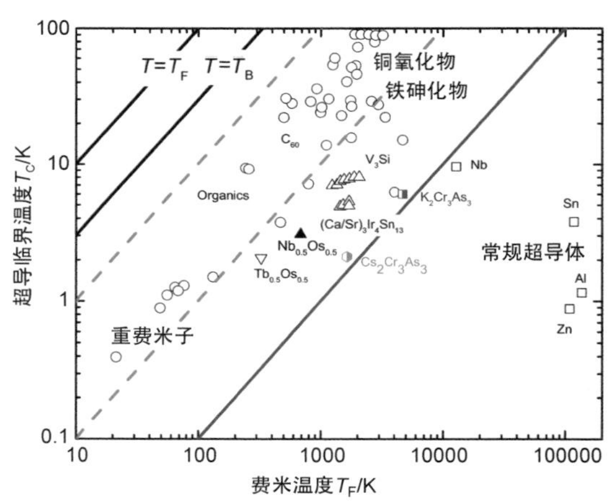

图 26-3　超流密度与临界温度的 Uemura 标度关系[7]

（由卢瑟福-阿普尔顿实验室 D. T. Adroja 提供）

超导体，需要在非常规超导体中寻找超流密度高的那些，对它们来说，超导库伯对在单位体积内凝聚越多则越有利于超导的稳定。这和材料中可参与导电(费米面附近)电子越多则金属性越好有着异曲同工之妙，所谓“电多力量大”是也(图26-4)[9]！

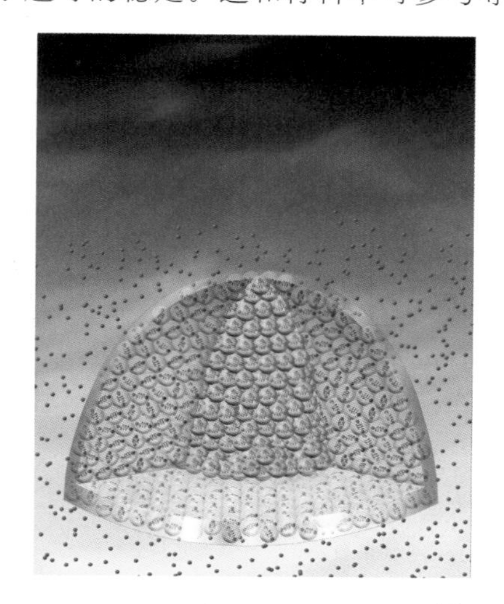

图26-4　超导电子对凝聚与费米面[9]
(来自伊利诺伊大学香槟分校P. W. Phillips研究组*)

第五个问题是：库伯对到底是什么时候/温度形成的？这个问题在常规超导体中根本不是什么合适的问题。因为几乎所有的超导现象，都发生在降温过程的超导临界转变之中。库伯对形成、位相相干、组团凝聚都是同时发生的，但在高温超导体中，似乎没有那么简单。高温超导材料中的超导能隙分布在空间上尽管有点乱，但如果看得足够仔细，对每个小区域的能隙进行统计和测量，就会发现其实小范围能隙在临界温度之上依然可以存在，只是对整个超导体的覆盖率在不断下降而已[10,11]。为什么在临界温度之上仍然存在超导能隙(注意不是赝能隙)，唯一可能的解释就是超导临界温度之上就存在库伯对。这还可以在能斯特效应实验加以验证，因为高温超导材料中的能斯特信号对应着磁通涡旋的存在，而在多个铜氧化物体系中能斯特信号消失温度都要远高于超导临界温度(图26-5)[12]。库伯对在超导临界温度之上可以存在，就像电子和电子之间早就按捺不住互相眉来眼去了，这被称为“预配对”现象(图26-6)[13]。要特别注意的是，预配对的温度是要低于赝能隙温度的，赝能隙的形成和预配对有没有关系，也是不太清楚的。

---

* https://physics.illinois.edu/people/directory/profile/dimer

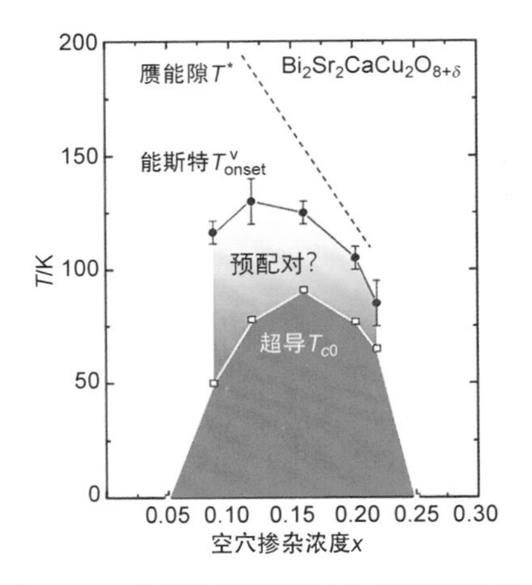

图 26-5 超导临界温度以上的能隙涨落与能斯特信号[10,12]
（来自 APS*）

图 26-6 铜氧化物高温超导体中的"预配对"现象[13]
（来自布鲁克海文国家实验室**）

最后一个问题是：库伯对是如何形成的。既然高温超导现象同样来自库伯对的相干凝聚，那么究竟是一种什么力量驱使了库伯对的形成？它能够在临界温度之上就做媒促成对儿吗？它能构造出 d 波的对吗？它能拉拢越来越多的对凝聚成相位相干的稳定团队吗？这种神奇的力量，科学家称之为库伯对的"胶水"。在常规超导体中，库伯对的胶水就是晶格振动量子——声子[5]。但在高温超导体中，这个胶水是什么，至今仍然没有确切答案，也是高温超导微观机理中最困难的问题。理论学家们八仙过海各显神通，发明了各种各样的"胶水"，有的甚至非常之奇怪，至今也没在实验上找到过[14]。不可否认的是，在高温超导材料中，电子和电子之间的相互作用能量尺度，要远远大于电子和声子的相互作用。我们无法彻底排除声子是否是胶水配方的一部分，也无法真正确定电子之间的电荷和自旋相互作用是否能够起到胶水的作用。著

---

* Reprinted Figure 1 with permission from [Ref. 12 as follows: Wang Y et al. PHYSICAL REVIEW LETTERS 2005, 95: 247002.] Copyright (2021) by the American Physical Society.

** https://www.bnl.gov/newsroom/news.php? a=110994

名的理论物理学家 P. W. Anderson(安德森)坚持他早期提出的共振价键理论(RVB)[15],他大胆认为有没有胶水根本不重要。电子之间的电荷相互作用和自旋相互作用能量都在电子伏特(eV)量级,而超导能隙则在毫电子伏特(meV)量级,如果把这三种相互作用都关在低温的冰箱里,就像一头猛犸象和一头大象塞得满满的,谁也不会去注意到它们脚下还有一只小小的老鼠(图 26-7)[16]。或者,换而言之,我们有足够能量尺度的电子-电子相互作用,只需要“借用”其中一丁点儿能量,或许就可以形成高温超导现象。高温超导背后的原理,或许,其实可以很简单。

图 26-7　安德森与他的“RVB 大象论”[16]
(来自维基百科/孙静绘制)

以上 6 个问题,是高温超导机理研究的核心。需要特别注意的是,对以上 6 个问题的回答,都未必是最后正确的答案。30 余年来,新的实验结果和更多的可能理论解释都在不断涌现,关于高温超导问题的争论,从来就没有停止过[17]。山还是那座山,水还是那股水,只是迷失的实验家迷失了,相逢的理论家还会再相逢。终极的高温超导微观理论,不仅要全面回答以上问题,还得经得住更多实验的考量[18]。未来新的高温超导之路,需要不断探索新型体系的高温超导家族,需要发展新的实验探测技术并不断提升实验测量精度,需要建立能够处理强关联电子多体系统的理论体系,最终以越来越多的实际例证、不断清晰的实验规律、坚实可靠的理论模型来彻底回答高温超导机理这个物理难题。

参考文献

[1] Leggett A. What DO we know about high T_c[J]. Nat. Phys.,2006,2(3)：134-136.
[2] Kirtley J R et al. Half-integer flux quantum effect in tricrystal $Bi_2Sr_2CaCu_2O_{8+\delta}$[J]. Europhys. Lett.,1996,36：707-712.
[3] Tsuei C C et al. Pairing Symmetry and Flux Quantization in a Tricrystal Superconducting Ring of $YBa_2Cu_3O_{7-\delta}$[J]. Phys. Rev. Lett.,1994,73：593.
[4] Kohsaka Y et al. How Cooper pairs vanish approaching the Mott insulator in $Bi_2Sr_2CaCu_2O_{8+\delta}$[J]. Nature,2008,454：1072-1078.
[5] Tinkham M. Introduction to Superconductivity[M],Dover Publications Inc.,2004.
[6] Uemura Y J. Condensation, excitation, pairing, and superfluid density in high-T_c superconductors: the magnetic resonance mode as a roton analogue and a possible spin-mediated pairing[J]. J. Phys. Condens. Matter.,2004,16：S4515.
[7] Hashimoto K et al. A sharp peak of the zero-temperature penetration depth at optimal composition in $BaFe_2(As_{1-x}P_x)_2$[J]. Science,2012,336：1554-1557.
[8] Božović I et al. Dependence of the critical temperature in overdoped copper oxides on superfluid density[J]. Nature,2016,536：309-311.
[9] https://physics.illinois.edu/people/directory/profile/dimer.
[10] Gomes K K et al. Visualizing pair formation on the atomic scale in the high-T_c superconductor $Bi_2Sr_2CaCu_2O_{8+\delta}$[J]. Nature,2007,447：569-572.
[11] Hanaguri T et al. Quasiparticle interference and superconducting gap in $Ca_{2-x}Na_xCuO_2Cl_2$[J]. Nat. Phys.,2007,3：865.
[12] Wang Y Y et al. Field-Enhanced Diamagnetism in the Pseudogap State of the Cuprate $Bi_2Sr_2CaCu_2O_{8+\delta}$ Superconductor in an Intense Magnetic Field[J]. Phys. Rev. Lett.,2005,95：247002.
[13] Norman M R. Chasing arcs in cuprate superconductors[J]. Science,2009,325：1080-1081.
[14] Dalla Torre E G et al. Holographic maps of quasiparticle interference[J]. Nat. Phys.,2016,12：1052-1056.
[15] Anderson P W. Twenty-five Years of High-Temperature Superconductivity-A Personal Review[J]. J. Phys.: Conf. Ser.,2013,449：012001.
[16] Anderson P W. Is There Glue in Cuprate Superconductors[J]. Science,2007,316：1705-1707.
[17] 阮威，王亚愚. 铜氧化物高温超导体中的电子有序态[J]. 物理，2017，46(8)：521.
[18] 向涛，薛健. 高温超导研究面临的挑战[J]. 物理，2017，46(8)：514.

27 盲人摸瞎象：超导研究的基本技术手段

据《大般涅槃经》记载，古代印度有位叫作“镜面”的国王，为了劝诫百姓皈依佛法，特举办了一场“盲人摸象”活动，找了十数位盲人来摸大象的一部分，让他们说出大象的模样。结果答案是："其触牙者即言象形如芦菔根，其触耳者言象如箕，其触头者言象如石，其触鼻者言象如杵，其触脚者言象如木臼，其触脊者言象如床，其触腹者言象如瓮，其触尾者言象如绳。"摸到不同部位，道出的大象形状完全不同[1]。真的大象长什么样，显然单靠一个盲人说辞是不靠谱的，而若综合各位盲人的意见，大象的雏形也许就勾勒出来了（图 27-1）。

图 27-1　盲人摸瞎象
（孙静绘制）

在高温超导这个"庞然大象"面前，其复杂多变和难以认知程度已经远远超出人们的理解能力，科学家能做的，也只能充当盲人，用各种实验工具来测量这个"大象"，然后综合各种结果来推断"大象"的模样。令人抓狂的是，高温超导"大象"并不会引导科学家们去摸哪个部位，谁也看不见谁。令人庆幸的是，在狂摸高温超导"大象"的过程中，科学测量技术的精度和能力与日俱增，"科学盲人"的手越来越敏感和精细。随着"盲人摸瞎象"发展革新出来的各种凝聚态物理测量技术，已经广泛应用到多个研究领域，催生了许多新物理现象的发现。虽然说高温超导这头"大象"至今没有彻底摸清楚，但由此锤炼出来的数十种摸象盲人，已经成为当今凝聚态物理研究的重要兵器。

在这一节，我们暂且不介绍超导研究历史和具体物理问题，先来认识清楚一部分神奇的摸象盲人，看看他们各自的神通，特别是在超导研究中的作用。希望读者能借此了解一些超导研究实验手段，进而促进对超导物理的深入理解。

1.“透视盲人”——晶体衍射技术。摸象盲人虽无可见光视力，但在非可见光范围或借用其他工具，仍能产生强大的“透视”功能，这就是各种晶体衍射技术。在第5节中，已经简单介绍了关于X射线衍射、电子衍射和中子衍射的基本原理。大致来说，晶体中的原子分布是存在一定规律的，因为原子尺度非常小，原子间距也在纳米量级甚至更小，要“透视”原子分布结构，就必须寻找到和原子尺度相当的尺子。量子力学告诉我们，微观粒子也存在波动性，光子是波，电子也是波，区别在于光子静止质量为零，电子静止质量不为零，所以真空中的光子速度为最快的光速。微观粒子的波长，就相当于一把非常精密的尺子。波长范围正好覆盖原子尺度，包括X射线(光子)、电子和中子等，也是我们常用的衍射媒介。原子中的电子会对X射线发生散射作用，原子序数越大，电子数目越多，X射线散射强度越强，所以X射线衍射对原子序数大的元素极其敏感。利用高通量同步辐射光源上的高精度X射线衍射，可以分辨10^{-12}米以下的晶体结构参数及其变化[2]。电子相对X射线的能量要低，也会受到原子中电子的强烈散射，只是穿透能力有限，只能对很薄的材料如薄膜样品等进行衍射，通过分析电子衍射斑点同样可以给出晶体结构的对称性[3]。中子衍射要更为强大，因为中子不带电，所以不会发生电荷相互作用，而是如入“无电之境”抵达原子核发生相互作用而散射，因此可以非常精确地给出原子核的排布，也即是材料的晶体结构。而且，中子因为有磁矩，它还会和电子的自旋发生强烈的散射，如果原子磁矩不为零(主要是电子自旋排布不均造成)，那么中子同样会对原子磁矩发生散射，从而获得材料内部磁矩排列结构——磁结构[4]。三大晶体衍射技术，能够让材料内部的原子、磁矩等微观结构无所遁形，这种“透视”技术也是了解材料的第一步。

2.“辨味盲人”——成分分析技术。要想了解清楚材料内部的原子分布结构，不仅要知道它们的排列顺序，还要知道它们各自属于什么元素，实际配比是多少，也就是辨别材料的各种“味道”。原理上来说，衍射技术也能给出材料的成分配比，因为不同元素或不同组分的材料形成的衍射图谱是有所区别的，但若需要进一步更准确地给出元素组分信息，就需要化学成分分析技术来帮忙了。常用的元素化学成分分析技术有EDS、WDS、ICP等，基本原理都类似：寻找各种元素的“身份证”——特征光谱，并测量其整体比重，从而给出元素含量。对于一种特定的元素，它有固定的原子序数（核内质子数）和确定的核外电子排布方式，在受外界干扰情况下，就会产生特定能量的光谱。如利用高能电子将内层电子打出去，外层电子回来填充过程会发射一组固定能量特征X射线。测量这些光谱分布，就可以找出对应的元素，而光谱的权重分布，就对应该元素的含量。一般来说，EDS和WDS可以直接在固体样品表面开展测试，EDS精度在2%以上，WDS精度在0.5%左右。ICP技术则需要将样品熔化或制成溶液再测量其发光光谱，精度在1%左右。特征光谱分析技术对一些轻元素并不敏感，特别是对于氧含量的测定相对困难。而在铜氧化物高温超导体中，氧含量对超导体的掺杂浓度有着至关重要的作用，测定氧含量非常重要。常用的测定氧含量有热重法和碘滴定法等。因为铜氧化物材料的氧可以通过加热和真空退火的方式来调节，如果将其置于非常灵敏（纳克量级）的天平上进行热处理，就可以精确测量质量变化，推断出氧含量的变化。碘滴定法是常用的化学成分分析方法，就是让碘和材料中的氧发生化学反应，只要测量加入的碘含量，就能推断出材料中的氧含量[5]。成分分析技术还有很多，不再一一介绍了。

3.“显微盲人”——电子显微技术。要想看清微观物质，如细胞、细菌、病毒、花粉等，我们通常可以借助光学显微镜来实现。由于可见光波长的限制（390～780纳米），光学显微镜的最大放大倍数在2000倍左右，要想继续放大，就需要借助电子显微镜了。电子显微镜主要分为扫描电子显微镜（SEM）和透射电子显微镜（TEM）两种。前者原理和光学显微镜类似，不过显微媒介从光子换成了电子，通过对电子的高分辨（纳米量级）聚焦和扫描，可以得到几十万倍的放大倍数。后者则需要将电子束穿透样品，类似拍X光片一样，利用电子给材料拍摄一张照片，通过反演得到材料内部原子排布结构，精度可达0.24纳米。电子显微技术可以直接观测到材料的外观形貌、微观结构、晶粒取向、晶界分布等[6]，如 EDS 和 WDS 的成分分析技术也常常和 SEM 搭配使用，结构和成分分析可以在同台仪器上完成(图 27-2)。随着分析测试需求的不断提升，电镜的发展也是非常之迅猛。例如冷冻电镜技术成功实现了对生物大分子的三维高分辨成像，洛伦兹电镜技术可以清晰观测材料表面磁性物理过程，球差色差矫正电镜将分辨率提高到 0.08 纳米以下，这些尖端显微兵器是我们了解物质微观性质的"第三只眼"。

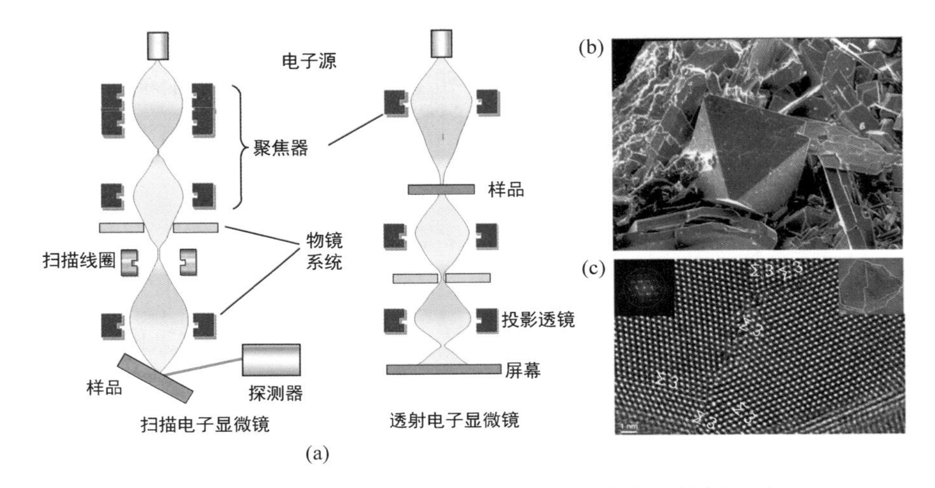

图 27-2 扫描电子显微镜和透射电子显微镜结构及其测量图片
(孙静绘制)

4. "搬运盲人"——输运测量。要证明一个材料是超导体，首先必须给出的证据就是零电阻效应和迈斯纳效应，也即需要测量电阻率和磁化率随温度的变化，电阻率必须在临界温度附近降为 0，体积磁化率则因完全抗磁变成−1。这意味着，电阻测量和磁化测量是超导研究中极其基础的手段，此外由于超导相变过程也往往对应热学变化，热学测量同样对超导研究有重要作用。因为大部分电、磁、热测量都是描述材料中电子运动过程受到电场、磁场和温度场的影响，其中电和热的测量可统称为"输运测量"，简而言之就是"电子的搬运工"。严格来说，比热容测量并不属于输运测量，它只是测量材料对外界温度变化的响应，因其对应的是材料内部的准粒子元激发过程，意味着比热容测量可以给出超导材料的相变信息(如超导相变附近的比热容跃变)和能隙对称性(准粒子激发模式）。类似的结果也能从热导率的测量给出，通过分析热流在材料中的输运过程，辨别出材料中电子、原子、磁矩等各自的贡献，测定超导前后电子态的变化，从而得到能隙信息。磁化率和电阻率的输运测量除了能够定出超导临界温度之外，还能给出超导体的临界磁场、临界电流密度以及各种磁通动力学参数，在正常态下的磁化和电阻行为同样能够反映电子体系从微观到宏观的物理性质，如赝能隙、非费米液体态等。霍尔测量则是通过测量材料在磁场下输运电流产生的横向电压，标定材料中的载流子类型和浓度，类似的信息可以从热测量的塞贝克系数得到。除此之外，还有微波电导测量、电阻噪声测量、交流电感和阻抗测量等都属于输运测量手段，前面第22节提及的能斯特效应和埃廷豪森效应也是热输运测量的方法之一[7]。输运测量的手段多种多样，也是超导研究中最为基本的方法，体现了做大事要从“搬砖”开始的精神(图27-3)。

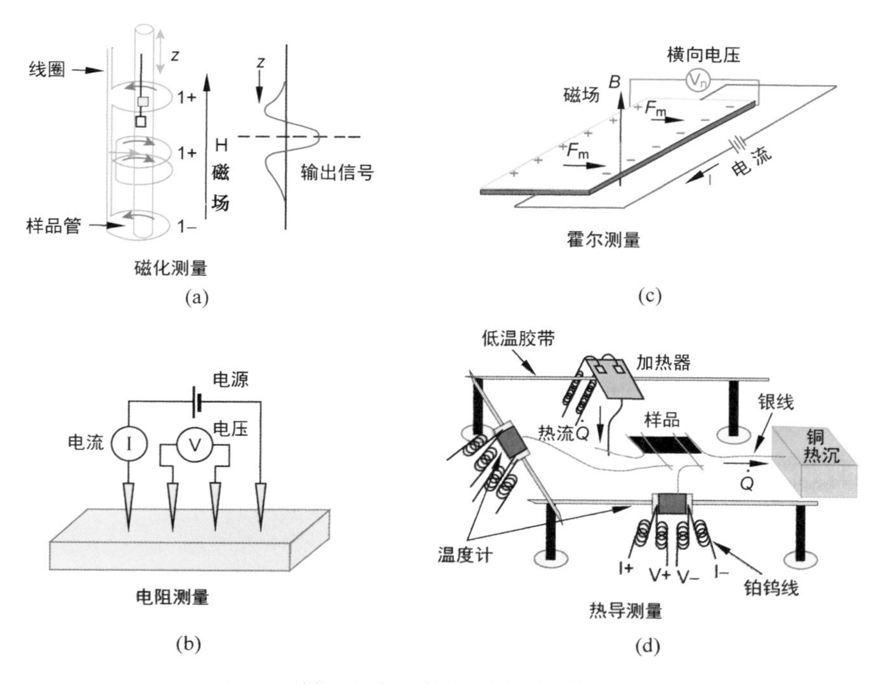

图27-3　磁化、霍尔、电阻、热导等输运测量原理

（孙静绘制）

5. “光电盲人”——光电子能谱。以上介绍的都是超导研究的基本手段，包括结构、成分、输运等，但要进一步认识材料中电子体系微观物理过程，还需要借助各种谱学手段，即针对电子的电荷、自旋、轨道等本征物理性质的能量和动量分布进行分析。光电子能谱即是对材料中电子本身能量和动量信息测量的一种手段，其原理来自“光电效应”——一束光子打到材料表面，只要能量足够大，就能把材料中的电子打飞出来，形成“光电子”。因为光电子同样携带了材料中电子的能量和动量信息，通过测量光电子的能量和动量分布就可以反演出材料内部电子的相关信息。其中动量信息可以通过电子飞行的角度来测定（角分辨），能量信息可以通过电子能谱仪来测定（能量分辨）。利用光电子能谱仪，可以直接告诉我们材料内部的电子能带结构和费米面，更是能直接测量超导能隙在动量空间的分布情况[8]。随着光源和光电子分析技术的进步，特别是在追求超导体能带结构和能隙的极致测量推动下，分辨率不断获得提高，如从最初的能量分辨仅 50 meV 已经推进到了 1 meV 以内。光电子能谱技术从早期能量分辨、角分辨，更是集成了自旋分辨和时间分辨等更强大功能，探测效率也是从点到线、从线到面不断提升，测量环境温度也从 10 K 左右推进到了 1 K 以下。可以说，光电子能谱技术就是一面神奇的“照妖镜”，在光的照射下让材料的电子系统现出原形，而且还是高分辨率的（图 27-4）。

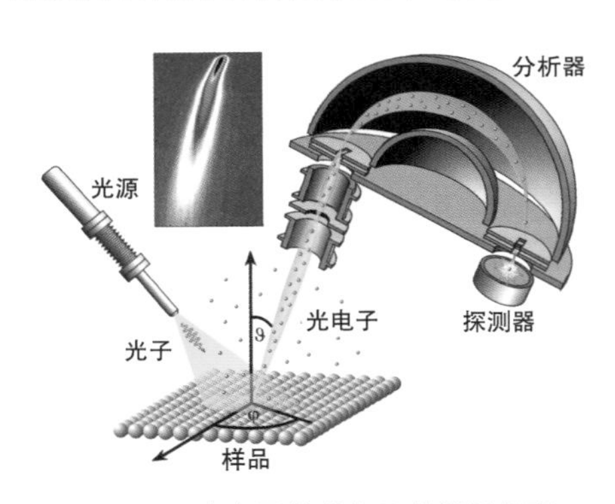

图 27-4　光电子能谱仪及其测量原理
（由中国科学院物理研究所周兴江研究组提供）

6. “多面盲人”——中子散射谱。如前文所述，中子不带电且具有磁矩，意味着把它打入材料内部可以起到“双重侦探”身份——测量原子核的位置和相互作用，以及测量电子自旋（原子磁矩）的位置和相互作用。通过测量入射材料之前和出射材料之后的中子发生的能量和动量变化，就可以直接告诉我们材料内部原子/自旋“在哪里”（排布方式）和“干什么”（相互作用），这就是中子散射技术。中子散射在超导研究历程中起到了非常关键的作用，最早根据中子散射谱测量出的金属单质声子谱，证明了常规金属超导体中的电子-声子耦合相互作用对超导形成有重要作用，也是催生 BCS 理论的关键实验证据之一。在高温超导研究中，因为超导起源于反铁磁莫特绝缘体，理解其磁性相互作用是高温超导机理必不可少的环节，中子散射可谓是必备武器。中子散射在测量材料中自旋动力学方面有着不可替代的作用，因为它不仅能覆盖 μeV 到 eV 大尺度能量范围，而且能覆盖材料几乎所有动量范围，同时还具有极高的能量、动量分辨率甚至是空间、时间分辨率，测量环境还可以结合低温、高温、高压、磁场、电场、应力等，非常灵活方便[9]。它是研究材料物性的“多面手”，让材料的各种相互作用现出原形，而且能借助各种外界环境“调戏”材料，从其反馈中获得更进一步的信息(图 27-5)。

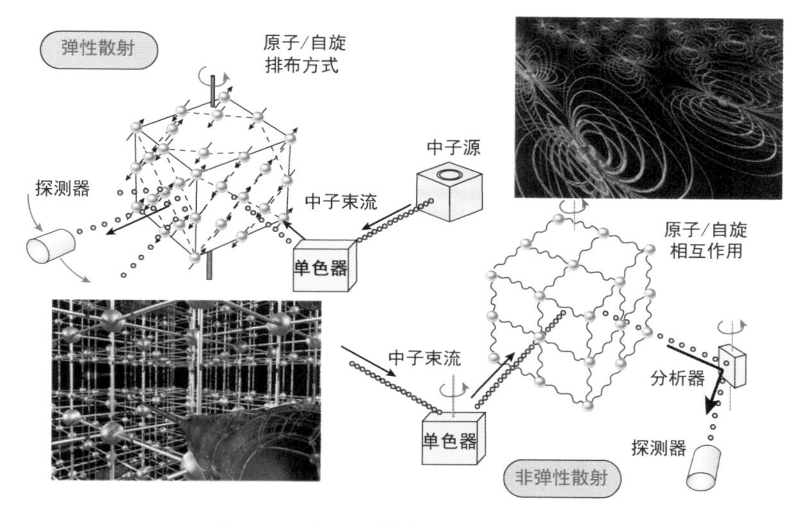

图 27-5　中子散射谱仪及其测量原理
(来自英国散裂中子源/作者绘制)

7. “颤核盲人”——核磁共振谱。测量材料的磁性物理不仅可以利用中子散射对电子自旋相互作用进行研究，还可以测量原子核本身，只要采取合适的电磁波频率让原子核也能一起颤抖共振起来，就能告诉我们原子核周围磁场环境的变化，这就是核磁共振技术。也就是说，材料内部的微观晶体结构或磁性结构一旦发生变化，相当于原子核所处的环境发生了变化，那么必然会对原子核的状态造成细微影响。通过与原子核产生共振的办法，可以极其精确地测量原子核周围环境的变化，同样告诉我们材料的微观动力学。我们知道原子核的磁矩非常之小，是电子自旋磁矩的千分之一以下，因此核磁共振的电磁波频率、磁场环境均匀度都有极高的要求，也意味着核磁共振有极高的分辨率。在自旋动力学方面，核磁共振和中子散射的区别在于，前者测量的主要是零能量附近的自旋相互作用，后者则可以测量全部能量段的自旋相互作用。通过超导体的核磁共振谱，可以得到相变类型、相变温度、能隙对称性等重要信息。类似于核磁共振，如果原子核周围电场梯度不为零，还可以进行核四极共振测量，从中可以得到化学键、晶体结构畸变等信息[10]。核磁共振同样可以结合磁场、低温、高压等各种外界环境，让“颤抖”中的原子核悄悄告诉科学家它的处境，也是固体物理研究的神兵利器之一（图 27-6）。

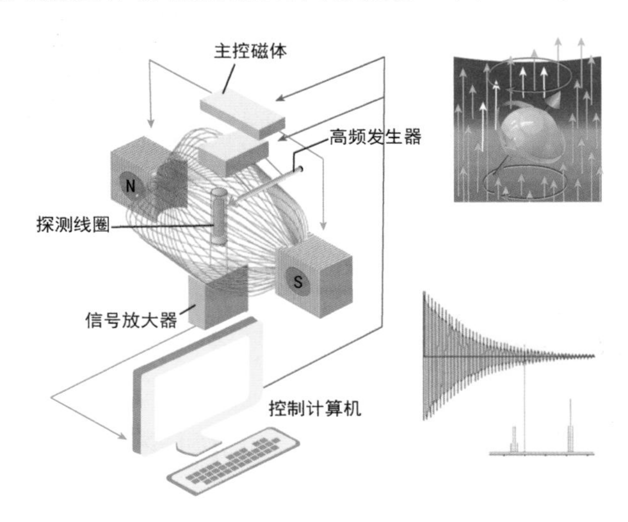

图 27-6　核磁共振谱仪及其测量原理

（孙静绘制）

8. “触电盲人”——扫描隧道谱。原子那么小，但是有没有一种办法，可以让我们直接“感知”原子的存在呢？确实有！这就是扫描隧道显微镜。利用一根极小的针尖，头上仅有一个或数个原子，只要足够靠近材料表面的原子，材料中的电子就会通过量子隧道效应跑到针尖上，从而获得电流，再进一步放大就可以被测量。针尖和材料的微观距离或者相对电压决定了隧道电流的大小，如果保持隧道电流不变扫过材料表面，测量针尖的上下起伏，就像摸到了材料表面"凹凸不平"的原子们；如果保持针尖高度不变扫过材料表面，测量针尖电流的大小，就像"触电"感觉到了材料内部电子的分布情况；如果保持针尖位置不变，改变相对电压，就测量了不同能量的隧道电流，对应材料中不同能量的电子，这就是扫描隧道谱。要做到以上三点绝非易事，因为任何一点外界干扰都会造成测量噪声，扫描隧道谱的测量需要隔绝外界环境的一切振动，还需要用压电陶瓷精密控制针尖的移动，还需要极高精度测量电流大小。利用扫描隧道显微技术，可以告诉我们材料表面的原子分布和表面重构现象，甚至可以操纵单个原子构建"量子围栏""量子文字""量子海市蜃楼"等。利用扫描隧道谱，可以测量超导材料的能隙空间分布、杂质态、磁通束缚态等。尤其是在高温超导研究需求的推动下，如今的扫描隧道谱技术已经达到至臻之境，数十纳米见方的面积可以来来回回扫描几天都能重复结果(图 27-7)。前面第 25 节提及的结果大部分都是扫描隧道谱，每一张图都精彩绝伦[11]。

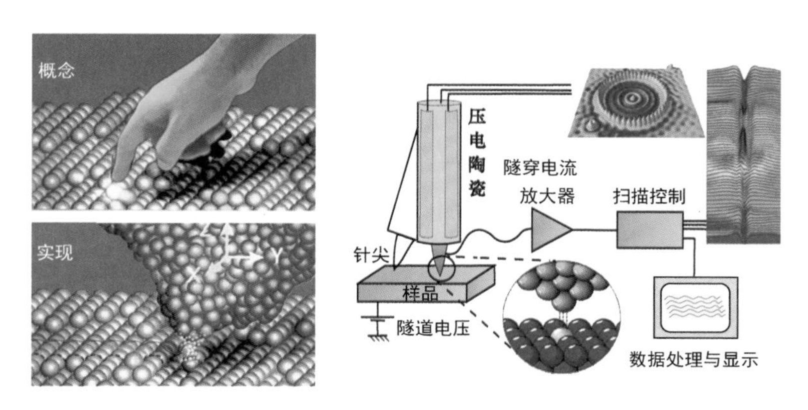

图 27-7　扫描隧道能谱仪及其测量原理

（孙静绘制）

9. "电动盲人"——拉曼和红外光谱。将一束光打到样品上，会发生反射、透射、折射等现象，说明光和样品物质发生了相互作用，通过测量光散射前后的频率和强度变化，同样可以得到物质内部的信息，这就是光谱学。我们知道材料中的原子/分子时刻都在热振动，对于分子为单元组成的材料，分子是有固定的振动模式的，对于原子/离子为单元组成的材料，每个结构单元内部的原子群体也是有固定的振动模式的，后者就是我们常说的“声子”。进入样品中的光子会与材料内部热振动模式发生耦合，从而得到或失去相应的振动能量，比较出射和入射的光频率/强度变化，就会发现某些特定频率出现一些峰，这就是拉曼散射。通过拉曼散射可以告诉我们材料的声子模式，进一步分析也可以得到材料内部结构的信息。因为光是一种电磁波，材料内部的电子激发和磁激发也同样可以和其发生耦合，产生非弹性散射，并在拉曼散射谱观察到一些特征，因此电子和磁的拉曼散射也是研究材料电子态和磁性的手段之一[12]。红外光谱仪则主要是利用红外光入射，通过分析反射或透射光的频谱及强度，得到材料的光电导率，来研究材料中内部的电荷动力学过程。和拉曼光谱得到的特征峰不同的是，红外光谱得到的是连续谱，通过分析谱形状和权重的变化，就可以得知材料中是否存在电荷能隙，以及电导率、迁移率、弛豫率等相关物理参数等[13]。无论是拉曼光谱还是红外光谱，都要用到一系列光学元件，进行出射、反射、分光、干涉、偏振、滤光等操作，最终通过计算机分析得到相关信息(图 27-8)。

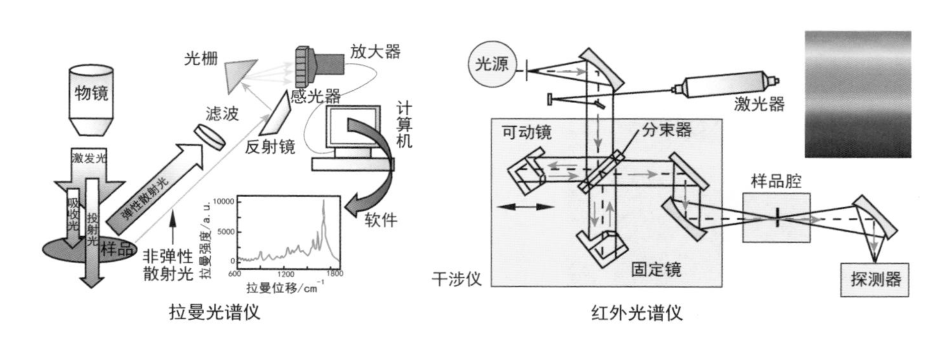

图 27-8　拉曼光谱仪和红外光谱仪及其测量原理

(孙静绘制)

10. “磁敏盲人”——缪子自旋共振/旋转/弛豫谱。除了利用光子、电子、中子作为探测媒介外，还可以利用缪子(μ)。它和电子同属于三大轻子之一，也同样带有电荷，由于弱相互作用中宇称不守恒定律，缪子天生就可以做到

100%极化。极化正缪子打进样品内部，会迅速衰变成正电子，而出射正电子在空间的球分布是不均匀的，这与材料中内部磁场有关。因此，一旦材料存在内部磁有序结构，或者如超导体混合态中的磁通涡旋格子等，就会造成正电子的不对称分布，通过对其不对称性的分析就可以得到材料中磁有序的体积、相变温度、磁矩大小、超导穿透深度、超流密度等信息，进一步分析得到超导能隙对称性和磁性-超导体积比等。缪子散射技术包括缪子自旋的共振、旋转、弛豫等，统称为 μSR，是对材料磁性最为敏感的探测技术之一[14]。因大量产生缪子的方法有限，也是少有的探测手段之一(图 27-9)。

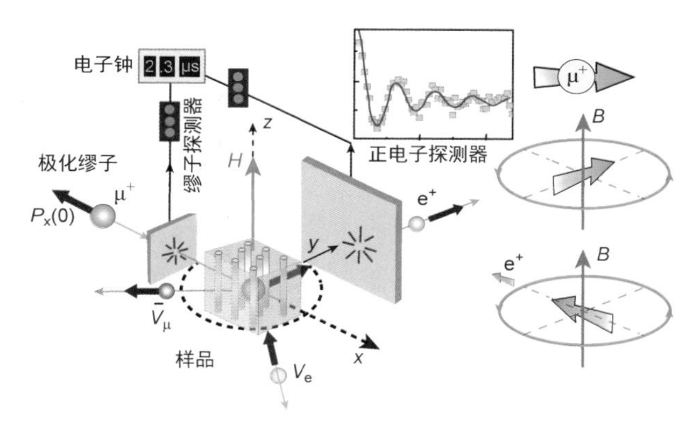

图 27-9　缪子自旋共振/旋转及其测量原理

(孙静绘制)

11. "振 X 盲人"——共振非弹性 X 射线谱。最后，简要介绍近年来新发展的一种测量技术——共振非弹性 X 射线谱。早期的时候，X 射线光源主要来自射线管，其能量和通量都较低，也主要用于衍射(即弹性散射)的研究。后来基于同步辐射装置，X 射线的能量和通量都有了数量级的提高，足以开展非弹性散射的研究。利用非弹性 X 射线散射(IXS)，同样可以测量体系中电荷动力学和电荷密度波等物性。近年来，一种基于共振技术的非弹性 X 射线散射技术(RIXS)得到了迅速发展，虽然它同样是测量入射 X 光和出射 X 光的能量和动量分布，但因为与材料中电子能级发生了共振效应，间接获得了电子的激发态能量，从而可以得到材料内部关于电子动力学的一切信息，包括电荷激发和自旋激发在内，且覆盖能量范围极广。因此，RIXS 技术既可以测量电荷动力学，又可以测量自旋动力学，可以说充分结合了光谱学和中子散射等多种技术手段。该技术发展的最主要原因，也是测量铜氧化物高温超导材料中的高能自旋激发，因为其信号极弱，中子散射在没有大量样品的情况下几乎无能为力，但 RIXS 测量在极小样品甚至薄膜中就能够开展。经过数年的发展，RIXS 技术的分辨率已经从最初的 300 meV 进化到了 30 meV。虽然目前 RIXS 尚不能和低能段中子散射媲美，且世界上已有的谱仪尚处于个位数，但其发展势头不容小觑。需要指出的是，RIXS 和中子散射技术覆盖的动量空间是不一样的，而且前者是在所有能量段分辨率一样，后者是不同能量段可以根据入射能量调整分辨率，两者可谓是优势互补、相得益彰(图 27-10)[15]。

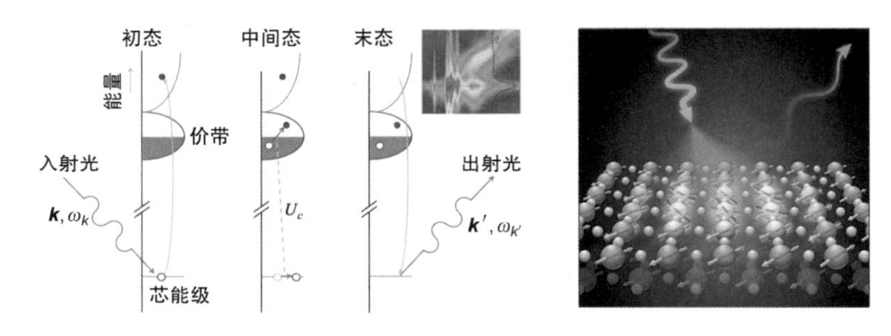

图 27-10　共振非弹性 X 射线散射谱仪及其测量原理
(由北京师范大学鲁兴业提供)

大致总结来说，超导研究中常用的手段可以分为三类：表征手段、输运手段和谱学手段。表征即对材料形貌、结构、成分等进行初步的测量，说明材料的基本性质；输运手段是测量材料在电、磁、热等宏观上的物理特性；谱学手段是利用光子、电子、中子、缪子等各种探测媒介与材料发生相互作用，从而测量其内部的微观结构和动力学过程。无论是什么手段，都只是一种测量方法或了解物性的途径，也就是说，其中一位"摸象盲人"。要想彻底理解超导这头大象，需要各位"摸象盲人"的全面配合，得到多角度全方位的综合信息，从中提取出有用且准确的部分，最终才能得出"大象是什么样"这个结论。

参考文献

[1] https://baike.baidu.com/item/盲人摸象.

[2] Suzuki H et al. X-Ray Diffraction Study of Correlated Electron System at Low Temperatures[J]. J. Supercond. Nov. Magn.,2006,19: 89.

[3] Feynman R P. The Feynman Lectures on Physics,Vol. I [M]. Addison-Wesley,1963.

[4] Price D L, Fernandez-Alonso F. Neutron Scattering-Magnetic and Quantum Phenomena[M]. Elsevier,2015.

[5] Blackstead H A et al. Iodometric titration of copper-oxide superconductors and Tokura's rule [J]. Physica C,1996,265(1): 143.

[6] Marks L D et al. High-resolution electron microscopy of high-temperature superconductors[J]. J Electron Microsc Tech. 1988,8(3): 297.

[7] Hussey N E. Phenomenology of the normal state in-plane transport properties of high-T_c cuprates[J]. J. Phys: Condens. Matter,2008,20: 123201.

[8] Damascelli A, Hussain Z, Shen Z -X. Angle-resolved photoemission studies of the cuprate superconductors[J]. Rev. Mod. Phys.,2003,75: 473.

[9] Fujita M et al. Progress in Neutron Scattering Studies of Spin Excitations in High-T_c Cuprates[J]. J. Phys. Soc. Jpn.,2012,81: 011007.

[10] Rigamonti A, Tedoldi F. Phases, phase transitions and spin dynamics in strongly correlated electron systems, from antiferromagnets to HTC superconductors: NMR-NQR insights[M]. In: NMR-MRI, μSR and Mössbauer Spectroscopies in Molecular Magnets. Springer, Milano, 2007.

[11] 阮威,王亚愚.铜氧化物高温超导体中的电子有序态[J].物理,2017,46(8): 521.

[12] 张安民,张清明.关联电子体系中电子和磁的拉曼散射[J].物理,2011,40(2): 71.

[13] 王楠林.用红外光谱研究高温超导机理的一些进展[J].世界科技研究与发展,2002,01: 18.

[14] Dai Y X. Magnetic Field Distributions of High-T_c Superconductors: μSR Study on Internal Magnetic Field Distributions of a Type Ⅱ High-T_c Superconductor with Non-conducting Inclusions Paperback[M]. LAMBERT Academic Publishing,2016.

[15] Schuelke W, Electron Dynamics by Inelastic X-Ray Scattering [M]. Oxford University Press,2007.

第5章 白铁时代

几千年前，人类历史从铜器时代进入铁器时代，生产力得到了极大的提升，社会发展更加迅速。

铜氧化物高温超导的研究，让超导进入一个崭新的时代，因为铜基超导材料属于氧化物陶瓷类，大都是黑乎乎的，所以前面我们称之为“黑铜时代”。

就在铜基高温超导研究陷入极度困惑和迷茫的时候，第二个高温超导家族——铁基超导体应运而生，开启了超导的另一个新时代。铁基超导材料大部分属于金属间化合物，甚至有的还偏白色金属光泽，所以我们称之为“白铁时代”。

从黑铜到白铁，高温超导的家族成员达到了空前的繁荣。从不断涌现的新超导体，到略见曙光的高温超导机理研究，再到更具潜力的超导线材和磁体应用，铁基超导都给我们带来了许多新的机遇。

28　费米海里钓鱼：铁基超导材料的发现

材料和物态探索是凝聚态物理学的核心，就像“姜太公钓鱼”一样，科学家们戏称为——费米海里钓鱼。何解？我们知道在固体材料里面，有纷繁复杂的“原子八卦阵”——原子晶格结构。自然也存在许许多多的电子，并不是所有的电子都会老老实实陪伴孤独的原子们，而不少电子是能够远离原子的约束到处乱跑的。能走动的电子数目之多，以至于可以用“电子海洋”来形容，能量最低的电子喜欢沉在海底，能量最高的电子喜欢浮在海面。因为电子属于费米子，服从费米-狄拉克统计规律，故而俗称电子海洋为“费米海”。费米海里的“鱼”其实就是各种电子相互作用状态，它们一旦钓离海面，就可以成为“准粒子”——带着相互作用“海水”的电子。固体材料中的电子感受的相互作用非常复杂，准粒子也是千奇百怪。在费米海里钓鱼，不仅是愿者上钩，而且是变幻莫测。钓上来的，可以是五边形的“准晶鱼”、吃了磁杂质的“近藤鱼”、自带指南针的“磁性鱼”、两两配对的“超导鱼”等(图 28-1)[1]。

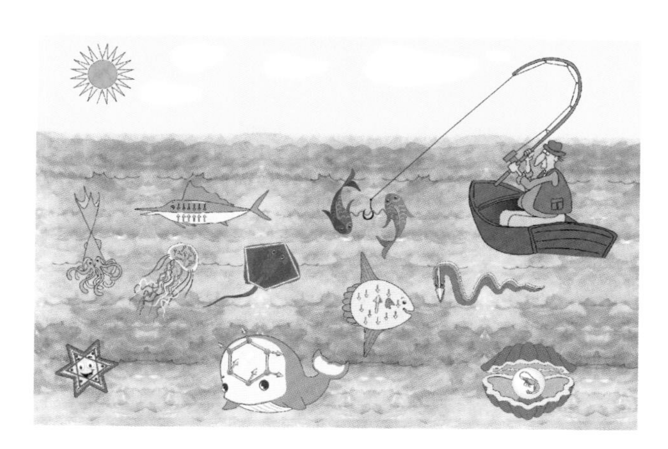

图 28-1　物理学家在费米海里钓鱼

(孙静绘制)

多少年来，科学家在费米海世界，找到了各种各样的“鱼”——以各种电子状态命名的新材料。就像钓鱼那样需要耐心，也充满着偶然机遇，超导材料的探索之路，同样也是耐心和意外并存。重费米子材料刚发现时候也伴随着超导电性的出现，却被科学家误认为是杂质效应。有机超导体和有机导体之间一步之遥，终在高压下被发现。在探索本该绝缘的氧化物陶瓷材料寻找导电性时，偶然捡到了高温超导这条大鱼。一个 1954 年就已经发现并合成的二硼化镁，成了超导探索的“漏网之鱼”，直到 2001 年才发现也超导，而且临界温度还不低，到了 39 K[2]！在此之后，超导材料的探索之路再度陷入沉寂，费米海里钓鱼难，钓大鱼更难。

时光到了 2008 年，好消息来自东方。2008 年 2 月 18 日，日本科学振兴机构宣布发现“新型高温超导材料”，是一类含铁砷层状化合物 LaOFeAs(注：后写作 LaFeAsO)[3]。紧接着 2 月 19 日下午，新华社也发表了相关报道，题目为《日本科学家发现高温超导新物质，名为：“LaOFeAs”》(图 28-2)。新的超导材料临界温度高达 26 K，这实在是令人振奋的消息！临界温度在 20 K 以上的超导体非常稀少，也有科学家就此称它们为“高温超导体”，绝对是费米海中的一条大鱼。发现这个新型超导体的科学家，名叫细野秀雄(Hideo Hosono)，来自东京工业大学(图 28-3)。这个名字，不禁令人联想到风靡世界的日本漫画《哆啦 A 梦》里的主角野比大雄，一个随时可以拥有未来设备的平常人家小孩，看似平凡却又不寻常。漫画里的大雄或许有点可爱加懒惰，也是执着充满梦想的。正是因为如此，现实世界里细野秀雄的成功，就来自他的执着和认真——钓大鱼必备精神。

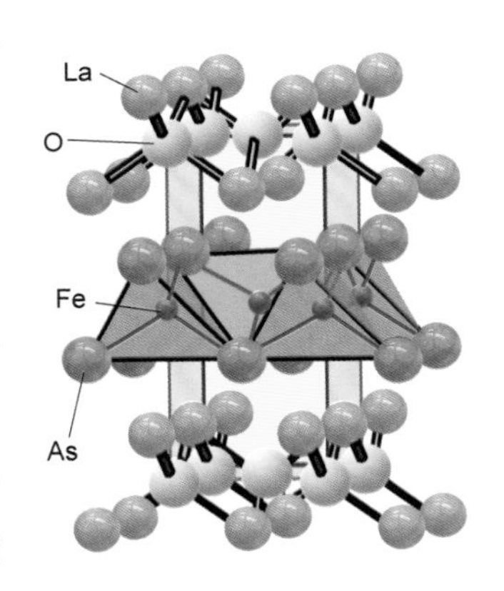

图 28-2　LaFeAsO 结构
(孙静绘制)

细野秀雄能够做成“超导姜太公”，绝非偶然！历史上，许多发现新超导体系的科学家并不是长期从事超导领域研究的。细野秀雄在发现这个新系列超导材料之前，他早已是日本科学界鼎鼎大名的材料科学家了，他们研究组的目标，是寻找透明导体。一般来说，许多透明材料都是绝缘体，比如常见的玻璃、

图 28-3　铁基超导发现者细野秀雄
（来自东京工业大学主页 * ）

金刚石、塑料、氧化铝等。如果能找到可导电的透明玻璃，各种透明材料都可以摇身一变成为显示器，科幻世界里的透明玻璃平板计算机就会成为现实。头上戴的眼镜，只要一摁开关，就可以开启谷歌地图模式，直接搜索街上你感兴趣的地方。在飞驰的地铁列车上看报纸无聊吧？轻轻触摸玻璃窗户，就可以欣赏到最新电影大片或者虚拟美丽风景。梦想总归是美好的，实现起来却十分艰辛，细野秀雄的研究小组奋斗了数年，终于找到一种可行的途径——想办法部分移除层状氧化物材料中的氧原子，就可以获得透明度较高的导体。为此，细野带领他的团队开始搜索各种具有层状结构的氧化物材料（图 28-4）。

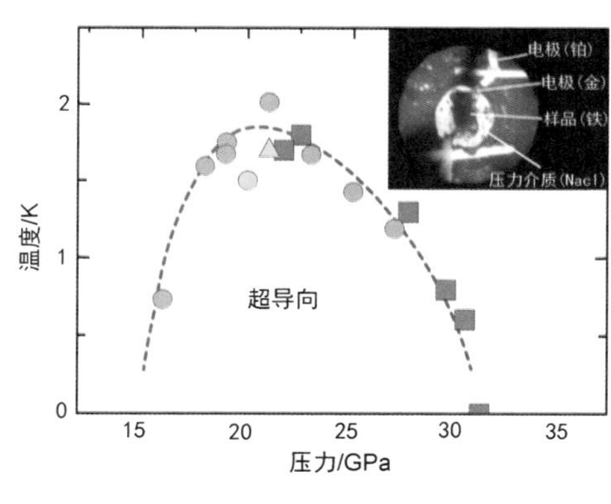

图 28-4　纯铁在高压下的超导[13]
（孙静绘制）

2000 年，他们合成了 LaOCuS 体系，并把它进一步做成了透明的半导体材料，距离导体一步之遥[4]。随后，从 2000 年到 2006 年，他们先后合成了 LnOCuS、LnOCuSe、LaOMnP 等材料[5]，主要就研究它们的透明度和导电性，甚至还申请了专利[6]。费米海中垂钓六余年，新时代“大雄”终于在 2006 年得到了意外的收

* https://www.titech.ac.jp/english/public-relations/research/stories/hideo-hosono-1

获——LaOFeP 体系存在很好的金属导电性，而且电阻测量表明这类材料具有 3 K 左右的超导电性！为了进一步移除其中的氧，他们想到用 F 元素替代 O 元素，发现超导的临界温度获得了提升[7]！作为一名材料学家，细野秀雄深知钓鱼要诀，没有轻易地放过这条小鱼，而是坚信类似的大鱼一定还会有的。他也没有执拗地去把这类 FeP 材料搞成透明化，而是顺其自然去探索可能的超导电性。果不其然，两年后的 2008 年，他们又发现了 LaONiP 体系同样具有超导电性[8]，紧接着 2008 年 2 月 23 日，正式报道了一类新型超导材料——LaOFeAs 体系[3]。LaOFeAs 本身并不超导，根据前面的经验，经过 F 替代掺杂引入电子后，该材料超导临界温度达到了 26 K，实现了超导探索的新跨越。借助哆啦 A 梦的神器，细野秀雄在多年的费米海钓鱼征途中，终于钓上来一条"大铁鱼"，他将其称为"铁基层状超导体"，后简称为"铁基超导体"。

同一片海域，同一种梦想。有成功的姜太公，就有失败的无名叟。让时光机把我们带到 1974 年，那个年代还没有发现铜氧化物高温超导体，也没有发现重费米子超导体或有机超导体。距离 1972 年 BCS 理论获得诺贝尔奖刚刚过去两年，超导研究正处于低迷状态，大家既没有兴趣也没有动力去探索新的超导材料——因为理论已经建立并被广泛接受了，何必费心费力去证明一个理论是多么正确呢？令所有人都意想不到的是，就在这个风平浪静时期，一颗代表新型超导材料的鱼卵，已悄然正在费米海中孕育着。德国化学家 W. Jeitschko 和他的研究团队从 1974 年开始发现一类新材料，其晶体结构非常简洁——用两个变量参数就可以描述的一种四方结构，起初他们称之为"填充的"PbFCl 结构，后来改叫作 ZrCuSiAs 结构[9]。这类材料的元素配比很简单，就是 4 个 1："1111"，代表性的有 LaOAgS、LaOCuS、BiOCuSe、ThCuPO、ThCuAsO、UCuPO 等[10]。20 年后，他们依然在这类结构材料中发现了许多新的家族成员。化学家做研究的思路很简洁，就是不断合成新结构的材料，测定其结构和基本性质，证明这类新材料的存在。Jeitschko 教授也不外乎如此，他们在 1995 年大量合成了许多具有"1111"结构的新材料，如 LnOFeP、LnORuP、LnOCoP 等，其中 Ln 代表镧系稀土元素，可以是 La、Ce、Pr、Nd、

Sm、Gd 等，此外，他们还费心尽力测定了这些材料的晶体结构和原子位置，说明这类材料的普遍性[11]。5年后的2000年，Jeitschko 研究团队再次合成了 LnOFeAs 体系材料，其实无非就是把磷元素换成了砷元素，说明“1111”的结构在 FeAs 系统中依然可以稳定地存在[12]。原来，Jeitschko 等早就找到了 LaOFeAs！

不识此鱼真面目，只缘身非物理家。或许真的是因为 Jeitschko 教授主要从事材料化学研究，并没有思考测量这个体系的电阻，否则，具有 ZrCuSiAs 结构的氧化物半导体甚至是氧化物超导体，早就被发现了！据说，他们研究组的某研究生其实测量过 LaOFeP 的电阻，并认为存在超导电性的可能，只是临界温度太低，或数据太糟糕，没有正式发表，而是扔进了毕业论文里去就再也没去管它。一条大鱼，就此悄悄溜走，不无遗憾。而同样身为材料学家的细野秀雄就是多了一份信念和执着，在注意到 Jeitschko 等的研究工作之后，毅然坚持继续做这个材料体系的探索研究，哪怕超导并非他研究的初衷，哪怕要冒险把磷替换成有剧毒的砷，勇敢地走出了下一步，并获得了成功！

为什么铁基超导体没有被长期从事超导研究的科学家们最先找到？这也与科学家的“执念”有关系。大部分情况下，铁元素对超导并不友好。特别是在一些金属或合金类超导体中，铁元素的引入往往意味着磁性的出现，对超导是起到破坏作用的。所以，很多时候，超导研究者都潜意识地认为引入铁似乎只有坏处。其实，也有意外的时候。尽管铁的化合物如氧化铁、硫化铁等都具有磁性，铁的混合物如钢也容易被磁化，但是纯铁是可以没有磁性的！一般来说，纯度极高的铁是软磁体，它会被外磁场磁化，但撤离外场后磁性很容易就会消失。在高压下，铁完全可以是无磁性的。直到2001年，日本大阪大学的 Shimizu 等科学家才发现高压下的纯铁也是超导的！只是临界温度很低，最高只有2 K 左右(图28-4)[13]。这至少说明，铁对超导，并非是水火不相容的！非常有趣的是，超导不仅和铁可以相容，而且含铁的超导体，实际上，在2008年之前就早已被发现，而且有很多种！如铁的二元合金材料 U_6Fe、Fe_3Re_2、Fe_3Th_7 等，铁的一些化合物如 $Lu_2Fe_3Si_5$ 和 $LaFe_4P_{12}$ 等[14]。之所以没被人注意，是因为它们的超导临界温度特别低，都小于10 K(图28-5)。话说年年月月都有新超导材料涌现，这么低温度的合金超导体，被遗忘的可能性更大。其中YFe_4P_{12}的临界温度达到了7 K[15]，正是给细野秀雄小组发现铁磷化物材料超导电性启发的材料之一。所以，非常有趣的是，细究下来，"铁基"超导体貌似早在1958年就被发现了，只是几乎无人问津而已。更有趣的是，一系列具有铁砷层状结构的材料在2008年之前就已经被发现，包括LiFeAs（1968年）、$EuFe_2As_2$（1978年）、KFe_2As_2（1981年）、$RbFe_2As_2$（1984年）、$CsFe_2As_2$（1992年）等[16,17]，然而就是没有人意图去测量这类材料的电阻，其实它们全是铁基超导体[18-25]！其中KFe_2As_2的临界温度为3.8 K[23]，LiFeAs的临界温度为18 K[18]，在2008年受到细野秀雄等工作的提示，这些隐藏的铁基超导体一下子就被重新挖掘了出来(图28-6)。

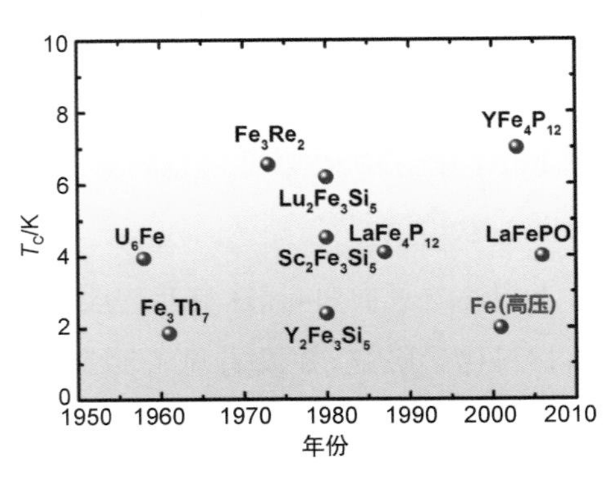

图28-5　2008年之前发现的"铁基"超导体
（作者绘制）

图28-6　铁基超导晶体
（来自中国科学院物理研究所、美国阿莫斯实验室、瑞士保罗谢勒研究所等）

如果说德国人的三十年如一日闷头苦炼铁基化合物错失超导的发现，日本人的勤奋执着外加敏锐的直觉带来了运气，那么中国人在面对铁基超导袭来的时候，却也是遗憾与兴奋并存。在具有 ZrCuSiAs 结构的材料中探索超导电性，并不是日本科学家的独创发明[9,10]。事实上，不少长期从事超导材料探索的科学家都大抵有些共识，其中一条就是：具有四方结构的准二维层状化合物就可能出现较高临界温度的超导电性。所谓 ZrCuSiAs 结构的“1111”体系材料也正是具有这个典型的特征，具有高温超导电性，也就不奇怪了。中国的赵忠贤研究团队早在 1994 年就研究过 LaOCuSe 材料[26]，和细野秀雄小组最初研究的 LaOCuS 如出一辙，只是他们当时并未在该类材料中找到超导电性，也不够大胆突破思维把铜换成铁，而细野秀雄团队则因为寻找导电氧化物歪打正着找到了超导。德国 C. Geibel 和 F. Steglich 研究组，作为重费米子超导材料的第一发现人，也曾经研究过 CeRuPO、CeFePO 等材料[27]，同属“1111”体系，不过他们更加关注其重费米子物性，而忽略了可能的超导电性。在 2006 年发现 LaOFeP 中存在 3 K 左右的超导电性之后，中国的一批年轻科学家也曾摩拳擦掌在努力尝试。问题在于，这类材料需要在严格气氛保护的手套箱中配制，然后在密封状态下合成，存在许多困难。中国的大部分超导实验室因为长期从事不需要气氛保护的铜氧化物超导材料研究，而不具备合适的实验条件，要建立相关实验条件，难免耽误不少时间。已经拥有实验条件的实验室，又希望能够获得高质量的单晶样品，来做更精细的物性测量和机理研究，却没想到遇到了更多的困难。总之，中国科学家在 2006—2008 年铁基超导不被人注意阶段，做了许多努力和尝试，却仍然在首场竞赛中落后于日本科学家，遗憾与教训并存。

铁基超导材料的发现，开启了超导研究历史的一个崭新的时代“铁器时代”。超导研究从“铜器时代”跨越到“铁器时代”花了 20 余年，终于找到了另一大类可以参照研究的高温超导体系，在铜氧化物超导研究中积累的种种困惑，或许能够在此找到答案[28]。

参考文献

[1] Canfield P C. Fishing the Fermi sea[J]. Nat. Phys. ,2008,4：167.

[2] Nagamatsu J et al. Superconductivity at 39 K in magnesium diboride[J]. Nature，2001,410：63-64.

[3] Kamihara Y et al. Iron-Based Layered Superconductor La[$O_{1-x}F_x$]FeAs（$x=0.05-0.12$）with $T_c=26$ K[J]. J. Am. Chem. Soc. ,2008,130：3296.

[4] Ueda K et al. Single-atomic-layered quantum wells built in wide-gap semiconductors LnCuOCh（Ln=lanthanide,Ch=chalcogen)[J]. Phys. Rev. B,2004,69：155305.

[5] Hiramatsu H et al. Degenerate p-type conductivity in wide-gap $LaCuOS_{1-x}Se_x$（$x=0—1$）epitaxial films[J]. Appl. Phys. Lett. ,2003,82：1048.

[6] Hosono H et al. European Patent Application. EP1868215,2006.

[7] Kamihara Y et al. Iron-Based Layered Superconductor：LaOFeP[J]. J. Am. Chem. Soc. ,2006,128：10012.

[8] Watanabe T et al. Nickel-based oxyphosphide superconductor with a layered crystal structure,LaNiOP[J]. Inorg. Chem. ,2007,46：7719.

[9] Pottgen R,Johrendt D. Materials with ZrCuSiAs-type Structure[J]. Z. Naturforsch. 2008. 63b：1135-1148.

[10] Muir S,Subramanian M A. ZrCuSiAs type layered oxypnictides：a bird's eye view of LnMPnO compositions[J]. Prog. Solid State Chem. ,2012,40：41-56.

[11] Zimmer B I et al. The rare-earth transition-metal phosphide oxide LnFePO,LnRuPO and LnCoPO with ZrCuSiAs-type structure[J]. J. Alloys Compd. ,1995,229：238.

[12] Quebe P et al. Quaternary rare earth transition metal arsenide oxides RTAsO（$T=$ Fe,Ru,Co）with ZrCuSiAs type structure[J]. J. Alloys Compd. 2000. 302：70-74.

[13] Shimizu K et al. Superconductivity in the non-magnetic state of iron under pressure[J]. Nature,2011,412：316-318.

[14] Meisner G P. Superconductivity and magnetic order in ternary rare earth transition metal phosphides[J]. Phys. B and C,1981,108：763.

[15] Shirotani I et al. Superconductivity of new filled skutterudite YFe_4P_{12} prepared at high pressure[J]. J. Phys. ：Condens. Matter,2003,15：S2201.

[16] Juza Von R,Langer K. Ternäre Phosphide und Arsenide des Lithiums mit Eisen，Kobalt oder Chrom im Cu_2Sb-Typ[J]. Z. Anorg. Allg. Chem. ,1968,361：58.

[17] Wenz P,Schuster H U. Neue ternäre intermetallische Phasen von Kalium und Rubidium mit 8b-und 5b-Elementen/New Ternary Intermetallic Phases of Potassium and Rubidium with 8b-and 5b-Elements[J]. Z. Naturforsch. B,1984,39：1816.

[18] Wang X C et al. Superconducting properties of “111” type LiFeAs iron arsenide single crystals[J]. Solid State Commun. ,2008,148：538.

[19] Tapp J H et al. LiFeAs：An intrinsic FeAs-based superconductor with $T_c=18$ K[J]. Phys. Rev. B,2008,78：060505.

[20] Deng Z et al. A new “111” type iron pnictide superconductor LiFeP[J]. EPL,2009,

87：3704.
[21] Rotter M et al. Superconductivity at 38 K in the Iron Arsenide ($Ba_{1-x}K_x$)Fe_2As_2[J]. Phys. Rev. Lett.，2008，101：107006.
[22] Bukowski Z et al. Bulk superconductivity at 2.6 K in undoped $RbFe_2As_2$[J]. Physica C，2010，470：S328-S329.
[23] Sasmal K et al. Superconducting Fe-Based Compounds ($A_{1-x}Sr_x$)Fe_2As_2 with A=K and Cs with Transition Temperatures up to 37 K[J]. Phys. Rev. Lett.，2008，101：107007.
[24] Krzton-Maziopa A et al. Synthesis and crystal growth of $Cs_{0.8}(FeSe_{0.98})_2$：a new iron-based superconductor with T_c= 27 K[J]. J. Phys.：Condens. Matter，2011，23：052203.
[25] Cho K et al. Energy gap evolution across the superconductivity dome in single crystals of ($Ba_{1-x}K_x$)Fe_2As_2[J]. Sci. Adv.，2016，2 (9)：e1600807.
[26] Zhu W J，Huang Y Z，Dong C，Zhao Z X. Synthesis and crystal structure of new rare-earth copper oxyselenides：RCuSeO (R=La，Sm，Gd and Y)[J]. Mat. Res. Bul.，1994，29：143.
[27] Krellner C et al. CeRuPO：A rare example of a ferromagnetic Kondo lattice[J]. Phys. Rev. B，2007，76：104418.
[28] 罗会仟. 铁基超导的前世今生[J]. 物理，2014，43(07)：430-438.

29　高温超导新通路：铁基超导材料的突破

2008年，对于绝大多数中国人而言，是不平凡的一年。年初南方遭遇罕见雪灾，5月12日四川汶川大地震，8月8日北京奥运会开幕，9月25日“神舟七号”飞船实现首次太空行走。2008年，对于许多中国物理学家而言，更是不平凡的一年，因为这一年里，铁基高温超导体，被正式宣布发现，高温超导从此打开一条新通路。

2008年3月1—5日，中国高等科学技术中心和中国科学院物理研究所超导国家重点实验室、北京大学物理学院、清华大学高等研究中心联合举办了一场题为“高温超导机制研究态势评估研讨会”的学术会议，会议地点在中国科学院物理研究所的D楼212会议室。会议的主旨是：“邀请实验方面和理论方面第一线的专家作综述介绍，企图从全局的视角回顾高温超导20多年来研究取得共识的主要结果和分歧的要点，以及有影响的理论模型可解决和无力解决的方面。从而明确进一步努力的方向并激发起对高温超导研究新的热情和动力。"当时面临的情境是，20 多年来，铜氧化物高温超导研究已经陷入困境，世界的科学家们群体陷入迷惘，不少科学家已经纷纷转向其他研究方向。此次会议邀请了国内顶尖的超导研究专家，商议中国的高温超导研究在这种大环境下何去何从。如何寻找突破点，前方路在何方，未来是否还值得期待……会议讨论非常热烈，然而基调却有着些许悲观。会议讨论内容后来被整理成了一本书，《铜氧化物高温超导电性实验与理论研究》，可谓是中国超导研究的一个里程碑事件[1]。

往往在你已经几乎看不到希望的时候，希望就悄然降临了。

就在"高温超导机制研究态势评估研讨会"的会场这栋楼，也就在会议进行期间，一群年轻科学家们正在紧张地忙碌着。他们，正在合成并研究一种新的超导体。此时，距离 2 月 23 日日本细野秀雄宣布发现 $LaFeAsO_{1-x}F_x$ 材料具有 26 K 超导电性刚刚过去一周。就在会议结束这一天，这类新型超导材料，在中国科学院物理研究所的实验室里，被宣布成功合成。根据多年来高温超导研究的经验，中国科学家通过初步的物性表征数据，很快就判定这类材料并不像以前偶尔冒出的新超导材料那么简单。它具有层状材料结构，很高的上临界场，较低的电子型载流子浓度[2,3]。一句话，它很像铜氧化物高温超导体！这类铁砷化物新超导体，后来被人们称为"铁基超导体"，就是高温超导新的希望所在！

铁基超导的研究洪流，就这样在不平凡的 2008 年里，拉开了帷幕。

2008 年 3 月初，中国科学院物理研究所的闻海虎研究组和王楠林研究组率先合成了 $LaO_{1-x}F_xFeAs$ 材料并研究了其超导物性（注：后来化学式写成 $LaFeAsO_{1-x}F_x$，即 O 因电负性放在最后，下同）[2,3]；闻海虎研究组随后合成了第一个空穴掺杂的 $La_{1-x}Sr_xOFeAs$ 超导体[4]；3 月 25 日，中国科学技术大学陈仙辉小组宣布在 $SmO_{1-x}F_xFeAs$ 获得 43 K 常压下超导电性[5]；3 月 26 日，王楠林和陈根富等宣布 $CeO_{1-x}F_xFeAs$ 中存在 41 K 常压超导电性[6]，

$LnO_{1-x}F_xFeAs$ 中 Ln 可以是 La、Ce、Nd、Eu、Gd、Tm 等多种元素，其中 $NdO_{1-x}F_xFeAs$ 临界温度能达到 50 K[7]；3 月 29 日，中国科学院物理研究所的赵忠贤和任治安研究组宣布在 $PrO_{1-x}F_xFeAs$ 中发现 52 K 超导[8]，4 月 13 日，又发现 $SmO_{1-x}F_xFeAs$ 中 55 K 超导[9]，4 月 16—23 日，再次宣布在无氟的缺氧体系 $ReFeAO_{1-x}$（Re＝La，Ce，Pr，Nd，Sm，Gd，Ho，Y，Dy，Tb）中同样存在 40 K 以上超导[10,11]；4 月 28 日，浙江大学的许祝安研究组和曹光旱研究组宣布 $Gd_{1-x}Th_xFeAsO$ 中 56 K 的超导电性[12]，随后又发现 $Tb_{1-x}Th_xFeAsO$ 中 52 K 的超导[13]，11 月下旬再次宣布同价掺杂的 $LaFeAs_{1-x}P_xO$ 超导体系[14]；6 月中旬，中国科学技术大学阮可青研究组认为共掺杂的 $Sm_{0.95}La_{0.05}O_{0.85}F_{0.15}FeAs$ 中存在 57.3 K 的超导电性[15]。新的超导材料在中国大地上不断涌现，几乎每周都是惊喜（图 29-1）[16,17]。以 $LaO_{1-x}F_xFeAs$ 为基础发展出了一系列铁基超导体，都具有 ZrCuSiAs 结构，被称为“1111”型铁基超导材料[18]。

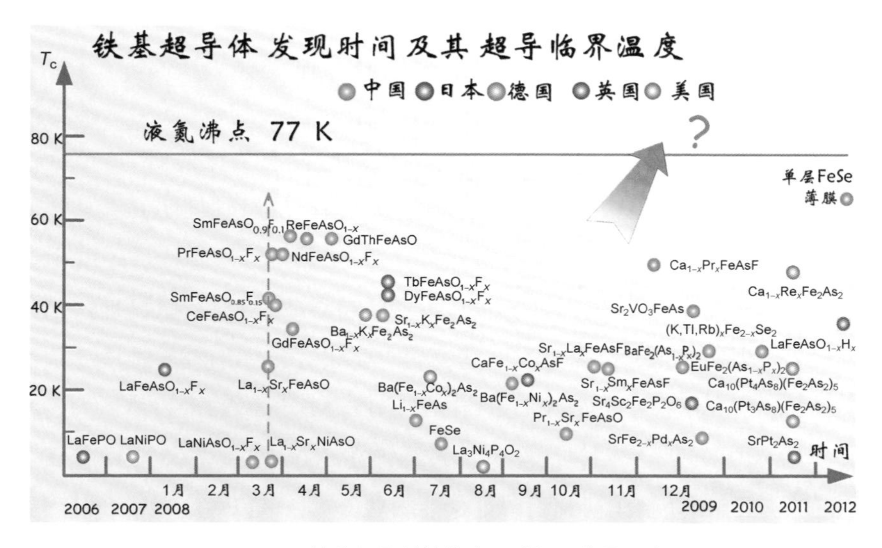

图 29-1　铁基超导材料的发现时间及临界温度
（作者绘制）

从起初发现的26 K的$LaO_{1-x}F_xFeAs$超导电性，到之后55 K左右的一系列超导电性的发现，前后不超过2个月的时间，临界温度翻了一番还多。更重要的是，如果$LaO_{1-x}F_xFeAs$这类材料属于传统的BCS理论描述的常规超导体，那么人们将预期它会遭遇40 K的麦克米兰极限。既然它能如此轻松地突破40 K的"天花板"，必然是一个非常规超导体，而且是"高温超导体"！新的高温超导家族，在铜氧化物高温超导体研究几乎陷入绝境之际，就这样被发现了。如此振奋人心的消息来得如此之快也是超乎想象的[19]。当初第一个铜氧化物超导体Ba-La-Cu-O体系发现35 K的超导电性，到Ba-Y-Cu-O体系90 K以上的超导电性被发现，是间隔了大半年时间的，而后刷新临界温度的频率也是以月为时间单位。如今，在铁基超导体中，刷新临界温度的频率竟然以天为时间单位，而且迅速在短短的几周内，就断定其为高温超导体，中国速度令全世界刮目相看。在中国科学家不断刷T_c的同时，世界上的许多研究小组也把注意力转移到了铁基超导材料上来。铁基超导发现人细野秀雄的研究组首当其冲，他们很快利用高压把$LaO_{1-x}F_xFeAs$的超导电性提升到了43 K[20]，并在8月发现了无氧的$CaFe_{1-x}Co_xAsF$和$SrFe_{1-x}Co_xAsF$超导体系[21,22]。日本、美国、英国、德国等其他研究小组也相继发现并研究了多个"1111"型铁基超导材料[23,24]。

为什么中国科学家能够如此迅速反应，并在短时间内推进对铁基超导材料的探索？原因有很多，特别是"高温超导机制研究态势评估研讨会"上造成的焦虑情绪不可忽略——中国科学家急迫想以自己的行动证明高温超导研究还没有走入死胡同。事实上，高温超导多年来的"冷板凳"造就了一群不怕苦不怕累的中国研究团队，也积累了非常丰富的超导研究经验，敏锐地辨别科技前沿能力和敢于突破的尝试勇气更是成功的要诀。正如细野秀雄注意到德国W. Jeitschko研究组在LnOFeAs(Ln＝La，Ce，Pr，Nd，Sm，Gd，…)体系的研究工作一样[25,26]，中国科学家同样注意到细野秀雄在2006年和2008年两篇铁基超导论文中的几篇引用德国研究组的论文。既然$LaO_{1-x}F_xFeAs$存在26 K超导，那么La换成其他稀土元素，当然也有希望超导。只是，在铜氧化物研究的多年经验告诉我们，稀土元素替换对临界温度几乎没有影响，例如著名的$YBa_2Cu_3O_{6+x}$体系就是如此，换作Nd、Sm、Eu、Yb、Gd、Dy、Ho、Tm等，最高临界温度几乎都在 90 K 以上[1]。原本中国科学家也未曾意料到对这类材料能突破 40 K 的麦克米兰极限，在陈根富等忙着合成了多个稀土化合物 $LnO_{1-x}F_xFeAs$ 体系之后，还没来得及测量其超导特性，就着手生长单晶样品去了，到 3 月底才意识到竞争的激烈性，熬夜测量发现了它们几乎都有 40 K 以上的超导电性。

中国科学家在超导材料探索上率先确立了铁基超导体属于新一类高温超导家族，在其物理机制研究上同样迅速走在世界前列。具有良好科研环境的中国科学院物理研究所最大的特点就在于，无处不在有人在讨论前沿物理问题，如办公室、实验室、楼道里、食堂里、厕所里、球场上等。据说，一次在工会活动室的牌桌上，他们谈起新近发现的铁基超导体，王楠林提及在细野秀雄的论文里 LaOFeAs 电阻存在一个拐折点，但并没有什么物理解释，理论家方忠立刻指出了可能是密度波有序态造成的[27]。两个研究组一拍即合，充分结合实验数据和理论计算，很快就发现这类材料具有多套费米面，因为铁原子的特殊性，极有可能存在自旋密度波序，也就是磁有序态的一种。果不其然，在美国田纳西大学的戴鹏程研究组（现为莱斯大学研究组）开展的首个中子散射实验中，就成功发现了 $LaO_{1-x}F_xFeAs$ 中的反铁磁有序态[28]（图 29-2）。这意味着，铁基材料中的超导，也是来自对反铁磁母体的载流子掺杂效应。跟铜氧化物高温超导体的物理机制极其有可能是一样的！铁基高温超导体，名副其实！

中国科学家对铁基超导研究的贡献并没有止步于 2008 年的热潮，而是一直走在世界队伍的前列。除了“1111”型铁基超导材料中的多个发现之外，中国科学家还独立发现了多个铁基超导体系，占据了目前已发现的铁基超导家族的半壁江山[29]。中国科学家最早生长了高质量的铁基超导单晶样品，对其基本物理性质开展了详细的研究，提出了多个铁基超导机理的理论，发展了铁基超导线材的制备等，这一系列的研究我们将在后面篇幅陆续介绍。

可以说，正是由于中国科学家集体的努力，铁基超导才在非常短的时间内聚焦了全世界超导研究学者的目光，并极大地推动了其研究进展。铁基超导在 2008 年被多家媒体评为世界十大科学进展之一，也被誉为超导研究领域最具可能的下一个诺贝尔奖。美国《科学》杂志以“新超体把中国物理学家推向世界最前沿”为题（图 29-3），如此评价中国科学家的贡献：“中国如洪流般不

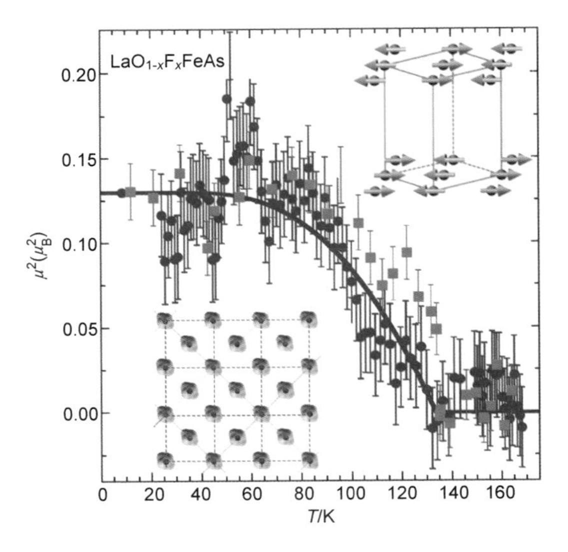

图 29-2　铁基超导体中的磁有序和密度波结构
（由莱斯大学戴鹏程提供）

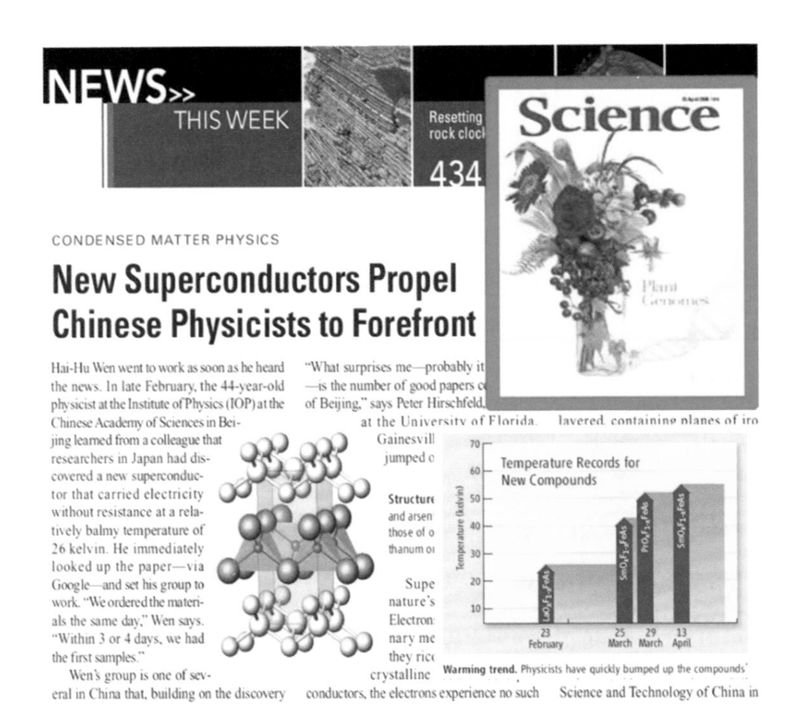
NEWS>>
THIS WEEK
Resetting
434

Science

CONDENSED MATTER PHYSICS

New Superconductors Propel Chinese Physicists to Forefront

Hai-Hu Wen went to work as soon as he heard the news. In late February, the 44-year-old physicist at the Institute of Physics (IOP) at the Chinese Academy of Sciences in Beijing learned from a colleague that researchers in Japan had discovered a new superconductor that carried electricity without resistance at a relatively balmy temperature of 26 kelvin. He immediately looked up the paper—via Google—and set his group to work. "We ordered the materials the same day," Wen says. "Within 3 or 4 days, we had the first samples."

Wen's group is one of several in China that, building on the discovery

"What surprises me—probably
—is the number of good papers
of Beijing," says Peter Hirschfeld,
at the University of Florida,
Gainesvill
jumped

Structur
and arsen
those of
thanum

Supe
nature's
Electron
nary me
they ric
crystalline
conductors, the electrons experience no such

Temperature Records for New Compounds
Temperature (kelvin)
23 February
25 March
29 March
13 April

Warming trend. Physicists have quickly bumped up the compounds'

layered, containing planes of iro
Science and Technology of China in

图 29-3　铁基超导的媒体报道
（由中国科学院物理研究所提供）

断涌现的研究结果标志着在凝聚态物理领域，中国已经成为一个强国。”[30] 中国铁基超导研究团队获得了 2009 年度“求是杰出科学成就集体奖”（王楠林、任治安、吴刚、祝熙宇、陈仙辉、陈根富、闻海虎、赵忠贤），“40 K 以上铁基高温超导体的发现及若干基本物理性质研究”获得 2013 年度国家自然科学奖一等奖（赵忠贤、陈仙辉、王楠林、闻海虎、方忠），超导材料探索的国际最高大奖马蒂亚斯奖在 2015 年度国际超导材料和机理大会颁发给中国科学家（赵忠贤、陈仙辉）。因为在铜氧化物和铁基高温超导体中的突出贡献，赵忠贤荣获 2016 年度国家最高科学技术奖。尽管获奖名额有限，难以全部展现所有中国科学家群体在铁基超导研究中的贡献，但这一系列的奖项足以说明中国科学家的杰出成就。中国的超导研究，在铁基超导的推动下，走在了世界领跑行列里（图 29-4、图 29-5）。

图 29-4 2009 年度“求是杰出科技成就集体奖”
（由中国科学院物理研究所提供）

美国《科学》和《今日物理》等杂志特别提到，铁基超导的研究加速了高温超导机理的解决进程，使得人们完全有理由相信在不久的将来，室温超导可以被实现并被广泛应用。随着越来越多的中国科学家引领世界超导前沿，中国人在国际超导舞台上的角色也越来越重要。2008 年第一场铁（镍）基超导的

图 29-5　中国铁基超导研究团队
（由中国科学院物理研究所提供）

国际研讨会在中国科学院物理研究所举行，国际顶级的超导研究学者展开了热烈的讨论（图 29-6）。10 年后的 2018 年，代表超导研究最高水平的第 12 届国际超导材料与机理大会在北京召开，中国科学家不仅是主角而且是组织者。相信在未来，中国的超导之路，将走得更远更广！

图 29-6　2008 年 10 月 17 日国际铁(镍)基超导研讨会在中国科学院物理研究所召开
（由中国科学院物理研究所提供）

参考文献

[1] 韩汝珊，闻海虎，向涛. 铜氧化物高温超导电性实验与理论研究[M]. 北京：科学出版社，2009.

[2] Chen G F et al. Superconducting Properties of the Fe-Based Layered Superconductor $LaFeAsO_{0.9}F_{0.1-\delta}$[J]. Phys. Rev. Lett.，2008，101：057007.

[3] Zhu X Y et al. Upper critical field，Hall effect and magnetoresistance in the iron-based layered superconductor $LaFeAsO_{0.9}F_{0.1-\delta}$[J]. Supercond. Sci. Tech.，2008，21(10)：105001.

[4] Wen H-H et al. Superconductivity at 25 K in hole-doped $(La_{1-x}Sr_x)OFeAs$[J]. Europhys. Lett，2008，82(1)：17009.

[5] Chen X H et al. Superconductivity at 43 K in $SmFeAsO_{1-x}F_x$[J]. Nature，2008，453(7193)：761-762.

[6] Chen G F et al. Superconductivity at 41 K and Its Competition with Spin-Density-Wave Instability in Layered $CeO_{1-x}F_xFeAs$ [J]. Phys. Rev. Lett.，2008，100(24)：247002.

[7] Chen G F et al. Element Substitution Effect in Transition Metal Oxypnictide $Re(O_{1-x}F_x)TAs$ (Re=rare earth，T=transition metal)[J]. Chin. Phys. Lett.，2008，25(6)：2235-2238

[8] Ren Z A et al. Superconductivity at 52 K in iron based F doped layered quaternary compound $Pr[O_{1-x}F_x]FeAs$[J]. Mater. Res. Innov.，2008，12(3)：105-106.

[9] Ren Z A et al. Superconductivity at 55 K in Iron-Based F-Doped Layered Quaternary Compound $Sm[O_{1-x}F_x]FeAs$[J]. Chin. Phys. Lett.，2008，25(6)：2215-2216.

[10] Ren Z A et al. Superconductivity and phase diagram in iron-based arsenic-oxides $ReFeAsO_{1-\delta}$(Re=rare-earth metal) without fluorine doping[J]. Europhys. Lett.，2008，83(1)：17002.

[11] Yang J et al. Superconductivity in some heavy rare-earth iron arsenide $REFeAsO_{1-\delta}$(RE=Ho，Y，Dy and Tb) compounds[J]. New J. Phys.，2008，11：025005.

[12] Wang C et al. Thorium-doping-induced superconductivity up to 56 K in $Gd_{1-x}Th_xFeAsO$ [J]. Europhys. Lett.，2008，83(6)：67006.

[13] Li L J et al. Superconductivity above 50 K in $Tb_{1-x}Th_xFeAsO$[J]. Phys. Rev. B，2008，78(13)：132506.

[14] Wang C et al. Superconductivity in $LaFeAs_{1-x}P_xO$：Effect of chemical pressures and bond covalency[J]. Europhys. Lett.，2009，86：47002.

[15] Wei Z et al. Superconductivity at 57.3 K in La-Doped Iron-Based Layered Compound $Sm_{0.95}La_{0.05}O_{0.85}F_{0.15}FeAs$[J]. J. Supercond. Nov. Magn.，2008，21(4)：213-215.

[16] 马廷灿，万勇，姜山. 铁基超导材料制备研究进展[J]. 科学通报，2009，54(5)：557-568.

[17] Wen H-H. Developments and Perspectives of Iron-based High-Temperature Superconductors[J]. Adv. Mater.，2008，20：3764.

[18] Stewart G R. Superconductivity in iron compounds[J]. Rev. Mod. Phys. , 2011, 83: 1589.
[19] 罗会仟. 铁基超导的前世今生[J]. 物理, 2014, 43(07): 430-438.
[20] Takahashi T et al. Superconductivity at 43 K in an iron-based layered compound $LaO_{1-x}F_xFeAs$[J]. Nature, 2008, 453(7193): 376-378.
[21] Matsuishi S et al. Superconductivity induced by Co-doping in quaternary fluoroarsenide CaFeAsF[J]. J. Am. Chem. Soc. , 2008, 130(44): 14428-14429.
[22] Matsuishi S et al. Effect of 3d transition metal doping on the superconductivity in quaternary fluoroarsenide CaFeAsF[J]. New J. Phys. , 2009, 11: 025012.
[23] Sefat A S et al. Electronic correlations in the superconductor $LaFeAsO_{0.89}F_{0.11}$ with low carrier density[J]. Phys Rev B, 2008, 77(17): 174503.
[24] Bos J W et al. High pressure synthesis of late rare earth RFeAs(O, F) superconductors; R=Tb and Dy[J]. Chem Commun, 2008, 31: 3634-3635.
[25] Quebe P et al. Quaternary rare earth transition metal arsenide oxides RTAsO (T= Fe, Ru, Co) with ZrCuSiAs type structure[J]. J. Alloys Compd. , 2000, 302: 72.
[26] Zimmer B I et al. The rare-earth transition-metal phosphide oxide LnFePO, LnRuPO and LnCoPO with ZrCuSiAs-type structure[J]. J. Alloys Compd. , 1995, 229: 238.
[27] Dong J et al. Competing orders and spin-density-wave instability in $La(O_{1-x}F_x)FeAs$[J]. Europhys. Lett. , 2008, 83(2): 27006.
[28] de la Cruz C et al. Magnetic order close to superconductivity in the iron-based layered $LaO_{1-x}F_xFeAs$ systems[J]. Nature, 2008, 453(7197): 899-902.
[29] Chen X H et al. Iron-based high transition temperature superconductors[J]. Nat. Sci. Rev. , 2014, 1: 371-395.
[30] Cho A. New Superconductors Propel Chinese Physicists to Forefront[J]. Science, 2008, 320(5875): 432-433.

30 雨后春笋处处翠：铁基超导材料的典型结构

每年的大地回春，伴随着万物复苏、嫩芽新绿、繁花盛开、莺歌燕舞，一切都是令人愉悦的。探索超导的道路上，似乎也有类似的春夏秋冬轮转。铜氧化物高温超导体自 1986 年发现以来，经历了一波高温超导研究的热潮，随后在 20 世纪 90 年代末逐渐退去。在 21 世纪初，高温超导的研究逐渐陷入寒冷的冬季，剩下的物理问题变得艰深而高冷，越来越多的科学家选择别的领域求生存。2008 年，铁基超导的发现再次让超导研究回暖。20 余年铜氧化物高温超导研究中憋出来的基础，在一场甘霖中爆发，催生了众多雨后春笋——构成一个庞大的铁基超导家族[1]。

中国科学家发现，简单的稀土元素替换，在并不改变材料整体结构的情形下，原先 26 K 超导的 $LaFeAsO_{1-x}F_x$ 就可以在 $SmFeAsO_{1-x}F_x$ 中提升到 55 K 的 T_c[2]。更多的研究表明，实际上 LaFeAsO 这个材料的“可塑性”非常之强，La 位几乎可以换成所有 La 系稀土金属元素，如 Ce、Pr、Nb、Pm、Sm、Eu、Gd、Tb、Dy、Ho、Th 等，仍然构成 ZrCuSiAs 的“1111”型结构[3]。在 La 位也可以部分替换 Ca、Sr、Ba 等构成空穴型掺杂，在 Fe 位可以部分替换成 Co、Ni、Rh、Ru、Pd、Ir、Pt 等构成电子型掺杂，在 As 位可以部分替换 Sb、P 等，在 O 位可以换成 F、H 等，结果都能超导[4]！如果 O 全部换成 F 或 H，可以构成 CaFeAsH、SrFeAsF 等母体材料，同样可以掺杂电子（如 Fe 位掺 Co）或空穴（如 Sr 位掺 K）获得超导[5]。O 甚至可以换成 N，构成 ThFeAsN 也是超导体[6]！掺杂或元素替换的思路还可以更广，简单来说，就是稀土元素或碱土金属或碱金属＋过渡金属＋磷族或硫族元素＋氧/氮/氟/氢等气体元素，这种元素排列组合有千种以上，其中绝大部分应该都是超导体，虽然许多目前并未完全发现！单纯一个“1111”体系材料，就显现出铁基超导家族的庞大，也意味着，铁基超导的研究空间是非常巨大的（图 30-1）。

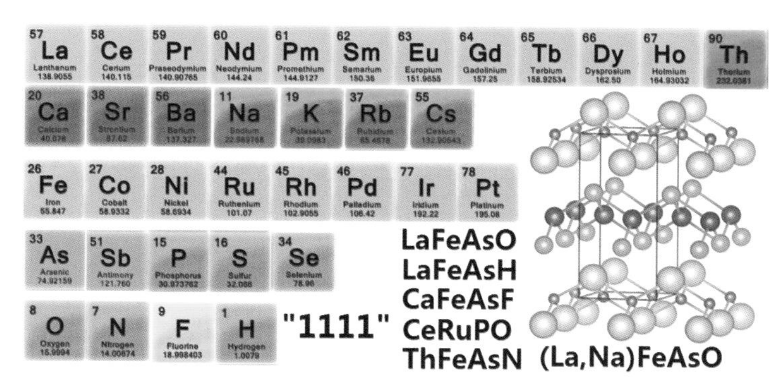

图 30-1　“1111”型铁基超导体的元素排列组合
（作者绘制）

除了最早发现的“1111”体系铁基超导外，如今的铁基超导谱系已经非常庞杂，典型的结构包括“11”“111”“122”“112”“123”“1144”“21311”“12442”等（图 30-2）[7]，以下做一些简略的介绍。

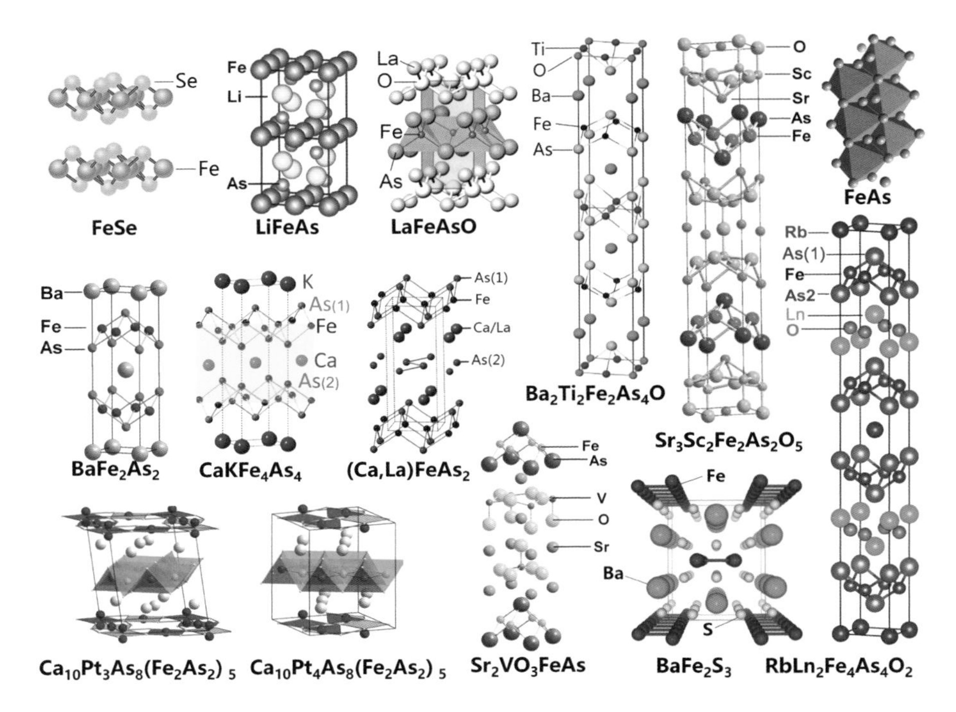

图 30-2　各种结构的铁基超导体及其代表化合物

（作者组合绘制）

"11"体系可谓是最简单的铁基超导体，只有两个元素 Fe 和 Se 构成 $FeSe_4$ 四面体堆叠，为 PbO 型结构，又称为 β-FeSe[8]。FeSe 超导体由中国台湾"中央研究院"物理研究所吴茂昆研究组在 2008 年 7 月发现[9]，吴茂昆也是 1987 年 $YBa_2Cu_3O_{7-\delta}$ 体系高温超导体发现者之一。FeSe 材料相对有毒性的 FeAs 材料要更为安全，只是临界温度要低，T_c 约为 9 K。美国杜兰大学的毛志强和浙江大学的方明虎等很快就发现 $FeSe_{1-x}Te_x$ 体系也是超导体，T_c 能达到 14 K[10]。而 $Fe_{1+y}Te$ 则是不超导的反铁磁母体，其中 Fe 含量可以变化，形成多余 Fe 在材料中[11]。所以，$Fe_{1+y}Te$ 更像是"11"体系的母体，确实在其中掺入 S，即 $FeTe_{1-x}S_x$ 也是 10 K 左右的超导体[12]。类似地，$FeSe_{1-x}S_x$ 也是超导体[13]。和"1111"体系不一样的是，"11"体系中在 Fe 位掺杂 Co 或 Ni，将很快抑制超导电性[14]。

“111”体系相比“1111”体系少了一个“1”，不含有氧元素，代表性材料主要有 $Li_{1-x}FeAs$ 和 $Na_{1-x}FeAs$[4]，同样具有四方晶系结构，这类材料早在1968年就被发现[15]，但其超导电性直到2008年6月才被中国科学院物理研究所的望贤成和靳常青等发现，其中 $Li_{0.6}FeAs$ 的 T_c 可达18 K[16]。也在差不多同时，7月初英国牛津大学的 Simon J. Clarke 研究组和美国休斯敦大学的朱经武研究组（也是 $YBa_2Cu_3O_{7-\delta}$ 体系的发现者之一）也报道了 $Li_{1-x}FeAs$ 体系以及单晶样品，并确定其结构为 PbFCl 型，Li 的缺位对超导至关重要[17,18]。“111”体系和“1111”体系最大的不同在于，它不需要掺杂就能够实现较高温度的超导，其中 $Li_{1-x}FeAs$ 不存在磁有序[19]，NaFeAs 则具有类似“1111”体系的磁结构[20]。

“122”体系更是一个被“再次发现”的铁基超导体，典型的材料有 $BaFe_2As_2$，为 $ThCr_2Si_2$ 型结构。Ba 可以换成 Ca、Sr、Na、K、Rb、Cs、Eu、La、Ce、Pr、Nd、Sm 等元素，Fe 可以换成 Co、Ni、Ru、Rh、Pt、Pd、Ir 等元素，As 可以换成 P、Sb 等元素，统统都可以是超导体[4,19]！例如 KFe_2As_2 中3 K左右的超导早在20世纪80年代就被发现[21]。“122”是第二被发现的铁基超导系列，于2008年5月由德国的 Dirk Johrendt 研究组发现[22]，该研究组常年以来就研究 $ThCr_2Si_2$ 型结构材料。受到 LaFeAsO 中掺杂电子或空穴产生超导的启发，Johrendt 等很快意识到 $BaFe_2As_2$ 具有完全类似的物理性质，掺杂 K 之后的 $Ba_{1-x}K_xFe_2As_2$ T_c 可达38 K[23,24]。同样，Fe 部分被 Co 或 Ni 等替换掺杂电子也能实现20 K以上的超导[4,25]。

“112”体系发现得较晚（2013年），与前面几类体系结构也非常相近，为 $HfCuSi_2$ 型结构[26]。典型的材料如 $Ca_{1-x}La_xFeAs_2$，和“1111”或“111”体系区别在于在碱土金属和 FeAs 层之间多了一层 As-As 链[27]，而且晶格不再是“方正”的，而是 a 轴和 c 轴夹角大于90°，低温下 a 轴和 b 轴夹角小于90°[28]。因此，“112”体系晶体结构对称性是比较低的。由于化学配位平衡问题，“112”体系很难存在单一碱土金属的母体，往往需要和稀土金属配合才能结构稳定，

仅 $EuFeAs_2$ 可以稳定[29]。

“123”体系代表化合物主要有 $RbFe_2Se_3$、$BaFe_2S_3$ 等[30,31]，属于“122”体系结构的准一维化，母体为反铁磁绝缘体，又称为“铁基自旋梯材料”。需要施加高压才能达到 24 K 左右的超导[32]，目前尚未发现该体系的砷化物材料。

“10-3-8”和“10-4-8”体系结构比较复杂，分为两种：$Ca_{10}Pt_3As_8(Fe_2As_2)_5$（$T_c=11$ K）和 $Ca_{10}Pt_4As_8(Fe_2As_2)_5$（$T_c=25$ K）[33]。它的结构也不是正交结构晶系，而是对称性比较低的单斜结构[34]。

“1144”体系就是由两个不同的“122”交错堆叠而成，如 $CaKFe_4As_4$，其中 Ca 可以是 Sr、Ba、Eu 等，K 可以是 Rb、Cs 等，超导临界温度大都在 30～38 K[35,36]。

更多复杂结构的铁基超导体系，如“21311”“12442”“22241”“32522”等，则可以看作“111”“122”“1111”之间的“混搭”或者是复杂插层[7,37]，它们同样具有较高的临界温度，例如 Sr_2VO_3FeAs 的 $T_c=37.2$ K[38]。

和以上铁基超导体具有类似结构，但成分中不含铁的一些化合物也具有超导电性[39]。例如同样为 $ThCr_2Si_2$ 型结构的 $BaNi_2As_2$ $T_c=0.7$ K[40]，类似有 $CaBe_2Ge_2$ 型结构的 $SrPt_2As_2$ $T_c=5.2$ K[41]、$BaPt_2Sb_2$ $T_c=1.8$ K[42]，新型结构的 $La_3Ni_4P_4O_2$ $T_c=3$ K[43]。这些材料的 T_c 偏低，而且没有磁性，也不禁令人怀疑它们属于常规的 BCS 超导体。有意思的是，在探索新型结构的铁基超导体的过程中，科学家也试图寻找非铁基超导体。对于过渡金属材料来说，Fe、Cu、Co、Ni 等为基的超导体都先后找到，但是磁性很强的元素 Cr 和 Mn 等为基的超导体却一直在人们视线范围之外[44]。直到近期，浙江大学的曹光旱研究组发现在准一维的 $K_2Cr_3As_3$ 和 KCr_3As_3 两个体系中存在 3 K 左右的超导电性[45,46]，中国科学院物理研究所的程金光和雒建林等发现简单的 CrAs 和 MnP 在高压下也能实现超导，T_c 分别为 2 K 和 1 K[47,48]。这些材料我们姑且称为“类铁基超导体”，目前它们的物理性质与铁基超导材料是否一致尚不清楚（图 30-3）。

从以上举的例子可以发现，铁基超导体从“母体”到超导可以借助多种多

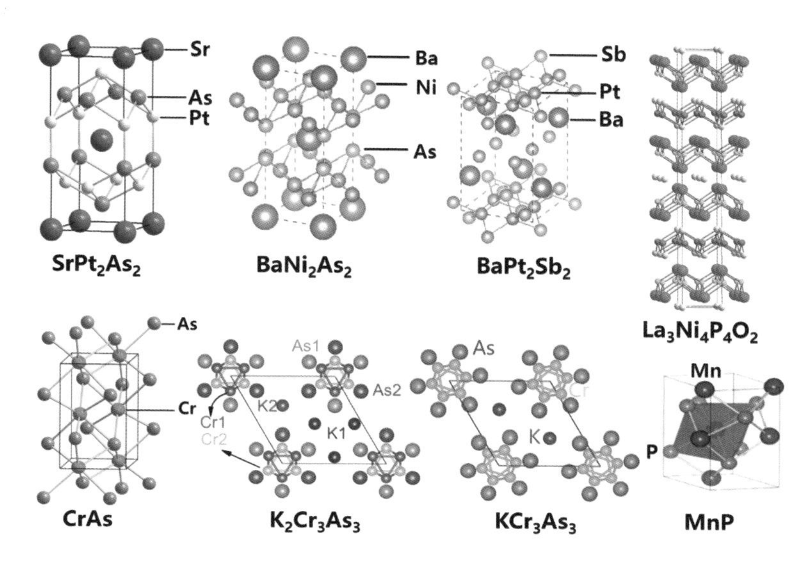

图 30-3　几类不含铁的"类铁基超导体"
（作者组合绘制）

样的掺杂方式。换而言之，铁基超导体从母体实现超导并不困难，几乎任何原子位置的多种掺杂都可以，甚至要不超导都很困难，某些材料甚至完全不需要掺杂就已经超导！事实上，铁基超导从母体出发进行元素替代的话，既可以掺杂电子，也可以掺杂空穴，两个途径得到的最佳超导温度有所区别，超导区域大小也不同。值得注意的是，铁基超导材料除了电子和空穴掺杂外，还能同价掺杂，即掺杂替代的原子价态并不发生改变，但是同样能够形成超导电性，这三个掺杂变量共同构成了铁基超导体的"三维"掺杂相图[49]。在多个原子位置同时进行掺杂，例如 $Ca_{1-y}La_yFe_{1-x}Ni_xAs_2$ 体系，Ca 位掺 La 和 Fe 位掺 Ni 都是电子型掺杂，同样可以构造"三维"掺杂相图（图 30-4）[50]。这种复杂的掺杂相图说明铁基超导体的多样化超导，和之前我们熟悉的铜氧化物、重费米子、有机超导是有不同之处的。除了化学掺杂之外，铁基材料也可以从母体出发，通过加压来实现超导。

铁基超导材料的化学掺杂还有另一个非常有趣的事情，就是在"1111"体系中存在两个相连的掺杂超导区，分别对应着两个反铁磁母体。例如

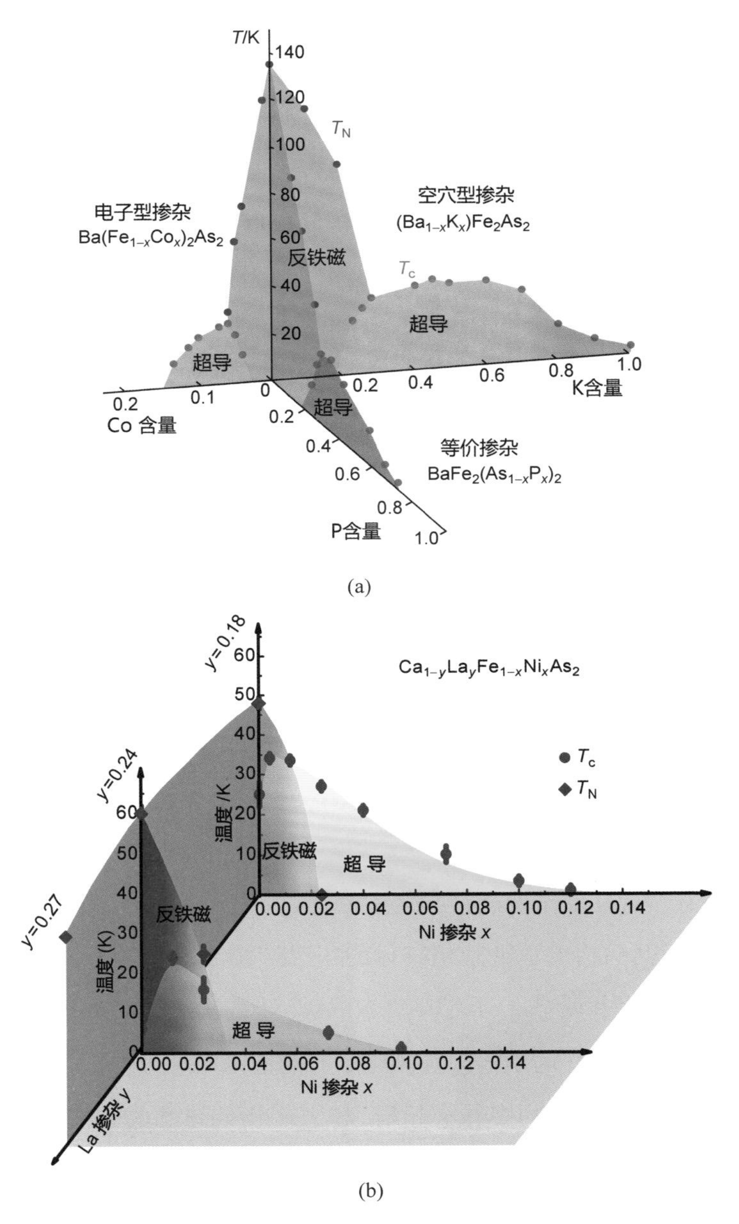

图 30-4 铁基超导体的"三维"掺杂相图[49, 50]

（作者绘制）

$LaFeAsO_{1-x}H_x$ 体系，在 H 含量较少时候就是 LaFeAsO 的反铁磁性结构母体，随后出现第一个超导区。继续掺杂 H 超导 T_c 会降低，然后又升高再降低，形成第二个超导区。更高的 H 掺杂就形成了另一种反铁磁结构母体(图 30-5)[51]。有意思的是，这类双母体和双超导区并存现象，在 $LaFeAsO_{1-x}F_x$、$LaFeAs_{1-x}P_xO$、$ThFeAsN_{1-x}O_x$ 等体系都存在，La 换成其他稀土元素化合物也同样有，几乎是"1111"体系的一个共性[52-55]。铁基超导发现者细野秀雄最早发现这个现象，他戏称这是"一家四口"：父母两个在左右两边牵着两个孩子。原来，铁基超导体更多地喜欢"二胎家庭"！

图 30-5　铁基超导材料中双母体与双超导区现象[51]
(孙静绘制)

总之，铁基超导家族成员和体系的庞大是前所未有的，掺杂带来的复杂现象也突破了之前超导研究的"老经验"。这为高温超导的研究带来了非常好的契机，任何一个普适规律或理论体系将需要经受更多的实际材料体系的考验，得到的结论也将更为靠谱。

参考文献

[1] Paglione J, Greene R L. High-temperature superconductivity in iron-based materials [J]. Nat. Phys., 2010, 6: 645-658.

[2] Ren Z A et al. Superconductivity at 55 K in Iron-Based F-Doped Layered Quaternary

Compound Sm[$O_{1-x}F_x$]FeAs[J]. Chin. Phys. Lett.,2008,25(6):2215-2216.

[3] 马廷灿，万勇，姜山. 铁基超导材料制备研究进展[J]. 科学通报，2009，54(5)：557-568.

[4] Chen X H et al. Iron-based high transition temperature superconductors[J]. Nat. Sci. Rev.,2014,1:371-395.

[5] Hanna T et al. Hydrogen in layered iron arsenides: Indirect electron doping to induce superconductivity[J]. Phys. Rev. B,2011,84:024521.

[6] Wang C et al. A New ZrCuSiAs-Type Superconductor: ThFeAsN [J]. J. Am. Chem. Soc.,2016,138:2170-2173.

[7] Stewart G R. Superconductivity in iron compounds[J]. Rev. Mod. Phys.,2011,83:1589.

[8] Schuster W et al. Transition metal-chalcogen systems, Ⅶ.: The iron-selenium phase diagram[J]. Monatshefte für Chemie,1979,110:1153-1170.

[9] Hsu F C et al. Superconductivity in the PbO-type structure α-FeSe[J]. Proc. Natl. Acad. Sci. USA,2008,105:14262-14264.

[10] Fang M H et al. Superconductivity close to magnetic instability in $Fe(Se_{1-x}Te_x)_{0.82}$[J]. Phys Rev B,2008,78:224503.

[11] Li S L et al. First-order magnetic and structural phase transitions in $Fe_{1+y}Se_xTe_{1-x}$[J]. Phys Rev B,2009,79:054503.

[12] Mizuguchi Y et al. Superconductivity in S-substituted FeTe[J]. Appl. Phys. Lett.,2009,94:012503.

[13] Mizuguchi Y et al. Substitution Effects on FeSe Superconductor[J]. J. Phys. Soc. Jpn.,2009,78:074712.

[14] Wen J S et al. Interplay between magnetism and superconductivity in iron-chalcogenide superconductors: crystal growth and characterizations[J]. Rep. Prog. Phys.,2011,74:124503.

[15] Juza R et al. Über ternäre Phasen im System Lithium-Mangan-Arsen[J]. Z. Anorg. Allg. Chem,1968,356:253.

[16] Wang X C et al. Superconducting properties of “111” type LiFeAs iron arsenide single crystals[J]. Solid State Commun.,2008,148:538.

[17] Pitcher M J et al. Structure and superconductivity of LiFeAs[J]. Chem. Commun,2008,45:5918-5920.

[18] Tapp J H et al. LiFeAs: An intrinsic FeAs-based superconductor with $T_c=18$ K[J]. Phys. Rev. B,2008,78(6):060505.

[19] Johnson P D, Xu G, Yin W-G et al. Iron-Based Superconductivity[M]. Springer, New York,2015.

[20] Li S L et al. Structural and magnetic phase transitions in $Na_{1-\delta}FeAs$[J]. Phys. Rev. B,2009,80:020504(R).

[21] Johnston D C et al. The puzzle of high temperature superconductivity in layered iron

pnictides and chalcogenides[J]. Adv. Phys. ,2010,59: 803-1061.

[22] Rotter M et al. Spin-density-wave anomaly at 140 K in the ternary iron arsenide $BaFe_2As_2$[J]. Phys. Rev. B,2008,78: 020503.

[23] Rotter M et al. Superconductivity at 38 K in the Iron Arsenide $(Ba_{1-x}K_x)Fe_2As_2$[J]. Phys. Rev. Lett. ,2008,101: 107006.

[24] Rotter M et al. Superconductivity and Crystal Structures of $(Ba_{1-x}K_x)Fe_2As_2$ ($x=0—1$)[J]. Angew. Chem. Int. Ed. ,2008,47: 7949-7952.

[25] Li L J et al. Superconductivity induced by Ni doping in $BaFe_2As_2$ single crystals[J]. New J. Phys. ,2009,11: 025008.

[26] Katayama N et al. Superconductivity in $Ca_{1-x}La_xFeAs_2$: a novel 112-type iron pnictide with arsenic zigzag bonds[J]. J. Phys. Soc. Jpn. ,2013,82: 123702.

[27] Yakita H et al. A New Layered Iron Arsenide Superconductor: $(Ca,Pr)FeAs_2$[J]. J. Am. Chem. Soc. ,2014,136: 846.

[28] Jiang S et al. Structural and magnetic phase transitions in $Ca_{0.73}La_{0.27}FeAs_2$ with electron-overdoped FeAs layers[J]. Phys. Rev. B,2016,93: 054522.

[29] Yu J et al. Discovery of a novel 112-type iron-pnictide and La-doping induced superconductivity in $Eu_{1-x}La_xFeAs_2$ ($x=0—0.15$)[J]. Sci. Bull. ,2017,62: 218.

[30] Takahashi H et al. Pressure-induced superconductivity in the iron-based ladder material $BaFe_2S_3$[J]. Nat. Mater. ,2015,14: 1008-1012.

[31] Saparov B et al. Spin glass and semiconducting behavior in one-dimensional $BaFe_{2-\delta}Se_3$ ($\delta\approx 0.2$) crystals[J]. Phys. Rev. B,2011,84: 245132.

[32] Yamauchi T et al. Pressure-Induced Mott Transition Followed by a 24 K Superconducting Phase in $BaFe_2S_3$[J]. Phys. Rev. Lett. ,2015,115: 246402.

[33] Ni N et al. High T_c electron doped $Ca_{10}(Pt_3As_8)(Fe_2As_2)_5$ and $Ca_{10}(Pt_4As_8)(Fe_2As_2)_5$ superconductors with skutterudite intermediary layers[J]. Proc. Natl. Acad. Sci,2011,108: E1019-E1026.

[34] Ni N et al. Transport and thermodynamic properties of $(Ca_{1-x}La_x)_{10}(Pt_3As_8)(Fe_2As_2)_5$ superconductors[J]. Phys. Rev. B,2013,87: 060507.

[35] Iyo A et al. New-Structure-Type Fe-Based Superconductors: $CaAFe_4As_4$ (A=K, Rb,Cs) and $SrAFe_4As_4$ (A=Rb,Cs)[J]. J. Am. Chem. Soc. ,2016,138: 3410-3415.

[36] Liu Y et al. A new ferromagnetic superconductor: $CsEuFe_4As_4$[J]. Sci. Bull. ,2016, 61: 1213-1220.

[37] Jiang H et al. Crystal chemistry and structural design of iron-based superconductors[J]. Chin. Phys. B,2013,22: 087410.

[38] Zhu X Y et al. Transition of stoichiometric Sr_2VO_3FeAs to a superconducting state at 37.2 K[J]. Phys. Rev. B,2009,79: 220512(R).

[39] Zhang P and Zhai H -f. Superconductivity in 122-Type Pnictides without Iron[J]. Condens. Matter,2017,2: 28.

[40] Ronning F et al. The first order phase transition and superconductivity in $BaNi_2As_2$ single crystals [J]. J. Phys. Condens. Matter, 2008, 20: 342203.
[41] Kudo K et al. Coexistence of superconductivity and charge density wave in $SrPt_2As_2$ [J]. J. Phys. Soc. Jpn., 2010, 79: 123710.
[42] Imai M et al. Superconductivity in 122-type antimonide $BaPt_2Sb_2$ [J]. Phys. Rev. B, 2015, 91: 014513.
[43] Klimczuk T et al. Superconductivity at 2.2 K in the layered oxypnictide $La_3Ni_4P_4O_2$ [J]. Phys. Rev. B, 2009, 79: 012505.
[44] Hott R et al. Applied Superconductivity: Handbook on Devices and Applications [M]. Wiley-VCH, 2013.
[45] Bao J K et al. Superconductivity in Quasi-One-Dimensional $K_2Cr_3As_3$ with Significant Electron Correlations [J]. Phys. Rev. X, 2015, 5: 011013.
[46] Bao J K et al. Cluster spin-glass ground state in quasi-one-dimensional $K_2Cr_3As_3$ [J]. Phys. Rev. B, 2015, 91: 180404(R).
[47] Wu W et al. Superconductivity in the vicinity of antiferromagnetic order in CrAs [J]. Nat. Commun., 2014, 5: 5508.
[48] Cheng J-G et al. Pressure Induced Superconductivity on the border of Magnetic Order in MnP [J]. Phys. Rev. Lett., 2015, 114: 117001.
[49] Shibauchi T et al. A Quantum Critical Point Lying Beneath the Superconducting Dome in Iron Pnictides [J]. Annu. Rev. Condens. Matter Phys., 2014, 5: 113-135.
[50] Xie T et al. Crystal growth and phase diagram of 112-type iron pnictide superconductor $Ca_{1-y}La_yFe_{1-x}Ni_xAs_2$ [J]. Supercond. Sci. Technol., 2017, 30: 095002.
[51] Hiraishi M et al. Bipartite magnetic parent phases in the iron oxypnictide superconductor [J]. Nat. Phys., 2014, 10: 300.
[52] Yang J et al. New Superconductivity Dome in $LaFeAsO_{1-x}F_x$ Accompanied by Structural Transition [J]. Chin. Phys. Lett., 2015, 32: 107401.
[53] Mukuda H et al. Enhancement of superconducting transition temperature due to antiferromagnetic spin fluctuations in iron pnictides $LaFe(As_{1-x}P_x)(O_{1-y}F_y)$: ^{31}P-NMR studies [J]. Phys. Rev. B, 2014, 89: 064511.
[54] Muraba Y et al. Hydrogensubstituted superconductors $SmFeAsO_{1-x}H_x$ misidentified as oxygen-deficient $SmFeAsO_{1-x}$ [J]. Inorg. Chem., 2015, 54: 11567.
[55] Miyasaka S et al. Three superconducting phases with different categories of pairing in hole- and electron-doped $LaFeAs_{1-x}P_xO$ [J]. Phys. Rev. B, 2017, 95: 214515.

31 硒天取经：铁硒基超导材料

说起西天取经，许多人第一印象就是《西游记》里的唐三藏。历史上，唐僧是真有其人，实名唐玄奘。但唐玄奘并不是史上取经第一人，更不是西域取经唯一者。从三国魏晋南北朝开始，就有近170名僧人陆续赴西域取经，平安返回的仅有43人，大部分在奔波的路上牺牲了。玄奘取经并不是奉旨唐太宗，而是为了寻找经文的“原始文献”，得到最准确最原始的解释，从而更好地弘扬佛法[1]。在当时大唐盛世，思想非常开放，一部仅5000多字的《金刚经》却有无数个解读的版本，很难令世人知道其本源的含义。这点和科学研究中追求读“原汁原味”原始文献的精神是一致的，许多翻译和引用非常容易造成“以讹传讹”而曲解了原文。如果一味地追求“文献快餐”，最终只能造成对知识本身的不知甚解。

在铁基超导研究中，就有一类材料非常类似佛经所说的“无法相，亦无非法相”，看似结构非常简单，但是表现出来的化学和物理性质却非常复杂多变。多年来的研究只能越来越糊涂，至今无人取得真经。这类材料，就是铁硒化物超导体，主要包括铁硒及其变体、铁硫化物等。

最简单的铁硒化物超导体就是铁硒本身——FeSe。

FeSe是一个非常简单的二元化合物，早在1978年就已合成并开展了其相图的相关研究[2-4]。FeSe具有多种相，如α、β、γ、δ等，其中β相具有典型的PbO型结构，即$FeSe_4$正四面体共边结构组成Fe-Se层状结构堆叠而成，和LaFeAsO中的FeAs层非常类似。正是因为如此，中国台湾“中央研究院”物理研究所的吴茂昆小组在铁基超导发现之后就注意到这个材料。和当年吴茂昆等人发现$YBa_2Cu_3O_{7-x}$超导电性的思路类似，如果认为铁砷化物超导主要来自层状结构中的Fe-As四面体层，那么具有类似简单Fe-Se层的FeSe材料也可能是超导体。果不其然，吴茂昆小组很快在2008年7月就发现了FeSe材料具有8 K左右的超导电性(图31-1)[5]。同月下旬，日本国立材料科学研究所Takano研究小组也成功合成了FeSe多晶块材，并发现在高压下其T_c

能达到 27 K，说明这个材料的临界温度有极大的提升空间[6]。T. M. McQueen 和 C. Felser 等随后在更高压力下获得了临界温度为 36.7 K 的 FeSe[7]。

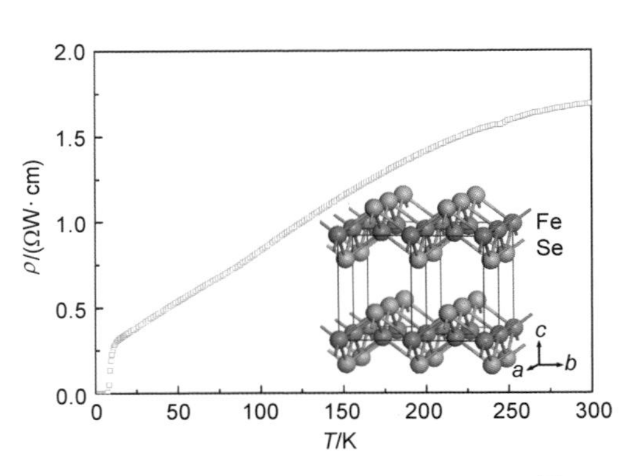

图 31-1　正交相 FeSe 的基本结构与超导电性[5]
（来自 PNAS*）

FeSe 超导的发现开启了铁基超导研究的新天地，虽然目前发现的铁硒基超导体并不如铁砷基超导体数量多，但其变数和物性却是非常丰富多彩的（图 31-2）。以下将简要逐一介绍。

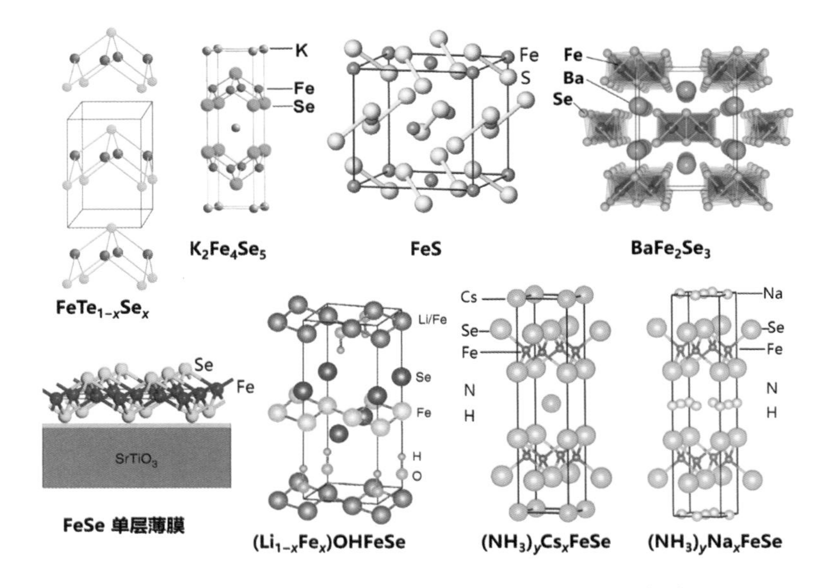

图 31-2　各种结构的铁硒基超导体及其代表化合物[8-30]
（作者组合绘制）

* Reprint Figure 1 and 3 with permission from[Ref. 5 as follows: Hsu F. C. et al., PNAS 2008, 105(28): 14263.]Copyright(2008) by the National Academy of Sciences.

"七十二变"的晶体结构。正如唐僧高徒孙悟空善于"七十二变"一样，铁硒化物超导体最大的特点就是善变。单纯最简单的 FeSe 来说，Se 的缺失或 Fe 的多余会造成 $FeSe_{1-x}$ 或 $Fe_{1+x}Se$ 的情况。可别小看这一点点的化学配比失衡，对其超导电性可谓是极其重要的，稍有不慎就会落入不超导的 α 相或 γ 相，或者产生于 β 相的混合导致超导电性变差(图 31-3(a))[8]。随着温度的降低，FeSe 还会在 90 K 经历一个结构相变，原本 Fe-Fe 组成的正方形格子会被拉伸成长方形，形成四方相到正交相的相变，导致晶体结构对称性变差[9]。和 FeSe 结构类似的，还有正交相的 FeS 体系，也是超导体，T_c 为 5 K[10]。和 FeSe 类似结构的还有 FeTe，然而计算表明 FeTe 是一个具有很强反铁磁性的不超导材料，掺杂 Se 形成 $FeTe_{1-x}Se_x$ 结构则有可能实现比 FeS 更高 T_c 的超导[11]。美国杜兰大学的毛志强和浙江大学的方明虎等在 2008 年实现了最佳超导为 14 K 的 $FeTe_{1-x}Se_x$ 材料[12,13]。$FeTe_{1-x}Se_x$ 材料中同样存在剩余 Fe 的问题，$Fe_{1+x}Te$ 和 $Fe_{1+y}Te_{1-x}Se_x$ 中偏离 1∶1 配比的剩余 Fe 将会对系统的磁性和超导造成巨大的影响。如形成自旋玻璃态等中间过渡态，只有剩余 Fe 几乎没有时超导电性才能实现体超导(图 31-3(b))[14]。FeSe、FeS、FeTe 三个材料及其互相掺杂构成了铁基超导家族的"11"体系[15]，相对其他铁基超导体系它们的结构最为简单，单位晶格元胞中只有一个 Fe-Se 原子层[16]。对比铁砷化物超导体，除了"1111"和"111"体系是单层 Fe-As 结构外，还有"122"体系是双层 Fe-As 结构，那么铁硒化物超导体中是否存在类似"122"铁砷超导体的结构呢？这个答案直到 2010 年才被揭晓，中国科学院物理研究所陈小龙研究组的郭建刚等人成功发现了 KFe_2Se_2 超导体，T_c 达到了 30 K 以上[17]。国内多个研究小组也同时在寻求铁硒类的"122"结构超导体，很快就发现这个家族的其他成员，如方明虎研究组发现的$(Tl,K)_xFe_2Se_2$[18]、陈仙辉研究组和闻海虎研究组发现的 $Rb_xFe_2Se_2$ 和 $Cs_xFe_2Se_2$ 等[19-21]，临界温度都在 30 K 以上！粗看起来，"122"型铁硒超导体和"122"型铁砷超导体结构几乎一致，就是夹层中有一个碱金属原子。然而人们很快意识到，这类超导体并不容易实现 100% 体超导，原因是存在 Fe 空位[18,21]。实际上，如果配比

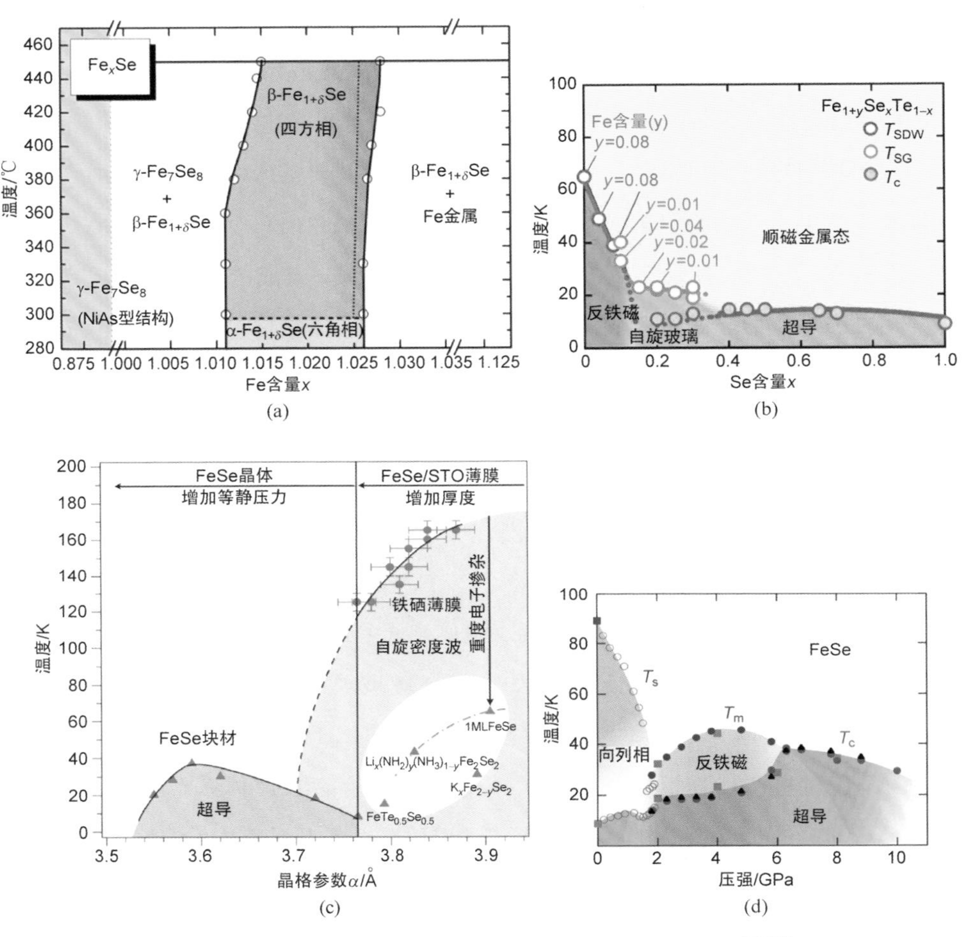

图 31-3 铁硒超导体成分结构、化学掺杂与外部压力相图[8,30,31]
（来自 APS/JPS/中国科学技术大学封东来/中国科学院物理研究所孙建平等 *）

* (a) Reprinted Figure 1 with permission from[Ref. 8 as follows: McQueen T M et al. PHYSICAL REVIEW B 2009, 79: 014522.] Copyright (2021) by the American Physical Society; (b) Reprinted Figure 1 from Ref. 14 Katayama N et al. J. Phys. Soc. Jpn. 2010, 79: 113702. Copyright© 2010 The Physical Society of Japan; (c) Reprinted Figure 5 from Ref. 37 Tan S Y et al. Nat. Mater., 2013, 12: 634; (d) Reprinted Figure 5 from Ref. 37 Sun J P Nat. Commun. 2018, 9: 380 (Open Access).

是 $K_{0.8}Fe_{1.6}Se_2$ 就是一个很好的反铁磁绝缘体，具有与众不同的磁结构，后来被改写成 $K_2Fe_4Se_5$ 相，意味着每5个Fe里面存在一个Fe空位[22-25]。真正的超导相，需要Fe含量足够多，如Fe为1.8以上，更接近"122"相。类似地，在 KFe_2S_2 体系也存在铁空位的问题，但是结构的变体将更为复杂。把 $K_2Fe_4Se_5$ 相结构一维化，就可以形成准一维的 $BaFe_2Se_3$ 相，被称为铁基自旋梯材料[26]。这些情况只是FeSe层间夹入了一个碱金属原子，因为FeSe层间耦合很弱，其实可以塞进更多的复杂结构，比如中国科学技术大学陈仙辉组发现的 $(Li_{1-x}Fe_x)OHFeSe$，即所谓"11111"型铁基超导体，T_c 高达43 K[27]。又如插入液氨分子，可以引入多种碱金属原子，构成 $(NH_3)_yA_xFeSe$ 结构，A=Li、Na、K、Ba、Sr、Ca、Eu、Yb等，临界温度从5 K到40 K不等(图31-2)[28,29]。FeSe结构应该还能做更多类型的插层，可探索的材料空间依旧很大[30]。

"蛛网交织"的物理相图。铁硒超导体的物理相图要比铁砷化物更为复杂，各种电子态就像蜘蛛网一样交织在一起。如前面所述，FeSe或 $FeTe_{1-x}Se_x$ 的超导电性对剩余Fe的存在极其敏感，而 KFe_2Se_2 等又对Fe空位极其敏感，似乎只有Fe∶Se=1∶1的时候，超导才能维持最佳状态(图31-2)[30]。通过分析FeSe块材在高压下以及FeSe薄膜和其他插层铁硒超导体的晶格参数，还可以构造出一个崭新的相图，其中电子掺杂起到了关键作用(图31-3(c))[37,42]。不仅是超导，反铁磁性在铁硒化物中也是如此，FeSe本身并不具有磁性，然而随着外界压力的增加，其超导临界温度会随之增加然后再减小，在2 GPa压力下的超导区之上，反铁磁性突然出现了[31]。这种反铁磁结构与铁砷化物母体中极为类似，超导 T_c 最高能达到38 K，反铁磁转变温度 T_m 最高能达到45 K(图31-3(d))。这种"凭空出现"的反铁磁区非常令人困惑，关于它的起源理论上有许多猜测，目前实验尚无统一结论[32]。

"单薄纤毫"的高温超导。优化制备方法后的FeSe块体最高 T_c 是9 K，高压下能达到38 K，还能不能进一步提高？答案是肯定的。这需要小到FeSe的"一根毫毛"——只有一个Fe和Se原子层的材料：FeSe单原子层薄膜，简直是一层薄到无法再薄的薄膜[33]。清华大学的薛其坤研究组发现，如果把

FeSe 单原子层薄膜镀在 $SrTiO_3$ 衬底上，其超导能隙最大能达到 20 meV，T_c 将可以突破 65 K 以上（图 31-4）[34]！更神奇的是，如果镀上两个原子层的 FeSe 薄膜，它就不超导了；如果镀在其他衬底如石墨烯等上，它也不超导！中国科学院物理研究所的周兴江研究组以及复旦大学的封东来研究组等对其微观电子态的研究表明，单层 FeSe 薄膜是电子型的铁基超导体，其物理相图和铜氧化物高温超导有所类似，$SrTiO_3$ 衬底或许在载流子或电子-声子耦合方面帮助了超导的实现[35-37]。上海交通大学的贾金锋研究组的输运实验还说明，该材料有可能具有 100 K 以上的超导迹象[38]，说明单层 FeSe 薄膜有可能存在更高温度的超导电性。至今，为何如此"单薄"的铁硒超导体具有如此之高的 T_c，仍然是一个谜团。单层 FeSe 的探索之路给科学家们许多重要的启示，寻找高温超导，或许可以"直捣底层"从原子层和界面上去设计材料，而不是单纯寻找块体材料的超导电性[39]。

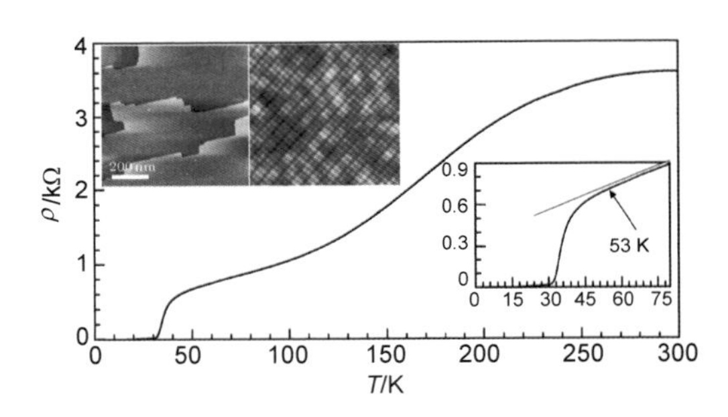

图 31-4 铁硒单层薄膜结构与超导能隙[34]
（来自清华大学薛其坤研究组 *）

"两头多臂"的孪生超导。和"1111"型铁砷化物超导体中"父母带俩娃"的一家四口双超导区类似，铁硒化物超导体也被发现常有两个超导区，而且实现的途径可以多种多样。清华大学的薛其坤研究组对 FeSe 薄膜研究情有独钟，他们直接在 FeSe 厚膜上撒下电子的"种子"——如 K 原子，就可以实现连续调控的电子掺杂，两个超导相——低温超导相和高温超导相也随之出现，对

* Reprinted Figure from Ref. 34：Wang Q Y et al. Chin. Phys. Lett. 2012，29：037402.

应不同的电子浓度[40-42]。中国科学院物理研究所的孙力玲研究组直接对电子掺杂的 $K_{1-x}Fe_{2-y}Se_2$ 体系施加高压，也能出现双超导区：原先 30 K 左右的超导电性会消失，继而在 12 GPa 附近出现一个高达 48 K 的新超导区(图 31-5(a))[43]。中国科学院物理研究所的程金光研究组发现，对于重度电子掺杂的 $(Li_{1-x}Fe_x)OHFe_{1-y}Se$，双超导区现象依然存在，其中第二超导区最高 T_c 达到了 52 K，比第一超导区最高 T_c 提高了 10 K 左右(图 31-5(b))[44]。这一现象同样适用于插层铁硒超导体 $Li_{0.36}(NH_3)_yFe_2Se_2$，第二超导区最高 T_c 达到了 55 K[45]。出现铁硒超导体"两头多臂"超导的关键，就是要合适调控单位体积的载流子浓度，可以通过费米面重构或者晶格压缩来实现。

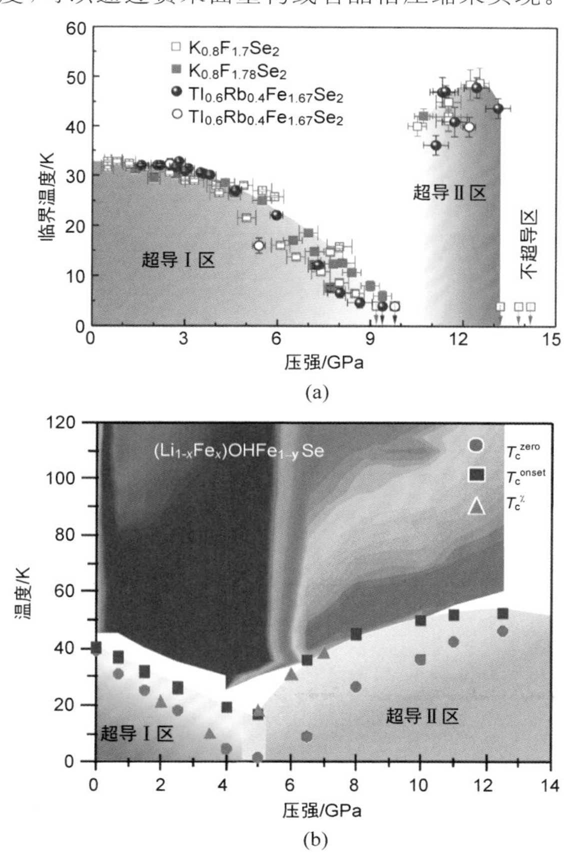

图 31-5　铁硒基超导体在掺杂和压力下的双超导区[40-45]

(由中国科学院物理研究所孙力玲/程金光提供)

"流量可控"的超导电性。既然载流子浓度对 FeSe 超导电性影响至关重要，那如果绕开化学掺杂和高压，直接对其进行载流子浓度调控会如何呢？中国科学技术大学的陈仙辉研究组率先开展了 FeSe 超导体的离子门调控，该方法借鉴自半导体物理的研究。利用离子液体门电压调控可以在材料表面构造一层高电子浓度的结构，果不其然，FeSe 薄层的 T_c 从 10 K 迅速提升到了 48 K[46]。进一步，采用固体离子门技术，可以轻松地把 Li、Na 等固体离子注入到 FeSe 材料内部，不仅增强了超导电性，而且高浓度的离子注入使体系变成具有"122"型的结构，最终走向了绝缘体的命运(图 31-6)[47]。在 FeSe 薄膜上通过离子液体的电场调控，同样可以实现 35 K 的超导电性[48]。清华大学的于浦和、中国人民大学的于伟强"二于合作"，采取了更为简单粗暴的电化学法，直接通过离子液体电化学把氢离子注入到样品体内[49]。该方法同样成功调节了电子载流子浓度，把体系的超导电性大大提高，可谓是"氢我一下就超导"(图 31-7)[50]。

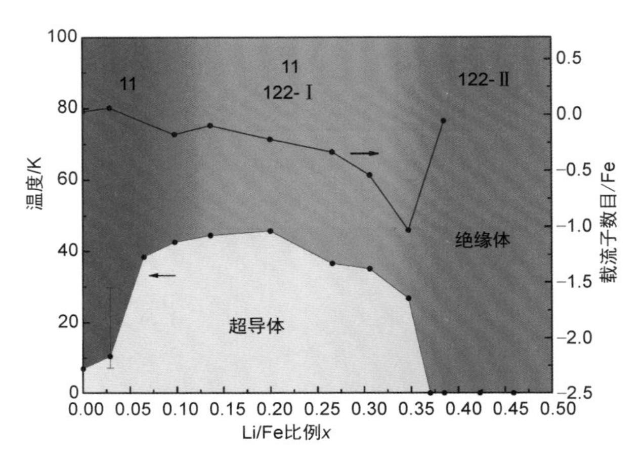

图 31-6 铁硒薄层的门电压离子调控[47]
(来自中国科学技术大学陈仙辉研究组 *)

* Reprinted Figure 4 with permission from [Ref. 47 as follows: Lei B et al. PHYSICAL REVIEW B 95,020503(R) (2017).]Copyright (2021) by the American Physical Society.

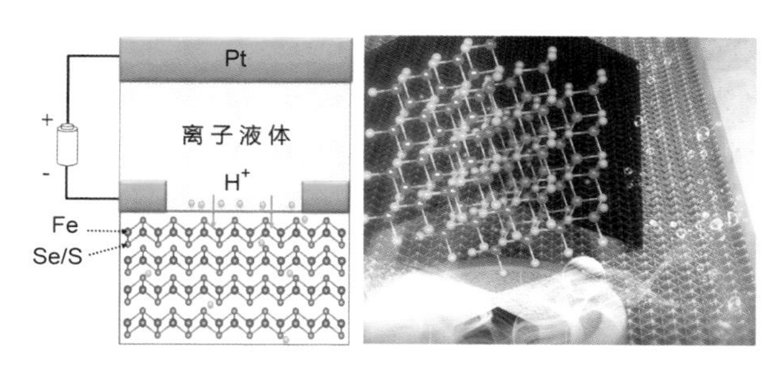

图 31-7　铁硒基超导体的氢化离子调控[49]
（由中国人民大学于伟强提供）

“扭曲破缺”的能隙结构。铁硒超导体和铁砷超导体之间最大的不同，就是前者更偏好电子掺杂，后者则电子和空穴皆可超导。尽管 FeSe 块体的载流子类型同时包括电子和空穴，即同时存在空穴型费米面和电子型费米面，但其常压超导 T_c 却在 10 K 以下。而单层 FeSe 薄膜、$K_{1-x}Fe_{2-y}Se_2$ 体系、$(Li_{1-x}Fe_x)OHFe_{1-y}Se$ 体系、$Li_{0.36}(NH_3)_yFe_2Se_2$ 体系等，都是电子型甚至是重度电子掺杂的，费米面仅仅剩下了单一电子型的[33-37,51-56]。即使对同样存在空穴型费米面的 FeSe 单畴晶体而言，其空穴费米面也不是简单的圆形，而是纵向拉伸的椭圆形，对应的超导能隙恰恰是横向扭曲的纺锤形(图 31-8)[57]。如此高度各向异性的费米面和超导能隙，说明体系中电子轨道有序对超导的影响非常大，这也是为何体系仅有结构相变但无磁性相变的原因[58]。由此涉及铁

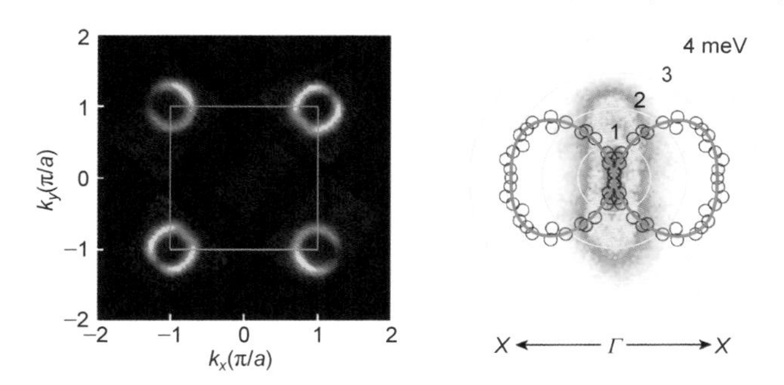

图 31-8　插层铁硒超导体的单一电子型费米面与空穴型费米面能隙分布
（来自 APS/中国科学院物理研究所周兴江研究组 * ）

* Reprinted Figures from Liu D F et al. Phys. Rev. X 2018，8：031033.

基超导体中的一个重要概念——电子向列相，和晶格固有的四重旋转对称性不同，电子性质(如面内电阻、光电导、超导能隙、电子轨道、自旋激发等)将呈现二重对称性，即电子态发生了对称性破缺[59,60]。

"实有其表"的拓扑超导。铁硒超导体还有许多更迷人的物理性质，理论上预言该类超导体很有可能实现一种特殊的超导态"拓扑超导"，即能带结构上会在表面形成拓扑保护的表面态，可以稳定地存在，也极有可能实现马约拉纳费米子——一种正反粒子都是它自己的粒子。这意味着，铁硒超导材料有可能实现状态稳定的拓扑量子计算。实验物理学家经过多年的努力，确实获得了有关拓扑超导的一些信息。例如，中国科学院物理研究所的潘庶亨研究组和丁洪研究组合作在 $Fe_{1+y}Te_{1-x}Se_x$ 中发现了马约拉纳费米子的表现之一——零能束缚态[61]，中国科学技术大学王征飞、美国犹他大学刘锋、清华大学薛其坤、中国科学院物理研究所周兴江等合作发现 $FeSe/SrTiO_3$ 薄膜中的一维拓扑边界态[62]，中国科学院物理研究所丁洪和日本东京大学 Shik Shin 研究组的张鹏等发现 $FeTe_{1-x}Se_x$ 和 $LiFe_{1-x}Co_xAs$ 均存在拓扑表面态[63,64](图 31-9)。这些发现说明，拓扑超导或许在铁基超导体尤其是铁硒超导体中广泛存在，如何操控并应用该奇异的电子态成为铁基超导弱电应用研究的重大前沿课题之一。

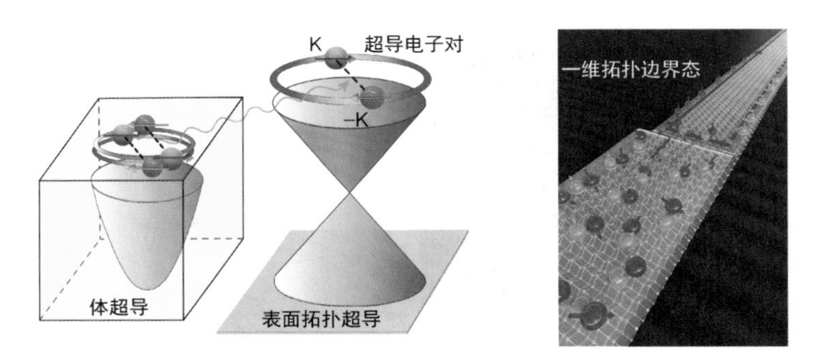

图 31-9 $FeTe_{1-x}Se_x$ 体系中的拓扑超导态[63,64]
(来自中国科学院物理研究所丁洪/孙静重绘)

总结来说，铁硒化物超导体"看似简单"，实则"内涵丰富"。是否存在更多体系或更多形式的铁硒类超导体，临界温度是否可能突破液氮温区，微观电子态是否可能存在更多的新奇量子物性？这些问题都尚待回答，有关铁硒基超导体的研究也正在持续不断地进行中[65]。

参考文献

[1] 唐·释道宣.续高僧传·玄奘传[M].

[2] Terzieff P and Komarek K L. The Paramagnetic Properties of Iron Selenides With NiAs-Type Structure[J]. Monatsheftef für Chemie，1978，109：651-659.

[3] Schuster W，MiMer H，Komarek K L. Transition Metal-Chalcogen Systems，Ⅶ.：The Iron～elenium Phase Diagram[J]. Monatshefte für Chemie，1979，110：1153.

[4] Okamoto H. The FeSe (iron selenium) system[J]. Journal of Phase Equilibria，1991，12(3)：383.

[5] Hsu F C et al. Superconductivity in the PbO-type structure α-FeSe[J]. Proc. Natl. Acad. Sci. USA，2008，105：14262-14264.

[6] Mizuguchi Y et al. Superconductivity at 27 K in tetragonal FeSe under high pressure[J]. Appl. Phys. Lett.，2008，93(15)：152505.

[7] Medvedev S et al. Electronic and magnetic phase diagram of β-$Fe_{1.01}Se$ with superconductivity at 36.7 K under pressure[J]. Nat. Mat.，2009，8：630-633.

[8] McQueen T M et al. Extreme sensitivity of superconductivity to stoichiometry in $Fe_{1+\delta}Se$[J]. Phys. Rev. B，2009，79：014522.

[9] McQueen T M et al. Tetragonal-to-Orthorhombic Structural Phase Transition at 90 K in the Superconductor $Fe_{1.01}Se$[J]. Phys. Rev. Lett.，2009，103：057002.

[10] Lai X F et al. Observation of superconductivity in tetragonal FeS[J]. J. Am. Chem. Soc.，2015，137 (32)：10148.

[11] Subedi A et al. Density functional study of FeS，FeSe，and FeTe：Electronic structure，magnetism，phonons，and superconductivity[J]. Phys. Rev. B.，2008，78(13)：134514.

[12] Fang M H et al. Superconductivity close to magnetic instability in $Fe(Se_{1-x}Te_x)_{0.82}$[J]. Phys. Rev. B，2008，78(22)：224503.

[13] Yeh K W et al. Tellurium substitution effect on superconductivity of the α-phase iron selenide[J]. Europhys. Lett.，2008，84(3)：37002.

[14] Katayama N et al. Investigation of the Spin-Glass Regime between the Antiferromagnetic and Superconducting Phases in $Fe_{1+y}Se_xTe_{1-x}$[J]. J. Phys. Soc. Jpn.，2010，79：113702.

[15] Paglione J，Greene R L. High-temperature superconductivity in iron-based materials[J]. Nat. Phys.，2010，6：645-658.

[16] 马廷灿，万勇，姜山.铁基超导材料制备研究进展[J].科学通报，2009，54(5)：557-568.

[17] Guo J G et al. Superconductivity in the iron selenide $K_xFe_2Se_2$ ($0 \leqslant x \leqslant 1.0$)[J]. Phys. Rev. B,2010,82：180520(R).

[18] Fang M H et al. Fe-based superconductivity with $T_c = 31$ K bordering an antiferromagnetic insulator in (Tl,K)Fe_xSe_2[J]. Europhys. Lett.,2011,94：27009.

[19] Wang A F et al. Superconductivity at 32 K in single-crystalline $Rb_xFe_{2-y}Se_2$[J]. Phys. Rev. B,2011,83：060512.

[20] Li C H et al. Transport properties and anisotropy of $Rb_{1-x}Fe_{2-y}Se_2$ single crystals [J]. Phys. Rev. B,2011,83：184521.

[21] Ying J J et al. Superconductivity and magnetic properties of single crystals of $K_{0.75}Fe_{1.66}Se_2$ and $Cs_{0.81}Fe_{1.61}Se_2$[J]. Phys. Rev. B,2011,83：212502.

[22] Wang D M et al. Effect of varying iron content on the transport properties of the potassium-intercalated iron selenide $K_xFe_{2-y}Se_2$ [J]. Phys. Rev. B, 2011, 83：132502.

[23] Bacsa J et al. vacancy order in the $K_{0.8+x}Fe_{1.6-y}Se_2$ system：Five-fold cell expansion accommodates 20% tetrahedral vacancies [J]. Chem. Sci., 2011, 2(6)：1054.

[24] Bao W et al. A Novel Large Moment Antiferromagnetic Order in $K_{0.8}Fe_{1.6}Se_2$ Superconductor[J]. Chin. Phys. Lett.,2011,28：086104.

[25] Wang M et al. Antiferromagnetic order and superlattice structure in nonsuperconducting and superconducting $Rb_yFe_{1.6+x}Se_2$[J]. Phys. Rev. B, 2011, 84：094504.

[26] Nambu Y et al. Block magnetism coupled with local distortion in the iron-based spin-ladder compound $BaFe_2Se_3$[J]. Phys. Rev. B,2012,85：064413.

[27] Lu X F et al. Coexistence of superconductivity and antiferromagnetism in $(Li_{0.8}Fe_{0.2})$OHFeSe[J]. Nat. Mater.,2014,14：325.

[28] Ying T P et al. Observation of superconductivity at 30～46 K in $A_xFe_2Se_2$ (A=Li, Na,Ba,Sr,Ca,Yb and Eu)[J]. Sci. Rep.,2012,2：426.

[29] Zheng L et al. Emergence of Multiple Superconducting Phases in $(NH_3)_yM_x$FeSe (M：Na and Li)[J]. Sci. Rep.,2015,5：12774.

[30] Pustovit Yu V,Kordyuk A A. Metamorphoses of electronic structure of FeSe-based superconductors[J]. Low Temp. Phys.,2016,42：1268-1283.

[31] Sun J P et al. Dome-shaped magnetic order competing with high-temperature superconductivity at high pressures in FeSe[J]. Nat. Commun.,2016,7：12146.

[32] Si Q,Yu R,Abrahams E. High-temperature superconductivity in iron pnictides and chalcogenides[J]. Nature Rev. Mater.,2016,1：16017.

[33] Liu X et al. Electronic structure and superconductivity of FeSe-related superconductors[J]. J. Phys.：Condens. Matter,2015,27：183201.

[34] Wang Q Y et al. Interface-Induced High-Temperature Superconductivity in Single Unit-Cell FeSe Films on $SrTiO_3$[J]. Chin. Phys. Lett.,2012,29：037402.

[35] Liu D F et al. Electronic origin of high-temperature superconductivity in single-layer FeSe superconductor[J]. Nat. Commun.,2012,3：931.

[36] He S L et al. Phase diagram and electronic indication of high-temperature superconductivity at 65 K in single-layer FeSe films[J]. Nat. Mater.,2013,12: 605.
[37] Tan S Y et al. Interface-induced superconductivity and strain-dependent spin density waves in FeSe/$SrTiO_3$ thin films[J]. Nat. Mater.,2013,12: 634.
[38] Ge J -F et al. Superconductivity above 100 K in single-layer FeSe films on doped $SrTiO_3$[J]. Nat. Mater.,2015,14: 285.
[39] Huang D,Hoffman J E. Monolayer FeSe on $SrTiO_3$[J]. Annu. Rev. Condens. Matter Phys.,2017,8: 311.
[40] Song C -L et al. Observation of Double-Dome Superconductivity in Potassium-Doped FeSe Thin Films[J]. Phys. Rev. Lett.,2016,116: 157001.
[41] Huang D,Hoffmany J E. A Tale of Two Domes[J]. Physics,2016,9: 38.
[42] Peng R et al. Tuning the band structure and superconductivity in single-layer FeSe by interface engineering[J]. Nat. Commun.,2014,5: 5044.
[43] Sun L -L et al. Re-emerging superconductivity at 48kelvin in iron chalcogenides[J]. Nature,2012,483: 67.
[44] Sun J P et al. Reemergence of high-T_c superconductivity in the ($Li_{1-x}Fe_x$)$OHFe_{1-y}Se$ under high pressure[J]. Nat. Commun.,2018,9: 380.
[45] Shahi P et al. High-T_c superconductivity up to 55 K under high pressure in a heavily electron doped $Li_{0.36}(NH_3)_yFe_2Se_2$ single crystal[J]. Phys. Rev. B, 2018, 97: 020508(R).
[46] Lei B et al. Evolution of High-Temperature Superconductivity from a Low-T_c Phase Tuned by Carrier Concentration in FeSe Thin Flakes[J]. Phys. Rev. Lett., 2016, 116: 077002.
[47] Lei B et al. Tuning phase transitions in FeSe thin flakes by field-effect transistor with solid ion conductor as the gate dielectric[J]. Phys. Rev. B,2017,95: 020503(R).
[48] Hanzawa K et al. Electric field-induced superconducting transition of insulating FeSe thin film at 35 K[J]. Proc. Natl. Acad. Sci. USA,2016,113: 3986.
[49] Cui Y et al. Protonation induced high-T_c phases in iron-based superconductors evidenced by NMR and magnetization measurements[J]. Sci. Bull.,2018,63: 11.
[50] https://www.sohu.com/a/218374235_199523.
[51] Zhao L et al. Common electronic origin of superconductivity in (Li,Fe)OHFeSe bulk superconductor and single-layer FeSe/$SrTiO_3$ films[J]. Nat. Commun., 2016, 7: 10608.
[52] Mou D X et al. Structural, magnetic and electronic properties of the iron-chalcogenide $A_xFe_{2-y}Se_2$ (A=K,Cs,Rb,and Tl,etc.) superconductors[J]. Front. Phys.,2011,6: 410.
[53] Qian T et al. Absence of a Holelike Fermi Surface for the Iron-Based $K_{0.8}Fe_{1.7}Se_2$ Superconductor Revealed by Angle-Resolved Photoemission Spectroscopy[J]. Phys. Rev. Lett.,2011,106: 187001.
[54] Zhang Y et al. Nodeless superconducting gap in $A_xFe_2Se_2$ (A=K,Cs) revealed by

angle-resolved photoemission spectroscopy[J]. Nat. Mater. ,2011,10：273.

[55] Mou D X et al. Distinct Fermi Surface Topology and Nodeless Superconducting Gap in a ($Tl_{0.58}Rb_{0.42}$) $Fe_{1.72}Se_2$ Superconductor [J]. Phys. Rev. Lett., 2011, 106：107001.

[56] Yan Y J et al. Electronic and magnetic phase diagram in $K_xFe_{2-y}Se_2$ superconductors[J]. Sci. Rep. 2,212 (2012).

[57] Liu D F et al. Orbital Origin of Extremely Anisotropic Superconducting Gap in Nematic Phase of FeSe Superconductor[J]. Phys. Rev. X,2018,8：031033.

[58] Wang Q S et al. Magnetic ground state of FeSe[J]. Nat. Commun. ,2016,7：12182.

[59] Fernandes R M, Chubukov A V, Schmalian J. What drives nematic order in iron-based superconductors[J]. Nat. Phys. ,2014,10：97.

[60] Yi M, Zhang Y, Shen Z -X and Lu D H. Role of the orbital degree of freedom in iron-based superconductors[J]. npj Quant. Mater. ,2017,2：57.

[61] Ying J X et al. Observation of a robust zero-energy bound state in iron-based superconductor Fe(Te,Se)[J]. Nat. Phys. ,2015,11：543.

[62] Wang Z F et al. Topological edge states in a high-temperature superconductor FeSe/$SrTiO_3$(001) film[J]. Nat. Mat. ,2016,15：968.

[63] Zhang P et al. Multiple topological states in iron-based superconductors[J]. Science, 2018,360：182.

[64] Zhang P et al. Multiple topological states in iron-based superconductors[J]. Nat. Phys. ,2019,15：41.

[65] Chen X H et al. Iron-based high transition temperature superconductors[J]. Nat. Sci. Rev. ,2014,1：371-395.

32 铁匠多面手：铁基超导材料的基本性质

凝聚态物质中的一个非常重要的物理现象就是“层展”(emergency)[1]。用理论物理大家 P. W. Anderson 的话来说就是“多则不同”(more is different)[2]。凝聚态物理学的研究源自这样一个问题：微观世界的每一个电子或原子，原则上都可以用量子力学基本方程——薛定谔方程来描述，宏观物质无非是一个庞大微观粒子体系，其物理性质是否就可以用一个庞杂的薛定谔方程组来解释？答案是否定的。凝聚态物理最重要的特点就是：“知其一，难知其二，不知其三，甚至 1+1 远大于 2。”首先，我们现在的物理学并没有一个很好处理三体以上问题的工具，即使我们知道单个物体的运动规律，却无法严格解析出多个对象中每个个体的运动规律。其次，凝聚态物质中粒子数目

至少是 10^{23} 量级，它们之间的相互作用是极其复杂的，构造方程组容易，但是却没法给出它的严格解。再者，在不同粒子数、空间尺度、维度的情形下，物质表现出的性质是可以截然不同的[1]。这就像哪吒三太子的“三头六臂”一样，面临敌情不同，功能则不同。总之，在凝聚态物质中，个体行为永远代替不了整体性质，许多物理现象只有在粒子群体层面才能体现，而每一层对应的具体微观理论都不尽相同。

我们常说，超导是一种宏观量子行为，指的是一大群库伯电子对集体行为，用电子两两配对来描述只不过是一种理想情形下的极度简化。物理学家早就认识到了这点，只是面临实际物理问题的时候，他们仍不自觉地倾向于用简单的物理模型。对于大部分超导理论而言，都简单认为参与超导电性的电子都是“一类”电子，即属于单带超导。这种思想从金属合金到铜氧化物超导体研究过程几乎都是适用的，因为大部分超导体都是单一费米面，很少人怀疑它的局限性[3]。直到遇见了超导界著名的“二师兄”——MgB_2，人们才意识到原来材料里可以存在多个费米面同时参与超导，即 MgB_2 是一个两带超导体[4]。确实“多了就是不一样”，同样是在电子-声子相互作用下形成的超导，单带情形下的金属单质铌 $T_c=9$ K，金属合金 Nb_3Ge $T_c=23$ K，多带体系 MgB_2 就能达到 $T_c=39$ K！更多的多带超导体随后被确认，这些材料具有多个费米面和超导能隙等，寻找合适的多带超导体系，或许是突破临界温度的一种途径[5,6]。基于此铺垫，在铁基超导体发现之后，科学家们很快就意识到这个新的高温超导家族，也属于多带超导体。原因在于铁原子内部的电子排布，铁基超导体中一般为 Fe^{2+} 离子，剥掉最外层 2 个电子后，次外层处于 $3d$ 轨道上的 6 个电子就被“暴露”出来了，它们都有机会参与超导[7]。

铁基超导材料的“多面手”特征其实在前面几节已经提及，如它具有很多个材料体系，每个元素位置都有多种掺杂方式来诱发超导，电子态相图可以是多维度构造，超导和磁性母体区域可以是多个并存等[8]。本节不再重复介绍这些内容，而是探讨它的另外几种性质上的“多”。

多电子轨道。如前所述，铁基超导体核心导电的就是 Fe^{2+} 离子，属于 $3d$

过渡金属元素。按照原子中电子轨道（s、p、d、f 等）排布方式，铁原子的 $3d$ 电子轨道有 5 个：$3d_{xy}$，$3d_{xz}$，$3d_{yz}$，$3d_{x^2-y^2}$，$3d_{z^2}$。前 4 者的轨道电子云形状都是十字梅花形，只是分别处于 xy、xz、yz 平面和 xy 平面对角线而已，最后一个轨道电子云是一个纺锤形（图 32-1）[9]。这些 $3d$ 电子轨道具有一定的节点和节线，在某些特殊的位置出现概率为零。这 5 类电子都可以参与铁基超导电性的形成，造成了铁基超导理论研究的多参数局面，困难顿时翻了好几倍。此外，xz 和 yz 的电子轨道还容易发生简并，即从能量上无法区分。因此，铁基超导体中的多轨道物理，从一开始就给研究者带来了困扰。

多载流子类型。因为铁基超导体的多轨道物理，参与导电的载流子也可以是两类共存：空穴和电子。所谓“空穴”，指的是电子群体的一种等效描述，如一群（价带）电子失去一个电子，就等效于产生一个带正电的空穴。在铁基超导体中，铁离子既容易得到电子，也容易失去电子，所以参与的载流子数目有带负电的电子，也有带正电的空穴（图 32-2）。这有点类似于半导体中的空穴和电子的概念，只是在铁基超导体中，空穴或电子的浓度都远远超过了半导体[10]。尚未掺杂的铁基超导母体从一开始就是坏金属，不是半导体或绝缘体，也不是导电能力强的“好”金属。传统的电荷输运理论在铁基超导里面变得非常

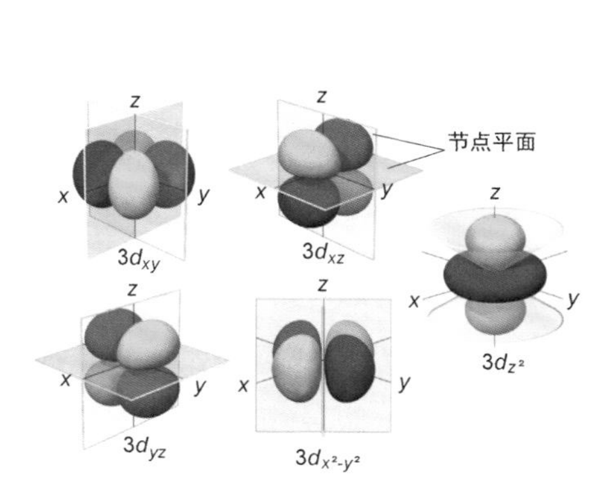

图 32-1　3d 电子轨道（电子云）
（孙静绘制）

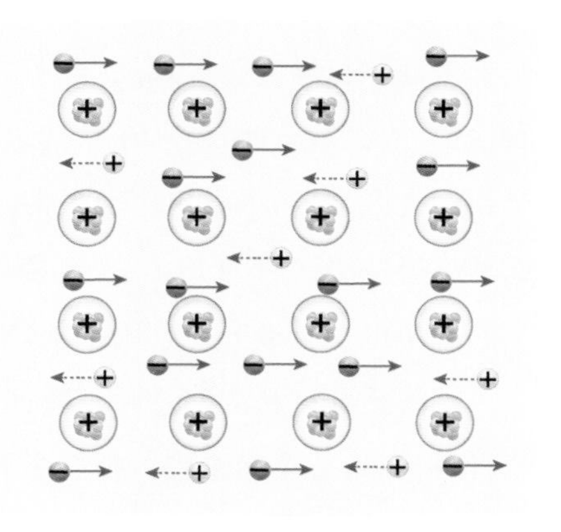

图 32-2　空穴和电子载流子共存
（孙静绘制）

复杂起来，例如对于单带体系，利用霍尔效应可以很轻松判断载流子类型，但在多带的铁基超导体中，却可能出现非线性的霍尔效应和多变的霍尔系数[11]。

多费米面/能带。铁基超导体的多轨道和多载流子特性深刻体现在了电子能带和费米面结构上。确实就像哪吒的“三头六臂”，对于铁基超导体来说，其每一条电子能带就可能由多个轨道组成，即不同能量和动量处由不同的电子轨道占据。到了费米能，就会有多个轨道的多个电子能带穿越，形成多个小的费米面口袋，而不是一个整齐划一的费米面[12]。一般来说，铁基超导体的费米面由处于布里渊区中心的 2～6 个空穴型费米口袋和处于布里渊区角落的 1～4 个电子型费米口袋组成，对应着空穴和电子两类载流子（图 32-3）[13]。我们通常把同一个费米口袋称为一个能带，可能由多个不同的电子轨道组成，而且它们各自的占据率可以不太一样。尽管铁基超导体晶体结构是准二维的，每一个费米口袋也往往不是一个非常严格的二维圆筒状，某些材料中甚至可以形成三维结构的费米面[14]。如此复杂的微观电子态下的导电机制都很难理清楚，要认识超导的形成机理更是充满困难。

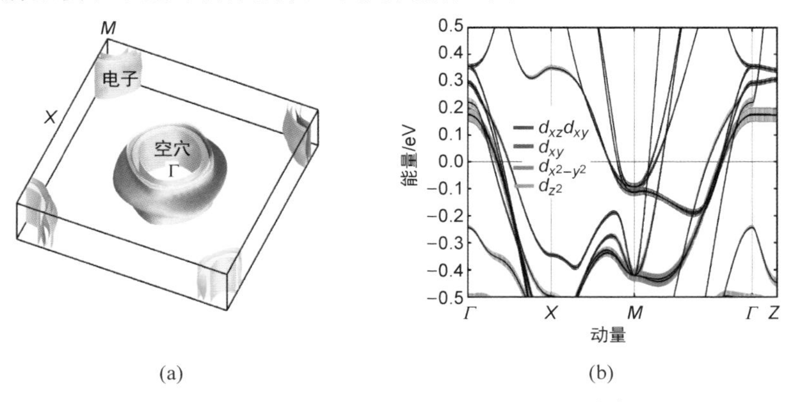

图 32-3　$CaKFe_4As_4$ 的费米面和电子能带结构[13]

（来自 APS*）

---

* Reprinted Figure 2 with permission from [Ref. 13 as follows: Mou D et al. PHYSICAL REVIEW LETTERS 2016, 117: 277001.] Copyright (2021) by the American Physical Society.

多超导能隙。既然铁基超导体的费米面实际上是多个小费米口袋的“多面手”，那么每个费米口袋上的超导能隙就可以不尽相同。进入超导态后，几乎每一个费米口袋都会形成超导能隙，空穴型和电子型的超导能隙差异可以很大(图 32-4)[15,16]。考虑到费米口袋的三维特性，在三维布里渊区来看的话，超导能隙也可以是三维化的，即在铁砷面外的方向上存在超导能隙大小的调制，严重情形下甚至可以形成能隙的节点——某些特殊动量空间点上的能隙为零[17]。

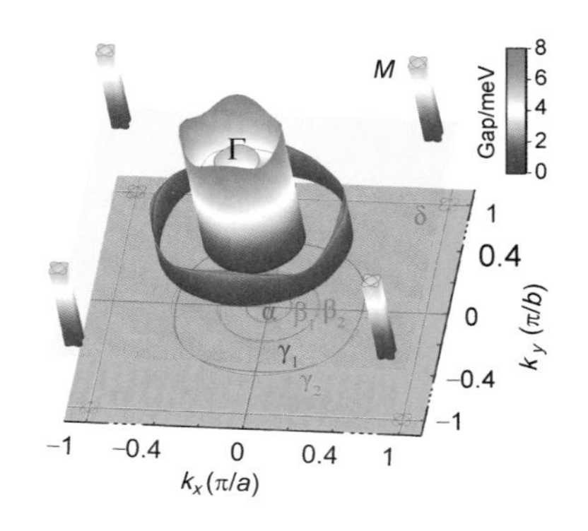

图 32-4　$Ba_{0.6}K_{0.4}Fe_2As_2$ 费米面上的超导能隙[15]
（洪文山/吴定松绘制）

铁基超导体的“多面手”特质无疑给铁基超导机理的研究困难雪上加霜。实验上，需要精确测量每个费米口袋甚至每个动量点的能隙大小；理论上，需要分析能隙调制的本质原因并探究可能的电子配对模式；进一步，还需要分析不同电子轨道占据和它们各自对超导电性的具体贡献。即便如此，理论家们根据实验结果，还是给出了可能的铁基超导机理模型，其中最被广泛接受的，就是 $s\pm$ 超导配对机制[18-22]。我们知道，对于电子-声子配对形成超导的常规金属超导体而言，它们的能隙往往是各向同性的 s 波。在铁基超导体里，大部分实验都证明超导能隙是“全能隙”形式——不存在能隙的节点或节线。个别情况下会有可能存在能隙节点，也有可能多能带中某一个能带的能隙极小。如果考虑到材料中的库仑排斥作用，不同载流子类型的费米面就会被强行分立，在动量空间形成多个费米口袋，连接它们的是一个有限大小的动量转移尺度 Q。进一步，因为反铁磁相互作用的存在，导致 Q 连接下的两个费米口袋上的能隙符号是相反的，一类是正号，另一类是负号(图 32-5(a))[23]。如果两个费米口袋在平移 Q 波矢之后存在某种程度的可重叠效应，那么就称为它们之间存在费米面“嵌套”行为，相应的配对或散射效应会大大增强[24]。$s\pm$ 超导配对机制又被称为“符号相反的 s 波超导”，被越来越多的实验证据所证实。需要特别指出的是，尽管早期的理论要求 $s\pm$ 超导配对必须在嵌套的空穴和电子口袋上发生，但是之后的实验证据表明，在两个电子口袋之间甚至是同个电子口袋的不同部分，也是可以发生 $s\pm$ 超导配对的(图 32-5(b))[25]。看似简单的 s 波超导，被铁基超导体中的“多”玩出来许多花样，成为铁基超导机理研究的最大困难。

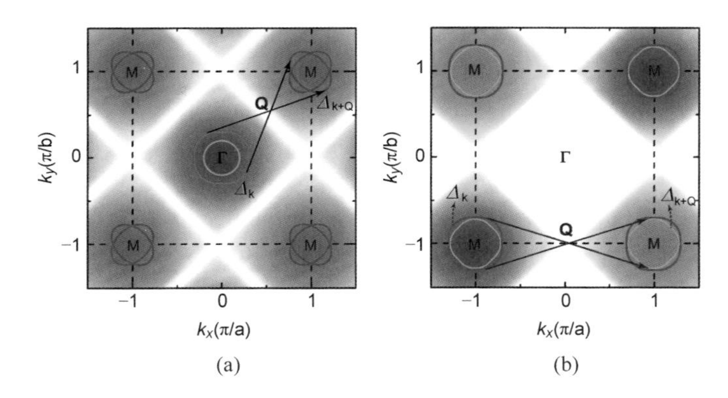

图 32-5　费米面嵌套下的 $s\pm$ 超导配对机制[23]
(谢涛/洪文山绘制)

参考文献

[1] 于渌，郝柏林. 边缘奇迹：相变和临界现象[M]. 北京：科学出版社，2005.

[2] Anderson P W. More is different[J]. Science，1972，177：393.

[3] He R H et al. From a single-band metal to a high-temperature superconductor via two thermal phase transitions[J]. Science，2011，331：1579.

[4] Buzea C，Yamashita T. Review of the superconducting properties of MgB_2 [J]. Supercond. Sci. Technol. ，2001，14：R115-R146.

[5] Nagao H et al. Superconductivity in Two-Band Model by Renormalization Group Approach[J]. Int. J. Mod. Phys. B，2002，16：3419.

[6] Vagov A et al. Superconductivity between standard types：Multiband versus single-band materials[J]. Phys. Rev. B，2016，93：174503.

[7] Paglione J，Greene R L. High-temperature superconductivity in iron-based materials

[J]. Nat. Phys. ,2010,6: 645-658.

[8] Chen X H et al. Iron-based high transition temperature superconductors[J]. Nat. Sci. Rev. ,2014,1: 371-395.

[9] Kotz J C, Treichel P M, Townsend J. Chemistry and Chemical Reactivity[M]. Brooks/Cole Publishing Co. ,2012.

[10] Singh D J and Du M H. Density Functional Study of $LaFeAsO_{1-x}F_x$: A Low Carrier Density Superconductor Near Itinerant Magnetism[J]. Phys. Rev. Lett. , 2008,100: 237003.

[11] Luo H Q et al. Normal state transport properties in single crystals of $Ba_{1-x}K_xFe_2As_2$ and $NdFeAsO_{1-x}F_x$[J]. Physica C,2009,469: 477.

[12] Stewart G R. Superconductivity in iron compounds[J]. Rev. Mod. Phys. , 2011, 83: 1589.

[13] Mou D et al. Enhancement of the Superconducting Gap by Nesting in $CaKFe_4As_4$: A New High Temperature Superconductor[J]. Phys. Rev. Lett. ,2016,117: 277001.

[14] Richard P et al. Fe-based superconductors: an angle-resolved photoemission spectroscopy perspective[J]. Prog. Phys. ,2011,74: 124512.

[15] Ding H et al. Observation of Fermi-surface-dependent nodeless superconducting gaps in $Ba_{0.6}K_{0.4}Fe_2As_2$[J]. Europhys. Lett. ,2008,83: 47001.

[16] Wu D et al. Spectroscopic evidence of bilayer splitting and strong interlayer pairing in the superconductor $KCa_2Fe_4As_4F_2$[J],Phys. Rev. B,2020,101: 224508.

[17] Zhang Y et al. Nodal superconducting-gap structure in ferropnictide superconductor $BaFe_2(As_{0.7}P_{0.3})_2$[J]. Nat. Phys. ,2012,8: 371.

[18] Korshunov M M, Eremin I. Theory of magnetic excitations in iron-based layered superconductors[J]. Phys. Rev. B,2008,78: 140509(R).

[19] Chubukov A V, Efremov D V, Eremin I. Magnetism, superconductivity, and pairing symmetry in iron-based superconductors[J]. Phys. Rev. B,2008,78: 134512.

[20] Maier T A et al. Neutron scattering resonance and the iron-pnictide superconducting gap[J]. Phys. Rev. B,2009,79: 134520.

[21] Mazin I, Schmalian J. Pairing symmetry and pairing state in ferropnictides: Theoretical overview[J]. Physica C,2009,469: 614.

[22] Seo K J et al. Pairing Symmetry in a Two-Orbital Exchange Coupling Model of Oxypnictides[J]. Phys. Rev. Lett. ,2008,101: 206404.

[23] Aoki H, Hosono H. A superconducting surprise comes of age[J]. Physics World, 2015,28(2): 31.

[24] Johnson P D, Xu G, Yin W -G et al. Iron-Based Superconductivity[M]. Springer, New York,2015.

[25] Du Z Y et al. Sign reversal of the order parameter in $(Li_{1-x}Fe_x)OHFe_{1-y}Zn_ySe$[J]. Nat. Phys. ,2018,14: 134.

33　铜铁邻家亲：铁基和铜基超导材料的异同

超导的研究历程，特别是超导材料的探索之路，总是充满坎坷和惊喜。1986 年，铜氧化物高温超导的发现，距离 1911 年发现的第一个超导体——金属汞已经整整 75 年，此前大家为麦克米兰极限的存在而充满悲观。2008 年，铁基超导的出现，是铜氧化物高温超导研究步入第 22 个年头。此刻，高温超导的研究已陷入一片迷惘和不知所措，BCS 理论在铜氧化物、重费米子、有机超导等非常规超导材料中失效，而高温超导伴随的物理现象又极其复杂多变难以理解，加上其天生的易脆和高度各向异性等多种应用短板。正在物理学家为要不要放弃高温超导研究而重度纠结的时候，铁基超导的出现，恰到好时机地点亮了前所未有的新希望之光[1]。作为新一代高温超导家族，铁基超导材料为高温超导的研究开辟了许多新通路，铜氧化物材料研究积累的大量困惑将可以在这个“高温二代”中加以检验、澄清甚至是完全解答。高温超导机理，乃至非常规超导机理，有望在铁基超导研究中最终取得突破[2]。

虽然铁基超导的发现要比铜氧化物超导材料晚了不少年，但是，铁基超导却恰如其分地，如同在超导机理已知的 BCS 常规金属合金超导体，和超导机理充满争议的铜氧化物超导体之间，建立了一座坚实的铁基钢架桥，让高温超导机理研究变得“有路可循”(图 33-1)。整体来说，一方面是因为铁基超导的临界温度(常压和高压下块体最高均可达 55 K)居于常规超导(最高 40 K)和铜基高温超导(常压下最高 134 K，高压下最高 165 K)之间；另一方面是因为铁基超导材料的结构和物性既像常规金属超导体也像铜氧化物超导体。例如，铁基超导材料母体天生就是金属导体，结构上多为正交相，结构单元以铁砷或铁硒面为主，可以通过掺杂来实现超导等[3]。

在这一节，将着重对比铁基和铜基两大高温超导家族的异同，部分内容在前面已经出现，此节将较简略地加以介绍。

1. 结构与费米面。对于大部分金属合金超导体来说，其结构普遍为立方

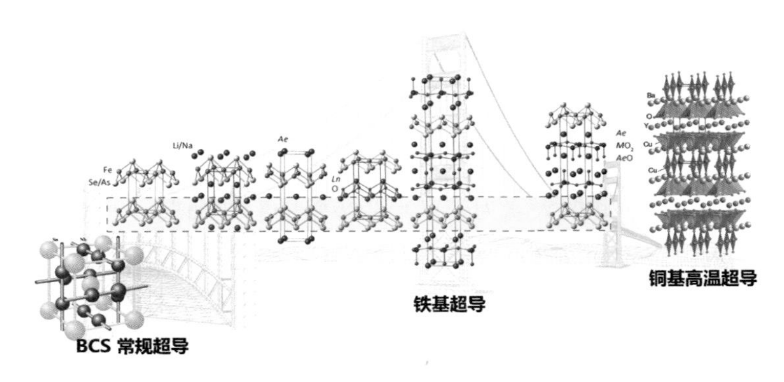

图 33-1 铁基超导是连接 BCS 常规超导和铜基高温超导的桥梁
（作者绘制）

结构（体心或面心立方），电子浓度相对比较高。在铜氧化物中，晶体结构往往是非常典型的准二维层状结构，即 Cu-O 平面和其他氧化物层的堆叠构成，前者通常称为“导电层”，后者则称为“载流子库层”。顾名思义，就是 Cu-O 面负责超导电子传输导电，而其夹心部分则负责提供尽可能多的载流子[4]。铁基超导体同样是层状结构，以 Fe-As 或 Fe-Se 层（以下简称 Fe-As 层）为基本单元，导电层也主要发生在这个面。区别在于，Cu-O 面往往是比较平整的（$YBa_2Cu_3O_{7-x}$ 除外），但是 Fe-As 层同时考虑 Fe 和 As 的话则是起伏不平的。铜氧化物的载流子可以来自载流子库，也可以来自 Cu-O 面的氧空位，铁基超导体中引入载流子同样可以在 Fe-As 面内和面外实现。因为 As 原子的存在，Fe-As-Fe 这类间接相互作用也就显得重要起来，研究发现，As-Fe-As 的键角对 T_c 的影响非常大[2,5]，似乎只有在 $FeAs_4$ 为完美正四面体时才具备最高的 T_c。对应地，铜氧化物中则是 Cu-O 面的层数越多，T_c 越高（仅在三层以内适用）。虽然 Cu 和 Fe 同属于 $3d$ 过渡金属，但是铜基和铁基超导体的费米面则从单带变成了多带。铁基超导体的多重费米面，意味着多电子轨道和多能带的参与对超导或许是有利的。从这个意义上来说，铁基超导最接近的常规超导体应该是 MgB_2——一个同样具有层状结构和多重费米面的超导材料，临界温度非常接近 40 K（图 33-2）[6]。

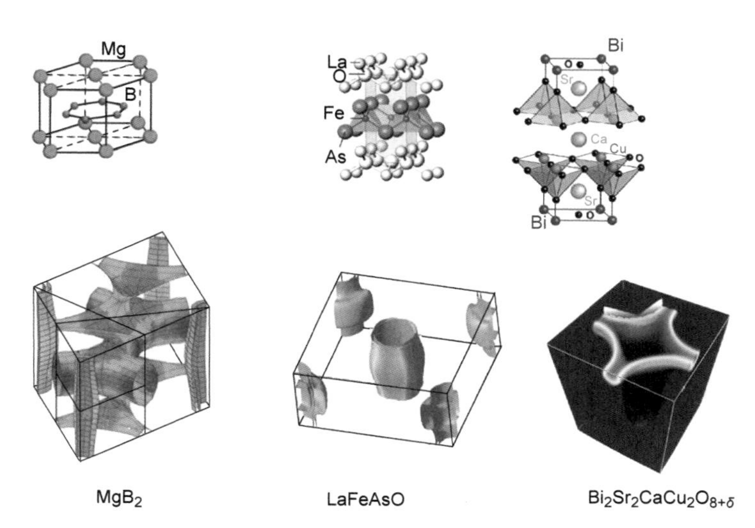

图 33-2　三大超导家族的典型结构和费米面对比

（孙静绘制）

2. 电子态与相图。铜基高温超导最令人抓狂的特点之一就是它具有非常复杂的电子态相图，随着空穴或电子载流子的引入，存在反铁磁、自旋玻璃、电荷密度波、自旋密度波、赝能隙、超导态等多种电子态，相互之间还存在共存和竞争的关系，要理顺都非常困难。如果我们大刀阔斧地把这张复杂的相图加以简化，最终留下最显著的三个特征：反铁磁、赝能隙和超导（图 33-3）。掺杂的意义在于抑制长程的反铁磁有序态，从而催生超导态的出现，同时不可避免地在超导和反铁磁相变温度之上就出现一个赝能隙态。同样地，也可以简化铁基超导体的相图，它将包括三个基本单元：反铁磁、电子向列相和超导（图 33-3）[7]。这与铜氧化物存在惊人的类似，同样是掺杂抑制反铁磁而诱发超导，且在相变温度之上就存在电子态奇异状态——电子向列相。类似于液晶材料中分子排列对称性出现无序相、向列相、近晶相、晶体相，电子向列相就是打破晶格四重对称性下出现的二重对称电子态，或者说是电子态出现了对称性破缺（图 33-4）[8,9]。如果说赝能隙态是铜氧化物中电子“预配对”造成的，那么铁基超导中的电子向列相就是超导和反铁磁的“预有序态”，因为后两

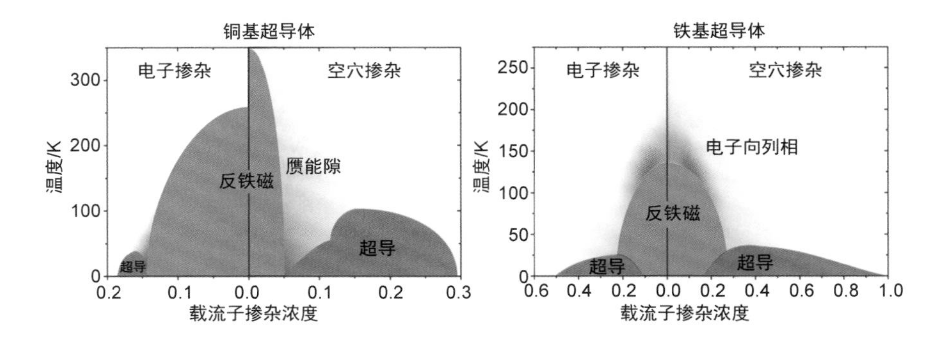

图 33-3　铜基和铁基超导的"最简相图"对比[7]

（作者绘制）

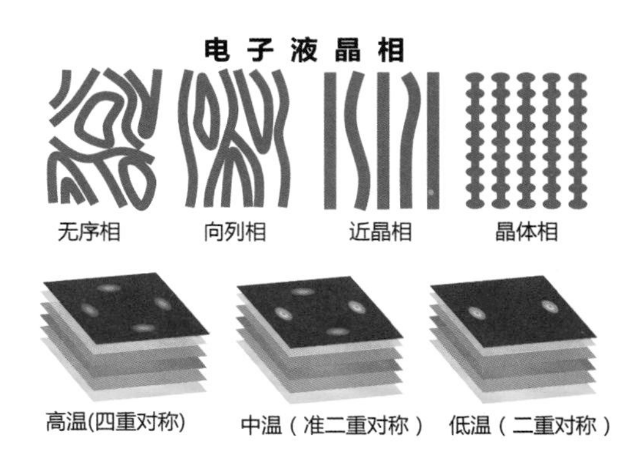

图 33-4　高温超导体中的"电子液晶相"(上)及其对称性(下）[8-10]

（来自莱斯大学*）

者的对称性与向列相中电子态保持一致[10]。铁基超导与铜氧化物的电子态也存在一些差异：铜氧化物中电子掺杂和空穴掺杂的母体实际上结构略有区别，严格上来说它们无法算是同一个"母体"(注意图中空穴和电子掺杂两侧对应母体反铁磁温度并不相同)；铁基超导则完全可以从同一个母体出发，在不同原子位置掺杂来引入空穴或电子载流子。铜基的母体为反铁磁莫特绝缘体，铁基的母体则为反铁磁坏金属。铜基中赝能隙之下往往出现强烈的超导涨落和

* http://news.rice.edu/2014/07/31/study-finds-physical-link-to-strange-electronic-behavior/

复杂的各种电荷有序态(包括电子向列相、电荷密度波等),铁基中的电子向列相则较为纯粹,超导涨落区间也相对要小得多。令人郁闷的是,铜基和铁基高温超导体中的反铁磁、超导态、赝能隙和向列相,都没有完全理解其微观起源问题[2,7]。

3. 磁性与自旋涨落。既然铜基和铁基超导电性都起源于对反铁磁母体的掺杂,而且超导往往出现在反铁磁被部分甚至全部抑制之后,那么磁性物理(包括磁结构和磁激发)的研究,对理解高温超导微观机理就至关重要了。事实上,不仅是高温超导体,对于重费米子超导体和有机超导体等非常规超导材料而言,都有类似的电子态相图,说明磁性相互作用具有非常重要的作用。回顾常规金属合金超导体中的 BCS 微观理论,就可以发现,其实之前仅仅考虑了电荷相互作用——带负电的电子和带正电的离子实之间的库仑相互作用,使得两个电子之间通过交换虚声子而发生配对。到了高温超导,自旋已经成为不得不考虑的一个重要因素,电荷+自旋的超导配对机理问题也就变得异常复杂起来。对于铜基超导体母体,其反铁磁结构为“奈尔型”,即 Cu 的四方格子上只要相邻的两个磁矩都是反平行的。对于铁基超导体母体,其反铁磁结构多为“共线性”,即沿 a 方向为反铁磁的反平行排列,但是沿着 90°的另一个 b 方向则是铁磁的平行排列,反铁磁态下磁结构和晶体结构都是面内二重对称的。注意铁砷基超导材料和铁硒基超导材料的磁结构也存在区别,后者可以是“双共线型”“块状反铁磁型”“准一维自旋梯型”等特殊结构(图 33-5)。反铁磁长程有序结构的存在,意味着强烈的磁性相互作用,它也会在动力学上呈现很强的磁激发(自旋涨落),其激发能量尺度大约在 200 meV,铜基和铁基两者的母体磁激发(即自旋波)无论是强度还是色散关系都非常相近[11]。

高温超导体中磁性与超导的密切关系,不仅体现在静态的相图中反铁磁序和超导态之间的共存和竞争,还体现在动态的磁激发中对超导态的响应。主要包括两个方面:一是进入超导态之后因为超导能隙的形成,费米面附近的电子态密度丢失,磁激发在低能段也会消失,形成所谓“自旋能隙”;二是进入超导态之后,在某个能量附近的磁激发会得以增强,其温度响应关系就像一

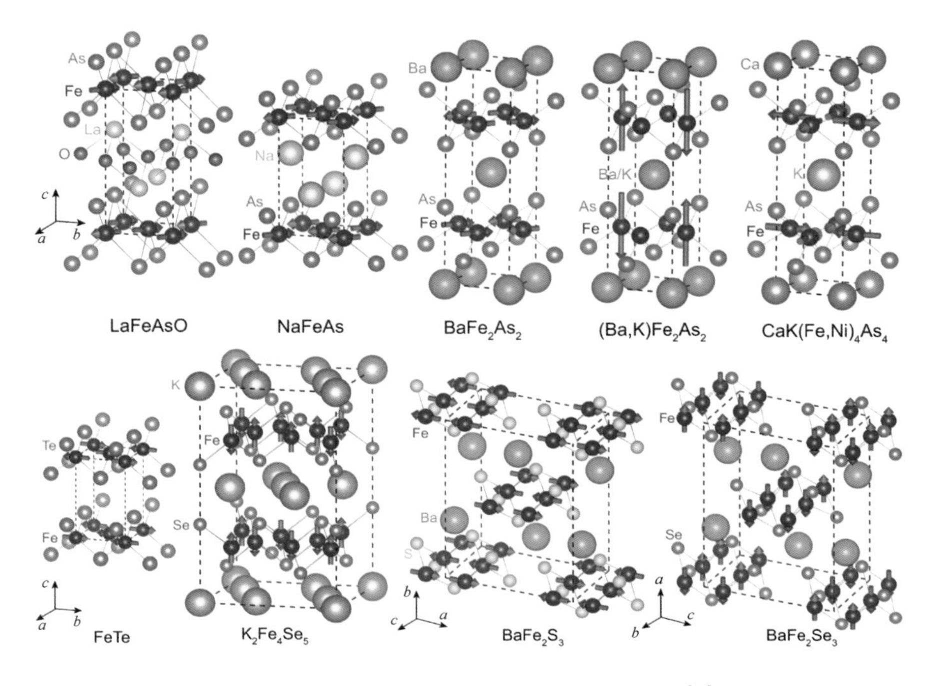

图 33-5　不同铁基超导材料"母体"的磁结构[11]
（龚冬良绘制）

个超导序参量，称这个现象为"自旋共振"。自旋共振其实就是超导体中库伯电子对的一种集体激发模式——当其中一个电子自旋发生翻转时，与其配对的电子也会发生反应，而量子相干凝聚的电子对群体也会随之一起响应，形成电子-空穴对的一种激发态，也即自旋态发生了共振[12]。非常令人惊奇的是，对于铜氧化物来说，几乎所有的超导体系都存在自旋共振现象，而且共振的中心能量与 T_c 成一个 5 倍左右的线性正比关系，这个关系在铁基超导体中仍然成立[13,14]。不仅如此，考虑到某些材料可能具有多个共振模式和超导能隙，可以发现自旋共振能量也和超导能隙成线性正比，比例系数为 0.64（图 33-6）[15]。可以说，自旋共振是高温超导体乃至几乎所有非常规超导体的"磁性指纹"，是磁性参与超导电性过程的最为有力的证据。一般来说，自旋共振是超导能隙尺度以内的一种行为，但铁基超导体中的自旋共振差异化比较大。尽管如此，铁基超导中的自旋共振模在细节上，也能出现类似于双层铜氧化物中的两类 c 方向的“奇”“偶”调制方式，以及特殊的朝下色散关系，说明两者极有可能存在共同的起源(图 33-7)[16,17]。即使进入超导态，长程的反铁磁序消失了，仍存在很强的自旋涨落，或许是超导配对的关键之一。

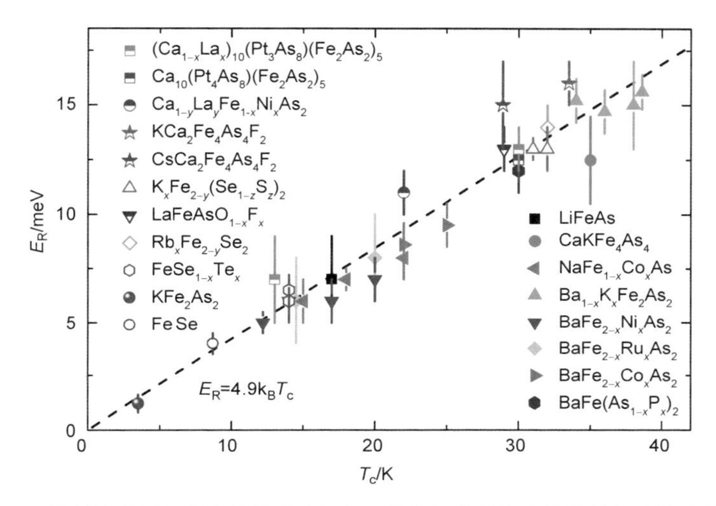

图 33-6　铁基超导体中的自旋共振能与超导能隙和临界温度的线性标度关系[14, 15]
(作者绘制)

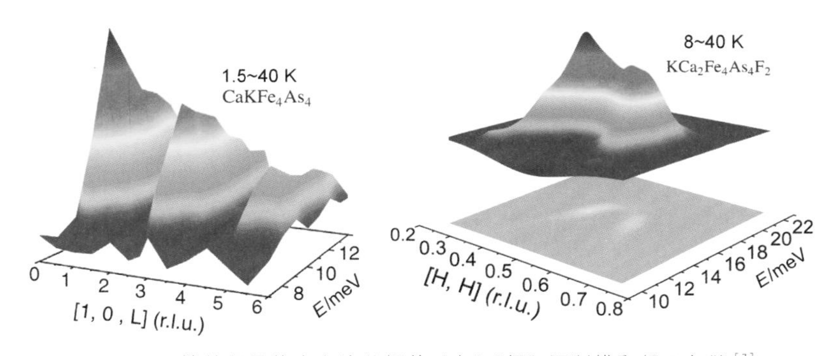

图 33-7　铁基超导体中自旋共振的“奇”“偶”调制模和朝下色散[7]
(谢涛/洪文山绘制)

4. 电子关联强度。理解高温超导最大的困难，在于其电子和电子之间存在强烈的关联行为。对于电子-声子耦合方式形成的 BCS 超导电性而言，电子配对主要是因为和晶格发生相互作用，因为配对电子实际上仍有相当远的空间距离(几倍甚至几十倍晶格单位长度)，电子和电子之间是不存在强烈的相互作用的。然而，到了必须考虑磁性相互作用的高温超导材料中，一切变得很不一样了。高温超导体中强烈的磁性相互作用，导致自旋磁矩静态上会形成反向排列的反铁磁态。假如挪动一个电子/空穴的位置，那么自旋和电荷是一起挪走的，相邻的两个位置就突然变成了同向排列的铁磁态，它将不得不尝试恢复反铁磁的状态——结果就是自旋磁矩发生翻转，诱发出一串自旋链条的“涟漪”——自旋涨落。因为自旋关联效应是非常强烈且长程的，结果就是“牵一发而动全身”，几乎材料中所有的电子磁矩都会为之动荡。此时，我们就称之为“强关联效应”，本质在于电子的势能远大于其动能[18]。因为强关联效应的存在，我们不能再像传统的金属材料那样把电子看作“近自由”的，而是必须考虑集体效应，研究对象从 1，一下子就涨到了 10^{23}（阿伏伽德罗常数）个，理论就此崩溃了。铜基超导体中的电子关联效应是非常之强的，导致高温超导微观机理迟迟得不到解决。而对于铁基超导体而言，这种关联效应则要弱得多，但比传统金属材料要强。如此中度关联的铁基超导体，对微观机理的研究来说是非常有利的，也是“桥梁”作用的重要体现之一[11]。不过，不能高兴太早，因为铁基超导“中不溜秋”的特点，它也具有两面性——基于费米面附近的巡游电子和基于铁的局域磁矩同时对超导和磁性有贡献，两者很难区分你我，这又给铁基超导研究带来了新的烦恼（图 33-8）[3,11,19]。

总结来说，铁基超导体和铜基超导体两者之间存在多种类似性，但又有明显的差异性。虽然铁基超导的临界温度远不如铜基超导的最高临界温度，但是它的发现有着非凡的意义。具有多个体系结构的铁基超导材料可以作为一面多变的镜子，把之前铜基超导乃至所有非常规超导研究中的混乱不堪分辨清楚，哪个是特例，哪个是普遍规律，哪个与超导机制直接相关，都在镜面下无所遁形[20]。相比较而言，电子关联强度非常强的铜氧化物超导体对理论挑战巨大，临界温度非常之低的重费米子超导体对实验测量挑战巨大，化学性质不太稳定的有机超导体对样品制备挑战巨大，这些问题到了铁基超导体里都自然迎刃而解。经过数年的铁基超导基础研究，必将极大助力高温超导或非常规超导微观机理的解决！

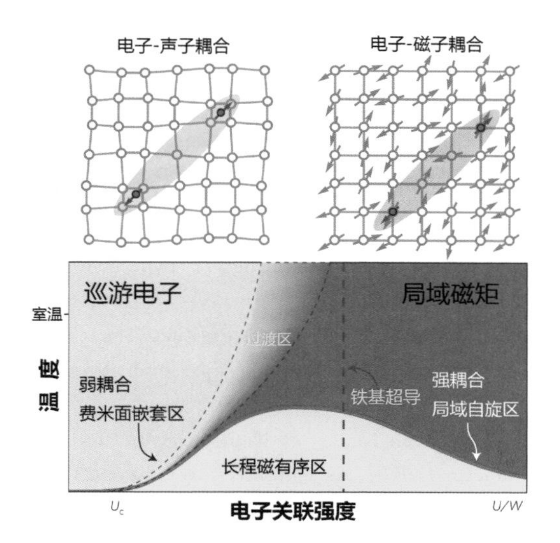

图 33-8　（上）不同的超导电子配对“胶水”；（下）铁基超导处于巡游电子与局域磁矩过渡区[11,18]

（由清华大学翁征宇/莱斯大学戴鹏程提供）

参考文献

[1]　Aoki H, Hosono H. A superconducting surprise comes of age[J]. Physics World, 2015, 28(2): 31.

[2]　Chen X H et al. Iron-based high transition temperature superconductors[J]. Nat. Sci. Rev., 2014, 1: 371-395.

[3]　Si Q, Yu R, Abrahams E. High-temperature superconductivity in iron pnictides and chalcogenides[J]. Nature Rev. Mater., 2016, 1: 16017.

[4]　张裕恒. 超导物理[M]. 合肥：中国科学技术大学出版社，2009.

[5]　Okabe H et al. Pressure-induced high-T_c superconducting phase in FeSe: Correlation between anion height and T_c[J]. Phys. Rev. B, 2010, 81: 205119.

[6]　Nagamatsu J et al. Superconductivity at 39 K in magnesium diboride[J]. Nature, 2001, 410: 63-64.

[7]　Johnson P D, Xu G, Yin W -G et al. Iron-Based Superconductivity[M]. Springer, New York, 2015.

[8]　Qian Q et al. Possible nematic to smectic phase transition in a two-dimensional electron gas at half-filling[J]. Nat. Commun., 2017, 8: 1536.

[9]　Kivelson S A, Fradkin E, Emery V J. Electronic liquid-crystal phases of a doped Mott insulator[J]. Nature, 1998, 393: 550-553.

[10]　http://news.rice.edu/2014/07/31/study-finds-physical-link-to-strange-electronic-

behavior/.
［11］ Dai P，Hu J，Dagotto E. Magnetism and its microscopic origin in iron-based high-temperature superconductors[J]. Nat. Phys.，2012，8：709.
［12］ Eschrig M. The effect of collective spin-1 excitations on electronic spectra in high-T_c superconductors[J]. Adv. Phys.，2006，55：47.
［13］ 戴鹏程，李世亮.高温超导体的磁激发：探寻不同体系铜氧 化合物的共同特征[J].物理，2006，35：837.
［14］ Xie T et al. Neutron Spin Resonance in the 112-Type Iron-Based Superconductor[J]. Phys. Rev. Lett.，2018，120：137001.
［15］ Yu G et al. A universal relationship between magnetic resonance and superconducting gap in unconventional superconductors [J]. Nat. Phys.，2009，5：873.
［16］ Xie T et al. Odd and Even Modes of Neutron Spin Resonance in the Bilayer Iron-Based Superconductor $CaKFe_4As_4$[J]. Phys. Rev. Lett. 2018，120：267003.
［17］ Hong W et al. Neutron Spin Resonance in a Quasi-Two-Dimensional Iron-Based Superconductor[J]. Phys. Rev. Lett. 2020，125：117002.
［18］ You Y Z，Weng Z Y. Coexisting Itinerant and Localized Electrons [J]. arXiv：1311.4094.
［19］ Dai P. Antiferromagnetic order and spin dynamics in iron-based superconductors[J]. Rev. Mod. Phys.，2015，87：855.
［20］ 罗会仟.铁基超导的前世今生[J].物理，2014，43(07)：430-438.

34 铁器新时代：铁基超导材料的应用

超导研究的重要目的之一，就是让超导的零电阻、完全抗磁性、宏观量子效应等独特性质得以广泛应用并造福人类。但是令人十分遗憾的是，超导的应用绝大部分都局限在金石时代的材料——金属合金超导体。例如，在超导磁体、电动机、储能等强电应用装置上使用的大部分是 Nb-Ti 合金或者 Nb_3Sn 等，基于超导约瑟夫森结的超导量子干涉仪(SQUID)等弱电应用器件也是以 Nb 为主，超导高频微波谐振腔更是以纯 Nb 腔体为主要技术。对于铜氧化物高温超导体，尽管 T_c 要高得多，如第 22 节“天生我材难为用”所讲述的，因为天生脆弱和强烈各向异性等问题，其应用也是相当掣肘的。目前而言，铜氧化物高温超导体的强电应用远未能达到 Nb-Ti 线材等的规模，弱电方面则在超导量子干涉仪和超导滤波器方面有少量应用。铁基超导材料的发现，意味着超导历史进入一个崭新的“白铁时代”，关于铁基超导应用方面的研究，也刚刚拉开帷幕[1]。

铁基超导体具有典型的层状结构，相当于 Fe-As 或 Fe-Se 层的堆叠，这与铜基超导体类似又不同。尽管铁基母体就已是巡游性较强的金属态，在面内仍存在很强的局域相互作用，在面间则可能存在超导相位差甚至能隙变号（注：铜基材料是面内存在能隙变号的 d 波超导体）[2-4]。利用铁基超导这种独特的性质，或许可制备新颖的量子器件（图 34-1）。事实上，因为铁基超导具有很强的金属性，部分铁基超导体就是金属间化合物，薄膜器件的制备和加工工艺与传统金属超导体接近。基于铁基超导薄膜的直流 SQUID 器件于 2010 年得以研制，并成功观测到了周期的电压调制和磁通噪声谱（图 34-2）[5]。

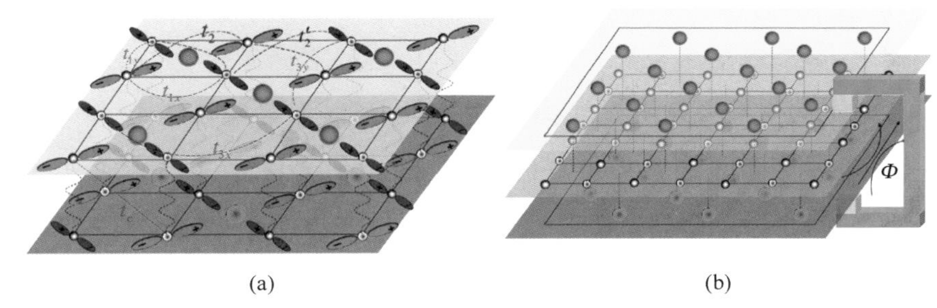

(a)　　　　(b)

图 34-1　铁基超导体中复杂的相互作用和可能的相位器件[3]

（由中国科学院物理研究所胡江平提供）

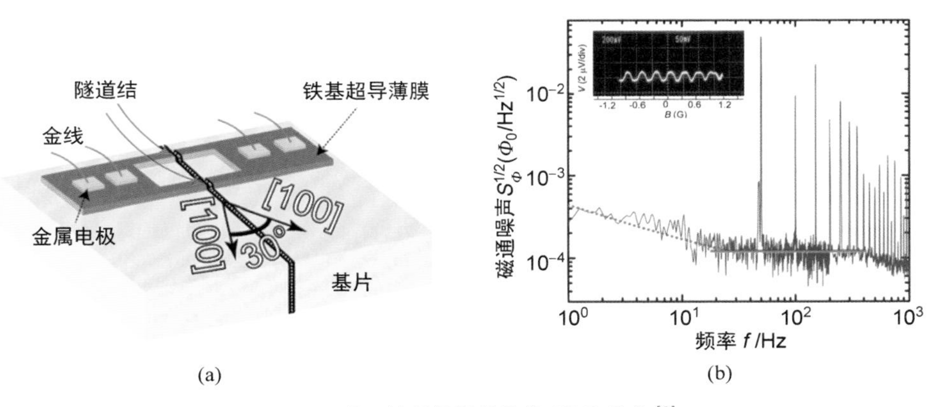

(a)　　　　(b)

图 34-2　基于铁基超导薄膜的 SQUID 器件[5]

（由东京工业大学 Hideo Hosono 提供*）

* Hosono H et al.，Mater. Today 2018，21：278-302.

基于 MgO 带材的铁基超导涂层导体临界电流突破了 10^5 A/cm^2，预示铁基超导巨大的应用潜能[6-9]。类似地，铜基材料中 $YBa_2Cu_3O_{7-x}$ 也适合做涂层导体，主要是为了尽量保持结晶取向一致以克服材料中的强烈各向异性问题[1]。所谓超导态各向异性，就是面内上临界场与面外上临界场的比值 γ，与材料本征特性以及温度相关。在各向异性度很大的情形下，面外上临界场要小得多。如果晶粒取向杂乱无章的话，只要外界磁场高于面外上临界场，就会彻底破坏超导态，对强电应用是极其不利的。为此，$YBa_2Cu_3O_{7-x}$ 涂层导体的晶粒取向偏差角度必须在5°以内。铁基超导材料具有很高的上临界场，从50～200 T 不等，几乎和铜基超导体相当(图 34-3)[1]。但是，对于铁基超导体而言，超导各向异性并不大，例如 $Ba_{1-x}K_xFe_2As_2$ 各向异性度 γ 在低温下几乎为1，其他铁基超导体的 γ 也不超过5[10-12]。对于超导区域不同的掺杂点的各向异性度也会略有变化，如 $BaFe_{2-x}Ni_xAs_2$ 中 γ 从1变化到3左右，与具体的费米面形状有关(图 34-3)[13]。正是因为铁基超导近乎各向同性，意味着可以大大降低工艺的复杂度，晶粒取向偏差约束不再是必须因素，强电应用大有希望[14]。

无论是铜基还是铁基超导体，它们都是二类超导体。因此，对它们的强电应用而言，有关磁通动力学的问题是无法回避的。铜氧化物属于极端二类超导体，磁通动力学行为非常丰富，特别是磁通可运动区域非常之大，必定产生很大的能量耗散，也是应用最大的烦恼之一[15,16]。铁基超导体中的磁通涡旋也能形成三角格子，同样存在丰富的动力学行为，从磁通固态，到磁通玻璃态，再到磁通液态(图 34-4)[17-21]。相对来说，铁基超导的磁通动力学区域范围并不大，对强电应用也是相对有利的。但是，有关铁基超导材料磁通运动方面的研究目前非常少，也极其不成系统，或多或少对强电应用的发展造成了障碍。

超导强电应用的一大重要输出，就是超导磁体，特别是 14 T 以上的高场磁体，在高能粒子加速器、高分辨功能核磁共振成像、人工可控核聚变等方面都具有不可替代的重要用途。超导磁体实现方式有两种：超导块磁体和超导

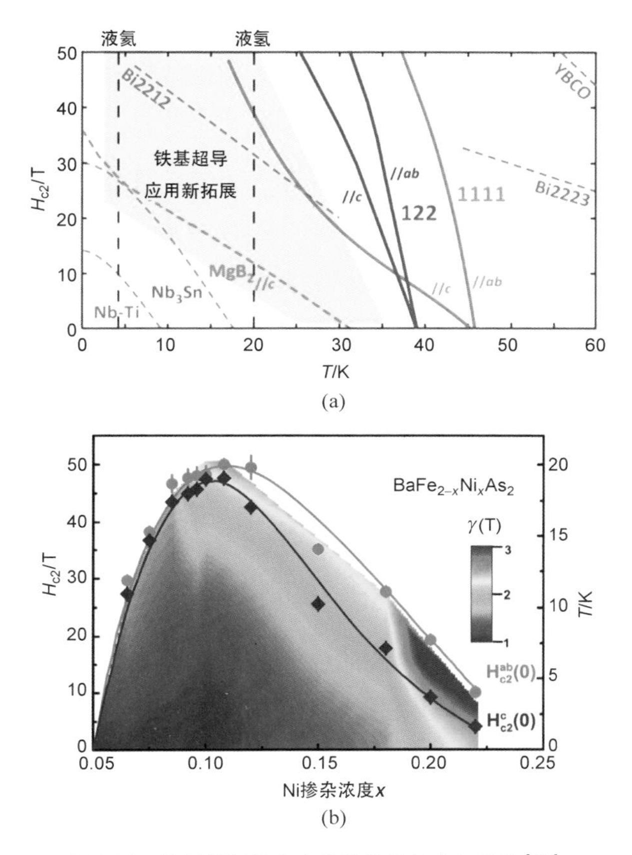

图 34-3　铁基超导体的上临界场及其各向异性[1,13]
（来自中国科学院电工研究所马衍伟*/作者绘制）

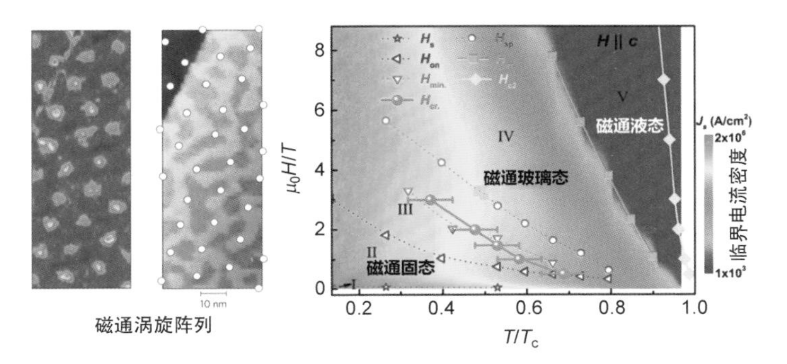

图 34-4　铁基超导的磁通涡旋阵列和磁通相图[17,20]
（由安徽大学单磊/东南大学施智祥提供）

* Hosono H et al.，Mater. Today 2018，21：278-302.

线圈磁体[1]。传统永磁体如铁氧体等中原子磁矩排列成方向一致的铁磁态，超导块磁体则是由多个超导块材堆叠在一起来实现的，超导线圈磁体就是基于电磁感应螺线管原理实现的电磁铁。因为超导材料电阻为零，一旦在线圈磁体内部通入电流并保持线圈闭合，那么磁体产生的磁场就是稳定存在不会衰减的(图 34-5)。如今医院采用的核磁共振成像仪大都是超导磁体，较强的磁场(约 3 T)是一直存在于超导线圈里，所以检测房间不能带入任何金属或磁性物品。超导磁体的应用极度依赖于超导线材的临界电流密度，一般来说，在 4.2 K 下，临界电流密度 J_c 在 10^5 A/cm^2 量级被视为满足应用基本标准[22]。超导磁体使用最为广泛的传统 Nb-Ti 线中的 J_c，随磁场增加会剧烈衰减。铜基超导体的 J_c 也能满足甚至超越这一标准，但同样有随磁场衰减问题和强烈各向异性的问题。铁基超导体的 J_c 随不同体系存在很大差异，其中最强的为“122”型结构的 $Sr_{1-x}K_xFe_2As_2$ 或 $Ba_{1-x}K_xFe_2As_2$，完全达到了 10^5 A/cm^2 的实用化标准，铁基超导线材在工程临界电流密度上已经可以和其他实用化超导线带材相比拟(图 34-6)[1]。采用类似 Bi2212 圆线制备技术——粉末套管法[23]，可以制备出多芯的铁基超导圆线，需要采用银、铜、铌等作为包套金属材料来保护线材。中国科学院电工研究所、日本国立材料研究所、日本东京大学、美国佛罗里达大学等前后成功制备了铁基超导线材[1]，J_c 突破了 10^5 A/cm^2，进一步实现实用化必须制备尽可能长的线材。2014 年，世界首根基于银包套的铁基超导百米级长线由中国科学院电工研究所马衍伟

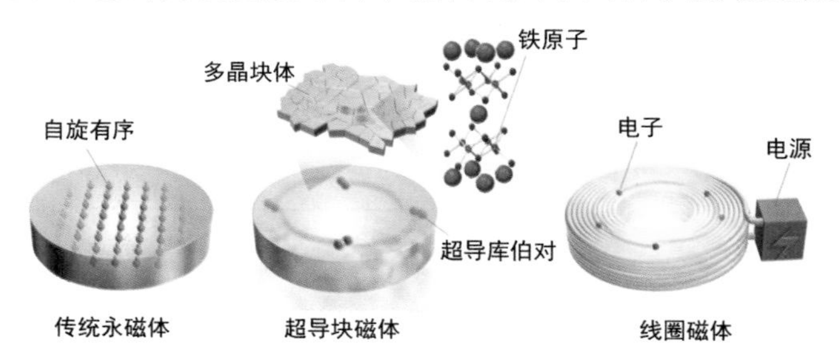

图 34-5 磁体应用的三种例子：永磁体、超导块磁体、线圈磁体[1]
(由东京工业大学 Hideo Hosono 提供)

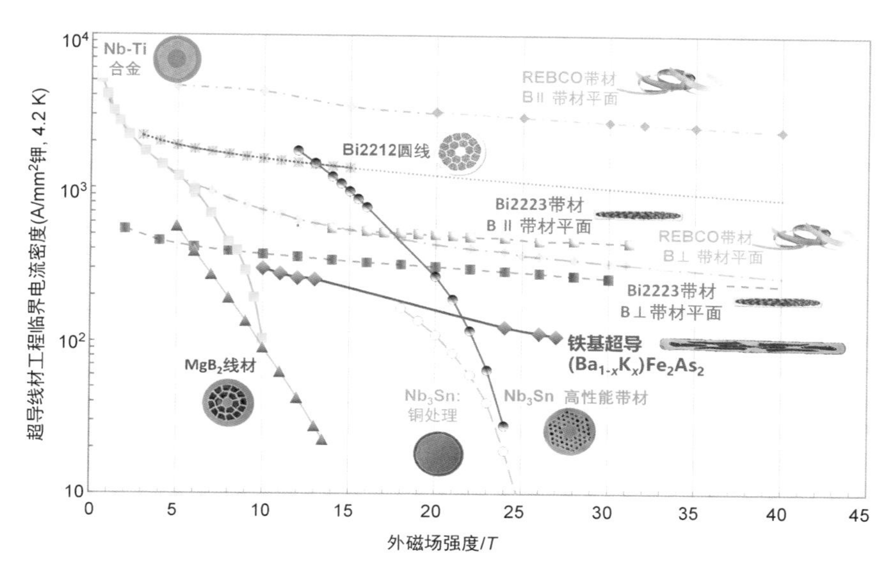

图 34-6　各种超导线带材的临界电流密度[1]

(由中国科学院电工研究所马衍伟/作者绘制)

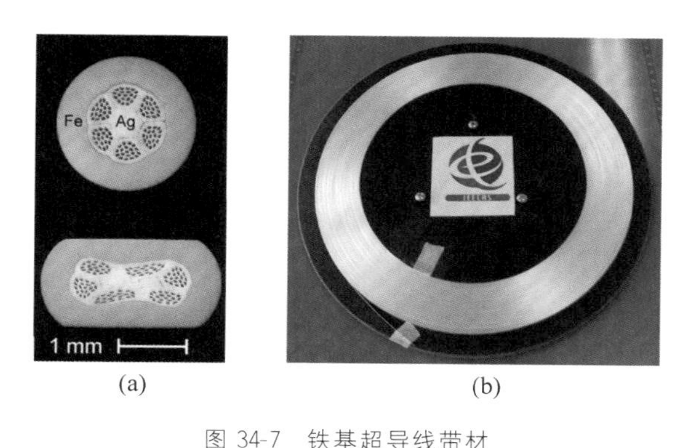

图 34-7　铁基超导线带材

(a) 铁基超导线带材剖面图；(b) 世界首根百米级铁基超导线材[1]

(由中国科学院电工所马衍伟研究组提供)

团队成功获得(图 34-7)[24,25]，意味着我国的铁基超导强电应用也走在了世界最前列。基于铁基超导长线技术，中国科学家正在紧锣密鼓地开展铁基超导多芯长线和实用磁体的研制。

总之，尽管铁基超导材料的临界温度并不是特别高，它极小的各向异性和优异的加工性能，是强电和弱电应用的重要基础。我们还要注意的是，大部分铁基超导材料属于铁砷化物，具有很强的毒性，而且含有的碱金属或碱土金属比较多，对空气很敏感。因此，大规模制备铁基超导薄膜、线材、带材等都是一项非常大的挑战。相比之下，铁硒类超导体不具备毒性，部分结构的材料 T_c 能够达到 40 K 以上，也是大有应用前景的，只是临界电流密度还需要大幅度提高，制备工艺也尚处于摸索阶段。希望在未来，铁基超导也能在新一代超导应用中大展拳脚。

参考文献

[1] Hosono H et al. Recent advances in iron-based superconductors toward applications[J]. Mater. Today，2018，21：278-302.

[2] Chen X H et al. Iron-based high transition temperature superconductors[J]. Nat. Sci. Rev.，2014，1：371-395.

[3] Hu J，Hao N. S_4 Symmetric Microscopic Model for Iron-Based Superconductors[J]. Phys. Rev. X，2012，2：021009.

[4] Si Q，Yu R，Abrahams E. High-temperature superconductivity in iron pnictides and chalcogenides[J]. Nature Rev. Mater.，2016，1：16017.

[5] Katase T et al. DC superconducting quantum interference devices fabricated using bicrystal grain boundary junctions in Co-doped $BaFe_2As_2$ epitaxial films [J]. Supercond. Sci. Technol.，2010，23：082001.

[6] Katase T et al. Advantageous grain boundaries in iron pnictide superconductors[J]. Nat. Commun.，2011，2：409.

[7] Iida K et al. Epitaxial Growth of Superconducting $Ba(Fe_{1-x}Co_x)_2As_2$ Thin Films on Technical Ion Beam Assisted Deposition MgO Substrates[J]. Appl. Phys. Express，2011，4：013103.

[8] Katase T et al. Biaxially textured cobalt-doped $BaFe_2As_2$ films with high critical current density over 1 MA/cm^2 on MgO-buffered metal-tape flexible substrates[J]. Appl. Phys. Lett.，2011，98：242510.

[9] Trommler S et al. The influence of the buffer layer architecture on transport properties for $BaFe_{1.8}Co_{0.2}As_2$ films on technical substrates[J]. Appl. Phys. Lett.，2012，100：122602.

[10] Yuan H et al. Nearly isotropic superconductivity in $(Ba,K)Fe_2As_2$ [J]. Nature (London)，2009，457：565.

[11] Hunte F et al. Two-band superconductivity in $LaFeAsO_{0.89}F_{0.11}$ at very high magnetic fields[J]. Nature (London)，2008，453：903.

[12] Zhang J et al. Upper critical field and its anisotropy in LiFeAs[J]. Phys. Rev. B，

2011,83: 174506.

[13] Wang Z et al. Electron doping dependence of the anisotropic superconductivity in $BaFe_{2-x}Ni_xAs_2$[J]. Phys. Rev. B,2015,92: 174509.

[14] Sato H et al. Enhanced critical-current in P-doped $BaFe_2As_2$ thin films on metal substrates arising from poorly aligned grain boundaries[J]. Sci. Rep., 2006, 6: 36828.

[15] 闻海虎.高温超导体磁通动力学和混合态相图(Ⅰ)[J].物理,2006,35(01):16-26.

[16] 闻海虎.高温超导体磁通动力学和混合态相图(Ⅱ)[J].物理,2006,35(02):111-124.

[17] Shan L et al. Observation of ordered vortices with Andreev bound states in $Ba_{0.6}K_{0.4}Fe_2As_2$[J]. Nat. Phys.,2011,7: 325.

[18] Yang H et al. Fishtail effect and the vortex phase diagram of single crystal $Ba_{0.6}K_{0.4}Fe_2As_2$[J]. Appl. Phys. Lett.,2008,93: 142506.

[19] Haberkorn N et al. Enhancement of the critical current density by increasing the collective pinning energy in heavy ion irradiated Co-doped $BaFe_2As_2$ single crystals[J]. Supercond. Sci. Technol.,2018,31: 065010.

[20] Zhou W et al. Second magnetization peak effect,vortex dynamics and flux pinning in 112-type superconductor $Ca_{0.8}La_{0.2}Fe_{1-x}Co_xAs_2$[J]. Sci. Rep,2016,6: 22278.

[21] Sheng B et al. Multiple Magnetization Peaks and New Type of Vortex Phase Transitions in $Ba_{0.6}K_{0.4}Fe_2As_2$[J]. arXiv: 1111.6105.

[22] Lin H et al. Large transport J_c in Cu-sheathed $Sr_{0.6}K_{0.4}Fe_2As_2$ superconducting tape conductors[J]. Sci. Rep.,2014,4: 6944.

[23] Scanlan R M et al. Superconducting Materials for Large Scale Applications[J]. Proc. IEEE,2004,92: 1639.

[24] Ma Y W. Development of high-performance iron-based superconducting wires and tapes[J]. Physica C,2015,516: 17-26.

[25] Zhang X P et al. First performance test of the iron-based superconducting racetrack coils at 10 T[J]. IEEE Trans. Appl. Supercond.,2017,27: 7300705.

第6章 云梦时代

继铁基超导材料遍地开花之后，人们探索新超导材料的脚步依旧不曾迟疑过。因为人们有一个终极的梦想，像科幻电影里那样浮在云端的室温超导体终将实现，超导的大规模实用化或成为可能。

激动人心的是，高压下的室温超导探索在近年来进展神速，高压成为了探索室温超导体的强大工具之一。常压室温超导体的梦想，也许并不遥远！

随着材料科学技术的进步，各种合成方法和调控手段越来越丰富多元，材料计算和预测能力大大加强，高精尖实验研究手段不断发展。科学家们找到了许多意料之外的新超导材料或结构，令人困惑许久的非常规超导机理研究突破在即，超导应用在不断孕育新天地。

相信在未来世界，超导一定是瞩目的材料明星，终有一天走进千家万户，服务于人们工作和生活的方方面面。

35　室温超导之梦：探索室温超导体的途径与实现

从事超导研究的科学家们，有一个终极的梦想，那就是寻找到可实用化的室温超导材料。还记得科幻电影《阿凡达》里描述的潘多拉星球吗？那里有着富饶的室温超导矿石——Unobtanium，它足以让一座座大山悬浮在空中（图35-1）。地球人类甚至不惜一切代价，哪怕是摧毁外星人的家园，也要掠夺过来。这足以说明，室温超导材料堪称无价之宝，人类或许在地球上找不到，也梦想在别的外星球上去获得[1]。有趣的是，在比特币盛行之后的今天，Unobtanium已经摇身一变，成为了众多虚拟数字货币之一——超导币（UNO）（图35-2）。超导币一共有25万个，目前单个市值1000元人民币左右，远不及高温超导材料的宝贵。

图35-1　电影《阿凡达》里的神秘悬浮大山
（来自Avatar Wiki*）

图35-2　Unobtanium"室温超导矿石"和虚拟币
（来自Avatar Wiki*）

* https://james-camerons-avatar.fandom.com/wiki/Avatar_Wiki

所谓室温超导，指的是在地球室温环境下（通常默认是 300 K，也即 27℃）就能够实现零电阻和完全抗磁性的超导材料。这意味着，室温超导材料对应的超导临界温度必须在 300 K 以上。事实上，自从超导材料被发现以来，人们就没有停止过对室温超导的向往和探索。甚至可以说，诸如有机超导体、重费米子超导体、铜氧化物高温超导体、铁基超导体等都是室温超导探索之路上的偶然发现[2]。直到最近，人们还在孜孜不倦地追求室温超导材料。全球最大的论文预印本网站 arXiv. org 经常报道出各种"室温超导体"，比如 2016 年 Ivan Zahariev Kostadinov 就声称他找到了临界温度为 373 K 的超导体，他没有公布这个超导体的具体组分，甚至为了保密把他的研究单位写成了"私人研究所"[3]。又如一队科研人员声称在巴西某个石墨矿里找到了室温超导体，并且做了相关研究并正式发表了论文[4]。还有，在 2018 年 8 月，两位来自印度的科研人员号称在金纳米阵列里的纳米银粉存在 236 K 甚至是室温的超导电性，并且有相关的实验数据[5]。毫无疑问，这些声称的"室温超导体"，都是很难经得住推敲和考证的，它们很难被重复实验来验证。有的根本没有公布成分结构或者制备方法，就无法重复实验；有的实验现象极有可能是假象；有的实验数据极有可能不可靠。关于 373 K 超导的材料，所谓的"室温超导磁悬浮"实验更像是几块黑乎乎的材料堆叠在磁铁上而已（图 35-3）[6]。关于 236 K 超导那篇论文中的数据就被麻省理工学院的科研人员质疑，因为实验数据噪声模式"都是一样的"，这在真实实验中是不可能出现的事情[7]。这确实是令人沮丧的，绝大部分室温超导体都这么不靠谱，那么该相信谁？

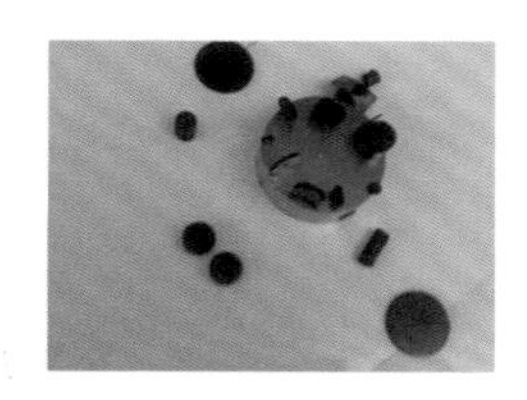

图 35-3　疑似"室温超导磁悬浮"（来自 arXiv *）

事实的真相比这个还要悲观，在探索室温超导之路上，除了我们熟知的那些类别的超导体之外，其实还有许多声称超导的材料。科学家借助 UFO

* https://arxiv.org/abs/1603.01482

(Unidentified Flying Object,不明飞行物)的概念,戏称这些材料为 USO (Unidentified Superconducting Object),即"不明超导体"[3,8]。的确,这些不明超导体长得千奇百怪,有金属的液体溶液,有高压淬火的 CuCl 和 CdS,也有看似正常的过渡金属氧化物或者其薄膜,还有和铜氧化物等超导材料特别类似的,也有在特殊超导材料基础上掺杂的。它们的超导临界温度,从 35~100 K,甚至到 400 K!相关的实验证据有的是零电阻,有的是抗磁性,也有两者皆有的(图 35-4)。不明超导体似乎看起来都像是超导体,但是它们有一个共同特征——无法被科研同行的实验广泛验证。关于这些奇怪超导的研究,都因为无法重复而不了了之,最终被大家所耻笑和忘却。

USO (Undentified Superconducting Objects)

材料成分	疑似 T_c/K	零电阻	抗磁性
金属-NH_3溶液	180~190	X	X
CuCl(高压淬火)	100	√	√
CdS(高压淬火)	77	X	√
$Ca_{10}Cu_{17}O_{29}$	80	√	√
Na_xWO_3	90~130	X	√
$Ag_xPbO_{1+\delta}$	285	√	√
$Ag_xPb_6CO_9$	340	√	√
Nb-Ge-Al-O薄膜	44	√	√
La-Ca-Cu-O	227	X	√
La-Sr-Nb-O	290	√	√
C-S	35	X	√
Ag-Sr_2RuO_4	200~250	X	√
TiB_2	295	X	X
多壁碳纳米管	400	X	X
Ag-Au纳米结构	236	√	√

图 35-4 "不明超导体"(USO)举例
(作者绘制)

即使如此,人们心目中的那个室温超导之梦,依旧萦绕不止。无论是美国、日本还是中国,都前后启动过以室温超导材料探索为远景目标的科研项目。日本科学界甚至明确指出要探索 400 K 以上的超导体,为的就是在室温下可以规模化应用。只是,这些项目,目前尚未给出任何一个令人惊喜的答案,室温超导探索,依旧是漫漫长路。

如何寻找到更高临界温度甚至是室温之上的超导材料,科学家们可谓是绞尽了脑汁。遥想当年，无论是实验家马蒂亚斯总结的“黄金六则”，还是理论家麦克米兰划定的 40 K 红线作为“看不见的天花板”，都先后被证明并不准确，甚至可能带来误导。况且，如重费米子和铁基超导等，都是打破“禁忌”的超导材料，其发现似乎充满各种偶然性和意外性。我们还能凭借经验寻找到室温超导体吗？可以这么说：没有任何一种靠谱理论说明室温超导体并不存在，也没有任何一种限制可以阻止我们追逐室温超导的梦想，更没有任何一条有用的经验能帮助我们寻找到室温超导体。话虽如此，科学家们还是总结了高温超导中的若干共性现象，并试图建立高温超导的“基因库”。这些“高温超导基因”，可以是过渡金属材料的 $3d$ 电子，可以是电子-电子之间的强关联效应，可以是准二维的晶体结构和低浓度的载流子数目，可以是强烈的各向异性度和局域的关联态，可以是多重量子序的复杂竞争……，线索有很多，但是哪一条有效尚属未知[3]。

寻找室温超导之路，有三条可以尝试走：(1)合成新的材料；(2)改进现有材料；(3)特殊条件调控材料[9]。其中第(2)条是显而易见的，比如改进现有的铜氧化物高温超导材料的质量，对其进行化学掺杂等改造，以期获得更高临界温度的超导体。特殊条件调控，指的是利用高温、高压、磁场、光场、电场等方式调控材料的状态，在更高温度下形成超导态。合成新的材料是最困难的，因为没有可靠的经验能够告诉我们室温超导在哪里，只能“两眼一抹黑”去探索。

部分科学家认为，有机材料里面，室温超导体的可能性最大。原因有很多，最大的原因在于有机材料的种类非常丰富，里面冒出一两个室温超导体，“并不奇怪”。不过也需要特别小心的是，有机材料以及一些碳材料中，非常容易得到微弱的抗磁性或者出现电阻率下降的现象。这不，早在多年以前，就有人认为碳纳米管中存在 262 K 甚至 636 K 的“室温超导”，这里只能说是“疑似”，因为其数据只是电阻存在一个下降而已，零电阻和抗磁性并不同时存在。基于碳单质的材料可以变化多端，也成为大家设计室温超导体的乐园。科学家基于自己的直觉，设计出了多个苯环化合物、多个足球烯结构、碳纳米管包覆足球烯、由足球烯或碳纳米管为单元的“超级石墨烯”等(图 35-5)[10-13]。这

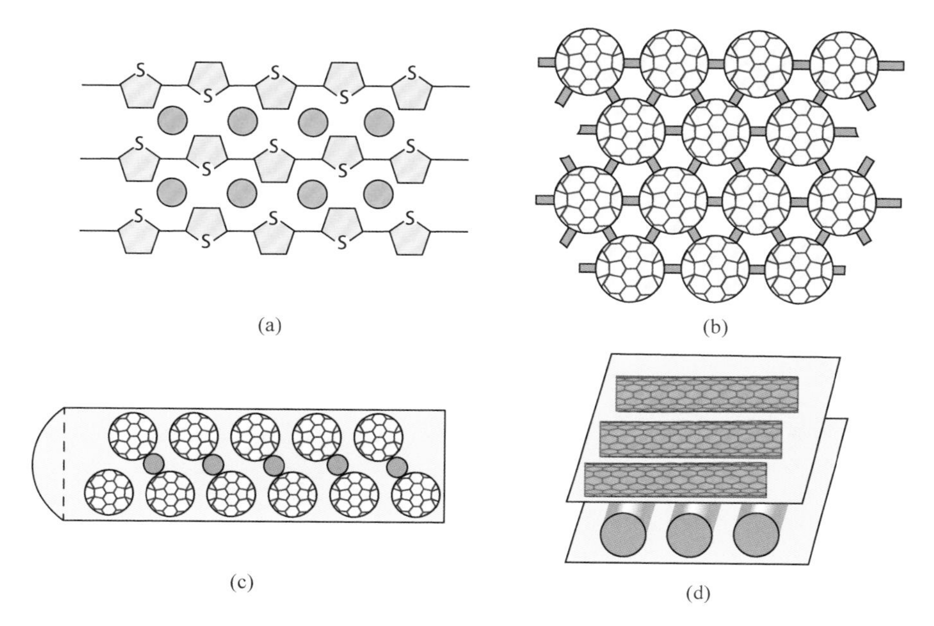

图 35-5 人工设计的"有机室温超导体"[11-14]
（孙静绘制）

些材料以目前的技术是难以合成的，但随着人们对量子操控技术的掌握，也许在将来的某一天真的可以实现，也有可能觅得一两个室温超导体呢！

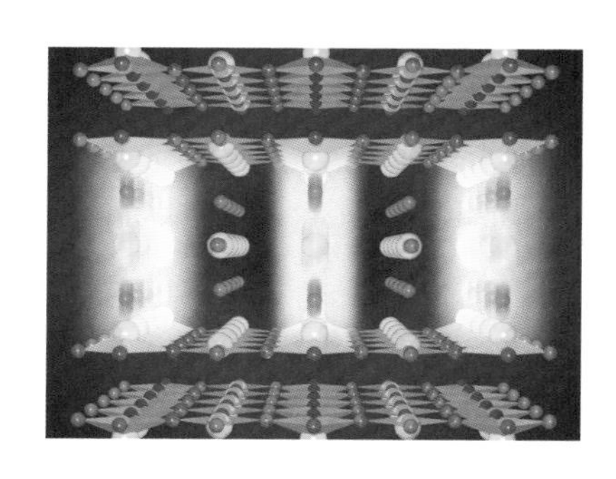

图 35-6 光增强下的"瞬态室温超导"[16]
（来自马克斯普朗克研究所*）

如果选取了合适的调控手段，室温超导也是有机会被发现的。结合X射线自由电子激光和脉冲强磁场，美国斯坦福大学的科学家发现高温超导体中可以诱导出一种三维的电荷密度波态，意味着电荷相互作用更为强烈，更高临界温度的超导电性有可能实现[14]。德国马普所的科学家们利用红外光"加热"高温超导体内部的电子，让

* http://qcmd.mpsd.mpg.de/index.php/research/research-science/Light-induced-SC-like-properties-in-cuprates.html

它们更为活跃地形成库伯电子对,在增强 Cu-O 面间的耦合前提下,电子对甚至可以存活于室温之上(图 35-6)[15]。不过如此形成的室温超导的寿命是极短的,大概只有 10^{-12} 秒,所以又被称为"瞬态室温超导"。寻找到更适合调控电子配对的方法,让库伯电子对的相干凝聚更为稳定,或许是走向真正室温超导的可能道路之一。

超导探索之路上的多次惊喜和教训已经告诉我们,室温超导之梦并不是遥不可及。随着人们对超导认识的深入和科学技术的不断进步,将来必定能够发现室温超导,梦想总有照进现实的那一天。

参考文献

[1] 罗会仟. 室温超导体,科幻还是现实[N]. 科技日报,2016-07-21.
[2] Marouchkine A. Room-Temperature Superconductivity[M]. Cambridge International Science Publishing,2004.
[3] Kostadinov I Z. 373 K Superconductors[J]. arXiv: 1603.01482,2016-03-04.
[4] Precker C E et al. Identification of a possible superconducting transition above room temperature in natural graphite crystals[J]. New J. Phys.,2016,18: 113041.
[5] Thapa D K et al. Coexistence of Diamagnetism and Vanishingly Small Electrical Resistance at Ambient Temperature and Pressure in Nanostructures[J]. arXiv: 1807.08572,2018-05-28.
[6] http://www.373k-superconductors.com/.
[7] Skinner B. Repeated noise pattern in the data of arXiv: 1807.08572[J]. arXiv: 1808.02929,2018-08-08.
[8] Geballe T H. Paths to higher temperature superconductors[J]. Science,1993,259: 1550.
[9] Pulizzi F. To high-T_c and beyond[J]. Nat. Mater.,2007,6: 622.
[10] Heeger A J et al. Solitons in conducting polymers[J]. Rev. Mod. Phys.,1988,60: 781.
[11] Andriotis A N et al. Magnetic Properties of C_{60} Polymers[J]. Phys. Rev. Lett.,2003,90: 026801.
[12] Heath J R,Rather M A. Molecular Electronics[J]. Physics Today,2003,5: 43.
[13] Mickelson W et al. Packing C_{60} in Boron Nitride Nanotubes[J]. Science,2003,300: 467.
[14] Gerber S et al. Three-Dimensional Charge Density Wave Order in $YBa_2Cu_3O_{6.67}$ at High Magnetic Fields[J]. Science,2015,350: 949.
[15] Mankowsky R et al. Nonlinear lattice dynamics as a basis for enhanced superconductivity in $YBa_2Cu_3O_{6.5}$[J]. Nature,2014,516: 71.

36 压力山大更超导：压力对超导的调控

压力，是一种神奇的力量。科学家们认为，地球生命的起源，就极有可能来自大洋深处的高压热泉。地球的内部，滚动着高温高压的熔岩，形成的地磁场让生命免遭高能宇宙射线的危害。在材料科学中，压力是一种高效合成材料和调控其物性的重要手段。压力能够让材料发生许多神奇的变化，比如黑乎乎的一块石墨，在高温高压下，就有可能变成闪闪耀眼的金刚石。所以，钟情钻石的朋友们该醒悟到，它和石墨同样是碳原子组成的，一点儿也不稀罕。如今，这种人工技术合成的钻石，足以达到11克拉以上，看上去和天然钻石差别并不大，和石墨的区别也仅仅在于“压力山大”而已。

在超导材料研究中，高压是非常重要的方法。在高压下，原材料之间互相接触紧密，化学反应速度要远远大于常压情况，极大地提高了材料制备的效率。常用的高压合成方法有很多，比如多面顶高温高压合成和高压反应釜合成等[1]。前者比较复杂，外层是个球壳，传压介质包裹着里面的八面球压砧，然后顶上六面顶压砧，再压上一个四面体的传压介质，最里面才是样品材料(图36-1)。如此设计的层层压力传递，最终就能在比较狭小的空间里实现几十万个大气压(约20 GPa)。高压反应釜则比较适合液相合成，将原料放在液体中并将其高压密封，温度升高后压力会更高，有利于某些样品的生长(图36-1)。借助高温高压，能实现不少常压下得不到的材料。对于某些特殊材料，如一些笼状化合物，在常压下是难以稳定存在或合成的。包裹着甲烷等笼状水合物，又称为“可燃冰”，就是海洋深处高压下形成的。一些高压下合成的笼状结构超导材料，如Ba_8Si_{46}材料，临界温度约为8 K(图36-2)[2,3]。许多硼化物等硬度很高的材料，也需要借助高压合成来完成。

在高温超导探索中，高温高压合成同样是神兵利器。铁基超导材料在2008年年初被发现之后，在短短的数周之内，临界温度从26 K提升到了55 K，靠的就是高温高压合成的高效率和高质量$ReFeAsO_{1-x}F_x$(Re=La,Ce,Pr,Nd,Sm,…)样品[4]。铜氧化物超导材料同样可以借助高温高压合成，例

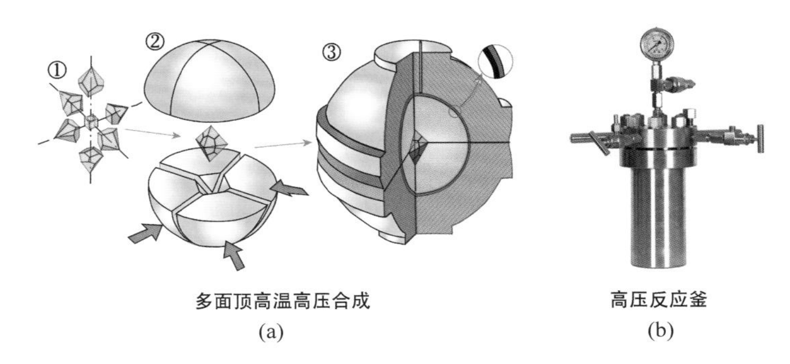

图 36-1　高压合成装置举例
（孙静绘制）

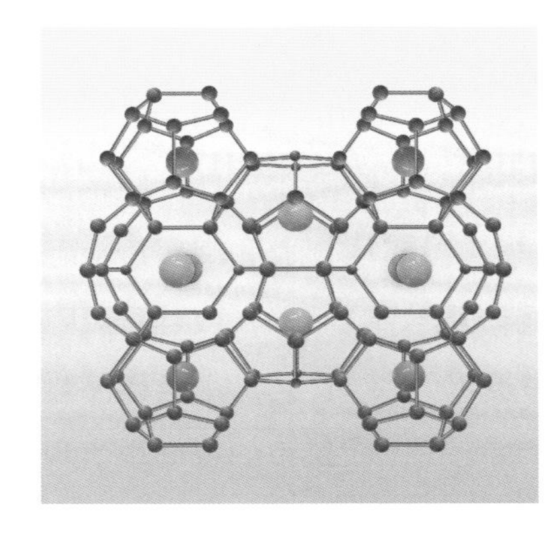

图 36-2　“笼状”超导体 Ba_8Si_{46} [2, 3]
（孙静绘制）

如 $Ca_2CuO_2Cl_2$ 就是一种需要高压合成的铜氧化物高温超导体，它的结构与最早发现的铜氧化物超导体 $La_{2-x}Ba_xCuO_4$（214 结构）非常类似[5]，后者母体为 La_2CuO_4。中国科学院物理研究所的靳常青研究组和日本东京大学的内田慎一等合作，就在高温高压下实现了同样为 214 结构的 $Ba_2CuO_{4-\delta}$ 材料，临界温度高达 73 K（图 36-3(a)）[6]。这意味着高临界温度超导体，未必一定需要借助元素替代掺杂来实现。而南京大学的闻海虎研究组，则借助高温高压成功合成了一类液氮温区的铜氧化物超导体 $(Cu,C)Ba_2Ca_3Cu_4O_{11+\delta}$（$T_c=116$ K）[7]，并在此基础上发现了类似结构的另一类新高温超导材料 $GdBa_2Ca_3Cu_4O_{10+\delta}$ 或 $GdBa_2Ca_2Cu_3O_{8+\delta}$（$T_c=113$ K）、$GdBa_2Ca_5Cu_6O_{14+\delta}$（$T_c=82$ K）等（图 36-3(b)）[8]。这类材料与拥有常压下最高临界温度纪录的 $HgBa_2Ca_2Cu_3O_{8+\delta}$（Hg-1223 体系，$T_c=133$ K）体系具有相似的结构[9]，但并不具有毒性，且具有非常好的超导应用参数。

和高温高压合成的“先天性”高压相比，“后天性”的高压也可以调控超导

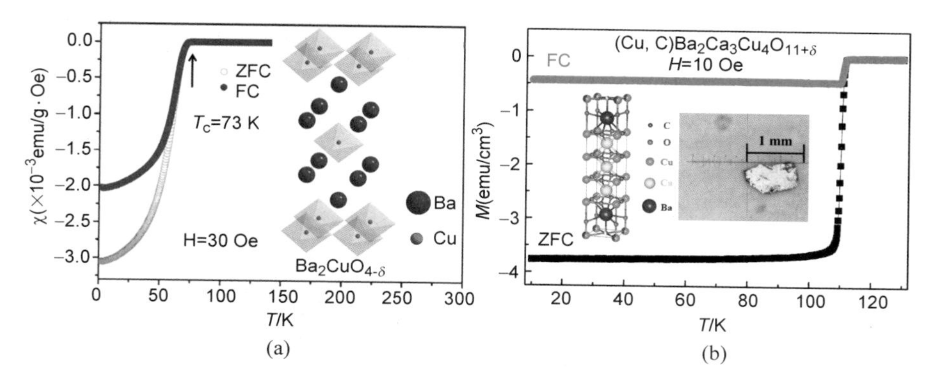

图 36-3　高压合成的新型铜氧化物超导体[6,8]

（由中国科学院物理研究所靳常青和南京大学闻海虎提供）

材料的特征，尤其是临界温度。后期加高压的方法有很多，有类似高温高压的多面对顶压砧（约 30 GPa），也有活塞圆筒结构的高压包（约 2 GPa），还有瞬间爆炸释放的超高压力（约 1000 GPa）等。最常用的就是金刚石“对顶压砧”：用将两块尖端磨平的金刚石顶对顶压样品，最高静态压力可以达到数百万个大气压（约 400 GPa）。有意思的是，金刚石对顶压砧靠的就是它的最强硬度，大部分用的是高温高压合成的人造金刚石，因为纯度要高且价格不太贵。利用金刚石的透光特性，可引入电磁辐射（如 X 射线等）来标定材料受到的实际压力，或测量材料的光谱特性（图 36-4）。至于电学或磁学测量，则需要单独引出测量引线或外加线圈，难度也是非常大的。

对于大部分铜氧化物高温超导体而言，高压往往有利于提升 T_c，比如利用高压，Hg-1223 体系的临界温度可进一步提高到 164 K，是名副其实的高温超导体[10]。于是，在角逐超导临界温度纪录的征途上，高压下的物性测量，成为“锦上添花”的好办法。对于不超导的材料，压一压，也许超导了。对于已经超导的材料，压一压，也许临界温度提高了。对于高温超导体，再压一压，也许临界温度就突破纪录了。有些科学家甚至坚信：“无论任何材料，只要压力足够到位，它就会超导！”科学家们拿着压力这个工具，几乎扫遍了元素周期表，发现大量在常压下并不超导的非金属元素，在高压下是可以超导的[11]。而对

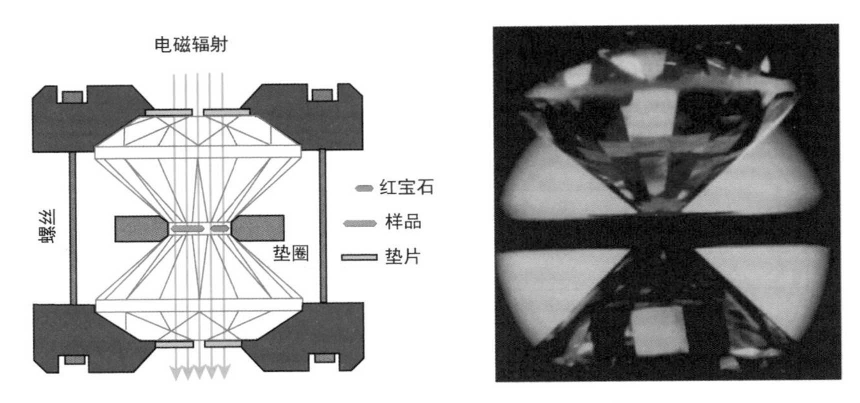

图 36-4　基于金刚石对顶压砧的高压测量
（孙静绘制）

于金属元素，高压下则有可能进一步提升 T_c，其中温度 Ca 单质，在 216 GPa 下 $T_c=29$ K（图 36-5）[12]。

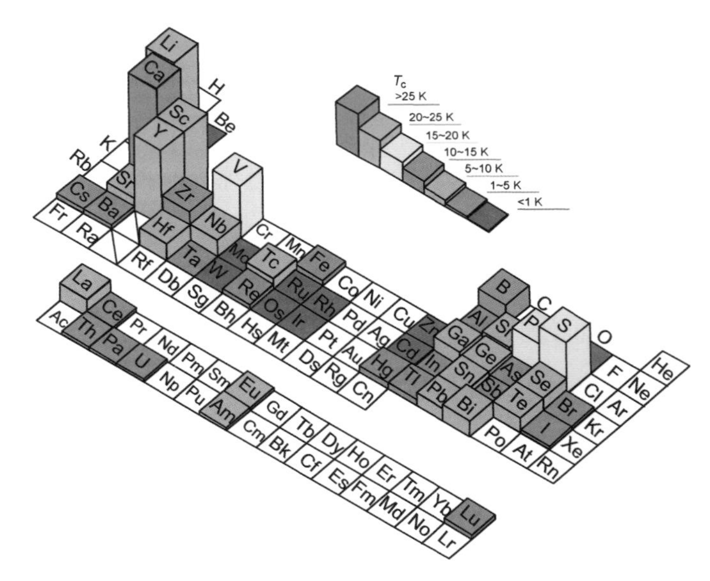

图 36-5　高压下的单质超导体[11]
（孙静绘制）

为什么高压对超导电性能够取得如此惊人的效果？原因有很多。大体可以是三点：减小材料体积同时增大的电子浓度、使材料发生了结构相变促进了新超导相的形成、极大地增强了有利于超导的某种相互作用。在高压下，气体可以压缩成液体，液体进一步压缩成固体，固体再被压缩，就可能转化为金属。理论上认为，世界上最轻的元素——氢，在足够高的压力下，就会变成金属氢。而且，因为氢原子核本质上就一个质子，一旦形成金属氢，原子热振动的能量是非常巨大的，足以让电子-声子耦合下形成高临界温度的超导体，甚至是室温超导体[13]。金属氢，是超导研究者们的梦想之一。实现金属氢，并不是一件简单的事情。单纯要把气态且极易爆炸的氢气装进金刚石对顶砧里面而不跑掉，就是一个技术挑战。实际操作是在低温下装入液态的氢，然后再施加压力的。液氢沸点在 20 K 左右，操作起来很有难度。实现金属氢的压力也是非常巨大的，理论家最初预言需要 100 GPa，也就是 100 万个大气压，后来认为是 400 GPa 以上。但实验物理学家这一试，就 80 多年过去了[14]。

图 36-6　高压下的金属氢[16]
（来自洛杉矶时报*）

2016 年，英国爱丁堡大学 E. Gregoryanz 等在 325 GPa 获得了氢的一种"新固态"，认为可能是金属氢[15]。2017 年，美国哈佛大学的 R. Dias 和 I. F. Silvera 两人宣布金属氢实现，在 205 GPa 下的透明氢分子固体，到 415 GPa 变为黑色不透明的半导体氢，最终到 495 GPa 成为金属性反光的金属氢(图 36-6)[16]。不幸的是，当他们准备测量金属氢是否具有室温超导电性的时候，一个不小心的操作失误，压着金属氢的金刚石对顶砧碎掉了，金属氢也就消失得无影无踪。至今，人们仍难以重复实验获得如此高压下的金属氢，而金属氢是否室温超导体，仍然是一个谜！

寻找金属氢室温超导之路充满挑战和坎坷，国际上能够胜任这个实验工

* https://www.latimes.com/science/sciencenow/la-sci-sn-solid-metallic-hydrogen-diamond-20160107-story.html

作的研究组也寥寥无几。科学家转念一想，为什么要死死盯着单质氢呢？如果找氢的化合物，是否也可能实现高压下超导？果不出所料，2014 年 12 月 1 日，德国马克斯普朗克化学研究所的科学家 A. P. Drozdov 和 M. I. Eremets 宣布在硫化氢中发现 190 K 超导零电阻现象，压力为 150 GPa[17]。这个数值突破了 Hg-1223 保持多年的 164 K 纪录，却没有引起超导学界的振奋——他们早已被频频出现的 USO 室温超导乌龙事件闹得疲乏不堪，对破纪录的事情第一反应就是质疑。甚至在 Eremets 等的多次学术报告中，会场提问都几乎没有，很多人持观望和怀疑态度。历经 8 个多月，在不断质疑、调查、重复实验、积累更多数据的痛苦折磨下，论文终于在 2015 年 8 月 17 日发表于 *Nature* 期刊上，此时他们已经获得了 220 GPa 下 203 K 的 T_c 以及相应的抗磁信号，创下了超导历史新纪录(图 36-7)[18]。硫化氢超导事件的出现，让原本带有臭鸡蛋特殊气味的材料，成为了超导学界的新热点。经过日本、美国、中国的多个研究团队重复实验结果之后，硫化氢的超导才得以确凿，大家普遍认为“始作俑者”是 H_3S，并不是那个惹人厌的臭鸡蛋气体[18-20]。如果你还记得的话，这个 1∶3 结构，就是所谓的 A15 相，和 Nb_3Sn、Nb_3Ge、Nb_3Al 等结

图 36-7　超高压下硫化氢超导[17,18]
(来自德国马克斯普朗克化学研究所*)

* https://www.mpg.de/4652575/wasserstoff_metal

构完全一样！事实上，德国科学家也并非是突发灵感，而是受到了中国科学家的理论计算启示。硫化氢在高压下超导本身并不稀奇，基于电子-声子耦合的BCS理论就预言了金属氢的高温超导，氢化物高压超导也是极有可能的。在2014年，中国吉林大学的马琰铭研究组首次预言 H_2S 在160万个大气压有80 K左右的超导电性[21]，同在吉林大学的崔田研究组预言 H_2S-H_2 化合物在高压下可能实现191～204 K的高温超导[22]。德国人的实验发现一个70～90 K的相对较低温度超导相，和一个170～203 K的高温超导相，两个理论工作简直是不谋而合[18]。中国科学家们同样预言了更多氢化物高压高温超导体的存在，例如 CaH_6、GaH_3、SnH_4、Si_2H_6、PH_3、Li_2MgH_{16} 等[23-27]。2018年8月，德国Eremets研究组再次宣布 LaH_{10} 超导 T_c 为250 K（170 GPa）[28]，美国华盛顿大学Somayazulu研究团队几乎同时宣布 LaH_{10} 超导 T_c 可达260 K（188 GPa）[29]。关于高压富氢化合物的室温超导争夺赛愈演愈烈，许多体系不断被实验成功发现，如 ThH_{10}（T_c=161 K@175 GPa）、PrH_9（T_c=9 K@154 GPa）、NdH_9（T_c=4.5 K@110 GPa）、YH_9（T_c=243 K@201 GPa）、YH_6（T_c=227 K@237 GPa）、(La,Y)H_{10}（T_c=253 K@183 GPa）、BaH_{12}（T_c=20 K@140 GPa）、SnH_{10}（T_c=70 K@200 GPa）、CeH_{10}（T_c=115 K@95 GPa）、CeH_9（T_c=100 K@130 GPa）、CaH_6（T_c=215 K@172 GPa，T_c=210 K@160 GPa），不同体系的超导温度和所需压力各不相同（图36-8）[30,31]。2020年，已经在美国罗切斯特大学任助理教授的R. Dias，与合作者在 *Nature* 期刊上发布一篇题为《C-S-H体系中的室温超导电性》的论文，声称在C-S-H体系发现288 K“室温超导”[32]。这个新的结果仍然尚待更多的实验证实，无论怎样，距离300 K以上的室温超导，似乎已伸手可及（图36-8）。

要实现室温超导，还可以使用“组合拳”。2018年5月，德国和英国的科学家对临界温度最高的常规超导之一，K_3C_{60}，施加高压的同时引入红外光来诱发瞬间超导，极其短暂寿命的临界温度完全可能突破300 K（图36-9）[33]。如果这些结果都确切的话，可以说，室温超导已经实现了。兴奋的时候也别忘了泼一瓢冷水，因为如此超高的压力或瞬态的超导，对于超导应用来说，都是

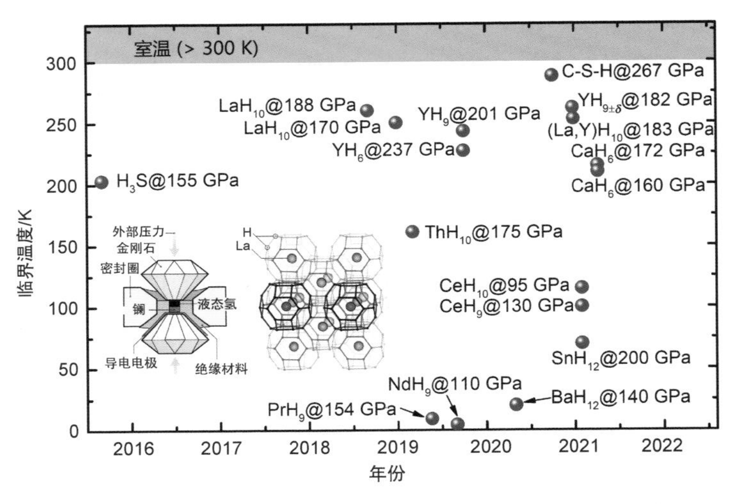

图 36-8 富氢化合物超导体的发现时间、临界温度和对应压力

(注:发现时间以预印本论文为准)

(作者绘制)

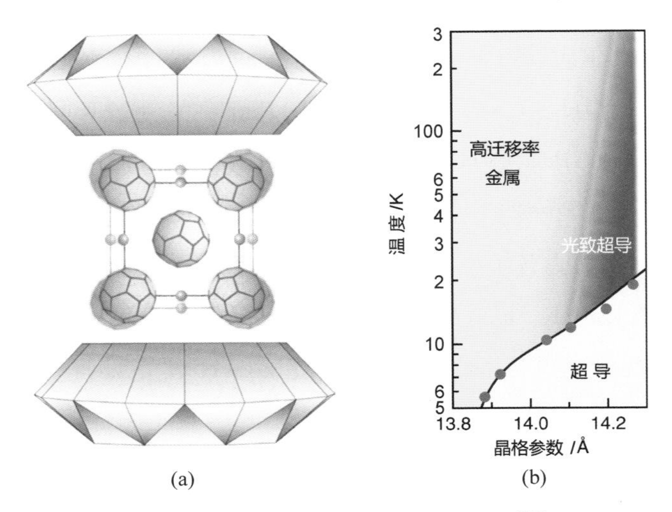

图 36-9 K_3C_{60} 在高压下的光致超导现象[33]

(作者绘制)

望梅止渴。有没有一种像《阿凡达》电影里那样的"天然室温超导矿石"呢?并不是没有可能。如果深入到太阳系最大的气态行星——木星中去,就会发现木星内部高达 400 GPa 的压力下,极有可能形成了金属氢或氢化合物

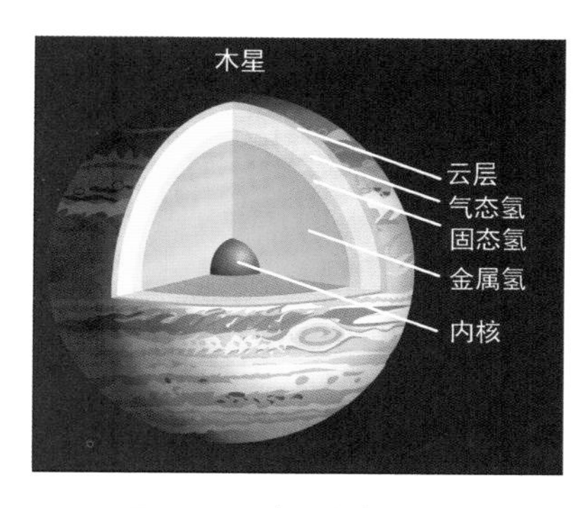

图 36-10 木星内部结构
(孙静绘制)

(图 36-10)[34]。因为木星气体中含有大量的硅烷(SiH_4-H_2),传说中的室温超导矿石,没准就藏在那里,就看你有没有本事去发掘出来了。

最后,要强调的是,压力山大并不总是对超导有利。有时候高压反而有害,它会压制甚至破坏超导,最严重的是把材料彻底粉身碎骨,再也无法超导。对于高压富氢化合物超导体而言,大部分材料不仅需要在高温高压下合成,还需要在超高压下测量,实验的难度挑战非常大。高压下测量手段主要为电测量,若形成其他超导杂相或某些少量杂质高压超导,都很容易影响到测量结论。磁、热、光等多重测试手段和多个团队重复实验,是十分必要的。任何新的高压超导纪录的诞生,建议大家在乐观的同时,持续保留谨慎的态度。高压下的室温超导,尽管对超导实用化而言帮助不大,更重要的是给我们带来启示——超导临界温度可能不存在上限!倘若发现远超室温的高压超导体,或可以尝试在更低的压力合成,甚至在常压下可能稳定存在,尽管临界温度降低了许多,只要仍在室温之上,还是有巨大应用价值的。

参考文献

[1] Jin C Q. High pressure synthesis of novel high-T_c superconductors[J]. High Pressure Research,2004,24: 399.

[2] Yamanaka S et al. High-Pressure Synthesis of a New Silicon Clathrate Superconductor,Ba_8Si_{46}[J]. Inorg. Chem. ,2000,39: 56.

[3] Li Y et al. Superconductivity in gallium-substituted Ba_8Si_{46} clathrates[J]. Phys. Rev. B,2007,75: 054513.

[4] Stewart G R. Superconductivity in iron compounds[J]. Rev. Mod. Phys. ,2011, 83: 1589.

[5] Kohsaka Y et al. Growth of Na-Doped $Ca_2CuO_2Cl_2$ Single Crystals under High Pressures of Several GPa[J]. J. Am. Chem. Soc. ,2002,124: 12275.

[6] Li W M et al. Superconductivity in a unique type of copper oxide[J]. Proc. Natl. Acad. Sci. USA, 2019, 116 (25): 12156-12160.

[7] Zhang Y et al. Unprecedented high irreversibility line in the nontoxic cuprate superconductor $(Cu,C)Ba_2Ca_3Cu_4O_{11+\delta}$[J]. Science Advances, 2018, 4: eaau0192.

[8] He C et al. Characterization of the $(Cu,C)Ba_2Ca_3Cu_4O_{11+\delta}$ single crystals grown under high pressure[J]. arXiv: 2111.11255.

[9] Zhang Y et al. Discovery of a new nontoxic cuprate superconducting system Ga-Ba-Ca-Cu-O[J]. Sci. China-Phys. Mech. Astron., 2018, 61: 097412.

[10] Gao L et al. Superconductivity up to 164 K in $HgBa_2Ca_{m-1}Cu_mO_{2m+2+\delta}$ $(m=1,2,3)$ under quasihydrostatic pressures[J]. Phys. Rev. B, 1994, 50: 4260.

[11] Lorenz B, Chu C W. High Pressure Effects on Superconductivity, Frontiers in Superconducting Materials [M]. A. V. Narlikar (Ed.), Springer Berlin Heidelberg 2005, p459.

[12] Sakata M et al. Superconducting state of Ca-Ⅶ below a critical temperature of 29 K at a pressure of 216 GPa[J]. Phys. Rev. B, 2011, 83: 220512(R).

[13] Wigner E, Huntington H B. On the possibility of a metallic modification of hydrogen [J]. J. Chem. Phys., 1935, 3: 764.

[14] Amato I. Metallic hydrogen: Hard pressed[J]. Nature, 2012, 486: 174.

[15] Dalladay-Simpson P et al. Evidence for a new phase of dense hydrogen above 325 gigapascals[J]. Nature, 2016, 529: 63.

[16] Dias R P, Silvera I F. Observation of the Wigner-Huntington Transition to Metallic Hydrogen[J]. Science, 2017, 355: 715.

[17] Drozdov A P, Eremets M I, Troyan I A. Conventional superconductivity at 190 K at high pressures[J]. arXiv: 1412.0460, 2014.12.01.

[18] Drozdov A P et al. Conventional superconductivity at 203 kelvin at high pressures in the sulfur hydride system[J]. Nature, 2015, 525: 73-76.

[19] Einaga M et al. Crystal structure of the superconducting phase of sulfur hydride[J]. Nat. Phys., 2016, 12: 835.

[20] Ishikawa T et al. Superconducting H_5S_2 phase in sulfur-hydrogen system under high-pressure[J]. Sci. Rep., 2016, 6: 23160.

[21] Li Y W et al. The metallization and superconductivity of dense hydrogen sulfide[J]. J. Chem. Phys., 2014, 140: 174712.

[22] Duan D Fet al. Pressure-induced metallization of dense $(H_2S)_2H_2$ with high-T_c superconductivity[J]. Sci. Rep., 2014, 4: 6968.

[23] Li Y W et al. Dissociation products and structures of solid H_2S at strong compression[J]. Phys. Rev. B, 2016, 93: 020103(R).

[24] Wang H et al. Superconductive sodalite-like clathrate calcium hydride at high pressures[J]. Proc. Natl. Acad. Sci. USA, 2012, 109: 6463.

[25] Liu H et al. Potential high-Tc superconducting lanthanum and yttrium hydrides at high pressure[J]. Proc. Natl. Acad. Sci. USA, 2017, 114: 6990.

[26] Peng F et al. Hydrogen Clathrate Structures in Rare Earth Hydrides at High Pressures: Possible Route to Room-Temperature Superconductivity[J]. Phys. Rev. Lett., 2017, 119: 107001.

[27] Sun Y, Lv J, Xie Y, Liu H, Ma Y. Route to a Superconducting Phase above Room Temperature in Electron-Doped Hydride Compounds under High Pressure[J]. Phys. Rev. Lett., 2019, 123: 097001.

[28] Drozdov A P et al. Superconductivity at 250 K in lanthanum hydride under high pressures [J]. Nature, 2019, 569: 528.

[29] Somayazulu M et al. Evidence for Superconductivity above 260 K in Lanthanum Superhydride at Megabar Pressures[J]. Phys. Rev. Lett., 2019, 122: 027001.

[30] 单鹏飞，王宁宁，孙建平，等. 富氢高温超导材料[J]. 物理，2021，50(04)：217-227.

[31] 孙莹，刘寒雨，马琰铭. 高压下富氢高温超导体的研究进展 [J]. 物理学报，2021，70(01)：017407.

[32] Snider E et al. Room-temperature superconductivity in a carbonaceous sulfur hydride[J]. Nature, 2020, 586: 373.

[33] Cantaluppi A et al. Pressure tuning of light-induced superconductivity in K_3C_{60}[J]. Nat. Phys., 2018, 14: 837.

[34] Zaghoo M, Collins G W. Size and Strength of Self-excited Dynamos in Jupiter-like Extrasolar Planets[J]. Astrophysical Journal, 862: 19.

37 超导之从鱼到渔：未来超导材料探索思路

超导材料的探索之路充满机遇，就像在电子的汪洋大海里钓鱼，有时候需要一点耐心，有时候需要一点运气。如何能够钓到你心仪的那条“超导鱼”，似乎从来都不是那么确定的事情。话说，授人以鱼不如授人以渔，如果能够找到钓鱼的方式方法——渔，就不必守海待鱼，而是主动出击甚至是自己养鱼了。在《超导“小时代”》接近尾声的此节，我们来聊一聊超导渔业。

超导的漏网之鱼。在超导研究100多年后，发现的超导材料已经达到上万种，化合物种类五花八门，如金属和非金属单质、合金、金属间化合物、氧化物等。只是大部分超导材料都是无机的，在更加庞杂的有机材料中搜寻超导电性，或许机遇会更多一些。有机材料的柔韧性可能大大降低加工难度，用起来更加方便。各种有机超导体中，以碱金属掺杂C_{60}和多苯环化合物为高临界温度的代表，T_c可达38 K以上[1,2]。有没有可能在其他含苯环化合物中获得超导电性？科学家们进行了不断的尝试，2017年3月中国的陈晓嘉团队宣布在 K 掺杂的三联苯或对三联苯中可能存在超导电性，T_c 有 120 K 以上的迹象[3,4]。尽管测量出的超导含量极低，也引起了超导材料探索者的极大兴趣，理论和实验都得以跟进[5,6]。三联苯其实普遍存在于各种化妆品和护肤品中，尤其是防晒霜里。多年和我们天天见的材料，竟然隐藏着如此高温度的超导体，难道日常生活中还有不少超导的漏网之鱼？

超导的意外之鱼。在研究铁基超导体的时候，科学家们注意到超导往往和磁性相伴相生。如果把 Fe 换成别的元素，那么材料的磁性很可能消失，也可能变成其他的磁性，超导则未必存在了。以此出发，中国科学院物理研究所的靳常青研究组和浙江大学的宁凡龙研究组相继发现多种类似铁基超导结构的磁性和非磁性材料，而且相同结构情形下是相容的。他们将极少量的磁性材料掺杂入非磁性的母体中，获得了新的稀磁半导体，居里温度可达 180 K 以上[7,8]。这种结构的稀磁半导体，可存在对应铁基超导体系“111”“1111”“122”“32522”的不同化合物，已然构成了一大类材料体系[7-10]，的确是探索铁基超导材料之余的重大意外发现(图 37-1)。

超导的电控之鱼。无论是在铜氧化物高温超导体还是铁基超导体中，载流子浓度均是与超导电性息息相关的关键因素。随着载流子浓度的升高，本来是具有长程磁有序的母体，会逐渐被改造成导电良好的金属态，并出现超导电性。超导研究中通常改变载流子浓度的方式是元素替换或掺杂，如果参照半导体材料器件的设计，其实还可以用更为干净快捷的方式——门电压调控。门电压调控原理就是强行施加外界电压，让电子注入到材料内部，从而改变载流子浓度，对层状二维材料尤其好使。许多过渡金属硫族化物，如 $TiSe_2$、MoS_2、$SnSe_2$ 等，原本其存在各种有序态(如电荷密度波态)，通过门电压引入载流子之后，也能实现超导，获得的电子态相图与高温超导极其类似[11-13]。非常有意思的是，铁硒类超导体也同样是层状准二维的结构，除了掺杂之外，改变载流的浓度有两种途径：一是门电压调控，不仅能够把临界温度从 9 K 左右提升到 40 K 以上，而且大幅度的载流子变化还可以反其道而行之——把超导态转化

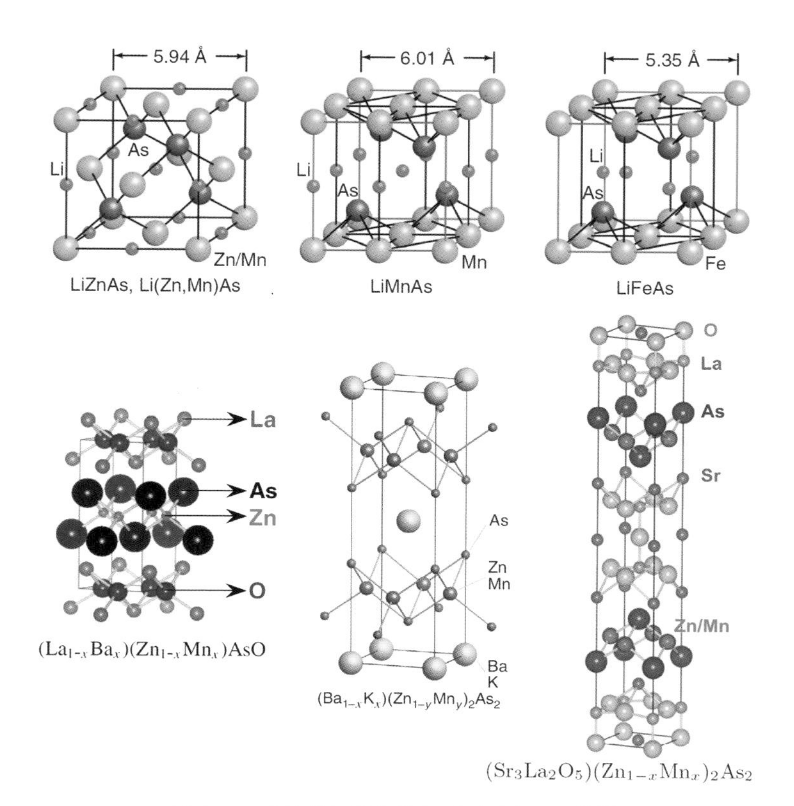

图 37-1　类铁基超导体的新型稀磁半导体[7-10]

（由中国科学院物理研究所靳常青/浙江大学宁凡龙提供*）

成铁磁绝缘态[14,15]。二是大分子插层，用结构尺寸较大的分子甚至是有机分子对 FeSe 进行插层，让 FeSe 层与层之间尽可能地分开，这样载流子就高度集中在单一的 FeSe 原子层里面了，类似于单层 FeSe 超导薄膜，临界温度也能提升到 48 K 以上（图 37-2）[16]。

超导的拟态之鱼。门电压是许多二维材料调控的最佳方法之一，因为对于许多二维材料而言，载流子浓度是相对稀薄的，在不击穿材料的前提下，门

* Reprint figure from Deng Z et al. Nat. Commun.，2011，2：422 and Zhao Z. et al.，Nat. Commun.，2013，4：1422（Open Access）；Reprinted Figure 1 with permission from [Ref. 9 as follows：Ding C et al. PHYSICAL REVIEW B 2011. 88：041102(R).] Copyright (2021) by the American Physical Society.

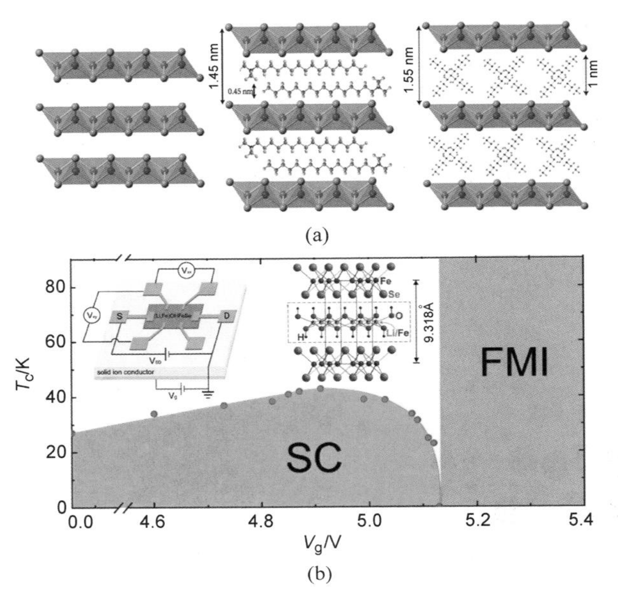

图 37-2　FeSe 类超导体的分子插层与门电压调控[14-16]

（中国科学技术大学陈仙辉研究组提供）

电压提供的载流子注入足以影响材料的许多物理性质。因此，针对高温超导复杂的掺杂电子态相图和难啃的微观机理，我们或许可以从另一个角度来理解它——用其他更为干净的材料来"拟态"超导。比如，利用超导的金属铝和绝缘的氧化铝，可以人工构造金属-绝缘体-金属的三明治结构，类似铜氧化物的载流子库＋导电层的结构，也可能出现电荷转移、赝能隙的类似物理。石墨烯是一种非常干净的二维材料，操控起来也相对简单方便。把两层石墨烯堆叠起来，并相对转一个很小的角度(1°左右)，就形成了所谓"魔角"石墨烯，它具有非常大的原子周期，对应非常少的载流子浓度。美国麻省理工学院的曹原和 Pablo Jarillo-Herrero 发现特定"魔角"的石墨烯很可能是一个莫特绝缘体[17]，而且在门电压调控下也能转化成金属导电性甚至超导[18]。它的电子态相图和铜氧化物材料存在惊人的相似度，即便最高超导温度仅有 1.7 K，在如此低的载流子浓度下已经非常不易(图 37-3)。载流子浓度决定超导温度是非常规超导体的典型特点，由此涉及一个更深层次的物理问题——高温超导

图 37-3　载流子调控下的"魔角"石墨烯超导[17,18]
(来自 ScienceTimes* /麻省理工学院曹原)

电性是否介于 BEC 态(玻色-爱因斯坦凝聚态)和 BCS 超导态之间[19,20]? 或者,高温超导态是否就是电子作为费米子配对后凝聚的 BEC 态呢? 有意思的是,在相互作用的冷原子团簇中,即使是费米子,也能实现 BEC 态,就可能是费米子实现类似超导库伯对的形式,尤其是在特定磁场区域可以观察到磁通涡旋态(图 37-4)[21]。利用光子晶格束缚冷原子,也可以模拟再现高温超导材料中的 d 波超流电子对[22]。这些"模拟"的超导电性表明,高温超导的微观机制可能适用于多种物理体系,对推动基础物理理论的发展具有非常重要的作用。

从拓扑绝缘体到超导。传统的绝缘体导电很差,主要是因为其可提供的载流子浓度极低,几乎没有。有一类新的非平庸绝缘体——拓扑绝缘体,它除了具有三维不导电的绝缘体态之外,还同时具有二维导电的金属表面态[23]。在二维拓扑绝缘体中,表面或边界态的电子自旋将和动量锁定,边界将出现一维自旋螺旋链,进而实现"量子自旋霍尔效应"等一系列神奇量子现象。如果能够连续调控非平庸拓扑态到超导态,那么将有可能实现拓扑超导体,借助超导态下的稳定电子配对和量子相干效应,可能出现一种反粒子为其自身的状态——马约拉纳零能模,它是拓扑量子计算的基本载体[24]。从拓扑绝缘体出

* https://1721181113.rsc.cdn77.org/data/images/full/18954/layers-of-graphene-molecules.jpg

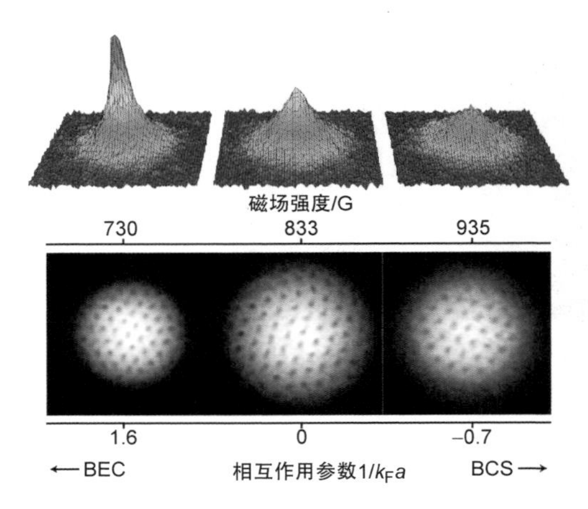

图 37-4　冷原子体系中的费米子配对凝聚现象[21]
(来自 APS*)

发,得到超导的方法有化学掺杂、施加外压力、超导邻近效应等[25-27]。特别是利用超导邻近效应,即在拓扑绝缘体的表面镀上一层超导薄膜,会发生许多跟拓扑性质相关的物理现象。例如,在四度对称的晶格上出现二度对称的超导电性(图 37-5)[28],甚至捕捉到马约拉纳零能模的存在[29]。单层结构的 WTe_2 是二维拓扑绝缘体,具有一维导电边界态以及量子自旋霍尔效应。对其进行门电压调控载流子浓度,也能实现超导电性,最高临界温度约为 1 K,是否非平庸超导尚待探究[30,31]。因为材料拓扑性质的特殊性,结合超导构造的原型电子元器件,能够胜任多种拓扑量子计算,极有可能为信息时代带来新的革命。

编织超导的渔网。除了调控出超导之外,有没有可能根据超导体的化学性质,设计出系列结构超导体,网罗可能的新超导材料?这在十几年前,确实比较困难,因为新超导体的出现往往出乎意料。然而,随着经验的积累和理论

---

* Reprinted Figure 3 with permission from [Ref. 21 as follows: C. A. Regal, M. Greiner, and D. S. Jin, PHYSICAL REVIEW LETTERS 92, 040403 (2004).] Copyright (2021) by the American Physical Society.

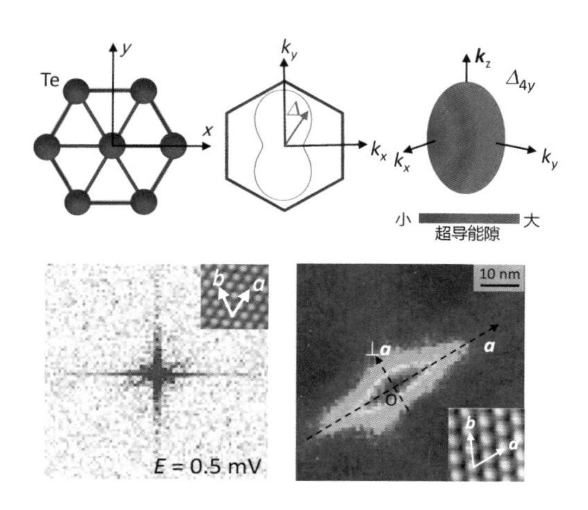

图 37-5 超导体/拓扑绝缘体结构中的二重超导电性[28]
(来自 Science Advances*)

的思考,最近,科学家们也开始人工"搭积木"构造新的超导体,甚至理论预言新超导材料。例如,浙江大学的曹光旱团队就根据铁基超导的基本结构单元和化学配位法则,提出了10余种新型结构的铁基超导材料(图37-6)[32]。其中有不少是现有的铁基超导体系(如"122""111""1111"等)在 c 方向复合堆叠而成,如两个不同碱金属/碱土金属的"122"结构材料可以形成新的"1144"型结构。"1144"型铁基超导体最近被实验证实可以稳定存在,临界温度在35 K左右[33-35],另一个由"1111"+"122"构造的"12442"结构也同样存在30 K左右的超导电性[36,37]。理论上,中国科学院物理研究所的胡江平团队也提出了"高温超导基因"的概念。他们认为超交换的反铁磁耦合是形成铜氧化物和铁基高温超导的根本原因,对应的局域晶体结构为八面体配位或四面体配位,这就是高温超导的基因。基于这方面的理论推测,他们认为二维六角晶格里的三角配对也可以实现超导电性,甚至在Co或Ni基材料中可能出现高温超导

---

* Reprint figure from Chen M. et al. Sci. Adv. 2018,4: eaat1084(Open Access).

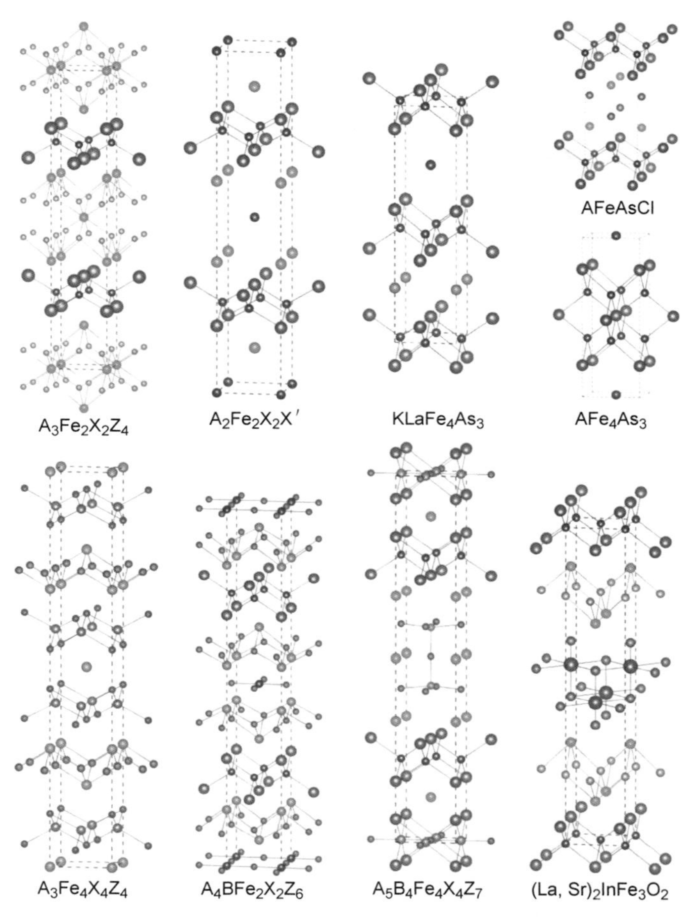

图 37-6 基于结构单元设计的新型铁基超导体[32]
（来自浙江大学曹光旱研究组*）

电性(图 37-7)[38]。这些从化学或物理的角度设计的新型超导材料，都还需要实验来全面验证，但也使得人们探索超导体不再过于漫无目的。此外，随着现代计算机技术的发展，基于机器学习的人工智能已经成为可替代简单重复劳动的主力。借助人工智能，在海量的超导材料数据库中，可以提炼出与高温超导密切相关的因素，并可能预言出大量的新超导材料[39]。未来，探索超导材

* Reprint figure from Jiang H. et al. Chin. Phys. B，2013，22：087410.

料从“临渊钓鱼”到“撒网捕鱼”，这一时代正在加速到来！

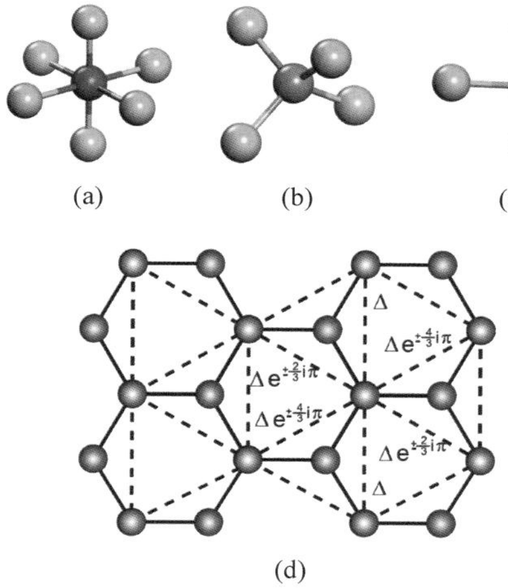

(a)　(b)　(c)

(d)

图 37-7　高温超导结构“基因”及新材料设计[38]
（来自中国科学院物理研究所胡江平/APS*）

参考文献

[1] Prassides K. The Physics of Fullerene-Based and Fullerene-Related Materials[M]. Boston：Kluwer Academic Publishers，2000.

[2] Xue M Q et al. Superconductivity above 30 K in alkali-metal-doped hydrocarbon[J]. Sci. Rep.，2012，2：389.

[3] Wang R S et al. Superconductivity above 120 kelvin in a chain link molecule[J]. arXiv：1703.06641，2017-03-20.

[4] Huang G et al. Observation of Meissner effect in potassium-doped p-quinquephenyl [J]. arXiv：1801.06324，2018-01-24.

[5] Neha P et al. Facile synthesis of potassium intercalated p-terphenyl and signatures of a possible high Tc phase[J]. arXiv：1712.01766，2017-12-05.

[6] Matthias Geilhufe R et al. Towards Novel Organic High-T_c Superconductors：Data Mining using Density of States Similarity Search[J]. Phys. Rev. Materials，2018，2：024802.

[7] Deng Z et al. Li(Zn，Mn)As as a new generation ferromagnet based on a Ⅰ-Ⅱ-Ⅴ semiconductor[J]. Nat. Commun.，2011，2：422.

[8] Zhao Z et al. New diluted ferromagnetic semiconductor with Curie temperature up to 180 K and isostructural to the “122” iron-based superconductors[J]. Nat. Commun.，

* Reprint figure from Hu J P et al. Phys. Rev. X，2015，5：041012(Open Access).

2013,4：1442.
[9] Ding C et al. ($La_{1-x}Ba_x$)($Zn_{1-x}Mn_x$)AsO：A two-dimensional 1111-type diluted magnetic semiconductor in bulk form[J]. Phys. Rev. B,2013,88：041102(R).
[10] Man H et al. ($Sr_3La_2O_5$)($Zn_{1-x}Mn_x$)$_2$$As_2$：A bulk form diluted magnetic semiconductor isostructural to the “32522” Fe-based superconductors[J]. EPL, 2014,105：67004.
[11] Li L J et al. Controlling many-body states by the electric-field effect in a two-dimensional material[J]. Nature,2016,529：185.
[12] Costanzo D et al. Tunnelling spectroscopy of gate-induced superconductivity in MoS_2[J]. Nature Nanotech.,2016,11：339.
[13] Zeng J et al. Gate-induced interfacial superconductivity in 1T-$SnSe_2$[J]. Nano Lett., 2018,18：1415.
[14] Lei B et al. Evolution of High-Temperature Superconductivity from a Low-T_c Phase Tuned by Carrier Concentration in FeSe Thin Flakes[J]. Phys. Rev. Lett.,2016, 116：077002.
[15] Lei B et al. Tuning phase transitions in FeSe thin flakes by field-effect transistor with solid ion conductor as the gate dielectric[J]. Phys. Rev. B,2017,95：020503(R).
[16] Shi M Z et al. Organic-ion-intercalated FeSe-based superconductors[J]. Phys. Rev. Materials,2018,2：074801.
[17] Cao Y et al. Correlated insulator behaviour at half-filling in magic-angle graphene superlattices[J]. Nature,2018,556：80.
[18] Cao Y et al. Unconventional superconductivity in magic-angle graphene superlattices[J]. Nature,2018,556：43.
[19] Uemura Y J. Condensation, excitation, pairing, and superfluid density in high-T_c superconductors：the magnetic resonance mode as a roton analogue and a possible spin-mediated pairing[J]. J. Phys. Condens. Matter,2014,16：S4515.
[20] Chen Q et al. BCS-BEC crossover：From high temperature superconductors to ultracold superfluids[J]. Phys. Rep.,2005,412：1-88.
[21] Regal C A, Greiner M, Jin D. S. Observation of Resonance Condensation of Fermionic Atom Pairs[J]. Phys. Rev. Lett.,2004,92：040403.
[22] Bloch I,Dalibard J,Zwerger W. Many-body physics with ultracold gases[J]. Rev. Mod. Phys.,2008,80：885.
[23] Wen X G. Colloquium：Zoo of quantum-topological phases of matter[J]. Rev. Mod. Phys.,2017,89：041004.
[24] 余睿、方忠、戴希. Z_2 拓扑不变量与拓扑绝缘体[J]. 物理,2011,40：462.
[25] Hor Y S et al. Superconductivity in $Cu_xBi_2Se_3$ and its Implications for Pairing in the Undoped Topological Insulator[J]. Phys. Rev. Lett.,2010,104：057001.
[26] Zhang J L et al. Pressure-induced superconductivity in topological parent compound Bi_2Te_3[J]. Proc. Natl. Acad. Sci. U. S. A.,2011,108：24.

[27] Hart S et al. Induced superconductivity in the quantum spin Hall edge[J]. Nat. Phys.,2014,10: 638.
[28] Chen M et al. Superconductivity with twofold symmetry in $Bi_2Te_3/FeTe_{0.55}Se_{0.45}$ heterostructures[J]. Sci. Adv. 2018,4: eaat1084.
[29] Xu J -P et al. Experimental Detection of a Majorana Mode in the core of a Magnetic Vortex inside a Topological Insulator-Superconductor $Bi_2Te_3/NbSe_2$ Heterostructure[J]. Phys. Rev. Lett.,2015,114: 017001.
[30] Fatemi V et al. Electrically tunable low-density superconductivity in a monolayer topological insulator[J]. Science,2018,362: 926-929.
[31] Sajadi E et al. Gate-induced superconductivity in a monolayer topological insulator[J]. Science,2018,362: 922-925.
[32] Jiang H et al. Crystal chemistry and structural design of iron-based superconductors[J]. Chin. Phys. B,2013,22: 087410.
[33] Iyo A et al. New-Structure-Type Fe-Based Superconductors: $CaAFe_4As_4$ (A=K, Rb,Cs) and $SrAFe_4As_4$ (A=Rb,Cs)[J]. J. Am. Chem. Soc.,2016,138: 3410-3415.
[34] Liu Y et al. Superconductivity and ferromagnetism in hole-doped $RbEuFe_4As_4$[J]. Phys. Rev. B,2016,93: 214503.
[35] Meier W R et al. Optimization of the crystal growth of the superconductor $CaKFe_4As_4$ from solution in the FeAs-$CaFe_2As_2$-KFe_2As_2 system[J]. Phys. Rev. Mater.,2017,1: 013401.
[36] Wang Z C et al. Crystal structure and superconductivity at about 30 K in $ACa_2Fe_4As_4F_2$ (A=Rb,Cs)[J]. Sci- China Materials,2017,60: 83.
[37] Wang Z C et al. Synthesis, crystal structure and superconductivity in $RbLn_2Fe_4As_4O_2$ (Ln = Sm, Tb, Dy and Ho)[J]. Chemistry of Materials, 2017, 29: 1805.
[38] Hu J P,Le C,Wu X. Predicting Unconventional High-Temperature Superconductors in Trigonal Bipyramidal Coordinations[J]. Phys. Rev. X,2015,5: 041012.
[39] Han Z Y et al. Unsupervised Generative Modeling Using Matrix Product States[J]. Phys. Rev. X,2018,8: 031012.

38 走向超导新时代：超导机理和应用研究的展望

这是本书的最后一节，在此，希望对超导研究的历史做一个简要的总结，并展望未来的超导研究和应用。

超导研究的巨大魅力

超导研究无疑在凝聚态物理领域甚至在整个物理学界中，都占据着不可忽视的重要角色。从1911年卡末林·昂尼斯发现第一个金属汞超导体以来，超导的研究历程跨越了一个多世纪，期间带来无数惊喜的发现，为物理学的发展做出了重要的贡献。以诺贝尔物理学奖为例，目前共有 200 余位科学家获得了诺贝尔物理学奖，其中属于凝聚态物理领域的约有 60 位，包括 10 位科学家是直接因为超导的研究而获此殊荣的[1]。他们是：卡末林・昂尼斯(1913 年)，约翰・巴丁、列昂・库伯、约翰・施里弗(1972 年)，伊瓦尔・贾埃沃、布莱恩・约瑟夫森(1973 年)，乔治・柏诺兹、亚历山大・缪勒(1987 年)，阿列克谢・阿布里科索夫、维塔利・金兹堡(2003 年)等，一共 5 次获得诺贝尔物理学奖(图 38-1)[2]。其中有多位传奇人物，如世界上唯一获两次物理学诺奖的巴丁——他因晶体管的发明和 BCS 超导理论的建立分别荣获 1956 年和 1972 年的诺贝尔物理学奖；最年轻诺贝尔奖得主之一约瑟夫森——获奖工作在 22 岁读博士时完成，获奖时年龄 33 岁；最年长的诺贝尔奖得主之一金兹堡——获奖时年龄为 87 岁；最快获得诺贝尔奖的科学家之一柏诺兹和缪勒——从发现高温超导到获得诺贝尔奖仅间隔了 10 个月；生涯最平庸却又最幸运的诺贝尔奖得主之一贾埃沃——平淡的童年和糟糕的大学却不妨碍他成为最优

图 38-1　因超导研究获诺贝尔物理学奖的 10 位科学家

(来自维基百科/作者绘制)

秀的实验物理学家[3]。他们的经历告诉我们，超导的魅力是如此神奇，百余年来几乎长盛不衰，诞生了累累硕果。未来超导领域，必将还会持续涌现更多的诺贝尔奖得主，如发现常压室温超导体和建立高温超导微观理论就是学界公认的"诺奖级"工作，而诸如铁基超导、重费米子超导、有机超导和高压金属氢化物超导等的发现者也被寄予厚望[4]。

超导材料探索趋势

据不完全统计，目前为止人类发现的无机化合物大约有15万种，其中属于超导体的有2万多种。可见，超导现象是普遍存在于各类材料之中的，包括金属单质、合金、金属间化合物、过渡金属与非金属化合物、有机材料、纳米材料等多种形态[5]。科学家甚至有一个信念——只要温度足够低或者压力足够大，任何材料都可以成为超导体。例如，我们熟知的导电最好的金属金、银、铜等，它们就尚且不是超导体，根据BCS理论推算，超导温度可能在10^{-5} K以下，目前实验测量手段是无法达到的。而金属氢的存在和可能的室温超导，至今仍然没有完全确认[6]。

按照超导机理是否可以用基于电子-声子耦合配对的BCS理论来描述，可以划分为常规超导体和非常规超导体，铜氧化物、铁砷/硒化合物、重费米子和部分有机超导体都属于非常规超导体。而高温超导体，则一般定义为临界温度T_c有可能超越40 K的超导材料（起初门槛为20 K，后改用麦克米兰极限，即40 K）[7]。注意并不是意味着所有高温超导体必须$T_c>40$ K，由于掺杂组分和结构的不同，高温超导体临界温度是多变的，甚至可以消失为零。到目前为止，仅有两大高温超导家族——铜氧化物高温超导体和铁基超导体，其中公认的铜氧化物高温超导最高T_c纪录为165 K（汞系材料在高压下），铁基高温超导最高T_c纪录为65 K（FeSe单原子层薄膜）。而在近些年发现的富氢化合物超导体中，已确认LaH_{10}体系$T_c=260$ K可能是目前最高纪录，新近发现C-S-H体系$T_c=288$ K还尚待更多实验确认（图38-2）[4,8-10]。

超导材料的结构各异、物性各异、临界温度各异，尽管在超导探索历史上人们形成了许多自认为"有效"的经验，然新超导材料的出现，总是会打破人们

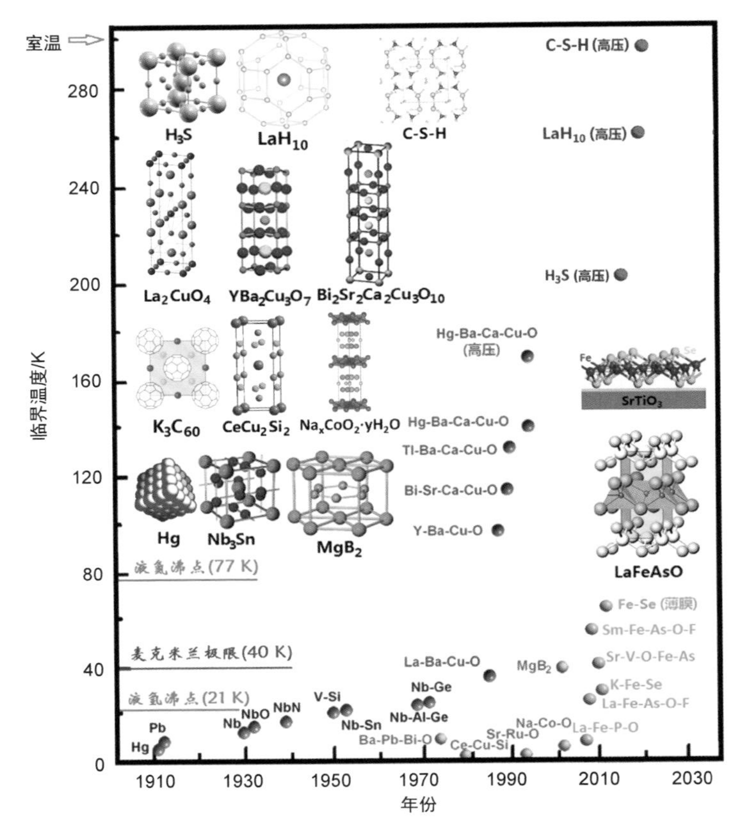

图 38-2 超导材料的研究历史

（作者绘制）

的这些认知。比如，在母体为反铁磁绝缘体的铜氧化物发现高温超导电性、在含铁/铬/锰等磁性元素的材料中发现非常规超导电性、在相互作用很强的重费米子体系中发现超导电性等，理论和实验的经验往往失效了[4]。近年来，随着科学技术的发展，在超导材料探索方面，也出现了多种新颖的手段，如超高温高压合成、微纳米加工、固态/液态离子调控、化学离子交换/注入、电子浓度门电压调控等，超导材料的覆盖面正在迅速扩展。探索新材料过程更是采用了广积粮、高通量、面撒网的方式，结合大数据、机器学习和人工智能的应用，在"材料基因工程"和"原子制造工厂"等新概念模式下，人们正在加速超导材料的探索进程(图 38-3)。越来越多千奇百怪的超导体，将在未来步入我们的世界。

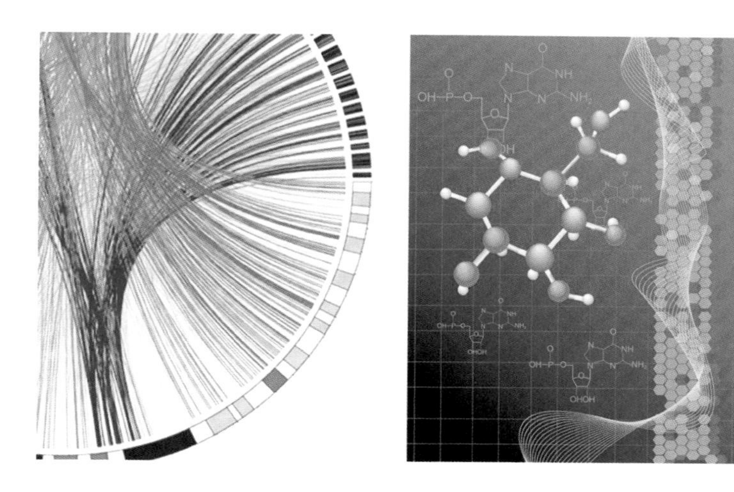

图 38-3 “材料基因图谱”与“原子制造工厂”
（孙静绘制）

超导机理研究方向

超导机理的研究汇集了诸多顶尖智慧的科学家，然而，目前为止，唯一获得重要成功的超导理论就是 BCS 理论。BCS 理论中有关电子配对相干凝聚的思想，对凝聚态物理乃至原子分子物理、粒子物理、宇宙天文学等都有深远的影响。对于高温超导材料，目前有关理论非常之多，然获得学界公认并能彻底描述其所有奇异物性的理论尚且没有。扩大到非常规超导材料，相关的非常规超导微观机理，仍然几乎是一片混乱和未知。其根本原因在于，BCS 理论其实仅考虑了电荷相互作用，或只考虑了电子-原子相互作用，而几乎忽略了电子之间的自旋相互作用和电子-电子之间的关联效应。毫无疑问，电子是既带电荷也带自旋的，对于存在磁性有序态或强烈磁性涨落的非常规超导体而言，必须同时考虑电子之间的电荷和自旋相互作用，这对微观机理就造成巨大的挑战[11]。

有意思的是，从实验的角度而言，目前能够测量的几乎所有超导体，其负责超导电流的载体都是库伯电子对。也就是说，电子配对成超导的思想，几乎对所有的超导体都成立。只是，电子是如何配对的？配对的对称性是什么样的？配对的“胶水”是谁或有没有？配对之后如何形成超导态的？都是需要一系列的理论和实验多方位结合才能理解的问题，也是超导机理研究的核心问题(图 38-4)[12]。特别是高温超导机理问题，被誉为是物理学领域“皇冠上的明珠”，因为对于强关联电子态物质的研究挑战了现有的凝聚态物理理论基石——朗道-费米液体理论。高温超导微观机理一旦建立，无疑是对物理学的一场巨大的革命，因为这意味着，人们认识自然界将不再需要从个体推广到多体，而是直接面对一群具有复杂相互作用的多体世界。前沿的数学物理学家甚至认为，世界的本质，就是相互作用，而并非是我们所意识到的物质(如基本粒子等)本身，物质是相互作用的产物，物性是相互作用的结果[13-15]。那么，这种基于相互作用为研究对象的物理，该如何理解？它又会预言什么样的新现象和新物理？都是十分令人期待的。

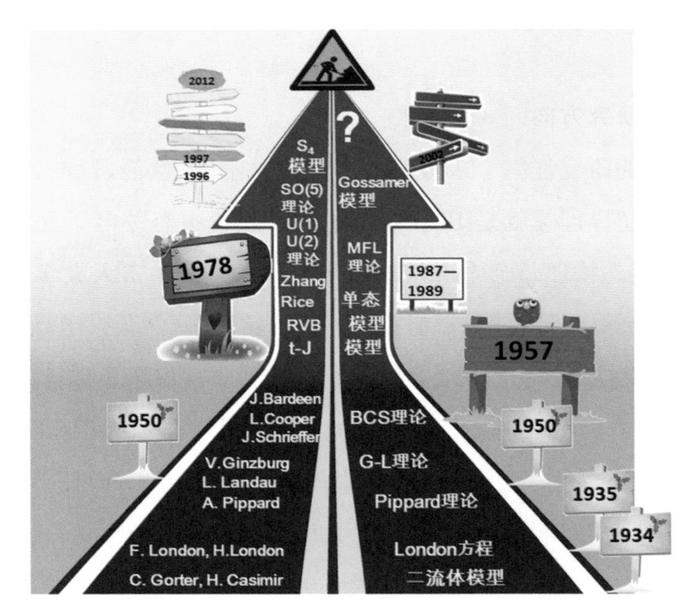

图 38-4 超导机理的研究历程

(作者绘制)

超导应用的未来前景

相对半导体而言，超导材料的应用十分滞后。在半导体芯片统治了我们如今电子世界的时候，我们从未见到过一件“超导家电”，原因在于尚未寻找到如同硅那样合适的超导材料。对于一个超导体而言，需要满足临界温度、临界磁场和临界电流密度均非常之高的前提下，才能适用于大电流、强磁场、无损耗的超导强电应用，同时材料本身的微观缺陷、力学性能、机械加工能力等也极大影响了产品化的进程[16]。对于弱电应用来说，则需要纯度极高、加工简单、成本低廉、品质优越的超导材料。已有的超导材料，各自都有它的应用局限：超导磁体大都采用易于加工的铌钛合金，但临界温度和上临界场都太低；超导器件大都采用易于镀膜和加工的纯金属铌，但临界温度和品质因子都不能满足一些特殊需求；许多超导器件需要持续在低温环境下运行，即使材料本身成本不高，但是维持低温的高昂费用却是难以承受的[17]。

超导应用目前最成功的是超导磁体和超导微波器件等，也是极为有限的。我们去医院做的核磁共振成像，大都采用的是超导磁体。基础科学研究采用的稳恒强磁场、大型加速器磁体、高能粒子探测器以及工业中采用的磁力选矿和污水处理等，也不少采用了场强高的超导磁体。发展更高分辨率的核磁共振、磁约束的人工可控核聚变、超级粒子对撞机等，都必须依赖强度更高的超导磁体，也是未来技术可能的突破口。超导微波器件在一些军事和民用领域都已经走向成熟甚至是商业化了，为信息爆炸的今天提供了非常有效的通信保障[18]。

图 38-5　“悬浮云”概念沙发（来自 DORNOB*）

我们仍然要抱有乐观的态度，坚信随着超导材料、机理和技术的发展，更多的超导电力、磁体、器件，必然将在未来的生活里逐步走进人们的生活里。

可以想象，如果实现有机物或聚合物的室温超导，那么或许就可以用它来织成一个“悬浮云沙发”，放在客厅里也是一件十分惬意的事情（图 38-5）。

* 注：https://dornob.com/futuristic-furniture-design-floating-cloud-couch-concept/

如果超导磁悬浮的技术成熟和成本降低，或许我们将来的高铁将换成时速在600千米/时以上的超导磁悬浮高速列车，未来交通更加便捷(图38-6)[19]。

图38-6 高速超导磁悬浮列车设想
（由西南交通大学邓自刚研究组提供）

随着超导量子比特技术的迅猛发展，量子计算机已经从最早的D-Wave量子退火机发展成了诸如IBM Q那样的新型量子计算机，更大更强的量子计算机在近年来不断刷新纪录(图38-7)。如果参照半导体计算机的发展模式的话，或许用不了几十年，我们就有可能用一台量子手机，在人工智能的帮助下，高效完成所有的工作和生活事务[20]。

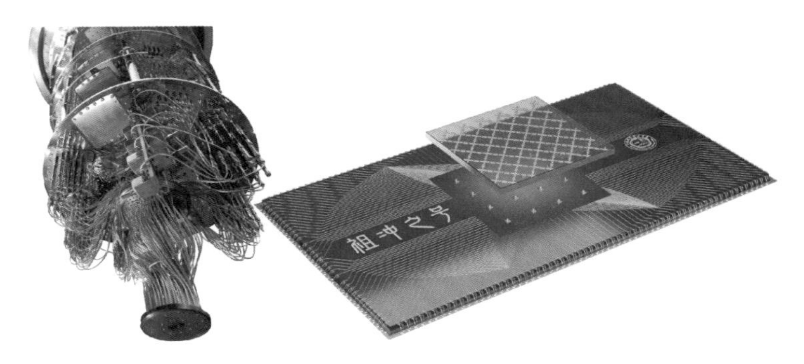

图38-7 超导量子计算机实物和电路设计
（由北京量子研究院金贻荣和中国科学技术大学朱晓波提供）

超导可控核聚变发动机的成功研制，或许可以为未来的超级宇宙飞船提供源源不断的动力，帮助人类在太空中持续飞行数百年，去寻找下一个合适的家园(图38-8)。

图 38-8　科幻电影中基于超导可控核聚变动力的超级宇宙飞船
（来自看点快报 * ）

新一代的科技革命，正在新材料、新机理、新器件的推动下，加速到来。超导的研究，机遇与挑战并存，希望总是在路的前方。

正所谓："未来已来，唯变不变，关山万里，终将辉煌。"

超导，未来见！

参考文献

[1]　https://www.nobelprize.org/nobel_prizes/physics/laureates/.

[2]　罗会仟. 超导与诺贝尔奖[J]. 自然杂志，39(6)：427-436，2017/12.

[3]　贾埃沃. 我是我认识的最聪明的人[M]. 邢紫烟，邢志忠译. 上海：上海科技教育出版社，2018.

[4]　罗会仟，周兴江. 神奇的超导[J]. 现代物理知识，2012，24(02)：30-39.

[5]　章立源. 超越自由：神奇的超导体[M]. 北京：科学出版社，2005.

[6]　Dias R P，Silvera I F. Observation of the Wigner-Huntington Transition to Metallic Hydrogen[J]. Science，2017，355：715.

[7]　张裕恒. 超导物理[M]. 合肥：中国科学技术大学出版社，2009.

[8]　Wang Q Y et al. Interface-Induced High-Temperature Superconductivity in Single Unit-Cell FeSe Films on $SrTiO_3$[J]. Chin. Phys. Lett.，2012，29：037402.

[9]　Liu D F et al. Electronic origin of high-temperature superconductivity in single-layer FeSe superconductor[J]. Nat. Commun.，2012，3：931.

* https://kuaibao.qq.com/s/20200612A0JNLL00

[10] 单鹏飞，王宁宁，孙建平，等．富氢高温超导材料[J]．物理，2021，50(04)：217-227.

[11] 向涛，薛健．高温超导研究面临的挑战[J]．物理，2017，46(08)：514-520.

[12] 罗会仟．铁基超导的前世今生[J]．物理，2014，43(07)：430-438.

[13] Kong L. Full field algebras, operads and tensor categories[J]. Adv. Math., 2017, 213: 271.

[14] Levin M A, Wen X -G. Colloquium: Photons and electrons as emergent phenomena [J]. Rev. Mod. Phys., 2015, 77: 871.

[15] Lan T, Kong L, Wen X -G. Classification of 2+1D topological orders and SPT orders for bosonic and fermionic systems with on-site symmetries[J]. Phys. Rev. B, 2017, 95: 235140.

[16] Sarker M M, Flavel W R. Review of applications of high-temperature superconductors[J]. J. Supercon., 1998, 11: 209.

[17] Hosono H et al. Recent advances in iron-based superconductors toward applications[J]. Mater. Today, 2018, 21: 278-302.

[18] Newman N, Lyons W G. High-temperature superconducting microwave devices: Fundamental issues in materials, physics, and engineering[J]. J. Supercon., 1993, 6: 119.

[19] https://www.savagevision.com/scmaglev.

[20] Wendin G. Quantum information processing with superconducting circuits: a review[J]. Rep. Prog. Phys., 2017, 80: 10.

后　　记

本书构思于 2009 年，自 2015 年动笔，到 2018 年年底完成初稿，历时三年。后因种种原因几经拖沓，终于在 2022 年伊始得以出版。10 余年里，见证了我从博士毕业以来作为科研“青椒”的成长历程，陪伴了我在国内各大学、中学、小学的数百场超导科普报告。书稿最初作为专栏连载于《物理》，并同时贴在我在科学网的“若水阁科学博客”，感谢王进萍主任的知遇之恩，感谢王海霞和杨素红等编辑部的老师们对文稿的仔细审阅校对，感谢多位幕后审稿人的专业指导，感谢科学网编辑部的多次置顶关注，感谢各大媒体对文章的转载，感谢每一位读者对文章内容的交流与反馈。本书顺利出版，要特别感谢清华大学出版社责任编辑朱红莲老师的耐心等候，感谢赵忠贤院士的超导百年纪念文章代序，感谢谢心澄、封东来、闻海虎、周兴江、王亚愚、周忠和等诸位老师的鼎力推荐，感谢杨欢和吴涛两位老师的专业把关，感谢为本书排版、制图、审校的各位老师，感谢北京水平面工作室设计的封面和孙静老师的精彩插图，最后尤其要感谢北京市科协科普创作出版资金的大力资助。

在初稿完成到出版的这段时间，超导研究依旧热闹非凡，新的进展和好消息接踵而至。

在材料方面，许多新的超导家族成员，诸如“铬基”“锰基”“钛基”“镍基”“钒基”等过渡金属化合物纷至沓来，它们要么有着类似铜基和铁基超导的结构或物性，要么有着特殊拓扑物性，极大地拓展了超导研究的空间。超导的临界温度纪录屡被打破，高压下的富氢化物已宣称实现室温超导。

在机理方面，更清楚地认识了铁基超导体的对称性、预配对、磁涨落等现象，找到了铜基超导体中长期以来可能被忽视的近邻相互吸引作用，重费米子超导体和自旋三重态超导体有了更深刻的认识，普适的超导微观模型已是呼之欲出。

在应用方面，有了更多的市场需求和前沿科技牵引，谷歌超导量子计算机实现了"量子优越性"，国产62比特可编程超导量子计算原型机"祖冲之号"问世，全超导托卡马克核聚变实验装置实现可重复的1.2亿摄氏度101秒，上海徐家汇和深圳平安大厦用上了国产高温超导电缆，长尺度铁基超导线圈通过10特斯拉强磁场性能测试，全超导高温内插磁体磁场纪录达到32.35特斯拉，首台目标设计速度为620千米/时的高温超导高速磁浮样车下线。

在这些好消息里，中国或华人科学家的身影越来越多，角色也越来越重要，他们不仅频繁摘得科学界的国际大奖，更是在多个科研方向创下世界纪录或引领前沿发展。

相信在未来，下一个崭新的超导"小时代"，精彩一定会继续。